《自然杂志》科普撷英丛书

# 院 士 解 读 科 学 前 沿

《自然杂志》编辑部 ◎ 编选

U0257603

上海大学出版社

**图书在版编目(CIP)数据**

院士解读科学前沿/《自然杂志》编辑部编选. —
上海：上海大学出版社,2016.8
ISBN 978 - 7 - 5671 - 2441 - 7

Ⅰ.①院… Ⅱ.①自… Ⅲ.①科学技术—技术发展—
世界—现代 Ⅳ.①N11

中国版本图书馆 CIP 数据核字(2016)第 164994 号

特约编辑 段艳芳
责任编辑 陈 强
装帧设计 朱静蔚
技术编辑 章 斐

**院士解读科学前沿**

《自然杂志》编辑部 编选
上海大学出版社出版发行
(上海市上大路 99 号 邮政编码 200444)
(http://www.press.shu.edu.cn 发行热线 021 - 66135112)
出版人：郭纯生
*
南京展望文化发展有限公司排版
上海市印刷四厂印刷 各地新华书店经销
开本 787×960 1/16 印张 28 字数 410 千
2016 年 8 月第 1 版 2016 年 8 月第 1 次印刷
印数：1~3100
ISBN 978 - 7 - 5671 - 2441 - 7/N·006 定价：48.00 元

# 序　言

　　科学具有两重性。科学的果实是生产力，而且是第一生产力；科学的土壤是文化，而且是先进文化。作为生产力，科学是有用的；作为文化，科学是有趣的。两者互为条件，一旦失衡就会产生偏差。假如科学家不考虑社会需求，只知道自娱自乐，科学就必然萎缩；相反，失去文化滋养、缺乏探索驱动的科学研究，只能做技术改良，难以有创新突破。

　　当前我们科学创新的重大障碍之一，在于和文化的脱节。对于科学和文化结合，多少年来并没有少提倡。科学家登台唱戏，美术家为院士画像，都曾是盛传的佳话，只不过实际效果跳不出宣传层面。其实最为需要的是弘扬科学的精神内涵，回归科学的文化本性。和所有的文化人一样，科学家是一个特殊的社会群体，但是与其他文化领域不同，科学家做的事一般行外人鲜有所知，甚至讲给你听也不见得懂。然而科学家涉及的并不只是专业领域的专门问题，他们一旦进入文化高层，就会思考平常人想不到的问题，会察觉行外人看不出的自然美，会在探索的道路上，产生像阿基米德高呼"尤里卡"时那样的内心冲动。而且研究内容越深入，越具有普遍性；所以水平越高的报告，反而越容易听懂。正是在这里面，凝聚着科学的文化成分。如果将这种成分向社会传播，那就是促进科学和文化结合的粘合剂。

　　摆在你面前的这本《院士解读科学前沿》，就是科学家们对自己领域学术前沿所作的综述或者解说。他们试图将枯燥的知识用"大白话"表达，将高深的学问用科普形式介绍,而撰写人就是奋斗在一线的学术权威,因此这是一本有助于弥合科学和文化断层的读物。在知识爆炸的今天,每年发表的科学论文数逾百万篇,没有人能够逐一追踪,于是综述性成果应运而生,相应的刊物和书籍雨后春笋般在国际学术界涌现,其中尤以权威学者的作品最受重视。环顾国际上这一类的精品,有的对某一专题的学术进展进行系统综述,成为介于论文和教科书间的中间产品;有的是对某方面研究曲折过程的历史回顾,成为探索道路反思的科学"演义";有的就是大科学家写的高级科普,其中不乏产生过历史影响的经典作品。这些作品的读者面远远超越本专业,是促进跨学科交流的利器,尤其是后面两类的读者面更广,往往是科学对文化的直接贡献。

可惜与国际相比,我国这三类的作品都有严重的不足。表面看来似乎应有的尽有,但是有些国内学报发表的综述,竟然就是研究生的开题报告;流传在图书市场里的科普文章中,反复转抄或者变相转抄的产品太多,使得原创性精品淹没其中,良莠难分。至于我们的学术带头人,大部分因为事务"太忙"或者座椅"太高",通常不屑于写这类文章。殊不知一些国际的大科学家,正是通过这种文化层面的思考,萌发出学术上的新思维,提出对于自然奥秘的"天问"。

从文化角度阐述科学,有着深远的历史意义。这本《院士解读科学前沿》就是要告诉你:原来科学还可以这样讲解。科学并不总是像在考试时候那样可敬可畏,其本来面目是非常可亲可爱的。成功的科普作品、甚至科学论文本身就会告诉你,科学不但大有用处,而且是个引人入胜、妙趣横生的世界。一篇好的科普作品,可以比侦探故事还要神奇,比言情小说更加迷人。近年来,我国的科普事业取得了巨大的进展,但是阻隔科学和文化融合的屏障,至今仍然根深蒂固,因为从政策到人才,都有着很深的根。从政策讲,我国从科学院到高考,文理之间都有断层;从人才讲,我们缺乏两者之间的桥梁,也就是说缺乏文化人的科学兴趣和科学家的文化素养，缺乏活跃于两者之间的"两栖"型人才。这类人才在发达国家的科学和文化发展中，发挥着重大的作用，在我国却遗憾地成为发展中的一大漏洞。

发展的要害在于人。科学和文化之间出现断层，因为两者之间至少缺了三类人。我们的科学界，缺乏像乔治·伽莫夫那样，既会提出宇宙大爆炸理论，又能写作《物理世界奇遇记》的科学家；我们的文艺界，缺乏像詹姆斯·卡梅隆那样，既会导演《泰坦尼克号》和《阿凡达》，又能深海探险、只身深潜一万米的艺术家；我们尤其缺乏一批游弋在科学与文艺两大领域、推动两者融合的"两栖作家"，这里指的是一批从事科学报道、撰写科普精品的记者或者自由撰稿人，他们像蜜蜂那样用心采集科学花朵的花粉，催生出科学树上的文化之果。一个著名的实例就是比尔·布莱森，这位从写游记起步的记者，居然荣膺英国皇家化学学会的化学奖，他那本讲述宇宙大爆炸到生命起源研究历程的《万物简史》，译成了 40 种文字出版。这类记者或者作家，既有科学家的执着和严谨，又有文学家的视角和灵感。他们绝不会把科学家当模特儿描写，用一批不着边际的套话，把报道写成广告；更不会把未经证实的"成果"，用自己也没有弄懂的文字，去为被报道人的报奖、提级做铺垫；也不会赶时髦、抢新闻，通过几个"电话采访"，就匆匆抛出人云亦云、甚至于以讹传讹的所谓科技报道。

我们需要的"两栖作家"是一群社会的有志之士，他们潜心追溯科研成果的来龙去脉，从思想脉络去揭示科学发展的曲折路径；他们满怀热诚地剖析科学家的内心，把探索真理路上的智慧明灯在笔下重现。相比之下，亲身在第一线探索真理，有幸直接"仰观宇宙之大，俯察品类之盛"的科学家，应当具有更为独特的优势。假如他们在科学事业成功的基础上，还能回归科学的文化本性，直接为科学与文化的融合出力，那就有可能在建设新文化方面作出贡献。这就是科学大家自己动手的可贵之处。

的确,国际学术界有着相当数量的学界巨子,他们在事业有成之后写出的"高级科普",其影响力不下于当年对本学科的学术贡献。今天中国正在经历科技发展的黄金时代,随着时间的推移必然会产生出有国际和历史影响的成果,其中必然包括我们所说的"高级科普"作品。传世佳作在当前的中国已经呼之欲出,只是无从预测"花落谁家"。让我们趁着祝贺《院士解读科学前沿》出版的良机,大声呼吁我国的科学界、文化界共同努力,为汉语世界里科学和文化的融合,为促进有丰富文化底蕴的创新科学,和有崭新科学内涵的现代文化,做出自己的贡献!

中国科学院院士 《自然杂志》编委

汪品先

2016 年 7 月

# 编 者 的 话

　　《自然杂志》为一份内容涉及自然科学各领域的综合性刊物。刊物定位为高级科普期刊,所刊载的文章主要由国内外各领域的专家撰稿,深入浅出地介绍自然科学各领域的最新科学进展。文章在强调学术性的同时,也兼顾可读性,以利于不同学科之间的交流合作。

　　自1978年5月创刊以来,《自然杂志》历经贺崇寅、汪元章、董远达、吴明红四位主编。1978—1994年创刊人贺崇寅担任主编时期,杂志作者大家云集、影响巨大,却最终黯然休刊。在钱伟长校长的关心下,《自然杂志》转至上海大学主办,1995—2004年由汪元章担任主编;2005—2015年董远达担任主编期间,励精图治,锐意进取,对原有的栏目和版式做适当的调整,重申高级科普杂志的定位,并投入相当多的精力向专家组稿;2016年起由吴明红担任主编,提出办刊理念为:关注前沿科学、促进学术交融、推动创新发展。

　　承蒙各位专家厚爱,最近十多年《自然杂志》编辑部组织到了很多优秀科普文章,或由大家写就、视野开阔,或对科技热点进行深度解析,或观点独到令人耳目一新。今天看来,这样的文章也是弥足珍贵的,然而这样的文章散落于各期杂志,不易为读者所注意。因此我刊希望能够选编堪称高级科普精品的文章集结成册,以便读者鸟瞰式地了解近年来国内外的科学进展。

　　国务院发布的《全民科学素质行动计划纲要(2006—2010—2020年)》明确,科学素质是公民素质的重要组成部分,公民具备基本科学素质,要求了解必要的科学技术知识,掌握基本的科学方法,树立科学思想,崇尚科学精神。而我们却不得不面对这样一种现实:科学的发展一日千里,其成果不但应用于科技、国防等高端领域，与公众日常生活的改变也关系密切，一般人从中受惠良多。普通人享受着科技发展的成果，似乎感到科技离每个人都很近，但对于科技发展的本身却知之不多。现代科学的发展日益细化、精深，一般人想要了解它困难重重，即便是青年大学生和研究人员，也往往是隔行如隔山。因此需要"高级科普"，使具备一定文化素养的公众了解当前科学发展到了哪种程度，有哪些新领域、新进展，在脑中能建立起一个现代科学的大致框架。

这套《自然杂志》科普撷英丛书，首先推出《院士解读科学前沿》和《诺贝尔自然科学奖全解读（2005—2015）》两种，今后还将按照不同主题选编相关文章出版其他科普图书。出版科普撷英丛书的目的，一是希望为读者了解科学前沿提供一定帮助，二是希望为不同领域的专家写好科普文章提供一点借鉴，三是作为对《自然杂志》近十年的总结和回顾。

感谢各位撰稿专家，他们的才华和智慧成就了本丛书的出版；感谢广大《自然杂志》读者长期以来的订阅支持和各种建议；感谢上海大学出版社编辑陈强在本书策划和成书过程中付出的辛勤劳动！

《自然杂志》编辑部

2016 年 6 月

# 目录

◇ 自适应光学技术 ……………………………… 1

◇ 三维原子探针

　　——从探测逐个原子来研究材料的分析仪器 …… 17

◇ 百年来物理学和生命科学的相互影响和促进 ……… 29

◇ 地理学第一定律与时空邻近度的提出 ……………… 48

◇ 地球空间信息学及在陆地科学中的应用 …………… 55

◇ 编制地球的"万年历" ……………………………… 71

◇ 岩浆与岩浆岩：地球深部"探针"与演化记录 ……… 84

◇ 从海底观察地球

　　——地球系统的第三个观测平台 ……………… 98

◇ 破冰之旅：北冰洋今昔谈 ………………………… 113

◇ 人类起源与进化简说 ……………………………… 126

◇ 进化论的几个重要猜想及其求证 ………………… 135

◇ 达尔文学说问世以来生物进化论的发展概况及其

　　展望 ……………………………………………… 157

◇ 孔子鸟的研究现状 ………………………………… 173

◇ 简说羽毛化石的研究 ……………………………… 188

◇ 寻找失去的陆地碳汇 ……………………………… 202

◇ 灌丛化草原：一种新的植被景观 ………………… 216

◇ 中国西北干旱区土地退化与生态建设问题 ……… 227

◇ 全球变暖背景下中国旱涝气候灾害的演变特征及

　　趋势 ……………………………………………… 241

◇ 转动分子马达：ATP 合成酶 …………………… 261

◇ 小虫春秋：果蝇的视觉学习记忆与认知 ………… 276

⬡　人类意识流的重要构成部分

　　　——心智游移 ………………………………………… 291

⬡　剖析乙肝病毒的包膜

　　　——乙肝表面抗原的生物学功能及其致病机制 ………… 308

⬡　嫦娥二号的初步成果 ………………………………… 319

⬡　高性能计算技术发展 ………………………………… 328

⬡　水下机器人发展趋势 ………………………………… 345

⬡　古老地质样品的黑碳记录及其对古气候、古环境的响应 …… 366

⬡　现代钢、古代钢和碳定年法 ………………………… 380

⬡　中国古代玻璃的起源和发展 ………………………… 395

⬡　形色各异的摩擦磨损与润滑 ………………………… 415

⬡　中医学的科学内涵与改革思路 ……………………… 428

# 自适应光学技术

姜文汉 *　中国科学院光电技术研究所

## 1　自适应光学——自动校正光学波前误差的技术

从 1608 年利普赛(Lippershey)发明光学望远镜,1609 年伽利略(Galileo)第一次用望远镜观察天体以来已经过去近 400 年了。望远镜大大提高了人类观察遥远目标的能力,但是望远镜发明后不久,人们就发现大气湍流的动态干扰对光学观测有影响。大气湍流的动态扰动会使大口径望远镜所观测到的星像不断抖动而且不断改变成像光斑的形状。1704 年牛顿(I. Newton)在他写的《光学》[1] 一书中,就已经描述了大气湍流使像斑模糊和抖动的现象,他认为没有什么办法来克

---

\* 光学技术专家。早年从事大型光测设备研究,在精密轴系理论和技术、固定式光学测量系统等方面有开创性工作。1979 年在我国首先开拓自适应光学方向,建立整套基础技术并研制多代具有国际先进水平的系统。他在自适应光学和光束控制两方面均做出重大贡献。1995 年当选为中国工程院院士。

服这一现象,他说:"唯一的良方是寻找宁静的大气,云层之上的高山之巅也许能找到这样的大气。"天文学家们以极大的努力寻找大气特别宁静的观测站址。但即使在地球上最好的观测站,大气湍流仍然是一个制约观测分辨率的重要因素。无论多大口径的光学望远镜通过大气进行观察时,因受限于大气湍流,其分辨力并不比 0.1~0.2 m 的望远镜高。从望远镜发明到 20 世纪 50 年代的 350 来年中,天文学家和光学家像谈论天气一样谈论大气湍流,而且还创造了 Seeing 这个名词来描述大气湍流造成星像模糊和抖动的现象,但是对 Seeing 的影响还是无能为力。

图 1 是有无波前误差时点光源成像光斑的比较。图 1(a)是没有波前误差时的光斑,由于光学系统口径的衍射,没有波前误差时的衍射极限光斑由一个中心光斑和一系列逐渐减弱的同心环组成,称为艾利(Airy)斑。对圆形口径,83.4% 的光能集中在中心斑内,其直径为 $2.44\dfrac{\lambda}{D}$,$\lambda$ 为光学波长,$D$ 为光学系统口径。图 1(b)给出存在 ±0.56 波长(均方根)波前误差时,点光源成像的光斑三维图,光斑显著扩散。对于大气湍流这样的动态干扰,扩展的光斑将不断改变形状,并且成像位置不断漂移。

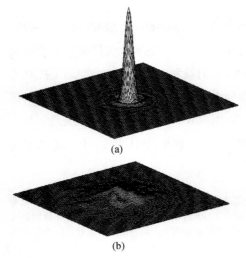

(a)

(b)

图 1　波前误差对成像光斑能分布的影响
(a) 没有波前误差时圆形孔径产生的衍射光斑,
(b) 当波前误差均方根值为 ±0.56 波长时的弥散光斑

　　1953 年美国天文学家 Babcock 发表了《论补偿天文 Seeing 的可能性》[2] 的论文,第一次提出用闭环校正波前误差的方法来补偿天文 Seeing。他建议在焦面上用旋转刀口切割星像,用析像管探测刀口形成的光瞳像来测量接收到的光波波前畸变,得到的信号反馈到一个电子枪,电子轰击艾多福(Eidophor)光阀上的一层油膜,使油膜改变厚度来补偿经其反射的接收光波的相位(图 2)。这一设想当时并未实现,但用测量—控制—校正的反馈回路来校正动态波前畸变的思想,成为自适应光学( Adaptive Optics)的创始设想。

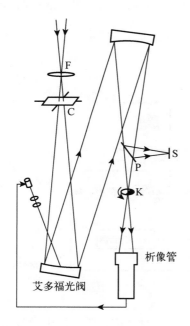

图 2　1953 年天文学家 Babcock 提出的实时补偿波前误差的原始设想

　　20 多年后,到 20 世纪 70 年代由于基础技术的发展成熟,也由于在高分辨率成像观测和高集中度激光能量传输等方面对克服动态干扰的需求更趋迫切,自适应光学的设想才得以实现,长期以来光学系统对动态干扰无能为力的局面才有了改变。此后,又经过 20 余年的发展,自适应光学技术日趋成熟,世界上许多大型天文望远镜都装备了自适应光学系统,而且应用领域正在从大型望远镜和激光工程扩展到民用领域。

　　自适应光学技术是以光学波前为对象的自动控制系统[3-4]，利用对光学波前的实时测量—控制—校正，使光学系统具有自动适应外界条件变化、始终保持良好工作状态的能力（图3）。自适应光学系统包括3个基本组成部分：波前探测器、波前控制器和波前校正器。波前探测器实时测量从目标或目标附近的信标来的光学波前误差。波前控制器把波前探测器所测到的波前畸变信息转化成波前校正器的控制信号，以实现对光学波前的闭环控制。波前校正器是一种可以快速改变波前相位的能动光学器件，将波前控制器提供的控制信号转变为波前相位变化，以校正波前畸变。

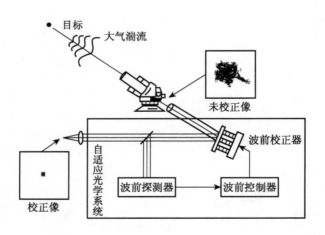

图3　自适应光学系统的基本组成

　　由于很难直接测量波前相位误差，在自适应光学系统中常常先测量波前斜率或曲率，再用波前复原算法计算出波前相位。在各种测量方法中，以测量波前斜率的哈特曼（Hartmann）传感器（图4）最为常用。哈特曼传感器用一个透镜阵列对波前进行分割采样，每个子孔径范围内的波前倾斜将使单元透镜的聚焦光斑产生横向漂移，测量光斑中心在两个方向上相对于用平行光标定的基准位置的漂移量，可以求出各子孔径范围内的波前在两个方向上的平均斜率。

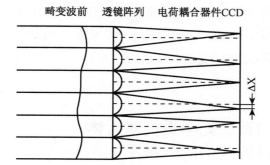

畸变波前　透镜阵列　电荷耦合器件CCD

图4　哈特曼传感器

波前校正器有两类：校正波前相位的变形反射镜和校正波前整体倾斜的高速倾斜镜。变形反射镜（图5）是在刚性的基板上固定多个用压电陶瓷（PZT 或 PMN）制成驱动器，驱动柔性的镜面面板，在驱动器的推动下，使面板产生所需要的微小变形，使面板反射的光束波前产生变化。高速倾斜镜是用压电驱动器推动刚性的镜面，产生两轴的倾斜，从而改变反射光束的方向。自适应光学系统中的波前校正器要求有很高的分辨力（10 纳米或 10 纳弧度量级）和很快的响应速度（毫秒量级）。

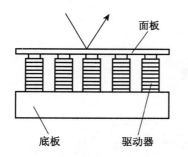

面板

底板　　驱动器　　图5　变形反射镜

自适应光学系统是将反馈控制用于光学系统内部。但与一般的控制系统相比，有如下的特点：控制对象是光学波前，控制的目标是要达到良好的光学质量，控制精度为 1/10 光波波长即数十纳米量级，控制通道数从几十到上百个，控制带宽达几百赫兹，可利用的光能有时非常弱，常常要用光子计数的方式进行波前探测。这些特点带来一系列特殊的技术问题，也是自适应光学技术的难点之所在。

中国科学院光电技术研究所于 1979 年在我国率先开始研究自适应光学。二十余年来,建立了基础技术,研制成功多套自适应光学系统。下面将简要介绍我们建立的几套不同结构和用途的自适应光学系统。

## 2　自适应光学提高对天体目标成像的分辨率

由中国科学院光电技术研究所研制的 1.2 m 望远镜自适应光学系统[5]用于天文目标观测。该套系统安置在云南天文台 1.2 m 望远镜上,在全口径上实现大气湍流动态波前误差的实时校正,实现对星体目标的高分辨率成像。系统原理结构如图6所示,主要由望远镜、自适应光学系统、精密跟踪系统和成像系统4部分组成。

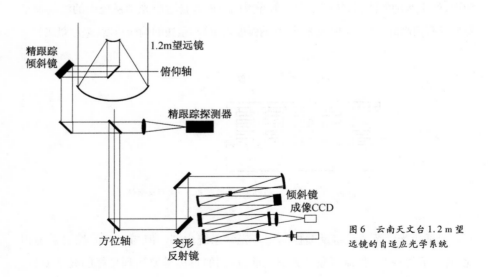

图6　云南天文台 1.2 m 望远镜的自适应光学系统

望远镜具有地平式机架,绕俯仰和方位两轴旋转以跟踪天体目标。望远镜的光学系统口径为 1.2 m,为库德(Coude)式结构,光路经主镜和次镜后由反射镜导向,分别穿过俯仰轴和方位轴,传到位于望远镜下方的库德房,自适应光学和成像系统都在库德房内的平台上。为了提高对目标的跟踪精度,设置了两级精跟踪系统,以补偿地平式机架的跟踪误差和大气湍流造成的波前整体倾斜误差。第一级精跟踪系统的倾斜镜是在俯仰轴头的45°反射镜,并在方位轴顶部的45°反射镜处进行分光,一部分光透过45°反射镜进入精跟踪传感器,由像增强电荷耦合器件(ICCD)探测器进行跟踪误差探测。跟踪误差(星像光斑重心位移)计算和控制算法计算由高速数字信号处理器完成,其输出经过高压放大器放大后控制前述高速倾斜镜进行跟踪误差校正。

自适应光学系统由61单元变形反射镜、哈特曼传感器和波前处理机组成。哈特曼传感器同时进行自适应光学系统的波前误差和第二级精跟踪误差的探测,由60个六角形的子孔径构成。哈特曼传感器子孔径与变形反射镜驱动器的布局见图7。采用高量子效率、低噪声、高帧频电荷耦合器件(CCD)作为探测器。哈特曼光斑中心计算、波前复原计算和控制算法计算由专用数字信号处理器完成。哈特曼传感器得到的波前整体平均斜率数据用来控制第二级高速倾斜镜进行第二级精跟踪控制,进一步校正波前倾斜,减少星像抖动。波前校正后的图像由成像CCD探测。

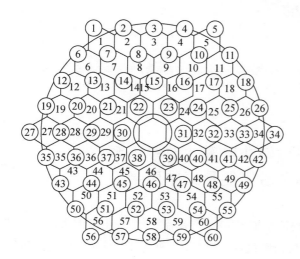

图7 1.2 m望远镜自适应光学系统的变形镜驱动器与哈特曼子孔径的布局关系

　　图 8 是系统对亮度为 3.3 星等的星体 3 种不同校正状态的成像光强分布。
系统未校正时,光斑宽度 1.12 arcsec;只加倾斜校正的长曝光像,光斑宽度
0.49 arcsec;倾斜和波前校正系统都闭环时的长曝光像,光斑宽度0.20 arcsec;为
衍射极限的 1.3 倍,已接近衍射极限成像。

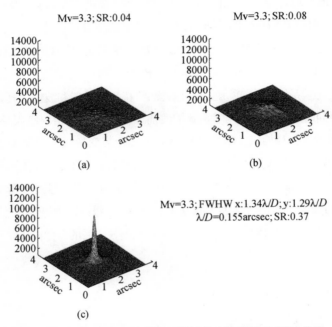

图 8　1.2 m 望远镜自适应光学系统对星体校正前后的焦斑光强三维图
（a）未校正长曝光像,（b）倾斜校正长曝光像,（c）倾斜和波前校正长曝光像

# 3　激光核聚变装置波前校正系统<br>提高了激光能量集中度

　　激光核聚变装置波前校正系统于 1985 年研制[6-7],采用爬山法优化原理,
用于中国科学院上海光学与精密机械研究所的"神光Ⅰ"激光核聚变装置上。

这是国际上激光核聚变装置中第一套自适应光学系统。

"神光I"激光核聚变装置,是由两路钕玻璃固体激光器组成的一个庞大的装置。该装置由一个功率不大的激光器发出的一个激光脉冲经过多级氙灯泵浦的放大器逐级放大,到光路末端形成口径达 200 mm、脉冲功率可达 $10^{12}$ 瓦的高功率激光,将这束激光引入一个真空靶室并聚焦到靶室中央的靶球上引发核聚变。

整个系统十分庞大复杂(图9),每条光路总长度达到几十米,有一百多个光学表面,激光通过的光学材料的总厚度超过 3 m。尽管已经在光学材料、光学加工和装调方面采取许多措施来保证精度,但由于光路长、光学表面多,光学表面加工误差和材料不均匀性的积累仍然产生可观的静态波前误差,使聚焦光斑弥散,靶面上能量集中度降低。为了校正这一套庞大系统的光学误差,研制了这一套激光波前校正系统。

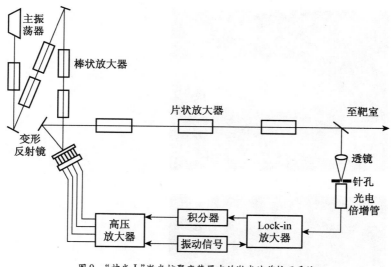

图9  "神光 I"激光核聚变装置中的激光波前校正系统

如图 9 所示,在光路的起始端引入一束与主激光波长相同、方向一致的小功率连续激光,利用这一束激光作为光源进行校正,在光路的中段设置一个 19 单元的变形反射镜作为波前校正器。由于这一系统的目的是校正"神光 I"装置的静态误差,可以用较慢的速度完成校正过程,因而采用了串行工作的爬山法优化方法。在光路末端通过一个分光镜将光引向一个聚焦透镜,在它的焦面上设置一个针孔,用光电倍增管探测通过针孔的激光能量作为优化判据。在脉冲激光正式工作之前,注入小功率连续激光,进行爬山法优化,在变形反射镜驱动器上施加高频小振幅电压产生试验扰动,当一个驱动器上施加高频振动时,通过针孔的激光能量受到调制,光电倍增管探测这一调制信号,并与驱动信号进行比相,比相信号的极性表明应施加校正电压的方向,在这个方向上不断施加校正电压,直到比相信号改变极性时为止。此时通过针孔的激光能量达到极大值。在各个驱动器上连续进行这一过程,经过三到四个周期,整个系统的波前误差就可以得到校正,焦斑能量集中度显著提高。图10就是该系统校正前后的静态焦斑的光强分

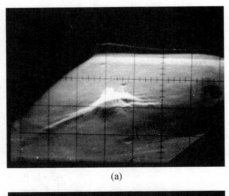

(a)

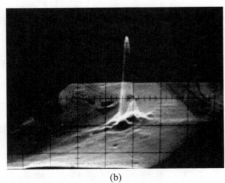

(b)

图10 "神光Ⅰ"装置经自适应
光学系统校正前后的静态焦斑。
(a)校正前,显示系统有较大像
散;(b)校正后,接近衍射极限,
中心光强约为校正前的3倍。

布图,可以看到,校正前焦斑是长形的,表明这一系统中的波前误差是以像散为主,校正后成为接近衍射极限的圆形光斑,中心光强约为校正前的 3 倍。

# 4　人眼视网膜成像自适应光学系统实现细胞尺度的观测

　　人眼作为光学系统是不完美的,除了大家都熟知的近(远)视和散光之外,还存在高阶像差。无论从内向外观察外部世界还是从外向内观察眼底,这些像差使分辨率都没有达到由瞳孔直径和视觉细胞尺度所决定的极限。近年来,自适应光学技术应用到眼科,成为国际上视觉科学和自适应光学技术研究的热点。中国科学院光电技术研究所在成功研制出微小变形镜的基础上,研制了视网膜高分辨率观测用的自适应光学系统[8],并获得了视网膜高分辨率图像。

　　如图 11 所示,人眼高分辨率成像自适应光学系统由人眼像差校正自适应光学系统和照明成像光学系统两部分组成。为测量人眼波前误差,必须在眼底形成一个发光点(信标),从这一信标发出经瞳孔出射的光束的波前误差即是被测人眼的像差。用半导体激光器产生这一信标,激光器的输出经空间滤波器和扩束镜后准直成平行光,再经反射镜和分光镜后入射进被测人眼,经人眼聚焦后在眼底形成信标光点。经眼底视网膜后向反射的信标光再由瞳孔出射,带有眼睛像差的信息,经分光镜、扩束望远镜、变形反射镜、缩束望远镜,再经分光镜反射后,进入哈特曼波前传感器。

　　波前传感器测量出子孔径光斑位置,由计算机采集并计算出每一子孔径的波前斜率,再经波前复原和控制算法的计算,得到变形反射镜每一驱动器的控制信号。这一控制信号由高压放大器放大后驱动变形反射镜实现波前校正的闭环控制。经过 20~30 次迭代,残余波前误差经校正达到极小,系统实现稳定校正。此时计算机触发闪光灯经光学系统照明视网膜成像区域。视网膜后向反射的照明光沿信标光同一光路并通过分光镜到达成像 CCD 相机,摄取视网膜图像。

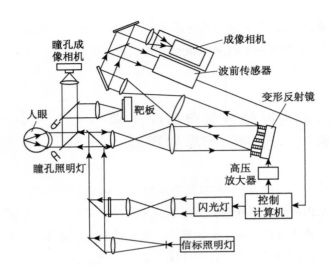

图 11　人眼高分辨率
成像自适应光学系统

　　自适应光学系统采用的变形反射镜驱动器和波前传感器子孔径的布局见图
12。97 个方形子孔径排成 11×11 阵列,与 37 个驱动器匹配。为拍摄视网膜不
同位置的图像,设置了一块带有小孔阵列的靶板,不同位置的小孔可以单独照

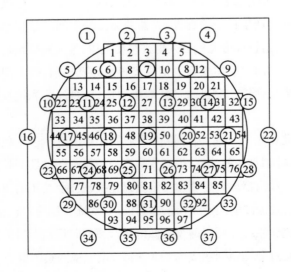

图 12　变形反射镜驱
动器和波前传感器子
孔径的布局

明,被测者凝视被照明小孔时,眼底的中心凹对准此小孔,眼球产生对仪器光轴不同的偏转,而 CCD 拍摄的是光轴区域,这样就可以获取视网膜不同横向位置的图像。靶板的视场为 ±6°×±6°。

对 22 个受试者校正前后前 35 阶泽尼克(Zernike)波前模式波前误差均方根值的平均值示于图 13。可以看到,系统对前 20 阶波前误差有校正作用。对眼底视网膜视觉细胞的成像结果见图 14,未校正前不能分辨的视觉细胞在校正后能清楚分辨。图 15 是离视网膜黄斑中心凹不同偏角的视觉细胞图,测量结果,中心凹正中和偏离中心凹 2° 和 4° 区域的视觉细胞直径分别为 3.3 μm,5.1 μm 和6.9 μm,表明偏离中心凹愈远,视觉细胞的密度愈低。

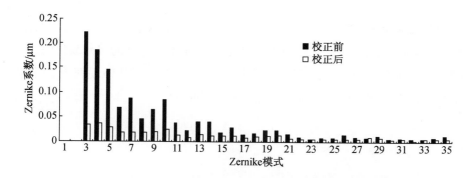

图 13    22 个人眼校正前后波前误差的前 35 阶泽尼克波前误差均方根值的均值

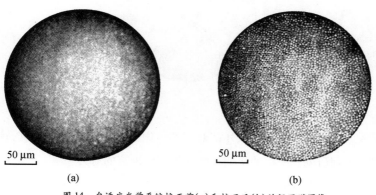

(a)                                          (b)

图 14    自适应光学系统校正前(a)和校正后(b)的视网膜图像

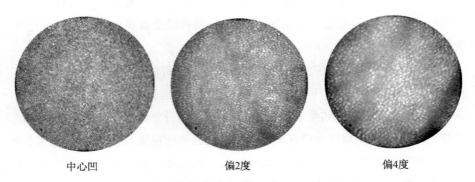

中心凹　　　　　　　　　　偏2度　　　　　　　　　　偏4度

图15　相对于黄斑中心凹不同偏离量的视网膜细胞图像

视网膜是由多层组织构成的,厚度为百余微米,为获取不同层次组织的图像,CCD 相机可沿轴向调焦,使 CCD 成像面共轭于不同深度的视网膜组织上。在离视觉细胞 81～91 μm 处,可以清晰获取毛细血管图像。图16 是两个不同横向位置上的图像,可以清楚看到毛细血管和内部的血球。

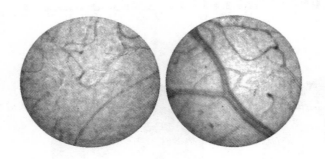

图16　黄斑中心凹周围的毛细血管图

由于人眼是人类唯一可以从外部对深部组织进行无损观察的器官,这一技术将为视觉生理研究和疾病的早期诊断提供前所未有的有力工具。

# 5  结  语

自适应光学技术具有实时克服光学系统各种动、静态误差的影响,保持系统工作在最佳状态的能力,使其不仅仅可用于上述几个方面,而且在其他领域也有许多应用。如在激光大气传输的动态误差校正,精密跟踪精度的提高,激光加工中的光束稳定、净化和整形,大型航天望远镜由温度变化和失重造成变形的补偿,自由空间激光通信大气扰动的补偿,以及医学光学仪器的分辨率提高等。随着相关技术的进步和单元技术的突破,尤其是用微电子、微机械和微光学技术制造的小型或微型的、成本低廉的单元器件(如阵列透镜、变形反射镜)的实现,自适应光学技术的应用范围将大大扩展。

此外,自适应光学的单元技术可以在更多领域中获得应用。如微位移驱动定位技术可以产生几十微米级的位移行程、纳米级的位移分辨率和毫秒级的响应速度,这在许多需要精密定位的领域中是十分需要的技术。自适应光学系统中的波前校正器,包括变形反射镜、高速倾斜镜和精密光学平移器,可以分别单独用于光学波前、光束方向和光程的精密调节,可以在多种激光和光学系统中用于光腔调整、精密跟踪和快速扫描,以及其他需要进行精密波前调整的场合。波前传感器技术如哈特曼波前探测器不仅是方便可靠的波前测量设备,还是一种性能非常好的光学测试仪器,现场使用时不需要精确的基准,因而抗干扰性强。如果采用高帧频的 CCD 探测器,还可快速记录光场的时间变化,这样,哈特曼传感器可以同时记录下光场的强度和位相时空变化的全部信息,可以全面评价激光器的光束质量,测量光学特性的动态变化,为分析被测系统提供完整的光场数据。

总之,以克服大气湍流对望远镜成像的干扰为主要目的发展起来的自适应光学技术,正在十分迅速地向各个应用领域推广。相信在不久的将来,自适应光学技术将可以在许多方面开花结果,不仅在大型科学工程中发挥其独特的作用,而且将在日常生活中发现它存在的价值。

参考文献

[ 1 ] TYSON R. Principles of adaptive optics [M]. Boston：Academic Press，1991.
[ 2 ] BABCOCK H W. THE Possibility of compensating astronomical seeing [J]. Publications of the Astronomical Society of the Pacific，1953，65：229 − 236.
[ 3 ] HARDY J W. Adaptive Optics for Astronomical Telescope [M]. Oxford：Oxford University Press 1998.
[ 4 ] 姜文汉. 现代仪器仪表技术与设计[M].北京：科学出版社,2003：1049 − 1114.
[ 5 ] RAO C H，Jiang W H，Zhang Y D，et al. Performance on the 61 − element upgraded adaptive optical system for 1. 2 − m telescope of the Yunnan Observatory [C]. Proc SPIE，2004，5639：11 − 20.
[ 6 ] 姜文汉,黄树辅,吴旭斌.爬山法自适应光学波前校正系统[J].中国激光,1986,15：17 − 21.
[ 7 ] JIANG W H，LI H G. Hartmann-Shack wavefront sensing and wavefront control algorithm [C]. SPIE Proc，1990，1271：82 − 93.
[ 8 ] 凌宁,张雨东,饶学军.用于活体人眼视网膜观察的自适应光学成像系统[J].光学学报,2004,24：1153 − 1158.

原载于《自然杂志》2006 年第 1 期

# 三维原子探针

## ——从探测逐个原子来研究材料的分析仪器

周邦新* 上海大学材料研究所

# 1  材料工程的重要性

我们把能源工程、材料工程、信息工程和生物工程作为国民经济发展的四大重要支柱,而材料又渗透在其他能源、信息和生物工程中,可以说任何先进的科学技术,都需要先进的材料来支撑。人类认识材料和利用材料的历史,与人类的进步和社会的发展历史密切相关。人类在劳动实践中发明了新的材料,并利用新的材料制造出新的生产工具,成为推动生产力发展的动力,生产力的发展又推动了社会的发展。早期的人类,在为自身生存而奋斗的过程中,只会利用天然的材料如石头、木材作为向自然界作斗争和求生存的工具,当人类发明了取火方法

* 核材料、核燃料元件专家。多年从事核材料及核燃料的研究工作,对金属材料的形变和再结晶织构进行了深入系统的研究,解决了核工程中有关材料方面的不少关键性难题和生产中的质量问题。组织领导了研究堆用低浓铀板型燃料元件的研究和锆合金及其腐蚀性能的系统研究。1995 年当选为中国工程院院士。

并利用火以后,学会了用火来烧制陶器,后来又发明了金属的冶炼和制备。由于铜的熔化温度比铁的要低很多,所以人类最早应用的金属材料是铜－锡－铅合金,称为青铜,而利用金属铁来制作工具要晚很多。铁器的硬度比青铜制品的大,制造技术也更复杂,所以人类能够用铁来制造生产工具是一次巨大的进步,也推动了生产力和社会的发展。由于材料的发明和利用,对人类的进步和社会的发展起了重要的作用,历史学家把人类在生产劳动中利用不同材料制作生产工具作为一种特征来划分时代,称为石器时代、陶器时代、青铜器时代和铁器时代。

　　20 世纪中叶以来,由于人类在科学知识方面的积累,开创了科学技术发明和经济发展突飞猛进的时代。原子弹(1945 年)、氢弹(1952 年)的研制成功,原子能反应堆(1954 年)的建造,开创了人类认识核能以及和平利用核能的新时代,形成了"核材料"这一个新的材料领域。电子计算机、晶体管(1946 年)的发明,导致了"半导体材料"的兴起。今天,信息技术和信息产业的迅速发展,又扩展为"信息材料"这一领域。现代科学技术的发展,先进机械及制造业的发展,现代交通工具的发展,现代信息科学及信息产业的发展……都需要先进材料的支撑,如高强度材料、耐高温材料、耐腐蚀材料、超导材料和各种功能材料等等。

# 2　研究材料显微组织的意义及方法

　　目前,得到应用的金属材料和无机非金属材料中的绝大部分都是晶体材料,构成材料的原子在空间按一定的规则排列。在晶体材料中原子排列的错位,构成了晶体中的缺陷;原子在局部区域内排列方向的变更,构成了取向不同的晶粒和晶界。晶粒大小、晶界和晶体中的缺陷对材料的性能影响很大。现代兴起的纳米材料就是把粉末颗粒或者是晶体中的晶粒细化到只有数十纳米(nm)的大小,这时粉末表面的原子或者是构成晶粒晶界的原子将大约占到整个原子数目的一半,使得材料具有许多特异的性能,这是晶粒大小和晶体缺陷影响材料性能的一个最突出的例子,形成了"纳米材料"这一新的研究领域。添加溶质原子后,溶质原子可能固溶在溶剂原子中,也可能与溶剂原子形成化合物,还可能偏聚在晶界上或晶体的缺陷中。这些因素对材料性能的影响很大。因而,要改善材料的性能或者是开发新的材料,必须从研究材料的微观组织结构和宏观使用性能之间的关系入手,通过改变和控制材料的显微组织来改善和提高材料的性能。

材料的性能与显微组织结构密切相关,而显微组织结构又决定于材料的成分和加工工艺。观察研究显微组织结构,并分析它们与成分、加工工艺和使用性能之间的关系,已成为开发高性能先进材料过程中一个非常重要的环节,也是材料科学研究领域里的一个重要方面。在这一环节中,如何正确利用现代分析仪器对显微组织结构进行观察研究,就成为关键的问题,而分析仪器的发展又大大地推动了该领域的研究工作。

在只有光学显微镜可以利用时,人们为了研究材料的显微组织,需要将材料表面进行研磨抛光,用化学试剂将显微组织蚀刻出来,再用光学显微镜放大观察。由于光学显微镜的分辨率受到照明光的波长和玻璃透镜的限制,而且只能观察蚀刻后的表面,显然不能满足需要。20 世纪 50 年代后,人们利用电子与物质相互作用所产生的信息,并且电子还能穿透一定厚度的物质,这样,利用电子显微镜就可以观察薄样品内部的显微组织形貌。利用电子的波动性与晶体中原子周期排列之间可产生"电子衍射"的特性,通过获得的电子衍射图像,还可以分析原子排列的周期特征,研究晶体结构。利用高能电子与原子作用可以激发原子外壳层电子跃迁而产生 X 射线的特性,同时,由于不同原子的壳层电子具有不同的能量,受激发后产生的 X 射线波长也不同,所以,测定 X 射线的波长,就可以确定被激发原子的种类;测量 X 射线的强度,就可以确定不同合金元素的含量。这样,用电子显微镜观察样品时,不仅可以看到物质一定厚度内的显微组织形貌,还可以研究晶体结构和测定样品中的化学成分。具有这种功能的电子显微镜称为分析型电子显微镜。由于电子线路的设计不断改进,机械加工精度的不断提高,电子显微镜的分辨率已非常接近原子尺度水平。但是在进行化学成分分析时,还只能获得纳米尺度空间范围内的信息,大约包含了数百个原子。20 世纪 80 年代发明的扫描隧道显微镜和原子力显微镜可以观察表面原子分布的图像,但不能确定它们是何种原子。目前,同时具有扫描隧道显微镜和原子力显微镜功能的仪器称为扫描探针显微镜。

# 3 场离子显微镜及三维原子探针

从分析逐个原子了解原子的种类,并确定它们在空间的位置,目前只有三维原子探针这种分析仪器才能完成。它能够进行定量分析,是目前最微观,并且分析精度较高的一种分析仪器,但目前还只适用于导电材料。

要了解三维原子探针的工作原理,应该先从场离子显微镜谈起,这种仪器的结构示意图如图 1[1]。一个针尖状的导电样品,放在超高真空的样品室中并冷却至 20～80 K,再充入约 $10^{-3}$ Pa 压力的惰性气体(如氦、氩或氖),根据针尖曲率半径的大小,在样品上加上 3～30 kV 的直流电压,在样品针尖处原子凸出的地方,由于电场的作用,容易将惰性气体电离,电离后气体的正离子在电场的作用下,大致沿着径向飞向荧光屏,撞击在荧光屏上产生一个亮斑,成为针尖样品上对应处一个原子的像。为了使图像得到增强,在荧光屏前面还可以放置一块"微通道板",当气体离子射入微通道板后,可以产生一束增强的二次电子,二次电子轰击到荧光屏上产生一个增强的亮斑,成为样品尖端处那个原子的图像。针尖状金属铑样品尖端处的原子像[1](图 2(a)),用圆球模拟样品尖端处原子堆跺排列的情况(图2(b)),在原子面的层与层之间,处于边缘处的原子用白色圆球表示[1]。比较左图和右图可以看出,左图中由亮斑构成一圈一圈的同心圆,正是层层叠叠原子面堆垛时,处于原子面边缘突出地方的原子像,而圆圈中的原子排列成平面,不容易将惰性气体电离,所以没有产生原子像的亮斑。观察屏至样品的距离 $R$ 与样品尖端的曲率半径 $r$ 之比是原子图像的放大倍率,一般 $R = 10$ cm,而 $r$ 约 50 nm,所以放大倍率为数百万倍。一般来说,晶体中的原子间距为 0.2～0.3 nm,如果放大倍率达到 200 万倍,原子像亮斑之间的距离可以达到 0.4～0.6 mm,人们的肉眼完全可以分辨原子的图像。这就是场离子显微镜能够观察原子图像的原理。

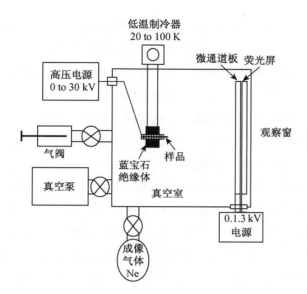

低温制冷器
20 to 100 K

高压电源
0 to 30 kV

微通道板  荧光屏

观察窗

气阀

蓝宝石
绝缘体

样品

真空泵

真空室

0.1.3 kV
电源

成像
气体
Ne

图1  场离子显微镜结
构的示意图[1]

直接观察到的原子图像

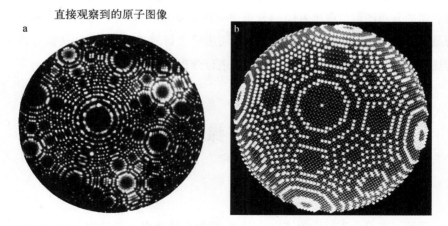

a

b

图2  场离子显微像及其模拟像：(a) 金属铑样品在20 K/7 kV 氦成像气体中得到的像；(b) 用小球模拟原子的堆垛，白色小球表示原子层与层堆垛时突出的地方，这些地方的原子容易使成像气体电离而成像。

在强电场作用下,样品尖端处的原子也会以正离子状态离开表面。如果在观察原子像的荧光屏上打一个直径 2 mm 的孔,倾动试样,把要研究的原子像对准孔,然后在样品上叠加脉冲电压,使得要研究的原子离开样品尖端的表面,飞向荧光屏并通过孔洞,再用"飞行时间质谱仪"测定该离子的电荷与质量比,就可以确定该原子的种类。当原子获得动能离开金属表面成为离子穿过荧光屏上的小孔,并在质谱仪的"漂移管"中飞行时,它获得的动能与它的电荷数和激发它电压有关,而动能又是质量和速度的函数,所以只要能测出离子达到探头的飞行时间,就可以知道离子的飞行速度,由于激发电压是已知的,这样就可以求出该离子的质量与电荷比,得出这是什么元素的离子,还可以确定它们的价态和它们的同位素。这就是 1968 年 Muller 等发明的一维原子探针。1988 年 Cerezo 等制造出具有"位置敏感探头"的原子探针,但同时只能探测两种元素的原子。1993 年 Blavette 等采用 96 通道多阳极探头,同时可以检测多于两种元素的原子,成为三维原子探针[2]。近十年来,对探测系统的不断改进,同时计算机功能的不断扩展,数据采集和处理系统更加完善,三维原子探针的操作也更加简便。原子是逐层蒸发逐层探测,数据经过计算机采集处理,再重新构建不同原子在三维空间的分布图形。深度方向的分辨率大约是 0.06 nm,水平方向的分辨率大约是 0.2 nm,后者主要是由于原子蒸发飞出后飞行轨道失真引起,这也与原子的热振动有关,因此,样品需要在低温下进行分析。

# 4　三维原子探针的应用

## 4.1　钢中析出的铜原子团簇

我国正在努力进行能源结构的调整,积极发展核电。这是为了满足电力增长的需要,也可以逐步减轻环境污染。我国中长期发展规划已经确定,到 2020 年核电的装机容量将达到 40 GW,占整个发电装机容量的 4%。在压水堆型的核电站中,压力壳是核反应堆的一个重要部件,在压力壳内包容了核燃料元件、控制元件、一回路高温高压冷却水等,需要承受约300℃的高温和15.5 MPa的压力,它的可靠性直接关系到反应堆的运行安全。一座功率为100万千瓦的核电站,它的压力壳大约重400 t,高约13 m,直径约4.5 m,是一个庞然大物。压力壳采用低合金钢经过铸锭、锻造、焊接加工而成。压力壳在服役时,受到来自反应堆堆芯高能中子的辐照,会引起钢中原子在晶体中的位移,使晶体点阵结构遭到破坏,其结果会引起硬度增加,脆性转变温度升高,使材料的力学性能向着坏的方向变化,称为辐照脆化。早期的压力壳设计寿命是20年,后因钢材的质量改进,设计寿命成为40年,并希望能达到60年。

压力壳钢的辐照脆化与钢的成分有关,特别是与钢中所含的杂质元素铜和磷等有很大的关系。法国 Chooz A 核电站(现已退役)的监督计划开始于1970年,压力壳钢的试样放在反应堆堆芯中随堆辐照,定期取出进行力学性能测试,监督钢材的性能变化。钢材的脆性转变温度随着受到中子注量的增大而增高,当中子注量达到 $10 \times 10^{23}$ nm$^{-2}$ 时,脆性转变温度高达145℃。用三维原子探针分析样品中显微组织的变化[3],可观察到有溶质原子团簇析出,直径大小为2~6 nm,平均为3 nm,密度为 $10^{24}$ m$^{-3}$。析出的原子团簇中除了含有硅、镍、锰外,主要含铜,铜的最高含量是钢中平均含量的60倍。析出原子团簇的分布如图3,图中只画出了铜原子的位置,每一个小点表示检测到的一个铜原子,原子

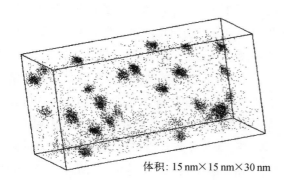

体积: 15 nm×15 nm×30 nm

图3 中子辐照诱发压力壳钢中析出富铜的原子团簇,图中只画出了铜原子的分布,每一个小点表示测量得到的一个铜原子[3]

团簇的密度相当高。三维原子探针的分析结果证实了铜原子团簇的析出是压力壳钢辐照变脆的主要原因,这为如何改进压力壳钢的质量提供了科学依据,只要严格控制钢中杂质铜的含量,就可以改善压力壳钢的辐照变脆的问题,延长核反应堆压力壳的服役寿命。

## 4.2 Cottrell 气团的直接观察

20 世纪 90 年代末,Wilde 在英国牛津大学材料系 Smith 教授指导下攻读博士学位时,用三维原子探针观察到碳原子在低碳钢晶体的缺陷——位错附近偏聚的图像[4],直接证明了英国学者 Cottrell 教授在半个世纪前提出的理论。他把这个结果写信告诉了当时已经 80 多岁高龄的 Cottrell 教授,Cottrell 感到非常高兴,因为在他有生之年终于用实验方法直接观察证实了自己早年提出的理论,他亲笔给 Wilde 写了回信。Wilde 非常珍惜这封信,用镜框把它镶嵌起来珍藏。科学的进步和发展,需要人们不断的探索,一个新的理论提出来后,有时需要经过长时间的努力才能得到证实。为了说明这件事情的科学意义,还需要追述半个多世纪以前人们在实践过程中观察到的现象。当时人们用拉伸试验测定低碳钢的强度时,发现拉伸载荷达到一定大小时样品会突然发生变形,这时样品伸长变形的速度大于拉伸的速度,在记录载荷和样品伸长的关系图中,可以看到载荷突然下降,并且在载荷不增加的情况下变形还可以持续发生,只有经过一小段变形后,才会出现硬化,这时要使样品继续发生变形,必须增加载荷。如果样品事先经过弯曲等其他方式的变形后再进行拉伸,这种现象就不会出现,但是经过 100℃ 以上加热冷却后再进行拉伸,这种现象又会出现。1949 年,Cottrell 和 Bilby 对这种现象提出了一种解释:认为碳原子会偏聚在低碳钢中晶体缺陷(位错)附近,形成"atmosphere"对位错产生了钉扎作用,而金属晶体的变形就是这种位错的运动和增殖过程,作用在样品上的应力一旦超过碳原子"atmosphere"的钉扎力,位错就会摆脱钉扎而发生运动。我国学者葛庭燧教授将"atmosphere"翻译为"气团",称为"Cottrell 气团"。Wilde 用三维原子探针直接观察到位错附近的碳原子"气团",证实了 Cottrell 的理论。研究溶质原子对位错的钉扎是了解合金元素影响金属材料各种力学性能的重要基础,从那时起,溶质原子与位错的弹性交互作用就受到广泛注意。尽管后来用电阻和内耗(金属晶体中一种阻尼特性的表征量)测量都可以间接证实 Cottrell 气团的存在,但是,要直接观察证实 Cottrell 气团,只有用三维原子探针进行分析才能完成。

Wilde 观察到低碳钢中碳原子的 Cottrell 气团图像,不如后来 Menand 等在铁–铝合金中观察到硼原子气团的图像清晰[5]。铁和铝的原子在晶体中相互交替呈有序排列,称为有序结构,其中含有 400 ppm 硼原子。三维原子探针的分析结果(图 4),图中画出了铝原子的位置,但是只给出了一层铝原子的分布,图中没有给出铁原子的分布。从图中可以分辨出由铝原子构成的原子面,晶面间距约为 0.29 nm。如果我们进行以下的操作,可以在被观察的晶体范围内找到一个位错:先从前面由左向右数到第 21 排原子面,然后沿着这排原子到后面,再从右到左数到开始计数的那排原子,共有 22 排原子面,比原来多了一排,这说明有半排原子终止在被观察的晶体范围内,就像图的左上角画出的示意图那样,在半排原子面终止的地方构成了晶体中的缺陷——位错。用红色小点画出了硼原子的位置,由于它们比较稀少,将红色斑点画得大一点,从图中可以看出硼原子围绕着晶体中的位错成细圆柱状分布,成为 Cottrell 气团。气团中硼的最高含

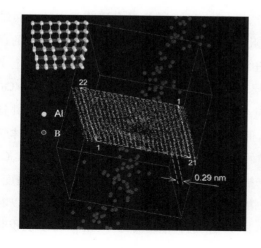

图 4　图中标出了一层截面上的铝原子,从这截面上可以分辨出一排排的铝原子。在观察的范围内存在一个"位错",构成位错时原子面排列的示意图画在图的左上方,硼原子围绕着位错呈细柱状分布,成为 Cottrell 气团[5]

量为3%(原子百分比),平均含量为2%(原子百分比),是硼添加量400 ppm 的
50倍,这说明大部分的硼原子会聚集在晶体缺陷周围。从图中硼原子的分布状
况看,Cottrell 最初称为"atmosphere"以及葛庭燧翻译为"气团"都是对实际情况
最恰当的描述。

## 4.3  多层薄膜材料层与层之间界面的分析

近年来多层功能薄膜材料受到越来越大的关注,因为它们具有许多奇特的
性能。这种多层薄膜是由两种或多种元素或化合物交替沉积而成,每层的厚度
只有1~5 nm,其中包含了几层到十几层原子。层与层之间的粗糙度以及不同
元素之间相互的混合情况(原子之间的相互扩散情况)对薄膜的性能有很大的
影响,这又与制备薄膜时的工艺参数有很大的关系,哪怕是真空度的微小差别也
会产生很明显的影响。要研究这种不同原子层之间的问题,即使应用高分辨透
射电子显微镜也是很困难的事情,因为电子显微镜不能识别不同原子,这需要用
三维原子探针来分析。但是要垂直于薄膜的生长方向制作针尖状的样品,要使
针尖状样品的轴向与数百纳米薄膜的厚度方向平行,的确是一件不容易的事。
Larson 等利用聚焦离子束加工方法成功地解决了这一难题,得到了很好的
结果[6]。

用三维原子探针分析镍(Ni)、铜(Cu)和钴(Co)在多层薄膜中的分布结
果[6](图5)。这是一种具有巨磁阻现象(GRM)的功能薄膜材料,用作数据的存
贮和记录。薄膜是在高真空环境中采用溅射沉积的方法制备,在硅的基片上交
互沉积不同元素组成的薄层,每层薄膜的成分及厚度是: Ni-20Fe(5 nm)/Co-
10Fe(4 nm)/Cu(3 nm)/ Co-10Fe(4 nm)。可以分辨出一层一层的原子面,并且
可以看出每一层的成分虽然不同,但它们在沉积生长时都是沿着同一个晶体学
⟨111⟩方向生长,这对于提高薄膜的性能也是一个重要的因素。如果将 Ni、Cu
和 Co 原子的分布分别用三张图来描述,可以很方便地看出各层界面的粗糙度、
界面处不同原子之间的扩散混合情况。从跨越界面作成分的定量分析可以看
出,CoFe 在 Cu 上沉积时,Co 和 Cu 原子之间的扩散距离比 Cu 在 CoFe 上沉积时

的大,分别为(1.08 ±0.18)nm 和(0.4 ±0.14)nm。这种精确的分析结果可以为提高薄膜的性能以及如何控制工艺参数提供依据。

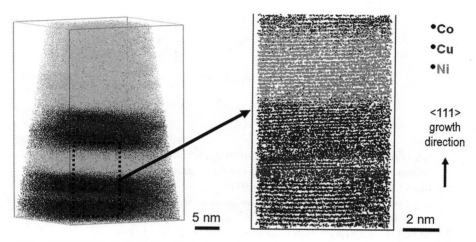

图 5   多层薄膜中 Ni、Cu 和 Co 原子的分布图,体积约为 20 nm × 20 nm × 35 nm,选区中的放大图在右边,可以分辨出一层一层的原子面[6]

# 5   结 束 语

材料的性能与显微组织结构密切有关,而显微组织结构又决定于材料的成分和加工工艺。观察研究显微组织结构,并分析它们与成分、加工工艺和使用性能之间的关系,已成为开发高性能材料工作中一个非常重要的环节。在这一环节中,如何正确利用现代分析仪器对显微组织结构进行观察研究,就成为关键的问题。而对于观察研究纳米尺度的一些显微组织结构问题,则要求分辨率更高的分析仪器。

三维原子探针可以获得纳米三维空间内不同元素原子的分布,分辨率接近原子尺度,在研究纳米材料问题时有着无法替代的作用。纳米尺度原子团簇的析出,以及合金元素在界面上的偏聚等,对材料性能有着重要的影响,研究这些问题正是三维原子探针分析仪器的特长,它不仅在研究纳米材料方面,而且在研究常规金属材料方面都可以发挥重要作用。

参 考 文 献

[ 1 ] MILLER M K, CEREZ O A, HETHERINGTON M G, et al. Atom probe field ion microscopy [M]. Oxford: Oxford Science Publications, 1996

[ 2 ] BLAVETT E D, DECONIHOUT B, BOSTEL A, et al. The tomographic atom probe: A quantitative three – dimensional nanoanalytical instrument on an atomic scale [J]. Rev Scient Instrum, 1993, 64: 2911.

[ 3 ] AUGER P, PAREIGE P, WELZED S, et al. Synthesis of atom probe experiments on irradiation – induced solute segregation in French ferritic pressure vessel steel [J]. J Nucl Mat, 2000, 280: 331 – 344.

[ 4 ] WILDE J, CEREZO A, SMITH G D W. Three – dimensional atomic – scale map ping of a Cottrell atmosphere around a dislocation in iron [J]. Scripta Mater, 2000, 43: 39 – 48.

[ 5 ] MENAND A, DECONIHOUT B, CADLE E, et al. Atom probe investigations of fine scale features in intermetallics [J]. Micron, 2001, 32: 721 – 729.

[ 6 ] LARSON D L, PETFORD – LONG A K, MA Y Q, et al. Information storage materials: nanoscale characterisation by three – dimensional atom probe analysis [J]. Acta Materialia, 2004, 52: 2847.

原载于《自然杂志》2005 年第 3 期

# 百年来物理学和生命科学的相互影响和促进

冼鼎昌 * 中国科学院高能物理研究所

## 1 20 世纪中发展最快的两门科学

21 世纪已经过去 5 年多了。在 20 世纪中,科学技术有了空前迅速的发展,许多人认为,自然科学发展最迅速的有两门学科,在前 50 年是物理学,在后 50 年是生命科学。

随着 X 光的发现,物理学进入了现代物理学的阶段,建立了量子论、相对论、量子力学,和基于其上的物质结构的科学,可以说物理学的发展奠定了当代

---

\* 理论物理学家、同步辐射应用专家。领导建成我国第一个同步辐射实验室,并开展了我国的同步辐射应用领域研究。与国外同时提出 X 光光声 EXAFS 的设想,开展实验并进行了这方面的理论研究。领导建成我国的同步辐射生物大分子晶体结构研究平台,并组织开展在平台上的合作研究。在粒子理论方面,发展了相对论不变的相空间计算方法、格点规范场理论中的累积量变分法、波函数计算的解析延拓法等,在经典规范场、介子四维波函数和格点规范场理论研究中取得多项重要成果。1990 年获国家科技进步奖特等奖。1991 年当选为中国科学院学部委员(院士),2002 年当选为第三世界科学院院士。2014 年去世。

物质文明的基础。物理学的发展把人类对世界的认识带入了微观和高速的领域,不但如此,进一步的发展还改变了我们对整个宇宙的认识。以前对宇宙的讨论好像只是哲学家的专利,但是由于天体物理学和宇宙学的进展,人们把对宇宙的研究建立在观测和综合全部科学知识的基础上,开始了对宇宙的早期、宇宙的年龄、宇宙的边界和宇宙的将来的讨论。目前对世界的探索,小尺度细微到基本粒子,大尺度巨大到整个宇宙,这是人类在 20 世纪头 50 年的丰功伟业,其中物理学起了十分关键的作用。

在 20 世纪后 50 年,生命科学发展极为迅速。遗传到底是不是因为遗传物质的存在,这是争论很久的问题。在 50 年代里中国和前苏联的教科书还告诫学生,说遗传物质存在是唯心主义的、错误的。其实正是在那个年代,生命科学得到了革命性的进展,不但证明了遗传物质的存在,而且确定了它的分子结构。生命体的特性怎样从一代遗传到另外一代呢? 是不是有遗传密码? 通过实验证明,遗传密码的确存在,而且就存在于遗传物质的特定结构里。从此,科学家把生命科学建立在分子水平上,就像物理学发展一样,从宏观进入微观,迈出了革命性的一大步。其后生命科学的进展极为迅速,人类在新的基础上重新认识他们自己和世界上的生命现象,在这过程中物理和生命科学这两个学科互相促进,其中的一些故事将在这篇文章里讲到。

## 2　X 光和世界的微观结构

先从物理学的发展讲起。进入 20 世纪之前,物理学发展的一件历史性的事件就是发现了 X 光。X 光是在 1895 年德国乌茨堡物理学院的伦琴(W. Röntgen)教授发现的。这种光肉眼看不见,但是它能使得照相底片感光。它有很大的穿透能力,甚至可以透过肌肉在底片上显示出里面的骨头。因为发现 X 光,伦琴得到了有史以来第一次(1901)颁发的诺贝尔物理学奖。不过在当时,X 光对人类认识世界的革命性影响还没有完全显示出来,有待其后的科学发展。

最初人们虽然相信 X 光是电磁波,但是却不能验证 X 光具有熟知的电磁波性质,如反射、折射和衍射的现象。所谓衍射,就是光经过一个障碍物之后强度会重新分布,有些地方强一点,有些地方弱一点。比如说障碍物是一个栅格,在后面放一块照相底片,光经过栅格后使底片曝光,但得到的不是栅格的像,而是在底片上不同地方光的强度有不同分布的一个图样。这个现象叫做衍射,底片上的图样叫做衍射花样(图 1)。大家不清楚这到底是什么光,就把它叫做 X 光。

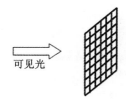

可见光

图 1　可见光经过栅格后
出现衍射花样

在德国南部的慕尼黑大学里有一位理论物理学家叫做劳厄(M. von Laue),他提出一个看法,由于要得到衍射的现象,光的波长必须和阻挡光的障碍物的尺度差不多,既然实验所用的栅格已经比厘米小得多,可是还看不见衍射现象,这就说明一个事实:X 光的波长比栅格的尺度要小得多,因此他认为 X 光的波长可能和原子的尺度相同。原子的尺度是埃(Å)。一埃是一厘米的一亿分之一,是很小很小的长度。1912 年,劳厄找了慕尼黑大学物理系实验室的两位年轻人来做 X 光衍射实验。原子尺度的网格怎么制造呢? 很简单,因为大自然中存在许多矿物晶体,晶体里的原子有着很规则、很对称的空间结构,其中有些就像三维的网格一样,这种网格的尺度当然是原子的尺度了,他就建议用这样的晶体作为“网格”来进行衍射试验。这两个年轻人按照他的想法做实验,果然 X 光在经过矿物晶体后发生了衍射,使放在后面的照相底片感光,出现了衍射花样(图 2)。这是一个十分重要的发现。它证明了 X 光是波长很短的电磁波,波长的数量级是埃,还有一点,它提供一种探测以原子为基元的晶体物质结构的手段——

通过衍射斑点的分布回推晶体物质内部的原子结构。这就是科学家在其后几十年间发展起来的 X 光晶体学。因为这个了不起的成就,1914 年劳厄被授予诺贝尔物理学奖。

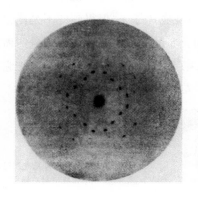

图2　劳厄等人得到的第一张 X 光衍射花样

　　劳厄在 1912 年的工作一经报道,立即引起在英国两位物理学家——布拉格父子(W. H. Bragg 和 W. L. Bragg)的高度重视,充分认识到 X 光衍射在分析晶体物质内部微观结构的极端重要性,他们系统地发展了这种手段,并创造了许多精密的仪器。特别是小布拉格,他本人是很好的实验物理学家,又有很好的理论物理素养,在创立和开拓 X 光晶体学这个领域作出巨大的贡献。他们创立的理论和实验方法不但应用于无机的晶体物质,还在有机化学、土壤、金属的研究上起了巨大的作用。1915 年,父子俩因为这方面的成就共同获得了该年度诺贝尔物理学奖。我们将要看到,诺贝尔奖并没有使小布拉格停步,后来在他的领导和推动下把这个方法推广到生物学研究,开辟了生命科学的一个新时代。

　　关于物理学的故事就讲到这里,以下讲的是从 20 世纪——特别是在 20 世纪后 50 年生命科学发展的一些故事,希望通过它们能够增进读者对物理学在其中的重大作用的了解。

# 3　蛋　白　质

　　1900 年,生命科学面临一个飞跃。当时已经建立了细胞的学说:细胞是生物的一种基本单元,细胞有一个细胞膜,里面有细胞质,包围着一个细胞核,细胞核当然也由一个膜包着。现在回头看,那时对细胞的认识太过简单了。随着物理学的介入,现在人们知道,细胞有着比那种学说复杂得多的结构。

　　细胞里有几千种分子,和我们的生命有关的,主要有两类大分子(一个大分子一般含有一万个以上的原子),一类叫做蛋白质,占大部分,还有另外一类叫做核酸,占少部分。这两种大分子起着生命过程中最重要的两个功能:蛋白质是生命功能的基本执行者,我们的新陈代谢、呼吸消化,无一不是通过它们;核酸是遗传功能的执行者,它传递遗传信息和给出指令,告诉细胞在繁殖时怎样来执行遗传命令。

　　先来看蛋白质,在 20 世纪初就已经从化学上弄清楚蛋白质是由氨基酸组成的一种链状的结构。人体的氨基酸主要有 20 种,如果把氨基酸比成宝石,不同的氨基酸比成不同颜色的宝石,那么蛋白质就是由 20 种颜色不同的宝石串成的链子,活性蛋白往往由两条以上的链子组成,这是它的化学结构。如果说蛋白质可以结晶,有一定的空间结构,许多人觉得难以相信,因为一说起晶体,人们就想到水晶、钻石,稀汤汤的鸡蛋清怎么能够和它们联系起来呢? 然而,事实就是这样。1934 年,贝尔纳(J. D. Bernal)和他的博士生霍奇金(D. Hodgkin)在英国剑桥大学的卡文迪什研究所里得到了第一张蛋白质的 X 光衍射图,受到他从前的导师、老布拉格的高度称赞,因为这个发现不但说明蛋白质具有晶体的空间结构,而且开辟了 X 光分析在生命物质领域中宽广的应用领域。

　　不过完全弄清楚蛋白质的结构是一件十分艰巨的工作,因为分子里的原子数目太多了。人类研究的第一个蛋白质晶体结构科学家佩鲁茨(M. Pereutz)从1936 年开始在卡文迪什研究所里研究的血红蛋白。两年之后小布拉格担任该研究所的所长,他不但大力帮助佩鲁茨的工作,还参与合作研究。经过将近20年的努力,发展了种种必要的实验方法和计算方法,才把这个蛋白质的结构解了出来。

人类研究的第二个蛋白质结构是肌红蛋白,那是在1946年由肯德鲁(J. Kendrew)开始研究的。肯德鲁在二战中参加过雷达站工作,深知电子计算机的威力,战后他来到卡文迪什研究所,把计算机引进到生物大分子结构的研究中,从此电子计算机成为这个研究领域中不可或缺的工具。

到了50年代后期,肌红蛋白和血红蛋白的结构先后被解出,佩鲁茨和肯德鲁在1962年共同获得诺贝尔化学奖。说到这里,我们特别要对佩鲁茨的研究表示敬意,在他着手研究血红蛋白时,世界上研究过的最复杂的分子只含58个原子,而血红蛋白却有一万多个原子!只是由于他的锲而不舍的工作精神和所长小布拉格的巨大帮助才最终登上了破解这个庞大结构的科学高峰。

现在可以回答生命的功能从何而来的问题了。我们能够呼吸,我们的肌肉有力气,起作用的蛋白质的功能是从哪儿来的?回答是:因为它有空间结构。我们在前面把蛋白质的结构比成20种宝石串成的链,但是这条链在某些地方要卷曲成为螺旋形状——这首先是美国科学家鲍林(L. Pauling)发现的,在某些地方要弯转、在某些地方要折叠,正是这种特定的空间结构和它的微细变化给出蛋白质的功能。图3是血红蛋白的示意图,它由两对共四条链子组成,第一对链子(α链)各由144块宝石串成、第二对链子(β链)各由143块宝石串成,每根链子卷曲围绕一个血红素,其中有一个铁原子,它在富氧的环境下吸附氧分子,在缺氧的环境下释放氧分子,在过程中链子之间的宽度会改变,就这样起着运输氧、清除二氧化碳的功能。

后来物理学家发明了电子显微镜,放大倍数比光学显微镜高千倍以上。在电子显微镜下,细胞的结构比早年的了解要复杂得多:细胞核有核膜、核仁、染色体;细胞质里有线粒体、中心体、高尔基体、基质;甚至细胞膜也有很多结构。电子显微镜是20世纪一种新物理——量子力学的产物。量子力学告诉我们,所

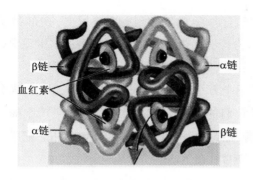

图 3　血红蛋白的结构。它由两条 α
链和两条 β 链组成，各围绕一个血红
素，每个血红素中有一个铁原子

β链
血红素
α链
α链
β链

有的粒子都有波动的性质。光是一种波动，可以用透镜来聚焦、放大，这种透镜
是我们习惯用的玻璃透镜；现在量子力学告诉我们，电子也是一种波动，既然是
波动，它应当也可以用透镜来聚焦、放大。只不过用的不是光学显微镜所用的玻
璃透镜，而是针对电子有电荷，用的"透镜"是由电磁线圈制成的。这是物理学
和生命科学结合的又一个例子，直到现在，电子显微镜还是研究生物结构必不可
少的工具。

# 4　核　　酸

　　现在让我们来看细胞里另一种重要的大分子 —— 核酸。在 20 世纪头 50
年已经弄清楚，有一种核酸叫做 DNA，是学名"脱氧核糖核酸"的简称，还有一种
叫做 RNA，是学名"核糖核酸"的简称。DNA 主要在细胞核里，现在知道，DNA
是组成基因的分子。

　　基因是什么意思呢？基因是遗传物质，是控制生物遗传性状的基本单位。
虽然很早科学家就提出 DNA 和遗传有关，是基因的分子，有很多人进行探索，经
过相当长久的研究在 50 年代才最后得到确认。确认的办法是用原子核物理学
中发展起来的同位素示踪方法来进行的。这是个遗传学革命性的新领域（噬菌

体研究），是由一位原来研究量子力学的理论物理学家德尔布吕克（M. Delbrück）开拓的，他和另外两位科学家获得了1969年的诺贝尔生理学或医学奖。

从化学成分上讲，DNA是由成千上万个小分子（脱氧核苷酸）组成的大分子，这些小分子一共只有4种，以它们的碱基——腺嘌呤（Adenine）、胞嘧啶（Cytosine）、鸟嘌呤（Guanine）和胸腺嘧啶（Thymine）来区别，习惯上用它们学名的头一个字母：A、C、G、T来简记。所以在以下我们简单地说，构成DNA的组元只有4种，每种含有同样的脱氧核糖和磷酸，和一种不同的碱基，而且DNA是由这些小分子串成的链状大分子。

再讲RNA（核糖核酸）的化学成分。它基本上和DNA类似，是由许许多多小分子组成的链状大分子，也是只有4种组元，每种含有同样的核糖和磷酸和4种碱基——A、C、G、U中的一种，U是尿嘧啶（Uracil）的简记。

现在必须回答一个问题：从化学上讲，DNA的组元是相当简单的，它们如何储存巨大的生命遗传信息呢？其实，简单的组元并不意味它对储存复杂、繁多的东西无能为力，好比建筑，砖块、木头、钉子这些材料可谓够简单了，但是由它们可以构成宏伟的宫殿、巨大的仓廪，所以很容易推想遗传信息一定是藏在这么简单的组元建成的结构里。这个观点最早是一个叫做薛定谔（E. Schrödinger）的奥地利理论物理学家提出来的，他是量子力学的始创者之一，曾得到1933年诺贝尔物理学奖。1943年在欧洲大陆战火连天时他在英国写了一本叫做《生命是什么》的小册子，在这本书里头提出了一些非常有远见的、到现在看起来大部分得到证实的观点，其中的几点是：第一，遗传物质是一种有机分子；第二，染色体里的基因，它们的活动决定遗传；第三，一定有遗传密码，遗传密码决定了遗传性；第四，基因应该具有晶体结构。

1951年，在卡文迪什实验室来了一位叫做沃森（J. Watson）的年轻的美国博士后，他和原来在佩鲁茨组里做蛋白质研究的克里克（F. Crick）合作，研究DNA的结构。这两个人都读过《生命是什么》这本书，深受启发，他们研究所用的方法就是X光晶体学的方法。

　　DNA 结构的发现是主要在英国和美国几个实验室间一场激动人心的科学竞赛，1953 年，克里克和沃森发表了一篇 900 字的论文，提出了 DNA 的双螺旋空间结构模型。这个结构得到伦敦国王学院的富兰克林（R. Franklin）和威尔金斯（M. Wilkins）的证实。

　　所谓双螺旋结构，可以想象为一把扭曲成麻花状的梯子（图 4）。这把梯子由两条核苷酸链构成，梯子的两条腿由每条链的核苷酸中的磷酸和脱氧核糖串接而成，至于架在两条腿之间的踏板，因为不久前生物化学家已经确定 DNA 的 4 种碱基必定按 C－G 和 A－T 配对，所以顺理成章由两条链的碱基按照配对原则共同构成。因此，从结构上说，知道 DNA 的一条链就足够了，从配对原则可以得出另外一条链的完全知识。这一点在遗传的转录过程中非常重要。

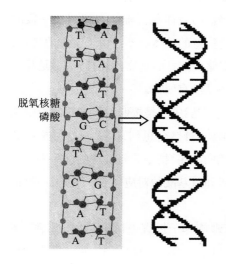

脱氧核糖
磷酸

图 4　DNA 的双螺旋结构。DNA"梯子"的两条腿由磷酸和核糖构成，"梯子"的"踏板"由四种碱基按配对原则：C－G、G－C、A－T、T－A 构成（图左），"梯子"经扭曲成为双螺旋结构（图右）

　　至于 RNA，后来费了很大功夫发现它们是单链的结构，虽然有的可以部分地扭曲或弯转，不过不同的 RNA 形状有所不同，不像 DNA 有确定的双螺旋空间结构。

　　由于双螺旋结构的发现,克里克、沃森和威尔金斯被授予1962年的诺贝尔生理学或医学奖。女科学家富兰克林没有分享这个荣誉,因为她已于1958年去世。

　　DNA双螺旋结构、血红蛋白结构和肌红蛋白结构的建立,宣告一门新的学科 —— 分子水平的结构生物学的诞生。

# 5　遗传密码

　　虽然DNA的双螺旋结构确定了,但是,遗传密码在哪里?

　　这是一个由来已久的问题,一直没有得到回答。在化学家弄清楚DNA的四种组元之后,由于它们包含的小分子实在太过简单了:磷酸、糖、4种碱基,它们怎么能够成为如此复杂而且巨量的遗传信息的载体呢? 难怪有相当长一段时间,人们愿意相信比较复杂的蛋白质是遗传信息的载体。不过由于实验的进步,才证明了遗传信息确实是在DNA中。现在储藏信息的仓廪已经打开,可是我们只看到一把扭曲的梯子,由来已久的问题还是没有回答。

　　在细胞繁殖过程中,要产生新的蛋白质,它们应当是按照遗传密码的指令来产生的。既然蛋白质和DNA都是链状的结构,自然会想到,DNA双螺旋梯子的踏板 —— 碱基对,可能就是遗传密码,它们的次序,指令着氨基酸的次序来产生蛋白质。如果这是确实的话,就要回答密码和氨基酸的对应问题。可是,一讨论这个问题,麻烦就来了。

　　为了说明这个麻烦,最好先把DNA双螺旋梯子扳直来讨论。容易看到(图4的左图),整把梯子只有四种踏板:A-T、T-A、C-G和G-C,如果每一种踏板对应一种氨基酸的话,那只能指令4种氨基酸的生成,而蛋白质的氨基酸数目有20种,不够! 那么,相邻两块踏板是一个密码呢? 也不够,因为这样只能有$4 \times 4 = 16$个遗传密码。如果相邻三块踏板是一个密码,这样构成的密码数目有$4 \times 4 \times 4 = 64$种,太多了!

1954年,一位叫做加莫夫(G. Gamow)的理论物理学家提出了一个方案来解决这个问题。加莫夫在量子力学和宇宙生成的宇宙学两个领域中有很大的贡献,提出过隧道效应和宇宙生成的大爆炸理论。他不但注意到DNA梯子只有4种不同的踏板和它们的组合构成遗传密码,而且提出应当采取相邻三块踏板是一个密码的方案,至于构成的密码比20个多的问题怎么办?在量子力学中有所谓"简并"的现象,援引过来就是说,在上述64种可能的组合中,不止一种组合对应着同一个氨基酸的情况是容许的。这样,矛盾也就不存在了。他把这个方案称为"三联体密码方案"。当然最初这只是一个假说,后来生物学家用了好些年功夫从实验上证明这个方案是正确的,一直到1966年才把所有的密码完全确定下来。现在人们知道了:基因是DNA上带有遗传信息的一段,它有开始和结束的标志(图5)。

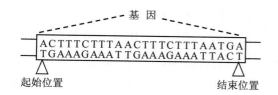

图5　基因就是DNA中含有遗传密码的一段序列,有着起始和结束的标志

# 6　遗传密码的读出和蛋白质的生成

遗传密码是怎样指令蛋白质的制造呢?

人们曾经相信,DNA是装配蛋白质的模板,蛋白质就在它们上面合成的。如果是这样,那么在产品附近应当可以找到它们。可是在蛋白质装配的场所细胞质里没有发现DNA,DNA在细胞核的染色体里,核膜把它们和细胞质完全隔离。倒是在合成蛋白质处可以找到大量的RNA。这样看来,DNA不可能是装配

蛋白质的模板,说它是图纸还可以,但是模板应当是RNA。最合理的蛋白质合成流程应当是:DNA→RNA→蛋白质。后来这个观点得到实验的证明,在细胞核中储存在DNA里的遗传密码被用某种方法读出,转录到RNA上,然后这个录有遗传密码的RNA穿过核膜,到达装配台上,作为模板,开始蛋白质的合成过程。

　　现在可以讲密码怎样从DNA转录的RNA上的故事了。在细胞核里就有着组成RNA的4种组元:A、U、C、G,在合成蛋白质时,第一步过程是:DNA上的一段基因松开(图6),其中一条上面的每一种组元按配对原则:C-G、G-C、A-U、T-A,在转录RNA酶作用下,各自找到对应的RNA组元,这条DNA链子的组元次序装配成对应的RNA链(在图6中,装配方向由左到右),当装配到达结束标志时,过程完成,DNA上的这一段信息就被转录在新装配成的RNA上。过程的动力来源,是细胞里的ATP(三磷酸腺苷)。因为RNA组元U与DNA组元T的对应关系,新装配成的RNA所含的信息与DNA上面的那条链是完全对应的(在图6中,不难看到新装配的RNA链和最上面的那条DNA链的完全对应关系)。在完成转录后,DNA结构恢复双螺旋的形状,而装配出来的RNA单链,由于它带着遗传信息,在下一步的蛋白质合成中起关键的遗传作用,被称为"信使RNA",简写为mRNA,其中小写"m"是英语"messenger(信使)"的字头。

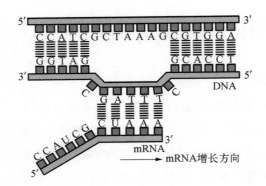

图6　遗传过程的开始:遗传密码从DNA转录到mRNA上。转录时DNA双螺旋的一段基因松开,其中一条链上的每一种组元按配对原则:C-G、G-C、A-U、T-A在转录酶作用下,各自找到对应的RNA组元装配成mRNA。遗传信息完整地被录在单链的mRNA上

接着是第二步过程。mRNA 可以通过核膜上的小孔,到达外面细胞质的工作台 —— 核糖体上躺下,作为模板,开始蛋白质的装配(图 7)。这个过程,除了需要能量外,还要有搬运工和装配工的共同协作。搬运工叫做"转移RNA",简称 tRNA,其中小写"t"是英语"transfer(转移)"的字头。它们的一头是 3 个 RNA 的碱基,另一头拖着由这三个碱基确定的氨基酸进行搬运。形象地讲,每个 tRNA 好比一个佩戴着 3 个徽章(RNA 的碱基)的搬运工,戴不同徽章组的搬运工拖着不同的氨基酸。由于氨基酸有 20 种,所以这样的搬运工有20 种以上,因为按照"简并"的原则,有一些戴着不同徽章组的搬运工拖的是同一种氨基酸。搬运工能够通过自己佩戴的 3 个徽章按照配对的原则认识模板上的三联密码和次序,把自己专管的氨基酸拖到模板划定的地方,这时装配工(肽酰转移酶)就来工作,把它和前一个氨基酸连接上,还有另一端等待和下一个搬运工拖来的氨基酸进行连接。这个过程一直依次继续下去,直到mRNA 标志停止的地方,于是,一条蛋白质的氨基酸链便装配成了。

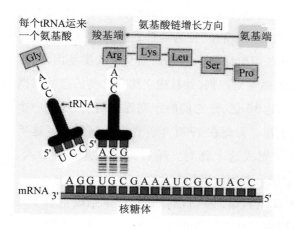

图 7 遗传过程的继续——蛋白质的合成:mRNA 穿过核膜,落在装配台核糖体上。mRNA 的每组密码根据配对原则按顺序招来一个特定的搬运工(tRNA),每个搬运工拖来一个特定的氨基酸,由装配工(肽酰转移酶)装配成氨基酸多肽链

这样的链子,虽然氨基酸的次序是对的,但是还没有功能,它还要经过螺卷、弯转、折叠等过程成为一个确定的空间结构才具有功能(图 8)。是什么在驱动这些过程的进行?目前人们知道得实在太少了。

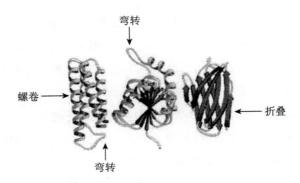

弯转

螺卷

弯转

折叠

图 8　合成的多肽链经螺卷、折叠、弯转后才成为有确定结构的蛋白质

# 7　人类基因组计划

DNA 双螺旋结构的测定、遗传密码的确定和遗传密码指令蛋白质合成过程的发现,是达尔文《物种起源》之后遗传学又一次划时代的事件。既然人类发育、生殖、生长、疾病、衰老、死亡,以及精神、行为等都不同程度地与遗传有关,所以,在 1990 年提出了"人类基因组计划",就是识别全部人类基因,阐明记录人类全部遗传信息 DNA 上的碱基对序列,并且建立储存这些信息的数据库。只要想到这些碱基对为数几达 30 亿,把它们的序列逐一阐明,这是一个何等雄心勃勃而又极为艰巨的工作。为此在 1990 年首先在美国开展了这项工作,预期用 15 年,即在 2005 年完成这个计划。随后,英、日、德、法加入,1997 年中国加入,发展成为 6 个国家参加的国际性合作。

在新世纪头一年的 2 月 11 日,《科学》和《自然》宣布基本完成了整个人类基因组的测序工作。人类基因组测序工作的基本完成,将对整个生物学产生深远影响,宣告生命科学一个新的时代来临。

现在我们知道,人类基因数量在 26 000～39 000 之间,基因的平均大小有 27 000 个碱基对,通过对人类自身和其他哺乳动物特别是大猩猩的基因组的比较,可以揭示出人类与地球上其他生物的相似及不同。有点出乎许多人意料的是,人类基因组与其他动物的基因组只有很小的区别,然而就是这小小的区别缔造了独一无二的人类。人与人之间 99.99% 的遗传密码序列是相同的,不同人种之间没有本质上的区别,可是就是这不到万分之一的差别造成种族、家族、亲族间的差异。

　　虽然取得了这么巨大的成就,但是今后要走的路还很长远。测序虽然"基本完成",不过即使定出序列,但一多半的基因还不知道功能。即便如此,已有的发现已经促进了对人类遗传语言、基因结构与功能、生命起源与进化、细胞发育、生长、分化等生命科学的基础研究;在医学上有助于揭示遗传背景与环境因素综合作用对疾病发生造成的影响——诸如遗传性疾病、恶性肿瘤、心血管病、内分泌病、老年性疾病、放射性疾病甚至感染性疾病等的分子改变及其发病机理;为疾病的预后、诊断、风险预测、预防和治疗提供依据,促进了基因诊断、个体识别、亲子鉴定、药物过敏等医疗、司法和人类学多方面的应用及研究。

　　无怪乎人们称曼哈顿原子弹工程、阿波罗号登月和人类基因组计划为 20 世纪人类最伟大的三个科学工程。也许在 3 个科学工程之中,后者对人类的长远福祉最为直接有关。

# 8　21 世纪生命科学的
## 一个重大新前沿

　　新千禧年已经过去,人类基因组全序列测定工作也已基本完成,生命科学跨入了"后基因组"时代,继之而来结构生物学的新重大前沿是什么? 这是生命科学家必须回答的问题。就在 20 世纪结束之前的 1998 年,美国国立卫生机构就这个问题组织了两次重大的研讨。讨论的结果是:"蛋白质组学"。

　　所谓蛋白质组,就是指按基因组指令生成的所有相应的蛋白质,也可说是指细胞或机体内全部的蛋白质。蛋白质组学,就是研究细胞内全部蛋白质的结构、功能及它们的活动规律的科学。

我们在上面讲过,虽然基因上密码子的序列决定构成蛋白质的氨基酸链子的序列,但是只有当这些链子具有确定的结构时才能出现功能,蛋白质的功能取决于它们的结构。结构是如何建立的呢? 这是蛋白质组学的一个中心研究课题。为此,在弄清蛋白质链的序列后,首先要确定蛋白质的三维空间结构。在这个基础上才能讨论结构是如何出现的以及结构和功能的关系。由于蛋白质是执行生命功能的分子,所以在遗传过程之后蛋白质组是对生命现象最为有关的,"蛋白质组学"成为后人类基因组时代的新的重大前沿是理所当然的继续。

生命是一个动态过程,生命体的发育、成长、衰老莫不与蛋白质密切有关。人类不少疾病的原因来自蛋白质结构的错误;许多疾病的致病机理只有在研究致病微生物的蛋白质组的基础上才能弄清楚并发展出有效的药物;在生病的过程中,往往有与疾病相关的蛋白质,可以用作诊断的标志。可见,蛋白质组学并非只是一种纯粹基础性的科学研究,它对人类的健康有着至为重大的关系,蛋白质组数据库将成为新药物设计的指路标。它已经成为21世纪生命科学家、医学家、药物学家研究的热点。

2000年,建立了美、英、法、德、意、以、加、日、澳等九个国家参加的合作,次年,我国作为第十个国家参与这个国际合作。


# 9  21世纪的生命科学与物理学

据估计,由人类基因组指令产生的蛋白质有十万种,美国计划用十年时间测定出其中一万个的结构,只要想到人类测定第一个蛋白质——血红蛋白的结构用了20年,就可以知道"蛋白质组学"研究是个何等雄心勃勃而又艰巨的计划。显而易见,没有新的手段,计划是根本无法完成的。

　　好在生物学家有他们坚定的同盟军——物理学家。

　　在上面我们已经讲到,在19与20世纪之交物理学家发明的X光设备和它在分子水平上建立结构生物学的巨大作用,但是,"蛋白质组学"计划的开展,必须有比先前用的设备要强大得多的X光光源才行。这个任务落到物理学家身上。

　　在过去几十年中,物理学家发明了一种叫做同步辐射的设备,正是开展"蛋白质组学"计划的理想光源。

　　同步辐射就是速度接近光速的电子(或正电子)在改变方向时发出的电磁辐射。因为人们在同步加速器首次观测到这种辐射,就把它称为"同步加速器辐射",简称"同步辐射"。同步辐射是一种波长连续的强电磁辐射,加速器里的电子流越大,辐射就越强,而且,电子的能量越高,短波辐射的份额就越大。

　　最初同步辐射是不受物理学家欢迎的东西,因为建造同步加速器目的在于使粒子得到高能量,但是在加速器中粒子不断转圈,不断损失能量,阻碍粒子能量的提高。虽然几位有远见的物理学家提出把同步辐射利用到非核物理的领域中去,然而在当时大多数的高能物理学家都没有注意到这个建议的重要性。

　　同步辐射应用的可行性研究工作是20世纪60年代初期开始的,在美国、日本和德国差不多都在同一个时期内进行了研究,结果是极为令人鼓舞的。从此作为高能物理研究的副产品,开始了同步辐射应用研究。1965年,随着世界上第一个电子储存环在意大利建成,人们立即看到它可以作为一种强大的新光源——同步辐射源的前景。从70年代开始,同步辐射应用便步入了它的现代阶段。

　　最初的应用是在高能物理的电子加速器上"寄生"地进行的,因为对高能物理来说,只要加速器开动,同步辐射就必然放出来,不用就是白白浪费。可是一用之下,发现它有极为优异的功能:光的强度十分强;光谱连续,可以用特殊的方法选出具有合用波长的光;等等。这些功能使得此前许多物理学家想做而因为光源的限制做不成的实验,变成可能。很快地,在许多高能物理加速器上都建立了把同步辐射引出的光束线,送入进行各种学科领域的实验站里应用,开拓了许多研究的新领域。这后来被称为第一代同步辐射应用装置。

但是,这种对同步辐射的使用是作为高能物理加速器上的副产品使用的,加速器本是为高能物理设计建造,并没有考虑同步辐射用户的要求。鉴于用户的要求急剧增长,开始建造专门产生同步辐射的装置,而且一开始就考虑尽量满足用户的特殊要求。这就是所谓的第二代同步光源装置。

第二代同步光源比 60 年代里最好的实验室 X 光源要亮成千上万倍,而且波长可调。以前需时以年计的实验工作,现在一两天就可以完成了,而且几十年来困扰生物学家的结构解出问题由于能够使用多个波长来做实验,也就得到了很好的解决。

可是,同步辐射用户的要求有增无减,他们要求更亮的、质量更高的光源,于是物理学家和工程师建造了比第二代光源亮度要高一百倍到一万倍的第三代光源。在这种光源上,生物学家的实验可以缩短到小时以下。

想想看,物理学家作出了多么重要的贡献。上文介绍了同步辐射的作用,物理学家还贡献了一种重要的发明——核磁共振谱,这里就不加以介绍了。当前,80% 的新蛋白质结构是用同步辐射的方法定出的,15% 是由核磁共振谱方法定出的;其余的 5% ,也使用了物理学家的发明,如上面提到的电子显微镜等。国际上有一个叫做"蛋白质数据库"的统计机构,从 1972 年起收录全世界定出的蛋白质结构。从那里的资料可以看到,直到 1982 年,一共只收录了不到 200 个蛋白质结构,其后蛋白质入库数量急剧增加,单是 1992 一年就入库 567 个,到了 2002 年,那年入库的蛋白质数目几近 3 600 个,库存超过 2 万个。迅速增长的原因是在 20 世纪 80 年代初开始了全世界范围的建造同步辐射和核磁共振谱应用于蛋白质结构研究的实验装置。单是在美国就有 50 多个同步辐射试验站在进行工作。

无怪乎美国支持这个计划的拨款机构规定:对蛋白质结构测定的研究中心,在进行申请经费支持时,必须呈示它具有在先进的同步辐射装置和/或核磁共振装置上的工作条件。

我国不久前在北京和合肥也建成了两条进行蛋白质结构分析的同步辐射光束线和实验站，来自全国各地的结构生物学家在其上繁忙地开展他们的研究工作。

最近，全世界的物理学家正在着手研制更新一代的光源，它不但具有激光的性能，而且波长可以短到 X 光的波段。这种光源的出现将为今后的科技发展提供一个前所未有的强大手段，当然包括生命科学在内。

# 10　结束语

以上是物理学在这一百年来和生命科学，特别是结构生物学相互结合的一些故事，但这只是当代科学发展中多学科相互融合特征的一个侧面。生命科学和化学、计算科学、甚至自动化技术的结合也都产生了巨大的推动力。

20 世纪生物学的最大进展是把这门学科建立在分子的水平上。21 世纪生命科学的一个重要前沿是通过蛋白质结构的系统研究来了解生命功能是怎样产生的。这是个多学科共同努力的过程，可以预期，物理学将继续起到其关键的作用。

在 21 世纪里生命科学将仍然是发展最迅速的学科之一，将继续出现许多振奋人心的发现，可以肯定，中国的许多有才华的年轻人将走进这个领域里，作出重大的贡献。有志进入这个领域的青年学生，希望他们从以上讲的故事中至少理解两点：一是不要偏科，因为科学今后的发展必然要走多学科相互融合的道路；二是物理学仍将发挥它作为基础的巨大作用，一定要把它学好。

**致谢**　作者感谢董宇辉、刘鹏教授和汤云晖的讨论和帮助。

原载于《自然杂志》2006 年第 2 期

# 地理学第一定律与时空邻近度的提出

李小文 *　　曹春香　　常超一　中国科学院遥感应用研究所,北京师范大
　　　　　　　　　　　　　　　　　学,遥感科学国家重点实验室

## 1　地理学第一定律及其修正

地理学第一定律是美国地理学家 W. R. Tobler 在 1970 年提出来的:
Everything is related to everything else, but near things are more related than distant
things[1],后来人们也称之为"Tobler 第一定律"(TFL)[2]。这定律英语看起
来很好翻译,但其实未必。比如"Everything"很难直译,你必须把它放在"地理
学"这个大背景里去理解和翻译。同样,两次出现的"related"以及对应的
"near/distant"也很难理解和翻译。读者也许会责备我故弄玄虚:near/distant

---

*　遥感、地理学家。创建了植被二向性反射 Li-Strahler 几何光学模型,并入选国际光学工程学
　　会(SPIE)"里程碑系列"。在普朗克定律在地表遥感中尺度效应研究方面,建立了适用于非
　　同温地表热辐射方向性的概念模型,首创了普朗克定律用于非同温黑体平面的尺度修正式
　　及一般的非同温三维结构非黑体表面热辐射在像元尺度上的方向性和波谱特征的概念模
　　型。2001 年当选为中国科学院院士。2015 年去世。

不就是远近吗？有什么难翻的？——就跟我自己当年腹诽 Tobler 一样。

我原来本科专业是电讯工程，后来在美国念地理学博士研究生的时候，Tobler 是我们系里的教授。我也给他打过工。但看到他这个 TFL 的时候，心里很不以为然："什么定律，不就是自相关函数吗？我们搞图像处理，空间自相关函数早就定义好了，有什么希罕！"

时隔廿年，我才意识到，"远近"固然是对"距离"的定性描述，但，什么是距离，我当年其实并没有弄懂，就当作两个像元之间的距离了。现在也讲不太清。所以查《辞海》，1999 版第 2 367 页对"距离"有两条解释：① 两处相隔，相隔的长度；②几何学的基本概念之一。对不同的对象，有不同的规定。例如，……距离的概念也可推广到更为一般的数学对象中去。

看来除了确认"距离"概念的歧义性以外，《辞海》也帮不上大忙。要弄懂 TFL 中"远近"的意思，还得靠我们自己。

Tobler 第一定律提出以后，在地理学界引起了巨大的反响[2]。考虑到 1970 年正是计算机和遥感刚进入地理学，使之从传统的文科转为理科这场革命的前夜，这么巨大的反响是不奇怪的。但是真玩起编程来，马上就面临怎么定量描述距离的问题。Tobler 自己"狡猾"地说，他当年用"远近"这对词，是有意含糊其词，因为地理学家们在不同的场合，已经定义了太多的"距离"，他一口气举出了 14 种，还加了一个"等"字[3]。

尽管 TFL 不仅在地理学朝定量化的发展中起到了指导性、方向性的作用，而且在与地理有关的其他学科（如考古学、社会学等）也得到了应用，但其"远近"概念的含糊性要求具体问题具体分析，这就局限了其更广泛的应用。因此，近来不少学者（包括 Tobler 自己[3]）都倾向于用"邻近度"来定量描述远近。

为了克服 TFL 的局限性，人们甚至呼唤着地理学第二定律。例如，M. Goodchild 甚至提出了"第二定律"可能诞生的方向：空间异质性，或者地理现象的分维性，乃至 TFL 从地理空间向其他空间（如 Internet 创造的空间等）的延拓[4]。这里 Goodchild 首先强调空间异质性不是随意的，因为人们在讨论和应用 TFL 的时候已经有了共识：TFL 中的"everything"不是欧氏空间中的几何点，而是地理空间中的相对匀质的地理单元。但是,这就不可避免遇到地理单元的边界问题。空间邻近度[5]的提出就是一种在承认两个相对匀质的地理单元都有边界的前提下,定量描述二者之间远近的一种尝试。人们同时也注意到描述邻近度时,可以引进时间维,例如通信可以分为四种模式:同时同地(面对面交谈),同时异地(如打电话),异时同地(如门上贴条),异时异地(如写信)[2]。

## 2　空间邻近度与时空邻近度

对于两个地理单元来说,其空间邻近度有不同的计算方案,但均牵涉到两个量:二者之间公共边界的长度;两个单元中心之间的距离。一般说来,空间邻近度正比于公共边界长,反比于中心距,直观地讲,就像尼泊尔邻近西藏或者甘肃邻近青海那样。这些方案总算给出了定量计算远近的公式,但长度和距离仍然是欧氏空间中有明确定义,地理空间中却更复杂的量。例如说,欧氏空间中距离的标准单位可以用米制等。但在地理空间中距离也可以另一种方式表达:距离 = 速度×时间。例如光年,就是以光速跑一年所跑过的距离。相似的,要是有人来问我北京到武汉的距离,我会毫不犹豫地告诉他,一夜的火车。北京距成都有多远? 我会告诉他,大约两个半小时的飞机。到这里,我的学生不乐意了,因为他只能坐火车。我只好改口,告诉他北京到成都是大约 30 个小时的火车。

这就是说,跟"光年"不一样,距离的"速度×时间"表达取决于交通工具(速度)的选择。

读者也许会马上想到,上例中,能不能按北京到成都旅行的人口比例来加权平均。例如,假设北京到成都往返的旅客中70%乘火车,30%乘飞机,我们可不可以说:

北京到成都距离 = 0.7×30 火车时 + 0.3×2.5 飞机时

理论上是可以的,但是谁也不会这样做,因为这种表达除了带来麻烦外,并不能增加"距离"表达的清晰度。但是,要承认,30 火车时与 2.5 飞机时都表达了北京到成都的距离这个概念,虽然不再是真实地理空间上的路径长度——因为飞机大体上走的是直线或大圆,而火车在郑州一个大拐弯,到宝鸡又一个大拐弯,实际走的路径是一条多折线。为了更简练地表达对人流来讲,北京到成都的距离,回答是,在给定人流分布(70% 乘火车,30% 乘飞机)状况下:

$$北京到成都的平均距离 = 21.75\ 小时$$

当然,这是统计意义上,人流从北京到成都所用的平均时间,而且速度没有显式给出,而是作为前提给定的。

总之,我们可以用给定交通工具的情况下,用小时来表达北京到成都的距离,也可以在给定人流速度分布的情况下用小时来表达北京到成都的距离(当然,要解释为什么会有这样的人流,需要考虑旅行成本、人均收入等等更复杂的因素。但此处只讨论给定条件下,距离的定量表达。)

更一般地讲,地理空间中两个地理单元之间的距离,对给定的流,可以用平均到达时间来表达,对不同的流可以有不同的距离。再举一个例子:在交通不发达的时代,有一首很好听的民歌,歌词是:"对面山上的姑娘,你为谁放着群羊? 泪水湿透了你的衣裳,你为何这样悲伤,悲伤?"唱歌的小伙子能看见牧羊女的泪水和悲伤,能指望牧羊女听见他的歌声,相距应该不算太远,属于前面讲到的通讯模式中的"面对面"。由于声波和光波都是直线传播,因而对声波流、光波流而言,此时地理空间的距离等价于几何空间的距离。但是对于人流来讲,就不一样了。小伙子要想到对面山上去,实现地理空间意义上的面对面,先得下山,可能还得过河,再上山。这时的地理空间距离就完全不同于几何空间距离。

然后,空间邻近度正比于公共边界长是什么意思呢? 这实际上隐含着一些假定,如边界本身的均质性,沿边界微观邻近度的可积性,等等。这在地理空间中通常是不现实的。比如东柏林和西柏林之间的公共边界,建墙以前和以后,长度是一样的,但是墙切断了人流,只留一个检查站,邻近度就大变了,两边的相似性越来越低。台湾海峡类似,作为自然边界长度不变,但两边的邻近度,随三通程度而增大,两边也越来越"related"。又如四个地理单元排成两行两列,$A11$,

$A12,A21,A22$,共聚 $O$ 点,$A11$ 与 $A22$,$A12$ 与 $A21$ 的公共边界长度该怎么算？这应该取决于 $O$ 点对特定流的地理性质：是"九省通衢"还是天然屏障？换言之,公共边界的长度对于邻近度的影响并不是关键的,流量才是关键。

综上所述,地理空间距离和两个地理单元之间的邻近度的表达,离不开"流",也离不开时间,而用公共边界长和中心距来表达的各种空间邻近度,有意或无意回避了"流"的概念,导致种种定义和应用上的困难。

因此,我们提出了时空邻近度的概念,即：地理空间任意两匀质区域(含点)之间的时空邻近度,对给定的"流",正比于二者之间的总流量,反比于从一端到达另一端的平均时间。

时空邻近度的概念比较好地解释了当代人们切身感受到的"小世界"和"地球村",同时又能定量比较 TFL 中的远近。但也许读者会因为总流量的概念完全抛弃了"公共边界"而感到不适应。例如李拙颐先生在看过本文初稿后,问道：

任意两匀质区域总流量越大,时空邻近度越大,如果总流量为零,则时空邻近度为零。可以用一个例子来说明,老子在《道德经》中所描述的理想社会,"邻国相望,鸡犬之声相闻,民至老死不相往来",就是说两邻国的时空邻近度为零。这与我们地球到太阳的时空邻近度是一样的(一样为零),因为我们人永远到达不了太阳。(在这里,总流量为零时,时空邻近度都是零,请问怎么比较时空邻近度为零的时空近邻度？)

这里,李先生首先指定了"流"为人流。正确地举出两个极端的例子,对人流来说,时空邻近度都是零。那么,怎样理解和比较这两个零呢？首先,在研究与人流有关的问题时,它们都是零。二者相比,则类似"无穷小"的阶数问题。在可预见的将来,我们人永远到达不了太阳。这是一个"高阶无穷小",而老子理想中的邻国,民至老死不相往来,是极不稳定的状态,一场洪水,一场海啸,一场械斗,甚至前面那位小伙子唱上那么一句山歌,民至老死不相往来的状态都会被打破,是极低阶的无穷小。

## 3　时空邻近度在地理学中的应用

时空邻近度的概念是 2003 年我们研究 SARS 传播的空间格局[6] 的时候诞生的。非典肆虐中华大地的时候,我国地理学家积极投身于抗非典科技攻关。中国科学院遥感所、中国科学院地理所、北京师范大学和医疗第一线的科学家们在昔日繁华拥堵,如今冷清得近乎凄凉的大街上风驰电掣,形成一道独特的数据流、人流、信息流、思想流……我们很快发现,不考虑非典传播媒介的流,就无法描述非典传播的空间格局。传统的传染病空间散播中空间邻近度的概念,必须加以改造。从“流”的角度,我们不但重新审视了“距离”的概念,也重新审视了“公共边界长度”的概念。发现在传统的疾病空间传播模式中,所谓公共边界长度其实只影响传染媒介跨越边界的总流量。因此时空邻近度很自然的应用是解释和预测传染病媒体的流如何形成该病流行的空间格局,如禽流感等。我国老一辈地学家早就提出了“流”塑造空间格局的原创性思想[7],我们在抗非典科技攻关中凝练出来的时空邻近度的概念,则是在这一思想指导之下,定量化应用的尝试。可以预期它在地理学空间格局分析,甚而在其他相关领域中,得到更广泛的应用。

## 4　结　束　语

时空邻近度毕竟是一个全新的概念,它面临的最大挑战,可能来自其不对称性：按 A 到 B 的“流”计算的时空邻近度可能不等于从 B 到 A 的值。例如,从美国到墨西哥的人流很少步行,又几乎没有边检,所以从美国到墨西哥平均时间比反方向短。但从墨西哥到美国的总流量更大。由于缺乏数据(尤其是非法移民这部分),很难估计此处时空邻近度不对称的程度及其意义。

　　挑战往往也是机遇。空间选择行为是空间理论的重要组成部分,它在城市空间增长、城市空间结构、城市与区域空间动力学模型及其空间预测模拟研究方面日益受到重视。随着时空邻近度概念研究的进一步深入,将个体的空间选择行为等多种驱动因素引入到对空间格局的理解和演化预测中,将有助于解决目前静态、对称意义上难以解释的很多困惑问题。

　　**致谢**　衷心感谢科技部和基金委抗"非典"期间的项目经费支持。感谢中科院青藏高原所叶庆华研究员总结整理时空邻近度概念的工作以及地理与资源所王劲峰研究员的指导。同时,也感谢国家重点实验室遥感兴趣小组的耿修瑞、张颢、郭建平、鲍云飞参与讨论并提出宝贵意见。最后,衷心感谢李拙颐在科普写作方面的指导。

参考文献

[ 1 ] TOBLER W. A computer movie simulating urban growth in the detroit region[ J ]. Economic Geography, 1970,46(2):234-240.

[ 2 ] HARVEY J, MILLER. Tobler's first law and spatial analysis[ J ]. Annals of AAG, 2004, 94(2):269-277.

[ 3 ] TOBLER W. On the first law of geography:A reply[ J ]. Annals of AAG, 2004,94(2): 304-310.

[ 4 ] MICHAEL F. Goodchild, the validity and usefulness of laws in geographic information science and geography[ J ]. Annals of AAG, 2004, 94(2):300-303.

[ 5 ] BAILEY T C, GATRELL A C. Interactive spatial data analysis[ M ]. Edinburgh(UK): Pearson Education Longman,1995.

[ 6 ] 杨华,李小文,施宏,等. SARS 沿交通线的"飞点"传播模型[ J ]. 遥感学报,2003, 7(4):251-255.

[ 7 ] 陈述彭. 城市化与城市地理信息系统[ M ]. 北京:科学出版社,1999:39-46.

原载于《自然杂志》2007 年第 2 期

# 地球空间信息学及在陆地科学中的应用

李德仁*　武汉大学测绘遥感信息工程国家重点实验室

## 1　地球空间信息学

地球空间信息科学（Geo-spatial information science，简称 Geomatics）是以全球定位系统（GPS）、地理信息系统（GIS）、遥感（RS）等空间信息技术为主要内容，并以计算机技术和通信技术为主要技术支撑，用于采集、量测、分析、存贮、管理、显示、传播和应用与地球和空间分布有关数据的一门综合和集成的信息科学和技术。地球空间信息科学是以"3S"技术为其代表，包括通信技术、计算机技术的新兴学科。它是地球科学的一个前沿领域，是地球信息科学的重要组成部分，是数字地球的基础。

---

\* 摄影测量与遥感学家。1982 年从验后方差估计导出粗差定位的选权迭代法，被国际测量学界称为"李德仁方法"。1985 年提出误差可发现性和可区分性基于两个多维备选假设的扩展的可靠性理论。20 世纪 90 年代从事以遥感（RS）、全球卫星定位系统（GPS）和地理信息系统（GIS）与多媒体通信技术的科研和教学工作。1991 年当选为中国科学院学部委员（院士），1994 年被选聘为中国工程院院士。

## 1.1　地球空间信息学的形成

随着社会和经济的迅速发展,人类活动引起的全球变化日益成为人们关注的焦点。从最近几个世纪的历史看,人类活动对生态环境的影响主要是向变坏的方面发展。随着世界人口的急剧增加,造成的资源大量消耗、生态环境恶化也成为有目共睹的事实。地球及其环境是一个复杂的巨系统,为了解决上述问题,要求以整体的观点认识地球。随着人类社会步入信息时代,有关地球科学问题的研究需要以信息科学为基础,并以现代信息技术为手段,建立地球信息的科学体系。地球空间信息科学,作为地球信息科学的一个重要分支学科,将为地球科学问题的研究提供数学基础、空间信息框架和信息处理的技术方法。

地球空间信息广义上指各种空载、星载、车载和地面测绘遥感技术所获取的,地球系统各圈层物质要素存在的,空间分布和时序变化及其相互作用信息的总体。"地球空间信息科学"作为信息科学和地球科学的边缘交叉学科,它与区域乃至全球变化研究紧密相连,是现代地球科学为解决社会可持续发展问题的一个基础性环节。

空间定位技术、航空和航天遥感、地理信息系统和互联网等现代信息技术的发展及其相互间的渗透,逐渐形成了地球空间信息的集成化技术系统。近二三十年来,这些现代空间信息技术的综合应用有了飞速发展,使得人们能够快速及时和连续不断地获得有关地球表层及其环境的大量几何与物理信息,形成地球空间数据流和信息流,从而促成了"地球空间信息科学"的产生。

地球空间信息科学不仅包含现代测绘科学的所有内容,而且体现了多学科的交叉与渗透,并特别强调计算机技术的应用。地球空间信息科学不局限于数据的采集,而是强调对地球空间数据和信息从采集、处理、量测、分析、管理、存储、到显示和发布的全过程。这些特点标志着测绘学科从单一学科走向多学科的交叉;从利用地面测量仪器进行局部地面数据的采集到利用各种星载、机载和舰载传感器实现对地球表面及其环境的几何、物理等数据的采集;从单纯提供静态测量数据和资料到实时/准实时地提供随时空变化的地球空间信息。将空间数据和其他专业数据进行综合分析,其应用已扩展到与空间分布有关的诸多方面,如:环境监测与分析、资源调查与开发、灾害监测与评估、现代化农业、城市发展、智能交通等。

推动地球空间信息科学发展的动力有两个方面:一是现代航天、计算机和通信技术的飞速发展为地球空间信息科学的发展提供了强有力的技术支持;另一方面全球变化和社会可持续发展日益成为人们关注的焦点,而作为其主要支撑技术的地球空间信息科学已成为优先发展的领域。一方面,地球空间信息科学理论框架逐步完善,技术体系逐步建立;另一方面,应用领域进一步扩大,产业部门逐步形成。美国劳动部在 2004 年初已经将地球空间信息技术和纳米技术、生物技术一起列为正在发展中和最具前途的三大重要技术[1]。

## 1.2　地球空间信息学的基本科学问题[2]

地球空间信息科学理论框架的核心是地球空间信息机理。地球空间信息机理作为形成地球空间信息科学的重要理论支撑,通过对地球圈层间信息传输过程与物理机制的研究,揭示地球几何形态和空间分布及变化规律。主要内容包括:地球空间信息的基准、标准、时空变化、认知、不确定性、解译与反演、表达与可视化等基础理论问题。

### 1.2.1　地球空间信息基准

地球空间信息基准包括几何基准、物理基准和时间基准,是确定一切地球空间信息几何形态和时空分布的基础。地球参考坐标系轴向对地球体的定向是基于地球自转运动定义的,地球动力过程使地球自转矢量以各种周期不断变化;另一方面,作为参考框架的地面基准站又受到全球板块和区域地壳运动的影响。因此,区域定位参考框架与全球参考框架的连接和区域地球动力学效应问题,是地球空间信息科学和地球动力学交叉研究的基本问题。

### 1.2.2　地球空间信息标准

地球空间信息具有定位特征、定性特征、关系特征和时间特征,它的获取主要依赖于航空、航天遥感等手段。各种遥感仪器所感受的信号,取决于错综复杂的地球表面和大气层对不同电磁波段的辐射与反射率。地球空间信息产业发展的前提是信息的标准化,它作为一种把地球空间信息的最新成果迅速地、强制性地转化为生产力的重要手段,其标准化程度将决定以地球空间信息为基础的信息产业的经济效益和社会效益。主要包括:空间数据采集、存贮与交换格式标准、空间数据精度和质量标准、空间信息的分类与代码、空间信息的安全、保密及技术服务标准等。

### 1.2.3 地球空间信息时空变化

地球及其环境是一个时空变化的巨系统,其特征之一是在时间-空间尺度上演化和变化的不同现象,时空尺度的跨度可能有十几个数量级。地球空间信息的时空变化理论,一方面从地球空间信息机理入手,揭示和掌握地球空间信息的时空变化特征和规律,并加以形式化描述,形成规范化的理论基础,使地球科学由空间特征的静态描述有效地转向对过程的多维动态描述和监测分析。另一方面,针对不同的地学问题,进行时间优化与空间尺度的组合,以解决诸如不同尺度下信息的衔接、共享、融合和变化检测等问题。

### 1.2.4 地球空间信息认知

地球空间信息以地球空间中各个相互联系、相互制约的元素为载体,在结构上具有圈层性,各元素之间的空间位置、空间形态、空间组织、空间层次、空间排列、空间格局、空间联系以及制约关系等均具有可识别性。通过静态上的形态分析、发生上的成因分析、动态上的过程分析、演化上的力学分析以及时序上的模拟分析来阐释与推演地球形态,以达到对地球空间的客观认知。

### 1.2.5 地球空间信息不确定性

由于地球空间信息是在对地球各种现象的观测、量测基础上的抽象和近似描述,因此存在不确定性,而且它们可能随着时间发生变化,这使得地球空间信息的管理非常复杂、困难。同时,这些差异会对信息的处理、分析结果产生影响。地球空间信息的不确定性包括:类型的不确定性、空间位置的不确定性、空间关系的不确定性、时域的不确定性、逻辑上的不一致性和数据的不完整性。

### 1.2.6　地球空间信息解译与反演

通过对地球空间信息的定性解译和定量反演,揭示和展现地球系统现今状态和时空变化规律。从现象到本质地回答地球科学面临的资源、环境和灾害等诸多重大科学问题是地球空间信息科学的最终科学目标。地球空间信息的解译与反演涉及范围广泛的各种地球学科。

### 1.2.7　地球空间信息表达与可视化

由于计算机中的地球空间数据和信息均以数字形式存贮,为了使人们更好地了解和利用这些信息,需要研究地球空间信息的表达与可视化技术方法。主要涉及空间数据库的多尺度(多比例尺)表示、数字地图自动综合、图形可视化、空间信息网格、动态仿真和虚拟现实等。

## 1.3　地球空间信息学的技术体系[3]

地球空间信息科学的技术体系是指贯穿地球空间信息采集、处理、管理、分析、表达、传播和应用的一系列技术方法所构成的一组完整的技术方法的总和。它是实现地球空间信息从采集到应用的技术保证,并能在自动化、时效性、详细程度、可靠性等方面满足人们的需要。地球空间信息科学技术体系是地球空间信息科学的重要组成部分,它的建立依赖于地球空间信息科学基础理论及其相关科学技术的发展,包括以下几个大的方面。

### 1.3.1　空间定位(GPS)技术

GPS 作为一种全新的现代定位方法,已逐渐在越来越多的领域取代了常规光学和电子仪器。20 世纪 80 年代以来,尤其是 90 年代以来,GPS 卫星定位和导航技术与现代通信技术相结合,在空间定位技术方面引起了革命性的变化。用 GPS 同时测定三维坐标的方法将测绘定位技术从陆地和近海扩展到整个海洋和外层空间,从静态扩展到动态,从单点定位扩展到局部与广域差分,从事后处理扩展到实时(准实时)定位与导航,绝对和相对精度扩展到米级、厘米级乃至亚毫米级,从而大大拓宽它的应用范围和在各行各业中的作用。

### 1.3.2 航空航天遥感(RS)技术

当代遥感的发展主要表现在它的多传感器、高分辨率和多时相特征。国内外已有或正研制地面分辨率为 0.5~2 m 的航天遥感系统,俄罗斯也将原军方保密的分辨率为 2 m 的卫星影像公开出售。在影像处理技术方面,开始尝试智能化专家系统。遥感信息的应用分析已从单一遥感资料向多时相、多数据源的复合分析,从静态分析向动态监测过渡,从对资源与环境的定性调查向计算机辅助的定量自动制图过渡,从对各种现象的表面描述向软件分析和计量探索过渡。近年来,航空遥感具有的快速机动和高分辨率的显著特点使之成为卫星遥感的重要补充。

### 1.3.3 地理信息系统(GIS)技术

随着"数字地球"这一概念的提出和人们对它的认识的不断加深,从二维、静态向多维、动态以及网络方向发展是地理信息系统发展的主要方向,也是地理信息系统理论发展和诸多领域如资源、环境、城市等的迫切需要。在技术发展方面,一个发展是基于 Client/Server 结构,即用户可在其终端上调用在服务器上的数据和程序。另一个发展是通过互联网络发展 Internet GIS 或 Web-GIS,可以实现远程寻找所需要的各种地理空间数据,包括图形和图像,而且可以进行各种地理空间分析,这种发展是通过现代通讯技术使 GIS 进一步与信息高速公路和新一代互联网(Great Global Grid)相接轨。

### 1.3.4 数据通信技术

数据通信技术是现代信息技术发展的重要基础。地球空间信息技术的发展在很大程度上依赖于数据通信技术的发展,在 GPS、GIS 和 RS 技术发展过程中,高速度、大容量、高可靠性的数据通信是必不可少的。目前在世界范围内通讯技术正处于飞速发展阶段,特别是宽带通信、多媒体通信、3G 无线通信、卫星通信等新技术的应用以及迅速增长的需求,为数据通信技术的发展创造了良好的外部环境。

## 1.4 地球空间信息学的未来发展

地球空间信息科学是在 20 世纪八九十年代形成的。随着信息技术、通信技术、航天遥感、宇航定位技术的发展,在 21 世纪地球空间信息学将形成海陆空天一体化的传感器网络并与全球信息网格相集成,从而实现自动化、智能化和实时化地回答何时(When)、何地(Where)、何目标(What Object)发生了何种变化(What Change),并且把这些时空信息(即 4 W)随时随地提供给每个人,服务到每件事(4A 服务——Anyone,Anything,Anytime 和 Anywhere)。下面从时空信息获取、加工、管理和服务四个方面对未来的技术发展做出简要叙述。

### 1.4.1 时空信息获取的天地一体化和全球化

人类生活在地球四大圈层(岩石圈、水圈、大气圈和生物圈)的相互作用之中,其活动范围可涉及上天、入地和下海。这种自然和社会活动有 80% 与其所处的时空位置密切相关。为了获得这些随时间变化的地理空间信息(下文简称时空信息),在 20 世纪航空航天信息获取和对地观测技术的成就基础上,21 世纪人们已纷纷构建天地一体化的对地观测系统,以便实时地全球、全天时、全天候地获取粗、中、高分辨率的点方式和面方式的时空数据。由美国政府发起,从 2003 年 7 月到 2005 年 2 月先后召开了三次对地观测部长级高峰会议,有 50 个国家的科技部长或其代表以及联合国相应机构参加,成立了政府间对地观测协调组织(GEO),正式提出要建立一个功能强大的、协调的、持续化的分布式全球对地观测系统(GEOSS)。现在正着手制定十年实施计划,这种合作主要涉及全球环境、资源、生态及灾害等方面,研究的问题包括海洋、全球碳循环、全球水循环、大气化学与空气质量、陆地科学、海岸带、地质灾害、流行病传播与人类健康等。

### 1.4.2 时空信息加工与处理的自动化、智能化与实时化

面对以 TB 级计的海量对地观测数据和各行各业的迫切需求,使我们面临着"数据又多又少"的矛盾局面。一方面数据多到无法处理,另一方面用户需要的数据又找不到,致使无法快速及时地回答用户问题。于是对时空信息加工与处理提出了要自动化、智能化和实时化的问题。

目前卫星导航定位数据的处理已经比较成熟地实现了自动化、智能化和实时化,借助于数据通讯技术、RTK 技术、实时广域差分 GPS 技术等已使空间定位达到米级、分米级乃至厘米级精度。美国的 GPS 正在升级,改进其性能;欧盟正

在紧锣密鼓地推进由 30 颗卫星组成的伽利略计划。我国的二代北斗也将由 12 颗卫星组成,对更广大的地域提供实时卫星导航定位服务,希望到 2020 年也能建成类似伽利略卫星的、我国独立自主的全球导航定位系统。

遥感数据,包括高分辨率光学图像、高光谱数据和 SAR 数据的处理,就几何定位和影像匹配而言,可以说已经解决,要进一步研究的是无地面控制的几何定位,这主要取决于卫星位置和姿态的测定精度。目标识别和分类的问题一直是图像处理和计算机视觉界关心的问题,智能化的人机交互式的方法已普遍得到应用。人们追求的是全自动方法,因为只有全自动化才可能实时化和在轨处理,成为智能传感器(Smart Sensor),进而构成传感器网格(Sensor Web),实现直接从卫星上传回经在轨加工后的有用数据和信息。基于影像内容的自动搜索和特定目标的自动变化检测,可望尽快地实现全自动化,将几何与物理方程一起实现遥感的全定量化反演是最高理想,21 世纪内可望解决。

### 1.4.3　时空信息管理和分发的网格化

时空信息在计算机中的表示走的是地图数字化的道路,在计算机中存贮带地物编码和拓扑关系的坐标串。在 3 W 互联网环境下,实时查询和检索 GIS 数据是成功的。随着全球信息网格(GIG)概念的提出,人们将要面临在下一代 3 G(Great Global Grid)互联网上进行网格计算,即不仅可查询和检索到 GIS 时空数据,而且要能利用网络上的计算资源进行网格计算。在网格计算环境下,目前的 GIS 数据面临着空间数据的基准不一致、空间数据的时态不一致、语义描述的不一致以及数据存储格式的不一致的四大障碍。因此建立全球统一的空间信息网格对实现网格计算应当是势在必行。为此,我们提出了从用户需求出发的广义空间信息网格和狭义空间信息网格的概念[4]。

如果能解决空间信息多级网格与现有不同比例尺空间数据库的相互转换,GIS 的应用理论将会上一个新的台阶。空间数据挖掘可使空间分析和辅助决策支持上一个新台阶。解决空间数据语义的不一致,需要借助本体数据库思想建立一个统一的语义网格,来描述同一客体在不同专业空间数据库中的语义描述及其转换。解决时态不一致是一个十分复杂的问题,可以借助覆盖全球的同时态卫星数据快速更新。数据格式不一致和软件资源共享的问题可利用联邦数据库与互操作技术解决。

### 1.4.4  时空信息服务的大众化

人类的社会活动和自然界的发展变化都是在时空框架下进行的,地球空间信息是它们的载体和数学基础。在信息时代由于互联网和移动通讯网络的发展加上计算机终端的便携化,使时空信息服务的大众化代表了当前和未来的时代特征,也是空间信息行业能否产业化运转的关键。

时空信息服务要以需求为牵引,不同的用户,不同的需求就要提供不同的服务。时空信息对政府高效廉政建设的服务就是为电子服务(OA)提供必要的,具有空间、时间分布的自然、社会和经济数据与信息,希望能通过空间信息网格技术加以解决。时空信息为我国和谐小康的社会提供高效优质的服务模式,这包括汽车导航、盲人导航、手机图形服务、智能小区服务、移动位置服务等等,可以统称为公众信息化(Citizen Automation,CA)。


# 2  地球空间信息学在 陆地科学中的应用


## 2.1  在测绘学中的应用

地球空间信息学是传统测绘学向信息科学的发展和进步,它广泛用于测绘学的各个方面,包括建立和维持全球动态变化的时空基准,建设和更新国家空间数据基础设施,提供实时的导航与定位服务,建立中国和全球重力场模型和拟大地水准面模型。

目前我国已建成 1:1 000 000 和 1:250 000 全国地形数据库,由 24 322 幅 1:5地形图组成的,包括 7 个不同主题的空间数据库。将于 2005 年底完成,其数据量达到 11 TB。

地球空间信息学的出现从根本上改变了测绘学的面貌,使之从静态的几何科学发展成为动态变化的信息科学,构成数字地球的数学基础。

### 2.2　在土地利用规划和监测中的应用

我国人口众多,土地资源调查,土地合理使用,耕地保护和土地利用变化检测是一个十分重要的经常性工作。改革开放以来,曾花十年时间进行 1 : 10 000 的土地利用大调查。现在主要依靠高分辨率(2 ~ 10 m)的卫星影像和 3 S 技术,将在"十一五"期间进行第二次全国土地大调查,并建立我国的数字国土。250 m 分辨率的 MODIS 和 1 km 分辨率的 AVHRR 数据,由于时间分辨率很高,可用于制作标准化植被指数(NDVI),用于土地覆盖变化和农作物长势监测。每年一次的 2 ~ 10 m 分辨率的光学卫星图像,借助影像融合技术可用于土地变化的年际调查。利用大比例尺 GIS 数据库技术,可以构建土地交易信息系统,实现网上公开竞标。

### 2.3　在环境监测中的应用

目前,环境污染已成为一些国家的突出问题,利用遥感和 GIS 技术可以快速、大面积地监测水污染、大气污染和土地污染以及各种污染导致的破坏和影响。近些年来,我国利用航空遥感进行了多次环境监测的应用试验,对多个城市的环境质量和污染程度进行了分析和评价,包括城市热岛、烟雾扩散、水源污染、绿色植物覆盖指数以及交通量等的监测,都取得了重要成果。国家海洋局组织在渤海湾海面油溢的航空遥感实验,发现某国商船在大沽锚地违章排污事件,以及其他违章排污船 20 艘,并作了及时处理,在国内外产生了较大影响。

环境遥感是利用遥感技术揭示环境条件变化、环境污染性质及污染物扩散规律的一门科学。环境条件如气温、湿度的改变和环境污染大多会引起地物波谱特征发生不同程度的变化,而地物波谱特征的差异正是遥感识别地物的最根本的依据,这就是环境遥感的基础。

从各种受污染植物、水体、土壤的光谱特性来看,受污染地物与正常地物的光谱反射特征差异都集中在可见光、红外波段,环境遥感主要通过摄影与扫描两

种方式获得环境污染的遥感图像。摄影方式有黑白全色摄影、黑白红外摄影、天
然彩色摄影和彩色红外摄影。其中以彩色红外摄影应用最为广泛,影像上污染
区边界清晰,还能鉴别农作物或其他植物受污染后的长势优劣。这是因为受污
染地物与正常地物在红外部分光谱反射率有较大的差异。扫描方式主要有多光
谱扫描和红外扫描。多光谱扫描常用于观测水体污染。红外扫描能获得地物的
热影像,用于大气和水体的热污染监测。高光谱遥感则是环境监测最有效手段。

遥感技术可以有效地用于大气气溶胶监测、有害气体测定和城市热岛效应
的监测与分析。

在江河湖海各种水体中,污染种类繁多。为了便于用遥感方法研究各种水
污染,习惯上将其分为泥沙污染、石油污染、废水污染、热污染和富营养化等几种
类型,可以根据各种污染水体遥感图像上的特征,对它们进行调查、分析和监测。

土地环境遥感包括两个方面的内容:一是指对生态环境受到破坏的监测,
如沙漠化、盐碱化等;二是指对地面污染,如垃圾堆放区、土壤受害等的监测。

遥感技术目前已在生态环境、土壤污染和垃圾堆与有害物质堆积区的监测
中得到广泛应用。

## 2.4 在自然灾害防治中的应用

自然灾害包括地震、火山、滑坡、泥石流、地表沉陷、海啸、飓风、水灾、旱灾、
沙尘暴等,它们具有骤发性、突然性,持续时间短,一般难以准确预报,这些灾害
会直接造成人类生命财产损失。

地球空间信息学可广泛地用于自然灾害从预报预警、灾情监测、防灾抢险到
灾情综合评估,决策分析以及灾后重建的各个阶段。

雷达数据由于其全天时、全天候的特点在灾害防治中有突出的优越性,用
D – INSAR 可以自动测定地震形变区范围,地形滑坡和地面沉陷速率。利用永
久散射体干涉雷达[5]方法对大批 ERSI/2 以及 ASAR 数据进行时序处理求出
上海市的地表下沉速率,经过实测水准测量数据的对比验证,精度达到
±2 mm。

欧空局(ESA)对 2003 年阿尔及利亚大地震的应急响应是将震灾前后的 SPOT4/5 的卫星图像进行变化检测,圈定了房屋倒塌区,与 GIS 数据进行叠置分析,确定了各灾区所涉及的人口数及经济损失,为救灾和灾害损失评估及时提供了定量信息。我国在历年洪水灾害中利用 RadarSat 和 ERS1/2、ASAR 等数据与反映常年水位的光学图像进行融合,快速圈定洪水淹没范围。利用九大江河流域的 DEM 数据,可对洪水灾害进行仿真分析。利用 MODIS,MERIS 等中等分辨率(250~300 m)卫星图像可对旱灾、黄河和渤海湾的冰凌灾害进行实时监测。1 km分辨率的气象卫星可提供每 20 min 到 1 h 的卫星图像,用来监测沙尘暴的发生和传播过程。由大量 GPS 观测台站组成的我国地壳运动观测网络,其数据对自然灾害的预防和治理也有重要作用。利用卫星遥感热红外图像观测地震前的温度异常,能否预报地震仍是一个有研究价值的复杂问题。

## 2.5　在资源调查中的应用[6]

资源包括不可再生资源(如石油、煤炭、金属、非金属矿等地质资源)和再生资源(如林业和农牧渔业资源等)。对一个国家,特别是人口众多、资源缺乏的中国来说,实施可持续发展,抓好资源调查,具有极其重要的意义。

地球空间信息学为资源调查提供了极为有效的现代化方法,在各类资源勘测中,GPS 代替了罗盘和指南针,笔记本电脑和掌上宝代替了记录本,数码相机代替了手绘草图。

遥感技术为地质研究和勘查提供了先进的手段,可为矿产资源调查提供重要依据和线索,对高寒、荒漠和热带雨林地区的地质工作提供有价值的资料。特别是卫星遥感,为大区域甚至全球范围的地质研究创造了有利条件。

遥感技术在地质调查中的应用,主要是利用遥感图像的色调、形状、阴影等标志,解译出地质体的类型、地层、岩性、地质构造等信息,为区域地质填图提供必要的数据。

遥感技术在矿产资源调查中的应用,主要是根据矿床成因类型,结合地球物理特征,寻找成矿线索或缩小找矿范围,通过成矿条件的分析,提出矿产普查勘探的方向,指出矿区的发展前景。

在工程地质勘查中,遥感技术主要用于大型堤坝、厂矿及其他建筑工程选址、道路选线以及由地震和暴雨等造成的灾害性地质过程的预测等方面。例如,山西大同某电厂选址、京山铁路改线设计等,由于从遥感资料的分析中发现过去资料中没有反映的隐伏地质构造,通过改变厂址与选择合理的铁路线路,在确保工程质量与安全方面起了重要的作用。在水文地质勘查中,则利用各种遥感资料(尤其是红外摄影、热红外扫描成像),查明区域水文地质条件、富水地貌部位,识别含水层,判断充水断层。如美国在夏威夷群岛用红外遥感方法发现200多处地下水露点,解决了该岛所需淡水的水源问题。

高光谱遥感,由于它能提供5~6 nm分辨率的图谱合一数据,可用来区分矿物成分和物质组成,在地质勘探中具有重大应用前景。

遥感技术在煤炭工业中的主要应用包括:煤田区域地质调查,煤田储量预测,煤田地质填图,煤炭自燃,过火区的圈定、界线划分、灭火作业及效果评估,煤矿治水、调查井下采空后的地面沉陷,煤炭地面地质灾害调查,煤矿环境污染及矿区土地复耕等。

利用遥感方法进行油气靶区预测的理论基础是:地下油气藏上方存在着烃类微渗漏,烃类微渗漏导致地表物质产生理化异常,主要有土壤烃组分异常、红层褪色异常、黏土丰度异常、碳酸盐化异常、放射性异常、热惯量异常、地表植被异常等。油气藏烃类渗漏引起地表层物质的蚀变现象必然反映在该物质的波段特征异常上。大量室内、野外原油及土壤波谱测量表明:烃类物质在1.725 μm,1.760 μm,2.310 μm和2.360 μm等处存在一系列明显的特征吸收谷,而在2.30~2.36 μm波段间以较强的双谷形态出现。遥感方法通过测量特定波段的波谱异常,可预测对应的地下油气藏靶区。

由于土壤中的一些矿物质(如碳酸盐矿物质)的吸收谷也在烃类吸收谷的范围,这给遥感探测烃类物质带来了困难。因此,要区分烃类物质的吸收谷必须实现窄波段遥感探测,即要求传感器具有高光谱分辨率的同时具有高灵敏度。

近年来发展的机载和卫星成像光谱仪是符合上述要求的新型成像传感器。例如,中科院上海技术物理所研制的机载成像光谱仪的功能是通过细分光谱来提高遥感技术对地物目标分类和目标特性识别的能力。如可见光/近红外(0.64～1.1 μm)设置 32 个波段,光谱取样间隔为 20 mm;短波红外(1.4～2.4 μm)设置 32 个波段,光谱间隔为 25 mm;8.20～12.5 μm 热红外波段细分为 7 个波段。成像光谱仪的工作波段覆盖了烃类微渗漏引起地表物质"蚀变"异常的各个特征波谱带,是检测烃类微渗漏特征吸收谷的较为有效的传感器。通过利用成像光谱图像结合地面光谱分析及化探数据分析进行油气预测靶区圈定的试验,证明成像光谱仪是一种经济、快速、可靠性好的非地震油气勘探技术,将在油气资源勘探中发挥重要的作用。

3S 技术在农业中的应用主要包括:利用遥感技术进行土地资源调查与监测、农作物生产与监测、作物长势状况分析和生长环境的监测以及农作物估产。基于 GPS、GIS 和农业专家系统相结合,可以实现精准农业。

利用遥感手段可以快速地进行森林资源调查和动态监测,可以及时地进行森林虫害的监测,定量地评估由于空气污染、酸雨及病虫害等因素引起的林业危害。遥感的高分辨率图像还可以参与和指导森林经营和运作。

气象卫星遥感是发现和监测森林火灾的最快速和最廉价手段,可以掌握起火点、火灾通过区域、灭火过程、灾情评估和过火区林木恢复情况。

3S 技术在水文学和水资源研究方面的应用主要有水资源调查、水文情报预报和区域水文研究。

利用遥感技术不仅能确定地表江河、湖沼和冰雪的分布、面积、水量和水质,而且对勘测地下水资源也是十分有效的。在青藏高原地区,经对遥感图像解译分析,不仅对已有湖泊的面积、形状修正得更加准确,而且还新发现了 500 多个湖泊。

按照地下水的埋藏分布规律,利用遥感图像的直接和间接解译标志,可以有效地寻找地下水资源。一般来说,遥感图像所显示的古河床位置、基岩构造的裂隙及其复合部分、洪积扇的顶端及其边缘、自然植被生长状况好的地方均可找到地下水。地下水露头、泉水的分布在 8 ~ 14 μm 的热红外图像上显示最为清晰。由于地下水和地表水之间存在温差,因此,利用热红外图像能够发现泉眼。

## 2.6　在城市发展中的应用

城市化和城镇化发展是一个国家经济发展的标志,城市集中了国家的政治、经济、文化和人口,科学地推进城市发展是建设和谐社会强国的关键。

城市规模有大小和级别的不同,采用遥感技术(RS)、地理信息系统技术(GIS)、全球卫星定位系统技术(GPS)和通信技术,在城市发展中的应用有如下方面:城市规划管理系统,土地利用管理系统,地籍管理系统,城市管线综合管理系统,城市供水管理系统,城市排水管理系统,电讯基站网络管理系统,电力配电网络管理系统,城市热力网络管理系统,城市有线电视网络管理系统,城市煤气网络管理系统,市域光纤网管理系统,城市工商企事业管理系统,城市税务监管系统,市防洪减灾管理系统,城市公安交通指挥管理系统,城市人防(民防)指挥管理系统,城市公安消防指挥管理系统,城市社会福利保障管理系统,地名勘界管理系统,城市环境优化管理系统,城市统计信息可视化管理系统,城市重大隐患及重大危险源泉管理系统,城市生态环境优化治理系统,城市重点项目、招商引资管理系统,城市基本农田保护监管系统,城市矿业管理监管系统,城市户籍、安防管理指挥系统,城市突发事件应急指挥系统,市长辅助管理决策指挥系统等。这些系统在城市信息网络上的流通构成了数字城市。

目前,我国重大的城市灾害事故时有发生,如水质污染、有毒气体泄露、地震、洪水等,造成巨大的经济损失。而在这些事故突然发生时,现有常规手段很难实现迅速、准确、动态的监测与预报,以致于有关部门难于快速准确地做出减灾决策。采用数字城市系统可基本解决这些问题。当突发性灾害事故发生时,GPS 和 RS 能快速探测到事故发生地,并将有关信息迅速输入 GIS 系统,由 GIS 准确显示出发生地及其附近的地理图件,如饮用水源地及其取水口、危险品仓库、有毒有害废物处置场、行政区划、人口分布、地下管线、建筑状况等,并对由 RS 得到的灾害信息进行空间模拟分析,进行预警预报,制定防范措施和减灾策略。

　　利用网格(GRID)技术,移动位置服务(LBS)与城市 GIS 的集成,一个城市网格化服务的新技术正在我国各城市推开[7]。

## 3　结　束　语

　　地球空间信息学作为航天科学、信息科学与地球科学的交叉产物,在 20 世纪兴起,在 21 世纪将会形成一个空前未有的大好发展时期。我们要加倍努力,抓住地球空间信息学的机遇,努力吸取相关学科的成就,为国家的经济建设、国防安全以及和谐社会的可持续发展做出我们自己应有的贡献。

参考文献

[ 1 ] VIRGINIA GEWIN. Mapping Opportunies[J]. Nature, 2004, 427: 376 - 377.
[ 2 ] 李德仁,李清泉. 地球空间信息学与数字地球[J]. 地球科学进展,1999,14(6): 535 - 540.
[ 3 ] 李德仁,关泽群. 空间信息系统的集成与实现[J]. 武汉:武汉测绘科技大学出版社, 2000:244.
[ 4 ] 李德仁. 论广义和狭义空间信息网格[J]. 遥感学报,2005, 9(5): 513 - 520.
[ 5 ] 李德仁,廖明生,王艳. 永久散射体雷达干涉测量技术[J]. 武汉大学学报(信息科学版),2004,29(8): 664 - 668.
[ 6 ] 李德仁,周月琴,金为铣. 摄影测量与遥感概论[M]. 北京:测绘出版社,2001:352.
[ 7 ] 李德仁,朱欣焰,龚健雅. 从数字地图到空间信息网格——空间信息多级网格理论思考[J]. 武汉大学学报(信息科学版),2003,28(6): 642 - 650.

原载于《自然杂志》2005 年第 6 期

# 编制地球的"万年历"

汪品先 *　同济大学海洋地质国家重点实验室

## 1　引言：四千岁还是四十亿岁

　　"今人不见古时月，今月曾经照古人"，说的是"人"和"月"虽然同时入诗入画，时间尺度上却大不相同。"朝菌不知晦朔，蟪蛄不知春秋"，说的是可怜的小型生物寿命有限，听不到晨钟暮鼓，看不见寒往暑来。其实，你我有幸生而为人，既识晦朔又历春秋，比朝菌蟪蛄神气得多；但要和月亮比起资格来，实在是无地自容。

　　现在知道，月亮和地球大体上同庚，都已经是四十多亿年的高龄。但这是现在的认识，几百年前，人类或者认为世界永恒、根本没有年龄这一说，或者认为地

*　海洋地质学家。长期从事我国海域古海洋学、海洋微体古生物学和我国环境宏观演化的研究，系统分析我国近海沉积中钙质微体化石的分布及其控制因素，发现南海在冰期旋回中对环境信号的放大效应、西太平洋边缘海对我国陆地环境演变的重大影响。作为首席科学家，主持国际深海科学钻探船首次在中国南海进行 ODP184 航次深海科学钻探，取得西太平洋区最佳的晚新生代环境演变纪录。1991 年当选为中国科学院学部委员（院士）。

球、世界的历史不过几千年。流传最广的是爱尔兰大主教 James Ussher 的说法,他在 1650 年指出世界是上帝在公元前 4004 年 10 月 23 日星期天创造的。其实,这"四千年"并非这位大主教的创新[1],耶稣降生时地球只有四千岁是当时流行的看法。要等到 19 世纪末发现放射性元素的衰变,才找到了通过矿物测年的物理学方法求取地球年龄的新途径[2],再经过几十年的努力,得出地球形成于 45 亿年前的数据[3],和 Ussher 的说法相差五个量级。如今,人类对时间的视野还在拓宽,不仅认识到宇宙大爆炸发生在 137 亿年前[4],而且进一步探讨宇宙大爆炸是否属于周期性现象[5]。

　　当然,人类最为关心的还不是宇宙或者地球的年龄,而是和自己生命活动相关的时间尺度。最简单的计时参考系,莫过于昼夜交替和季节更新,这就是日和年,也就是以地球自转和公转为基础的天文计年。再要细一点就可以在日的基础上进一步划分,我国古代就有利用太阳角度定时的日晷,看不见太阳的时候可以用沙漏、水钟定时。不仅中国自古就分时辰,在巴比伦时代还分出了时、分、秒,而且分、秒的六十进位制一直流传至今[6]。

　　随着社会的进步,尤其是科学技术的发展,人类需要关心的时间幅度已经大为扩展,短到亿分之一秒,长到数十亿年。计时的方法和标准也随之大为变化,只是行外人士对时间的概念变化不大,一说到时间,想起的不是手表就是日历。本文就是想从计时概念与技术的进步入手,漫谈人类对时间认识的发展;而且"三句不离本行",重点放在研究地球历史用的时间概念和计时单元。

## 2　从天文钟到原子钟

　　时间的流逝,推进着人类对时间的认识,提高着对时间分辨率的需求。当古人不能以日晷和沙漏为满足的时候,就出现了种种机械计时的尝试,其中一个重大进展是钟摆的发明。尽管伽利略早就注意到用摆锤计时的潜力,第一个钟摆还是要等到 17 世纪中叶,由荷兰人 C. Huygens 来发明。与以前任何计时装置相比,摆钟的精确度提高了上百倍,而他随后发明的螺旋平衡弹簧,又进一步提高精度、减小体积,导致了怀表的出现。然而再好的摆钟,其精度也只能达到每年误差不超过一秒[6],再要提高就需另辟蹊径。

测时的原理是运用时间上稳定的周期性过程,其实物理学上周期性过程的时间范围极大,短到普朗克时间的 $10^{-43}$ s,长到天文上的 $10^{17} \sim 10^{18}$ s,为测时提供了广阔的空间[7]。因此完全可以跳出机械运动的范畴,发展其他的物理测年方法。果然,1939 年出现了利用石英晶体振动计时的石英钟,每天误差只有千分之二秒,到二次大战后精度提高到 30 年才差一秒。很快,测年的技术又推进到原子层面,1948 年出现第一台原子钟,1955 年又发明了铯原子钟,利用 $Cs^{133}$ 原子的共振频率计时,现在精度已经高达每天只差十亿分之一秒[6]。

原子钟的发明,从根本上改变了计时的标准——从原来依靠天体运动的天文标准,发展到依靠原子运动的物理标准。按照天文定义,一秒的时间应当从年、日、时、分、秒的关系求得,一秒等于 31 536 000( $= 365 \times 24 \times 60 \times 60$ )分之一年。但是天文计时的单位,无论年月日,其实都不稳定。为此,1956 年,全球约定:一秒钟的定义是 1990 年 1 月 1 日 12 时回归年长度的 31 556 925. 974 7 分之一。到 1967 年,这种定义已被原子钟的定义所取代:一秒钟是 $Cs^{133}$ 原子在两个能态之间周期性振荡 9 192 631 770 次的时间[6]。

天文钟和原子钟既然原理不同,计时当然也有差异。由于天文周期有不稳定性,时间久了,"原子时"和天文的"世界时"之间产生差异,只好用"闰秒"的办法来解决:2005 年末、2006 年初增加一个闰秒,就是这个道理。

# 3　从化石定年到同位素测年

时间概念,不仅向着越来越精细、越短促的高分辨率方向,而且也在向长久、遥远的大尺度方向发展,朝着地球历史的早期推进。

　　地质计时,经历了曲折的历史。地质学的建立就从地层学开始,本身就与时间不可分割;然而那时用的是相对年代序列,指的是地层形成时间先后的定性序列,并不在乎定量的具体年代。识别相对地层年代的依据,主要是生物化石,比如三叶虫的出现是寒武纪的开始,恐龙的灭绝是白垩纪的结束,而这寒武纪、白垩纪无非是科学家命名的一种代号,究竟距离今天有多少年并没有测定,而且对于早期的地质学来说也并不重要。当时地质学的任务在于找矿,重要的是识别某个时代的地层,比如石炭纪地层含煤矿,而鳞木化石指示石炭纪,找到有鳞木化石的地层,就有可能找到煤矿。发展到现在,地质学的任务已经从找矿勘探扩展到环境保护与预测,性质也从现象描述进展到机理探索,定量的时间概念变成了关键,测年的重要性也提升到空前的高度。

　　地质学产生的早期,确实缺乏手段,无从猜测地层的形成究竟花了多长的时间,只能从今天的地质过程提出自己的推想。比如海水的盐分来自大陆化学风化的溶解物质,那么根据今天河流向海洋输送溶解物质的速率,就可以计算出世界大洋存在的年龄;同样,根据现代的岩石剥蚀作用和沉积作用的速度,可以推算剥蚀出今天的地形、堆积起今天的地层需要花多长的时间。前提是这种种地质作用的速率不变,就是所谓“均变论”。地质界的“均变论”,也为当时的生物学革命所接受,比如对生物界的进化,就估计有十亿年历史。达尔文在《物种起源》中专门讨论了岩石风化的缓慢,推论出地质年代数以亿年计。相反的是当时的物理学界,从热力学角度推算太阳的年龄,以及地球从炽热熔融状态冷却固化的年龄,认为地球年龄只有几千万年,绝不会上亿。地学界与物理学界的争论,到了19世纪末期放射性元素发现之后方有结论:因为太阳的能量还在不断产生,不能用简单的热量消耗来计算其年龄[2],所以地质界的估算要比物理界来得正确。

　　就在1895年X光发现之后的第二年,发现了铀的放射性,为利用放射性元素的半衰期测定矿物年龄开辟了途径:1904年 E. Roservelt 首次从一种铀矿物测得五亿年的放射性年龄[7]。现在放射性测年不仅是地质年代学的基本方法,

而且也被天文界用来测陨石追索太阳系的历史，考古界用来测量出土文物的
年龄[8]。

# 4  日、月、年以上的天文周期

归纳起来，人类计时有两种系统：一种是天文计时，一种是物理计时。前面
说到，计时是从天文方法开始的，然而天文上的周期性并不像我们外行人想象的
那样规则。以太阳为标准的天文"日"长度并不相等，现在一年之中就可以差 51
秒；更不用说根据珊瑚化石生长纹判断，四亿年前一年有四百多天[9]，在地质尺
度上来讲地球自转速度是在减慢的。如此看来，用独立的物理方法计时，避免天
文计时中的不稳定因素，是极为重要的。

但是话又得说回来，尽管有精确物理定义的"秒"，我们日常使用仍然是
天文计时，仍然是按昼夜作息、按年度预算。因为天文周期实际上也是人类生
活环境的周期，其精度一般讲也足够我们日常使用。即使有了原子钟，仍然需
要有历法的天文计时[10]。时间长度的不同等级有不同的用途，论资历用
"年"，发工资按"月"，住旅馆算"日"，打电话计"分"。基于天文周期的年、
月、日，和由此派生出来的世纪、星期、小时等等，能够满足人的生命长度与生
命活动的需要，使用方便。可是在地质计时中，这些天文周期都显得太短，动
不动就要用几亿甚至几十亿年来表示，既不科学、又不方便。不科学是我们根
本达不到"年"的分辨率，不方便是无缘无故用那么大的数字，就像平时生活
中不用年只用秒，每人要数三千多万秒过一次生日，活到将近十九亿秒才可以
退休，那就非乱了套不行。

地质科学产生至今差不多两百年的历程里，我们习惯于"推己及物"，把自
己计年龄的单位加给地球。可是既然知道有"今人不见古时月"的尺度差异，我
们能不能找一找：在日、月、年之上，还有没有更长一点的天文周期，适宜于地球
和月亮使用？回答是有的。这种周期确实有，而且已经开始使用，这就是地球在

太阳系里运行轨道几何形态变化的周期,简称轨道周期。

　　地球绕太阳公转,遵照牛顿定律是极其规则的运动。但是太阳系里还有其他行星,地球身边还有月亮作伴。相互干扰的结果,地球的运行轨道,包括绕太阳公转的黄道和地球自转的赤道面,就会周期性地出现偏差。周期性变化的轨道参数有三种:岁差、斜率与偏心率。地球自转轴呈陀螺般的晃动,叫做岁差;地球赤道和黄道之间的夹角叫做斜率,也在周期性变化;黄道呈椭圆形,但有时更圆些、有时更扁些,这就是偏心率。轨道参数不断地在变,只不过我们不加注意罢了;但是地球运行这种几何形态上的微小变化,都会影响太阳辐射量在地球表面的分布,通过地球气候系统的放大效应,最终可以导致冰期的重复发生[11]。

　　三个参数中最先发现的是岁差。所谓"岁差"就是岁岁有差别,我国晋朝的虞喜就发现冬至点每年有所移动,五十年沿黄道西移一度。现在知道这是21 000年的周期,具体表现是地球在黄道上到达近日点的日期逐年变化。从气候角度说,如果地球在夏至到达近日点、冬至到达远日点,一年内季节的差异就会加强;相反,如果冬至到达近日点,夏至到达远日点,气候的冬夏差别就会减少。岁差周期影响气候季节性,所以季风强弱就会有两万年左右的周期。地球的斜率也在变。现在回归线在 23.5°,这是今天地球的斜率;但是它在 22.2° 与24.5° 之间变动,41 000 年一个周期。现在斜率每年减少 0.5°,所以北回归线正在南移。比如台湾的嘉义县 1908 年建造的北回归线标志,到 1996 年已经落在北回归线以北 1.27 km,到 9 300 年后更要相差 90 km[12]。斜率角度增大会使太阳辐射量在高纬区的份额加大,所以对高纬度的气候有重要影响;假如斜率一旦大于 54°,极地就会比赤道还热。

　　第三个轨道参数偏心率,它反映黄道圆不圆,随着黄道短轴的长度伸缩,椭圆形的黄道有接近 100 000 年周期的变化,导致不同季节地球与太阳距离的不同;但由于这种变化幅度太小,对于气候的直接影响可以不计。偏心率影响气候,主要依靠调控气候岁差变化的幅度,偏心率越大,岁差造成的气候变化越大。道理很简单:假如偏心率小到为零,黄道成了圆形,也就谈不上什么近日点、远日点,和岁差的气候效应了。

这样,两万年的岁差,四万年的斜率和十万年的偏心率周期,通过太阳辐射量的时空分布变化影响着地球上的气候。但是与日、月、年不同,这类天文周期时间长、变化小,只有靠地质时期里的长期积累才会有显著的效果。果然,这类天文周期的发现,是在近几十万年来的冰期记录里。

# 5　地球轨道和冰期旋回

地质学界会对轨道周期发生兴趣,原因就在于大冰期。两万年前,世界大陆有三分之一压在几千米厚的冰盖下面,而且这种大冰期曾经在最近一百多万年来的第四纪里重复出现,什么原因却并不清楚。经过长期争论,终于发现原因在于地球运行轨道的周期性变化。20世纪早期,塞尔维亚的米兰克维奇(Milutin Milankovitch)以北纬65°N的高纬区为标准,计算夏季接受太阳辐射量的周期性变化,如果夏季辐射量不太大,北半球高纬区的积雪不会融化,就可以逐渐堆积而形成大冰盖。这项假设提出后遭到几十年的冷遇,直到半世纪之后的20世纪70年代,深海沉积物的氧同位素分析证明冰期旋回与轨道周期相符,这一假设方才得到学术界的承认,这就是所谓"米兰克维奇理论":冰期旋回的原因在于地球轨道参数的变化[13]。

既然冰期按轨道周期发生,就可以拿冰期作为计时的标准。全球冰盖的大小反映在海水的氧同位素上,因此深海沉积的地层年代就采用氧同位素分期(MIS)来表达,今天属于 MIS 1 期,2 万年前的大冰期是 MIS 2 期,一直数到一百多期。但是每次冰期旋回的长度并不一致:早先的旋回四万年,是斜率周期;最近六七十万年以来又变为十万年一次冰期。更大的问题是在地质历史的长河里,极地有大冰盖、气候有冰期旋回的只是少数,多数时间里没有冰期。因此,依靠冰期旋回表达的轨道周期,只能有局部的应用价值。

好在地球轨道参数影响太阳辐射量的分布,并不限于高纬区。前面说过,岁差影响气候的季节性,当近日点在夏至的时候季节性加强,季风和季风雨也就特别强盛。在非洲,强大的季风雨可以造成尼罗河特大规模泛滥,洪水流到地中海引起浮游生物的勃发,海底形成富含有机质的"腐泥层"[14]。季风洪水随着岁差变,所以两万年出现一次的"腐泥层",就是岁差的标记。岁差两万年一个周期可以编号,现在近日点靠近冬至,是岁差的高峰,编为 1 号;一万年前近日点在夏至前后,是岁差的低谷,编作 2 号。这样从现在向古代上推,一个岁差周期编两个号(岁差高峰单号,低谷双号),大约 180 万年前的第四纪开始就编到 176号,此前的上新世就从 176 号编到 530 号,相当于 180.6 万年到 533.3 万年以前的一段历史[15]。今天意大利南方的地层,从前就是地中海海底的沉积,里面保留着这些腐泥层,上面说的编号就是在那里应用,成为地质年代天文计时的一个样板。

但是,两万年的岁差周期只是近几百万年来的事。由于地球受潮汐摩擦的原因,岁差周期是在变长的。据计算,今天平均 21 000 年的岁差周期,在五亿年前只有 17 000 多年。斜率也一样,今天 41 000 年的斜率周期当时也只有 29 000年[16]。即便在近几百万年,由于冰期时地球受冰盖载荷的影响,岁差和斜率周期的长度也会受到影响[17]。上面说的用岁差周期作为地质计时单位,只能适用于最近几百万年。由于其时间长度不稳定,岁差和斜率难以成为整个地质时代计年的"钟摆";这种"钟摆",得靠第三个轨道参数——偏心率。

# 6  地质计时的"钟摆"——
## 四十万年偏心率长周期

前面介绍地球轨道参数时只说有 10 万年的偏心率,其实偏心率还有 40 万年的长周期,它们都不受潮汐影响,具有稳定性;尤其是 40 万年的偏心率长周期,是天文上最为稳定的轨道参数[18]。上面说过,偏心率主要通过调控岁差的变化幅度影响气候,而岁差变化幅度越大,气候的季节性变化越强。所以偏心率增大,就会加强气候的季节性变化;假如偏心率等于零,岁差对季节性的影响也就等于零。这种作用在低纬度区最为明显,比如地中海按岁差周期出现的"腐泥层",偏心率最小的时期不能形成,只有石灰岩的连续沉积[19],因此从远处就可以看出地层的轨道周期来。谓予不信,请到西西里岛一游。那是意大利著名的旅游点,崖岸上石灰岩和腐泥层的韵律,就是轨道周期的记录,其中游泳之后享用日光浴的厚层灰岩,就是40万年周期偏心率最小时候的产物。

在较老的地质年代里,最容易辨认的是40万年长周期,一方面这种长周期造成的气候变化幅度大,便于识别;另一方面时间长度大,对时间分辨率的要求低,容易确定。因此在不同年代的地质记录里都可以适用,被誉为地质计时的最佳"音叉"[20]。现在,40万年长周期不仅在三亿多年前美国东北的湖泊[21],或者一千多万年来的贝加尔湖[22]沉积中有发现,而且世界大洋的碳储库普遍存在40万年的长周期[23,24]。学术界终于开始明白:这40万年周期,是地球上气候变化一种最基本的"节律"。地球上大部分时间没有大冰盖,那时候气候变化主要受低纬度区控制,因此岁差和调谐岁差变幅的偏心率周期,就显得格外重要。过去轨道周期的研究大多局限于第四纪晚期的冰期旋回,那是地球历史上非常特殊的时期,而且总共只有几十万年,当然看不到长周期。

于是,有人建议将地质时期按40万年偏心率周期编年,具体说是用偏心率最低值作为一个40万年周期的标记,从新到老编号排序[25]。从最近一个偏心率最低值、也就是 一万年前起算,编号为"1",那么往前数,北半球冰盖的形成应当在第"7"期,地中海变干发生在第"16"期,如此等等。再往前,6 500万年前白垩纪末恐龙灭绝,按偏心率长周期就是"162"期;距今14 500万年的侏罗纪末,就是"360"期[20]。

总之,地质界已经在日、月、年之上,提出了更长的天文周期用来计时,一个是大约两万年的岁差,一个是大约40万年的偏心率。其中40万年周期适用于整个地质历史,是最有希望的地质计时单位。当然这里的计时全是指地质尺度,无论是人寿保险,还是工程设计都决不会采用这种计时单元,但是对于地质历史和环境演变的研究说来,却是找到了自己的"钟摆"。

# 7　结束语——翻开地球的"万年历"

就像现在有了原子钟,还要有历法一样,地质历史的同位素测年,无法替代天文周期的计时。因为同位素测年可以求出时间长度,却提供不了天文周期反映的环境变化韵律。不管短到日、年,还是长到岁差、偏心率,都是环境韵律的标志。古人"日出而作,日入而息",因为白天便于耕种,黑夜宜于睡眠。岁差低谷时地中海形成"腐泥层",偏心率低值时堆积石灰岩,这也是天文周期,只是你我寿命太短,不通过专家的研究看不出来,和"朝菌不知晦朔,蟪蛄不知春秋"是一个道理。因此,将天文周期引进地质年表,其意义不仅在于提高地质年代学的精度,还有助于理解地质过程的机理。

可以预见,未来的地质年表,既有同位素测年的数据,也有天文周期、主要是偏心率长周期排序的"年龄"。只有理清地质历史上的周期性,才能编制地球的"万年历"。一旦掌握了这种"万年历",其影响将远远超出地质学的范围,因为人类对于大大超过自己生命长度的变化了解实在太少。今天面对"温室效应"、疾呼"全球变暖"的学术界,三十年前曾经鼓吹过"下次冰期"即将降临;直到现在,下次冰期究竟什么时候来,预测仍然大相径庭,有的说还得五万年,有的却说已经在来临。分歧的原因是不了解轨道变化究竟如何影响地球上的气候,尤其对于如何影响碳储库,至今众说纷纭[26]。40万年偏心率既是季风的周期、风化作用的周期,又是大洋碳储库的周期,很可能还是海平面升降的周期。今天的地球正在经历着40万年偏心率周期的低值期,大洋碳储库的反应也早已出现,当务之急是要去解读这种长周期变化的环境意义[27]。不认识地质时期里冰期旋回、碳储库变化周期与轨道参数的关系,要对未来环境长期变化趋势做出科学的预测,是不现实的。

研究天文长周期,不单是地质学请教天文学;相反,天文学也会得益于地质学。天文周期的计算,在时间上有着一定的极限[18];过于古老的天文周期,天文学已经无能为力,只能将来从地质纪录里去寻找,靠地质学提供。利用地质纪录推测轨道周期的做法,不但有了初步尝试[28],而且还在地外星球的航天探测中使用。火星极地上发现有 2 500 m 厚的冰盖,冰盖上的亮、暗条带表明有冰雪与尘埃的互层,应当和地球上一样是轨道驱动下冰期旋回的产物。经过计算,求出了火星的轨道周期是:岁差 51 000 年,斜率 120 000 年,偏心率 95 000 年至99 000 年[29]。至于这结论的准确程度将来如何验证,恐怕你我都不见得等得到。

　　进一步讲,计时和周期的问题同样存在于生物学。演化生物学本来和地质学一样探讨时间问题,而生物大分子进化速率稳定性的发现[30],为生物演化研究的计时提供了标准,为建立演化的"生物钟"创造了条件[31]。对于天文周期,生物界和地球气候系统一样,也会作出自己的反应。现在已经知道,生物个体内要有"生理节奏钟"响应昼夜与季节的变化[32],要有内在的"发育钟"机制协调个体发育的生长过程[33]。那么,在生物界的高层次上,是不是也会有生物圈对于天文长周期的响应呢? 这样的问题也许提得过早,在基因层面上研究生物与天文周期的关系,目前还刚刚起步。可以肯定的是,地球"万年历"的编制,天文长周期在不同学科中的引入,必将开拓人类认识世界的时间范围,提高预测长期变化的能力。到那时,尽管还是"不见古时月"的"今人",却能够有声有色地开讲包括地球在内的"太阳系演义"。

参考文献

[ 1 ] FULLER J G C M. A date to remember:4004 BC[J]. Earth Sciences History, 2005, 24:5 - 14.
[ 2 ] KNEL S J, LEWIS C L E. Celebrating the age of the Earth[G]. In:KNELL S J, LEWIS C L E. (Eds.), The Age of the Earth:From 4004 BC to AD 2002. Geol Soc London,

Spec Publ, 2001, 190: 1 – 14.

[ 3 ] PATTERSON C C. Age of meteorites and the Earth[J]. Geoch Cosmoch Acta, 1956, 10: 230 – 237.

[ 4 ] VENEZIANO G. The myth of the beginning of time [J]. Scientific American, 2004, 30 – 39.

[ 5 ] STEINHARDT P J, TUROK N. Cyclic model of the Universe[J]. Science, 2002, 296: 1436 – 1439.

[ 6 ] ANDREWESW J H. 钟表的编年史[J]. 科学, 2002(11): 54 – 63.

[ 7 ] AUDOIN C, GUINOT B. The Measurement of Time. Time, Frequency and the Atomic Clock[M]. Cambridge: Cambridge University Press, 2001: 335.

[ 8 ] ODIN G S(Ed. ). Numerical Dating in Stratigraphy[M]. Part 1. New Yortk: Wiley & Sons, 1982, 630.

[ 9 ] WELLS J W. Coral growth and geochronometry[J]. Nature, 1963, 197: 948 – 950.

[10] 余明主编. 简明天文学教程[M]. 北京: 科学出版社, 2003: 404.

[11] RUDDIMAN W F. Earth's Climate. Past and Future. N. Y: Freeman & Co., 2001, 465.

[12] CHAO B F. 'Concrete' testimony to Milankovitch cycle in earth's changing obliquity[J]. EOS, 1996, 77: 433.

[13] HAYS J D, IMBRIE J, SHACKLETON N J. Variations in the Earth's orbit: Pacemaker of the ice age[J]. Science, 1976, 194: 1121 – 1132.

[14] ROSSIGNOL- STICK M, NESTEROFF V, OLIVE P, et al. After the deluge: Mediterranean stagnation and sapropel formation[J]. Nature, 1982, 295: 105 – 110.

[15] LOURENS L J, ANTONARAKOU A, HILGEN F J, et al. Evaluation of the Plio-Pleistocene astronomical timescale[J]. Paleoceanography, 1996, 11: 391 – 413.

[16] BERGER A, LOUTRE M F, LASKAR J. Stability of the astronomical frequencies over the Earth's history for paleoclimate studies[J]. Science, 1992, 255: 560 – 566.

[17] LOURENS L J, WEHAUSEN R, BRUMSACK H J. Geological constraints on tidal dissipation and dynamical ellipticity of the Earth over the past three million years[J]. Nature, 2001, 409: 1029 – 1033.

[18] LASKAR J. The limits of Earth orbital calculations for geological time-scale use[J]. Philos Trans Royal Soc London, 1999, A1757: 1735 – 1759.

[19] HILGEN F J. Astronomical calibration of Gauss to Matuyama sapropels in the Mediterranean and implication for the Geomagnetic Polarity Time Scale[J]. Earth and Planetary Science Letters, 1991, 104: 226 – 244.

[20] MATTHEWS R K, FROELICH C. Maximum flooding surfaces and sequence boundaries: comparisons between observations and orbital forcing in the Cretaceous and Jurassic (65 – 190 Ma) [J]. GeoArabia, Middle East Petroleum Geosciences, 2002, 7 (3): 503 – 538.

[21] OLSEN P E. Periodicity of lake-level cycles in the Late Triassic Lochatong Formation of the Newark Basin (Newark Supergroup, New Jersey and Pennsylvania) [G]. In:

BERGER A, IMBRIE J, HAYS J, et al. (Eds.), Milankovitch and Climate. NATO ASI, 1984, C126: 129-146.

[22] KASHIWAYA K, OCHIAI S, SAKAI H, et al. Orbit-related long-term climate cycles revealed in a 12 - Myr continental record from Lake Baikal [J]. Nature, 2001, 410: 71-74.

[23] 汪品先, 田军, 成鑫荣, 等. 探索大洋碳储库的演变周期[J]. 科学通报, 2003, 48 (21): 2216-2227.

[24] WANG P X, TIAN J, CHENG X, et al. Major pleistocene stages in a carbon perspective: The South China Sea record and its global comparison [J]. Paleoceanography, 2004, 19: PA 4005, doc. 10. 1029/2003PA000991.

[25] WADE B S, PÄLIKE H. Oligocene climate dynamics[J]. Paleoceanography, 2004, 19: PA4019.

[26] 汪品先. 气候演变中的冰和碳[J]. 地学前缘, 2002, 9(1): 85-93.

[27] WANG P X, TIAN J, CHENG X, et al. Carbon reservoir change preceded major ice-sheet expansion at the Mid-Brunhes event[J]. Geology, 2003, 31: 239-242.

[28] PÄLIKE H, LASKAR J, SHACKLETON N J. Geologic constraints on the chaotic diffusion of the solar system[J]. Geology, 2004, 32: 929-932.

[29] LASKAR J, LEVRARD B, MUSTARD J F. Orbital forcing of the martian polar layered deposits[J]. Nature, 2002, 419: 375-377.

[30] KIMURA M. Evolutionary rate at the molecular level [J]. Nature, 1968, 217: 624-626.

[31] 张昀. 生物进化[M]. 北京: 北京大学出版社, 1998: 266.

[32] SCHULTZ T F, KAY S A. Circadian clocks in daily and seasonal control of development [J]. Science, 2003, 301: 326-328.

[33] DUBOULE D. Time for chronomics[J]. Science, 2003, 301: 277.

原载于《自然杂志》2006 年第 1 期

# 岩浆与岩浆岩:地球深部"探针"与演化记录

莫宣学*　中国地质大学(北京)

　　岩浆是在地下形成的含挥发分的高温粘稠的硅酸盐或碳酸盐熔融体,由岩浆凝固而成的岩石称为岩浆岩或火成岩。岩浆喷出地表就形成了大家熟知的火山,冷凝形成火山岩(喷出岩);没有喷出地表的岩浆侵入到围岩中,冷凝后成为侵入岩。岩浆岩岩石学是地球物质科学中的一个分支,以岩浆和岩浆岩为研究对象,对于阐明地球动力学问题,满足人类对利用资源、保护环境、减轻灾害的需求,有着重要的意义。通俗地说,岩浆与岩浆岩可以称为了解地球深部的"探针"和记录地球演化的一部"无字天书"。

* 岩石学家。在岩浆热力学基础研究领域开展了创新性实验研究,首次提出计算任意压力下岩浆氧逸度的公式、含 $Fe_2O_3$ 硅酸盐熔体密度预测模型及不同类型岩浆的 $P-T-\alpha sio_2 -fO_2$ 关系图解,为建立岩浆演化综合热力学模型发挥了关键作用。长期研究青藏高原构造—岩浆作用,应用"岩石探针"的思路与方法,在揭示印度-亚洲大陆碰撞时间、青藏高原巨厚陆壳成因与增厚机制、深部壳幔物质运移方面,取得了较系统的新成果。2009 年当选中国科学院院士。

# 1 地 球 简 介

地球(the Earth)是我们人类的家园,是太阳系中最适于生命繁衍的行星。它的直径约 6 371 km,年龄 45.5 亿年,还处于中年期。地球是由一系列的圈层构成的,从内向外依次为地核(the core)、地幔(the mantle)、地壳(the crust)、水圈(the hydrosphere)、大气圈(the aerosphere),以及生物圈(the biosphere)(图1)。这一系列圈层合称为"地球系统"(the Earth system)。地核又分为固态的内核与液态的外核,二者的界限在约 5 150 km 深处。地核与地幔的分界在约 2 890 km 深处,核、幔之间有极大的温度-成分梯度与反差,因而此界面是一个剧烈的能量-物质交换界面。地幔柱(plume)就是从这里发源的。地幔包括下地幔与上地幔两部分,分界大致在 660 km 深处,二者在化学成分上虽然都以 Si、O、Mg、Fe 为主,但由于压力条件不同,其矿物相及配位数有很大差别。660 km—400 km 被称为(上/下地幔)过渡带。下地幔由于压力很大,由高压的钙钛矿相(perovskite)矿物构成;上地幔主要由橄榄岩(主要组成矿物为镁质橄榄石、斜方辉石、单斜辉石和富铝相矿物)加少量榴辉岩(主要为镁铝榴石 + 绿辉石)构成,其研究程度比下地幔高得多。上地幔在 220—80 km 深处有一个地震波低速层(LVZ),也称为软流层或软流圈(the asthenosphere),其上为岩石圈地幔或称地幔盖层(Lid),与它上面的地壳一起,合称岩石层或岩石圈(the lithosphere)。岩石圈就是大家熟知的板块,是刚性的,可以在软流圈之上运动。地幔与地壳之间的界面称为莫霍面(Moho)。地壳分为洋壳(the oceanic crust)和陆壳(the continental crust)两类,二者在厚度、组成、性质上有重大差别。岩石圈与软流圈是构造运动涉及的主要圈层,也是固体地球各圈层中变化最大的。地壳以上为水圈、大气圈和生物圈,也称为地球的表部圈层。过去,地球的各个圈层是被分开研究的;近年来,由于科学的发展和社会与经济的需求,地球被当成一个整体来研究,一门新的学科——地球系统科学正在形成。

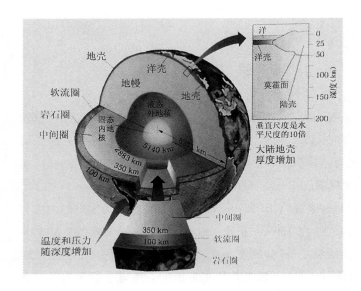

图1　地球的内部结构

## 2　岩浆和岩浆岩是怎样形成的？

自然界有各种各样的岩浆，形成了更加多样的岩浆岩。这么多种多样的岩浆及岩浆岩是怎样形成的呢？它们主要是通过两个基本过程形成的，即：岩浆的起源、岩浆的演化。

岩浆的起源，是指在一定的温、压条件下地壳或上地幔发生部分熔融，产生原生岩浆的作用过程。导致固体地幔或地壳发生部分熔融的原因有：由于软流圈上隆、地幔柱上升，或板块俯冲消减引起地温异常，超过源岩的起始熔融温度（固相线温度）；由于挥发份的加入使源岩的起始熔融温度降低；由于地幔对流、岩石圈拆沉、去根作用等诱发的减压熔融，或在某些特定条件下的增压熔融。影响原生岩浆类型和成分的主要因素有：源岩及源区的性质和组成、起源温度与熔融程度、起源压力与深度、挥发份的类型及含量等。可以通过热力学计算、相平衡实验及相分析、同位素示踪来获取这些重要参数。在这些因素中，源岩及源区的性质是决定原生岩浆类型的第一重要因素，它又与构造环境有密切的关系。有三大岩浆源区：地幔、陆壳，及俯冲洋壳。幔源岩浆多数起源于岩石圈与软流圈的界限附近，可以通过计算岩浆起源深度，结合地球物理资料，来估算岩石圈的厚度，勾画岩石圈/软流圈界面的起伏。壳源岩浆可以发生在陆壳（包括正常厚度地壳、加厚地壳、减薄地壳）的各个层位。俯冲带岩浆可以起源于俯冲洋壳的部分熔融，也可源于地幔楔的部分熔融。不同的源区会产生不同类型的原生岩浆。除源区之外，起源温度与熔融程度、起源深度与压力、挥发份等因素，对原生岩浆的成分和数量也有重要影响。正是由于这些要素的不同，产生了多种多样的原生岩浆。

　　岩浆的演化，就是上述的原生岩浆通过各种作用衍生为多种多样的进化岩浆与岩浆岩的过程。岩浆演化机制主要有岩浆分异作用、同化混染作用、岩浆混合作用。岩浆分异作用又可分为结晶分异作用（又称分离结晶作用）、扩散作用、液态不混溶作用、气运作用、压滤-扩容作用等。在一个地区，由共同的母岩浆演化而成的子岩浆（派生岩浆）称为同源岩浆。母岩浆通过分异作用可以在一个区域内形成一套具有亲缘关系的岩浆岩。然而，由于岩浆体系通常是开放体系，因此同化混染作用、岩浆混合作用也是常见的，它们是壳-幔之间，或地壳内部不同层之间物质和能量交换的一种重要形式，不可忽视。可以应用岩浆岩及其中矿物的主元素、稀土元素、微量元素、同位素分析资料，通过热力学、质量平衡计算及相平衡分析，来恢复岩浆演化路线，获得不同矿物相晶析出时的温度、压力、氧逸度及数量，计算混合岩浆或混染岩浆中不同端元的比例。由美国地质学家提出的 MELTS 程序就是一个强有力的计算工具。

　　岩浆过程的物理作用的研究，过去是岩浆岩石学研究的薄弱环节，近年来取得了许多重要进展。其主要内容是研究岩浆从源区到地表的运动规律，包括熔体与源区分离并聚集成岩浆团的机制，岩浆的上升与传输，岩浆房内作用，岩浆侵位，岩浆喷发等。对岩浆过程的物理作用的研究，直接涉及岩浆的运动学与动力学，进而涉及一些地球动力学问题，因而有重要意义。流体力学是研究岩浆运动的理论基础。

　　由以上介绍就可以知道，正是由于岩浆起源条件、演化机制及所经历的物理过程的千差万别,形成了自然界五彩缤纷的岩浆和岩浆岩。反过来,我们就可以通过这些岩浆与岩浆岩来反演它们形成时的各种地质的、物理的、化学的条件与参数,从而获得关于地球及其变化的信息。

因此,从地球动力学的角度看,岩浆作用是地球各层圈之间相互作用的结果,是地球各层圈之间物质和能量交换的重要使者。

# 3  岩浆岩及深源岩石包体:
## 探测地球深部的"探针"

研究岩浆作用与岩浆岩有三个方面的意义:① 岩浆岩及其所携带的深源岩石包体可以被称作探测地球深部的"探针"(lithoprobe)和"窗口"(window)。② 岩浆岩也是板块运动过程与大地构造事件的记录。③ 归根到底,是服务于人类对利用资源、保护环境、减轻灾害的需求。下面将逐一讨论这三个方面。首先,讨论岩浆岩与岩浆作用的深部"探针"与"窗口"意义。

前面说过,可以通过岩浆岩来反演形成它们的各种地质的、物理的、化学的条件与参数,从而获得关于地球及其变化的信息。更为直接的是,岩浆在上升的过程中,可以对它穿过的不同圈层的岩石进行采样,并带到地壳上部甚至地表。这些来自地球深部的"样品"叫做深源岩石"包体"(nodule)或"捕房体"(xenolith),它们可以提供地球内部、主要是上地幔与地壳的直接信息。于是,岩浆岩及其所携带的深源岩石包体就被形象地称作探测地球深部的"探针"和"窗口"(图2和图3)。实践证明,它们无愧于这个称号。当然,地球物理仍然是我们探测地球深部的一个主要手段,但是它的缺点是不能给出时间坐标。运用"岩石探针"方法,就可以通过同位素测年获得岩浆岩及深源包体的年龄,因而可以提供时间坐标,为研究地球深部进行的过程提供了可能。这个优点是其他深部探测方法所不具备的。因此,探测地球深部应当将地球物理方法与"岩石探针"方法有机地结合起来。

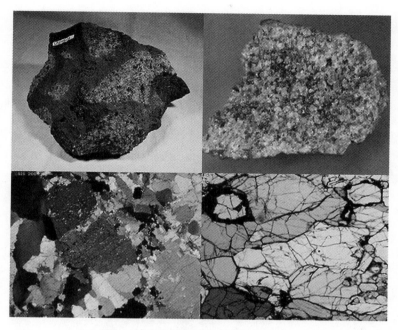

图2　玄武岩及地幔橄榄岩包体的标本与薄片

那么，岩石探针可以给我们提供哪些深部信息呢？

1）可以反演壳幔的物质组成与结构，建立区域壳幔岩石学柱状剖面。

2）反演壳幔的热结构和热状态。

3）估算地壳厚度及岩石圈厚度，及其空间变化。

4）反演软流圈顶面埋深、温压、物质状态、流体或熔浆含量等。

5）反演壳幔的氧化-还原状态。

6）反演壳幔深部流体特征，研究地幔交代作用。

7）更为重要的是，可以估算壳、幔上述各种性质和参数随时间的变化，从而反演壳幔深部过程。

显然，这都是非常重要的信息。以反演壳幔的物质组成与结构，建立区域壳幔岩石学柱状剖面为例，譬如某火山喷出了火山熔岩，其中含有幔源和壳源的岩

图 3   下地壳麻粒岩的标本与薄片

石包体,那么人们就可以通过对火山岩和深源岩石包体的研究,知道地下什么深度是什么岩石,哪里是地幔? 哪里是下地壳? 哪里是中上地壳? 就像绘制一个钻井的柱状剖面图一样。如果这个火山喷出了不同时代的火山岩并携带着深源岩石包体,那就可以绘制出不同时代的地下柱状剖面图,进而可以知道该火山下面壳、幔在不同时期的变化。大家都熟悉科学深钻,世界上最深的大陆科学深钻是前苏联施工的,在科拉半岛,约 13 km 深。如果将岩浆岩及其所携带的深源岩石包体比喻为一井深钻的话,那么最深的"钻井"深度可达 200 km 以上。而如果许多这样的天然"深钻"分布在一个大的区域,那么人们就可以获得这个大区域地下的壳、幔柱状剖面图。20 世纪 80 年代,池际尚院士曾领导地质大学的师生系统地研究中国东部新生代玄武岩及其所携带的幔源岩石包体,发现新生代玄武岩浆起源于 52 km—113 km(平均 77 km)深度,暗示新生代时中国东部的岩石圈/软流圈分界(或者说岩石圈的厚度)比正常的岩石圈厚度要薄数十到上百千米。根据地幔橄榄岩包体反演出当时中国东部上地幔的地温梯度高于大陆地温线,达到或高于海洋地温线,说明中国东部在新生代为异常地温。作者根据当时23 座火山群的研究资料粗绘了一张中国东部新生代玄武岩浆起源深度(相当于岩石圈厚度)的等值线图,可以看出中国东部新生代岩石圈厚度在空间上的大致变化(图4)。运用"岩石探针"方法获得的东部岩石圈厚度,与地球物理探测的结果可以对比,证明了"岩石探针"方法的有效性。大量研究表明,自晚中生

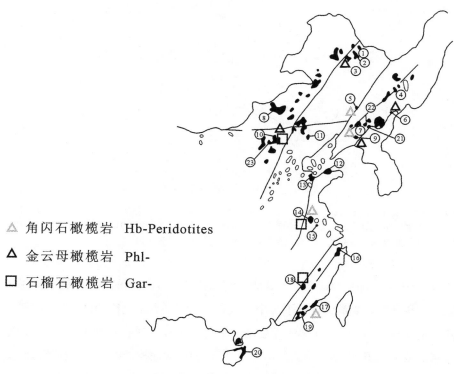

角闪石橄榄岩　Hb-Peridotites

金云母橄榄岩　Phl-

石榴石橄榄岩　Gar-

图 4a　中国东部新生代玄武岩分布略图

(△　▲　□ 表示玄武岩所携带的地幔橄榄岩类型)

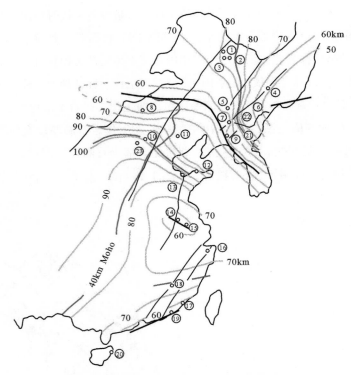

图4b　中国东部新生代玄武岩浆起源深度(暗示
软流圈顶面深度或岩石圈厚度)等值线图

(带圈数字代表火山群的编号:①科洛　②五大连池　③二克山　④牡丹江　⑤伊通　⑥汪清　⑦辉
南　⑧锡盟　⑨宽甸　⑩汉诺坝　⑪平原　⑫蓬莱　⑬山旺　⑭女山　⑮六合方山　⑯嵊县-新昌
⑰牛头山　⑱明溪　⑲麒麟　⑳海南岛　㉑长白山　㉒靖宇　㉓大同)

代以来,中国东部克拉通发生了破坏,特别是发生了岩石圈的巨大减薄。中国国
家自然科学基金委员会设立了一个重大研究计划"华北克拉通破坏"正在研究
这一重大事件,其中"岩石探针"也是一个重要手段。通过长期的研究,人们越
来越清楚地认识到,这个巨大的深部事件,是中国大地构造中的一些独特的特点
(如"准地台"、"地台活化"、"燕山运动")的深部原因,也是中国东部巨大岩浆
岩带与金属矿产、油气煤能源盆地形成的深部原因。

# 4　岩浆岩：板块运动与 大地构造事件的记录

　　岩浆岩也是板块运动过程与大地构造事件的记录。通过岩浆岩的研究，可以恢复古板块构造格局，追溯大地构造演化历史，而这些又与矿产及能源资源的形成与保存有密切关系。

　　让我们来看看图5，它告诉了我们岩浆岩组合（类型）同板块构造之间的关系。从板块构造框架来看，有5种基本构造环境：分离性板块边界（如大洋中脊）、汇聚性板块边界（如俯冲带、碰撞带）、转换性板块边界（转换断层）、大洋板内（洋岛、海山等就是大洋板内环境的地貌单元）、大陆板内（如大陆裂谷）。岩浆作用便主要发生在这些板块边界和某种特定的板内环境。由于不同的构造环境具有不同的动力学条件、不同的岩浆源区特征和不同的热状态，影响着岩浆的起源和演化机制，因而对岩浆岩组合和地球化学特征具有制约作用，形成不同的岩浆岩-构造组合（或构造-岩浆类型），进而又影响和制约着成矿作用，构成统一的构造-岩浆-成矿动力学体系。因此，正确鉴别岩浆岩-构造组合（或构造-岩浆类型），对大地构造和区域成矿的研究有重要的意义。

　　可以划分出以下岩浆岩-构造组合类型：洋岛岩浆岩组合、洋中脊岩浆岩组合、俯冲带岩浆岩组合、碰撞带岩浆岩组合、碰撞后陆内岩浆岩组合、大陆裂谷岩浆岩组合、克拉通岩浆岩组合，它们可以分别归入上述几种构造环境中。在转换性板块边界很少见到岩浆作用和岩浆岩。各种岩浆岩-构造组合具有其独特的特征，通过岩石构造组合分析（或构造-岩浆分析）这个基本方法，就可以恢复古板块构造格局和历史。

　　下面我们来举几个例子。南大西洋是何时打开的？这是大家都很关注的一个问题，已从多方面进行了研究，其中火山活动就是一个关键性的证据。地质学家发现，在南大西洋两侧（南美洲的 Parana 和非洲的 Etendeka）都存在着一套

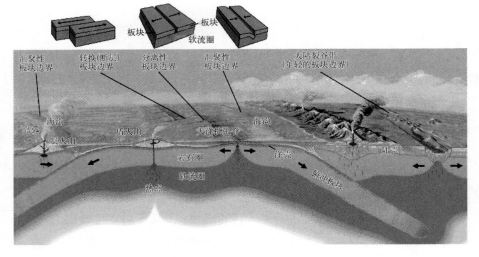

图 5　不同板块构造环境与岩浆活动的关系

1亿2千万年前喷发的火山岩,其岩石类型及各种特征都完全相同,应是同一火山系统的产物。这证明当时 Parana 与 Etendeka 还在一起,中间没有大洋相隔。于是根据南大西洋的宽度以及现代洋中脊与两侧火山岩之间洋底磁条带记录,恢复了南大西洋从1亿2千万年开始张开到现在为止的扩张历史。

又如,青藏高原是全世界瞩目的地方。研究表明,青藏高原是在新特提斯洋关闭、印度大陆与欧亚大陆碰撞之后隆升而成的。那么印度-欧亚大陆碰撞是什么时候开始的呢? 这个问题在国际地学界的争论很大。有人认为在7 000万年前或更早的晚白垩世就开始碰撞了,也有的人认为到3 000多万年前才开始碰撞。中国地质学家发现,沿着西藏南部主碰撞带存在着一个巨大的延伸千余千米的不整合面,标志着一次重大的地质事件。不整合面以下是强烈褶皱的海相地层(时代为晚白垩世,有的地方为二叠纪地层),之上是5 000多米厚近水平的陆相火山-沉积地层。经同位素测年,其年龄为65—50 Ma,底部年龄为65 Ma。经岩石学、同位素地球化学与元素地球化学的研究,表明这套火山-沉积岩系具有同碰撞的性质。因此,认为印度-欧亚大陆碰撞大致开始于65 Ma前,沿碰撞带走向的不同地点,起始碰撞时间略有不同。

# 5　岩浆作用与岩浆岩
## 对人类社会的影响

　　前面几节讲的是岩浆作用与岩浆岩研究对于认识地球的意义,这一节想讨论一下岩浆作用与岩浆岩的研究怎样服务于人类社会合理利用资源、改善环境、减轻自然灾害的需求。这也是我们认识地球的目的。

　　首先,岩浆作用和岩浆岩与矿产资源的关系十分密切。在金属、非金属矿产的成矿中,岩浆与岩浆岩可以扮演各种角色,如成矿金属的来源、成矿流体的来源、成矿所需的热源、赋矿岩石、成矿圈闭条件等,有的岩浆岩甚至本身就是有经济价值的非金属矿产。不同类型的岩浆岩及组合、不同的构造环境,常与不同的矿种和矿床类型有特定的关系。例如铜矿,是中国急需的矿种,它有很多矿床类型,其中最重要的是斑岩型和矽卡岩型铜矿,二者常常相伴。主要产于板块俯冲环境,与俯冲带岩浆岩组合关系密切,例如世界最大的铜矿带就在太平洋东岸南美洲智利、阿根廷陆缘弧(俯冲带)内。但现在发现,后碰撞构造环境也可以形成超大型斑岩型和矽卡岩型铜矿,例如西藏的冈底斯岩浆岩带,就是一个大规模的斑岩-矽卡岩型铜矿带,其中的驱龙铜矿已成为千万吨级的超大型铜矿床,这是中国地质学家的创新贡献。铬铁矿也是中国的急需矿种。世界上最大的铬铁矿床,主要产于横亘欧亚的阿尔卑斯-喜马拉雅巨型蛇绿岩带(镁铁质-超镁铁质岩带)中,阿尔巴尼亚、土耳其、伊朗、巴基斯坦等都是盛产铬铁矿的国家。中国最大的西藏罗布莎铬铁矿床也位于该蛇绿岩带(在中国境内称雅鲁藏布蛇绿岩带)中,沿该带应有找到更多大型铬铁矿床的潜力。钨、锡矿也是工业上非常有用的矿产,在西方被称为稀有金属矿,却是中国的优势矿种。它们主要产于中国南方数省,特别是南岭地区,其原因就是这些地区具有有利于钨、锡成矿的构造环境和岩浆条件。下面谈一谈非金属矿产。金刚石是世界上最贵重的宝石和硬度最大的工业材料。金刚石宝石矿床，只产于一种叫金伯利岩的特殊岩浆岩中，位于稳定的克拉通（或称地盾）环境，最有名的产地在非洲南部。还有一种产金刚石的岩浆岩，称为钾镁煌斑岩，在澳洲首次被发现，其中所产的金刚石主要用于工业用途。最近在一些蛇绿岩带和超高压变质带中也发现了金刚石，但还没有经济价值。蓝宝石、翡翠也是人们喜爱的宝石，也与岩浆岩有密切的关系。蓝宝石实际上就是玄武岩中质量达到宝石级的刚玉巨晶。翡翠的矿物名称叫硬玉，是蛇绿岩中的辉石岩-辉长岩的超高压变质产物。花岗岩、玄武岩、辉长岩、辉绿岩等岩浆岩可以用作各种建筑石材，大规模地使用。一些岩浆岩经过深加工，可以成为具有特殊性能和用途的功能性材料。例如，玄武岩纤维材料，纤维直径可以小到 $0.3~\mu m$（相当于 $1/3$ 头发丝直径），但具有极高的强度和抗腐蚀能力，在生产过程中无碳、无废物排放，被称为 21 世纪高新绿色材料，可用于航空、航天、军事等用途。

岩浆岩研究对石油、天然气的寻找和利用也有重要意义。过去流行的看法是岩浆岩与油气"水火不相容"，近年来随着科学的进步，已发生了根本的改变，认识到岩浆作用和岩浆岩的研究对石油、天然气的寻找和利用也有重要意义。如前所述，通过岩浆岩的研究，可以恢复古板块构造格局，因此有助于阐明油气盆地的地球动力学背景，而这对于油气的寻找与评价是非常重要的。成熟度对油田的评价有重要意义，而岩浆活动对油气田成熟度有重要影响。此外，岩浆岩，尤其火山岩，本身也是一种重要的油气储层类型，近年来的勘查已经越来越清楚地揭示出其重要性。白垩纪发生的与超级地幔柱有关的全球巨量火山喷发（"大火成省事件"），造成全球性黑色页岩（缺氧）事件，成为地史上一个重要的油气形成时期，其所形成的石油、天然气储量在世界上占有很大的份额。还要提到的是，除了目前占主导地位的有机成因说之外，石油天然气的"无机成因说"也已兴起。无机成烃，主要与地球早期演化的"去气作用"有关，而研究"去气作用"，岩浆作用的研究是不可缺少的。

岩浆岩与水资源、土壤资源也有密切关系。

另一方面，岩浆活动在给人类带来众多宝贵资源的同时，也带来许多环境与灾害问题。火山喷发向大气和海洋放出大量有害气体、烟尘、各种不同粒级的碎屑物及热量，对大气圈、水圈造成污染，影响海平面升降及海水温度，影响气候和生态。特别是巨大规模的、喷发柱达到平流层的火山爆发，对气候和生态的影响更是难以估量。巨大规模的火山喷发事件，被认为是生物群集绝灭的一个重要原因。在活火山集中的国家和地区，火山灾害对人类安全造成巨大威胁。对活火山及休眠火山进行监测，研究火山活动的规律，包括研究古火山对古环境的影响及古火山灾害发生的规律，对人类改善环境、减轻灾害非常重要。

原载于《自然杂志》2011 年第 5 期

# 从海底观察地球

## ——地球系统的第三个观测平台

汪品先[*]　同济大学海洋地质国家重点实验室

## 1　观测地球的视野和视角

人类观察世界，关键在于视野和视角。"井蛙不可以语于海"，原因是井口视野太小；"会当凌绝顶，一览众山小"，靠的是"绝顶"视野扩大。同一座山，从不同视角看去，可以"横看成岭侧成峰"；同一层云，从地面仰视看到黑云压城，飞机上看下去却见白云灿烂，云层上下的观察结果可以相反。其实社会现象亦同此理，考察一位干部有时候领导叫好、群众跳脚，很可能原因也在视角不同。

回顾人类认识世界的过程，也就是一部不断扩展视野的历史。古人没有想

[*] 海洋地质学家。长期从事我国海域古海洋学、海洋微体古生物学和我国环境宏观演化的研究，系统分析我国近海沉积中钙质微体化石的分布及其控制因素，发现南海在冰期旋回中对环境信号的放大效应、西太平洋边缘海对我国陆地环境演变的重大影响。作为首席科学家，主持国际深海科学钻探船首次在中国南海进行 ODP184 航次深海科学钻探，取得西太平洋区最佳的晚新生代环境演变纪录。1991 年当选为中国科学院学部委员（院士）。

到海洋有这么大,15 世纪重新发现的"托勒密地图"上并没有太平洋,以为欧洲航海西行到亚洲并不遥远,否则哥伦布也许不敢冒这个险。当然更不会知道海底的地形起伏,会比陆地的高山深谷还大,这要等到 20 世纪中期,有了声波测深技术才能发现。现在我们知道,海水比河水多百万倍,海洋的平均水深 3 800 m,隔了厚层的水,人类对深海海底的了解,还不如月亮和火星表面。地球深处"地幔"里的水,又比地球表面的海水多许多倍[1]。

人类视域的突变发生在 17 世纪:用新发明的显微镜,看到了细胞,看到了微生物;用新发明的望远镜观察行星,提出了"日心说",导致"哥白尼革命"。第二次突变发生在 20 世纪:航天技术使人类克服地球引力进入太空,第一次看到地球的全貌,开始将地球看作一个整体,将地球上种种现象连结为"牵一发动全身"的系统,导致地球系统科学的产生。和 17 世纪发明"显微镜"相反,这次用的遥测遥感技术是一种"显宏镜"(macroscope),通过观测对象的缩小才看到了地球整体。17 世纪从地球向外看太阳系,带来哥白尼革命;20 世纪从太空向内看地球,带来的科学进步被喻为"第二次哥白尼革命"[2]。

这次"革命"对地球科学的影响最大,尤其是浩瀚的大洋。人类对海洋的认识,大都是 19 世纪晚期以来通过航海从船上取得,这种星星点点、断断续续的观测,带来了许多错觉和误会。直到 20 世纪早期,测量海底地形的办法还是用绳子系上重锤抛到海底,用绳子的长度测算水深,如此得来的测点寥若晨星,绘在图上当然只能说明海底平坦,地形单调。再如船上用温度计测量海水表层,只能测了上一点再测下一点,永远也画不出一张同时的海洋温度图来。20 世纪出现的遥测遥感技术从卫星获取地球信息,开辟了全新的对地观测系统,能够获取全球性的和动态性的图景。同时得到的不仅有海水表面的温度、风场、海流和波浪,而且有生产力、污染以至浅海地形等各方面的信息。

但是,遥感技术的主要观测对象在于地面与海面,缺乏深入穿透的能力。隔了千百米厚的水层,遥感技术难以达到大洋海底。现在要问:能不能换一个视角,不要老是从海面看海底,可不可以从海底看海面,把观测平台放到海底去?
21世纪伊始,一个新的热点正在出现:这就是海底观测系统。假如把地面与海
面看作地球科学的第一个观测平台,把空中的遥测遥感看作第二个观测平台,那
么在海底建立的,将是第三个观测平台。海底观测平台的功能是把深海大洋置
于人类的监测视域之内,结果将从根本上改变人类认识海洋的途径,开创海洋科
学的新阶段。

# 2　深海的持续观测

作为陆生动物,人类自古以来把海底让给神怪世界。虽然相传纪元前4世
纪的亚历山大大帝曾经亲自潜入海底进行观察,文艺复兴时代的巨匠达·芬奇
也确实设计过潜水服,而人类真正潜入深海还是20世纪的事。最深的记录是在
1960年1月23日,瑞士工程师J. Piccard和一名美国军官乘坐"Trieste"号深潜
器,下到了世界大洋最深处——马里亚纳海沟,在10 916 m深的海底待了20分
钟。但是千米水深就有上百个大气压,到深海作探险可以,要蹲在海底长期观测
又谈何容易!

然而长期现场观测是当代地球科学的要求。当地球科学处在描述阶段、以
寻找矿产资源为主要目标的时候,探险、考察大体上可以解决问题;而现代的地
球科学要作环境预测,就只有通过过程观测才能揭示机理,不能满足于短暂的考
察。对于静态的对象,无论是"新大陆"还是古墓葬,探险就可以发现;对于动态
的过程,不管是风向、海流还是火山爆发,都要求连续观测,只摄取个别镜头的
"考察"无济于事。好比领导"视察",看到的不见得有代表性,除非长期"蹲点",
否则很难发现真相。海洋上有着很好的例子。

秘鲁和厄瓜多尔的渔民,很久以来就看到几年一度的"厄尔尼诺",但谁
也不明白它的来历。1985年开始,在太平洋赤道两侧投放了将近七十个锚
系,对水文、风速、风向等连续观测十几年,终于找到原因在于赤道的东风减

弱,西太平洋暖池的次表层水东侵,压住了东太平洋上升流,从此厄尔尼诺的预测就有了依据[3]。另一个例子是海洋沉积。深海海底的泥来自表层,长期以来总以为这是一种缓慢、均匀的过程,就像空气里的雨点那样降到海底。1978 年发明了"沉积捕获器",把下面装有杯子的"漏斗"投放到海水深层,每隔几天换一"杯",看沉积颗粒究竟是怎样降到海底的。结果大出意外:有的杯子几乎是空的。原来海洋里的沉积作用平时微乎其微,来时如疾风暴雨,是突发性的[4]。

说了半天还都是海水里的观测,没有到海底。但凡是在海里作连续观测都有能源供应和信息回收的限制,因为必须定期派船替换电池、取回观测记录。这种一年半载以后才能取回的记录,连续但并不及时,而海上预警要求有实时观测的信息,不是要"事后诸葛亮"的"马后炮"。海面作业更大的限制在于安全,而偏偏最不安全时候的观测最有价值,比如台风和海啸。

近来的动向,就是把观测点放到海底去:在海底布设观测网,用电缆或光纤供应能量、收集信息,多年连续作自动化观测,随时提供实时观测信息。其优点在于摆脱了电池寿命、船时与舱位、天气和数据迟到等种种局限性,科学家可以从陆上通过网络实时监测自己的深海实验,命令自己的实验设备冒着风险去监测风暴、藻类勃发、地震、海底喷发、滑坡等各种突发事件。在海底建立观测地球系统的第三个平台,将从根本上改变人类认识海洋的途径,是地球科学又一次来自海洋的革命。如果说,从船上或岸上进行观测,是从外面对海洋作"蜻蜓点水"式的访问;从海底设站进行长期实时观测,是深入到海洋内部作"蹲点调查",是把深海大洋置于人类的监测视域之内。500 年前达·芬奇设计潜水服,130 年前凡尔纳写《海底两万里》,在当时都只是科学幻想。今天,不仅人类可以下潜到洋底深渊,机器人可以游弋海底火山,而且正在海底铺设观察网,把大洋深处呈现在我们面前[5](图 1)。可以设想,未来的人们可以打开家里的电视屏幕,像看足球赛那样观赏海底火山喷发的现场直播。

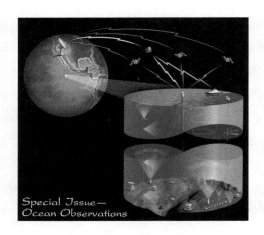

图1　深海海底观测系统示意图,图示海底信息通过卫星实时送上陆地

# 3　贴近地球深部的窗口

地球的半径6 000多千米,而我们人类的活动空间基本上是从海面到山顶,通常局限在上下几百米、至多几千米的范围之内,只占地球半径的几千、几万分之一。我们生活中接触的大气、海洋以至地壳,属于地球的表层系统;而真的要了解地球系统还必须"由表及里",不能忽视地球的主体——深部的地幔和地核。提醒我们不能忽视深部的是火山和地震:一旦深部的物质和能量快速释放到表层,就会给人类带来毁灭性的灾害。

世界上80%的火山爆发和地震发生在海底,而且主要沿着地壳的边界:新生地壳形成的大洋中脊,和地壳消亡的大洋俯冲带。因此海底观测最早的主题就是地震,将地震仪放到海底、最好是海底钻井的基岩里,就可以大幅度提高监测地震的灵敏度和信噪比。1991年开始建设的"大洋地震网",就是在大洋钻探(ODP)的钻孔中设置地震仪,第一个设在夏威夷西南水深4 400 m、井深近300 m的海底玄武岩里,仅4个月就记录了55次远距离的地震[6]。

海底监测地震,目的是要测得地壳微细的移动,而对此最为敏感的是地壳里的液体。因而在海底钻井里监测地震中,发展了一项关键技术叫"海底井塞（CORK）"。这种 20 世纪 90 年代发明的装置安在井口,防止地层水从井口逸出,或者海水从井口侵入。安装"井塞",是监测海底地下水的"绝招",既能测定岩石中流体的温度、压力,还可以取样分析（图 2）。此后的 13 年里,大洋钻探在 18 个井口安装了"海底井塞",大大推进了"大洋地震网"计划[7]。海底地震观测网的另一项技术,是用光纤电缆与岸上连接以输送能源和信息,如果有退役的海底电信缆线可供利用,就能大幅度降低成本。1998 年美国在夏威夷和加利福尼亚之间建成水深 5 000 米的 $H_2O$ 海底地震观测站,利用的就是退役的 *AT&T* 越洋电缆。20 世纪 90 年代末期,日本也利用本州到关岛、冲绳到关岛的退役越洋电缆,建设深水地震监测站。

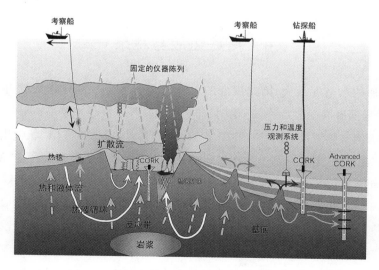

图 2　深海观测系统的组成：海底、井上、船上观测设备的结合（CORK 为"海底井塞"）

其实,海底观测最初的应用是军事,最早进行海底观测的是美国的海军。利用低频声波能在海水中远距离传播的原理,海底设置的水听设备能够监测鲸鱼群的迁移,也能够发现并分辨出潜艇有几个螺旋桨、是否为核潜艇。1962 年"古巴事件"时,美国就是用 1952 年安置在北大西洋深海底的"声波监听系统"(SOSUS)水听设备,发现了前苏联的潜艇。"冷战"结束后,"声波监听系统"向民用开放,美国科学家利用来监听海底地震,发现比陆上监测的灵敏度高出上千倍。仅在 1999 ~ 2002 年间,就接收到大西洋中脊 7 785 次地震,比陆地台站接收到的多 5 倍[8],从此水听设备成为海底观测系统的重要部分。地球表面的 2/3 是海洋,没有海底观测网,人类对地震的理解和预警无法实现。

　　大洋中脊和俯冲带,是地球深部通向表层系统的窗口,也是多少亿年来地球内部能量向外释放的通道。将对地观测系统直接放到海底这些通道口上,就是为揭示深部与表层的相互作用铺路架桥;而海底的"热液"活动,正是这种相互作用的重要表现。

# 4　海底热液与冷泉

　　海底的水密度最大,因此深海的水温总是向下变冷。但是 1977 年,美国"Alvin"号深潜器在东太平洋下潜时,却吃惊地发现水温越来越高:原来这里的洋中脊有海底热液口,有 >300℃富含硫化物的高温热液如"黑烟"状喷出,冷却后形成"黑烟囱"耸立海底。这次发现打开了人们的眼界:原来海底是"漏"的,沿着全世界将近 8 万公里的大洋中脊,分布着一些地球深部的窗口,海水下渗到海底以下两三千米和岩浆相互作用,将金属元素带上形成富含硫化物的黑色热液从海底喷出。更为有趣的是热液区以硫细菌为基础、以管状蠕虫为代表的动物群,它们依靠地球内源能量即地热的支持,在深海黑暗和高温的环境下,通过化学合成生产有机质,构成"黑暗食物链"。以后的调查,又在各大洋的洋中脊分别发现了不同类型的"烟囱"和热液动物群。原来在深海的海底,沿着地球深部的"窗口",有着另一个奇特的世界:这里的"黑烟囱"一天可以长 30 cm,但长得快、倒得也快;热液生物也生长神速,那里的蛤类有一尺大,管状蠕虫可以有

3 m长。对这些全新的成矿过程、全新的生物群，我们完全缺乏了解。

科学家们很快又发现：海底的"黑暗食物链"和特殊矿物的形成，并不以热液为限。在大陆坡上段的海底下面，分布着一种奇怪的矿物叫做天然气水合物，或者"可燃冰"。这是甲烷分子锁在冰的晶格里，在温度低于7℃、压力大于50个大气压下保持稳定，而一旦升温或者减压，就会融化而释出164倍体积的甲烷。有人估计，全球"可燃冰"中的碳可能相当于所有矿物燃料，包括石油、天然气和煤的总和，是新世纪潜在的能源，也是包括我国在内许多国家海上优先勘探的对象。"可燃冰"的甲烷缓慢释出时，这出口就成为海底的"冷泉"，形成碳酸盐结壳，产生不靠光合作用的"冷泉生物群"，其中包括依靠硫细菌的管状蠕虫[9]，是和热液口一样的"黑暗食物链"。其实，深海海底还会有其他种类的液体析出、有其他类型的"黑暗生物链"形成。比如在大洋中脊的侧翼，会有40～90℃的热液流出形成碳酸盐的烟囱和特殊的低温热液生物，依靠的是橄榄岩变为蛇绿岩时放出的能量[10]。

总之，大洋底下还有"大洋"（图3，图片来自文献[11]）。洋底有不同成因、不同温度的液体流出，在那里形成这许多矿物，有的就是我们寻找的矿床；也形成了完全陌生的另一个生物世界，有待我们去认识，而这种认识只能从海底去进行，在海底的平台上去观测（图4）。北美太平洋岸外的胡安·德富卡（Juan de Fuca）区，是热液口观测最为密集的海底；日本本州的相模湾（Sagami Bay），是冷泉长期观测的地点。因此，世界的海洋生物已经从两个观测面上进行：从海面

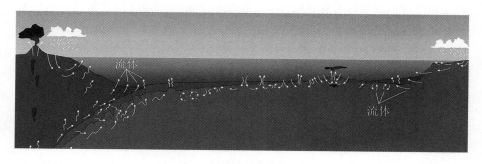

图3　洋底下的海洋示意图

观测我们熟悉的以太阳能为基础的"有光食物链",和从海底观测以地球内部能量为基础的"黑暗食物链"。

图4　美国对海底热液口的原位长期观测、采样和试验设备

# 5　海底下的海洋与深部生物圈

无论热液还是冷泉,无论海底的矿物还是生物群的形成,基础都是微生物的活动。处在"黑暗食物链"底层的,是利用地热进行化学合成的硫细菌。上面说到热液口三米长的管状蠕虫,就是一无口腔、二无肛门,全靠有一肚子硫细菌共生,提供营养的。实际上更多的微生物生活在海底之下的岩层中,构成所谓的"深部生物圈"。这些原核生物个体极为细小,却有极大的数量,有人估计其生物量相当于全球地表生物总量的1/10,占全球微生物总量的2/3。它们早已埋在地下,有的已经享有数百万年以上的高寿,是地球上真正的"寿星"。不过面对"水深火热"的环境,在暗无天日的岩石狭窄孔隙中长期"休眠",其生活质量恐怕不值得羡慕。只有一旦岩浆活动带来热量与挥发物,才会突然活跃起来重返"青春",甚至从热液口喷出,造成海底微生物的"雪花"

奇观。因此也只有在海底火山口附近设站长期观测，才能捕获这类事件。东太平洋胡安·德富卡中脊就是经常发生岩浆沿岩脉上升、发生喷涌引起微生物勃发的地方。十多年来大洋钻探多次在这里钻井观测地下水，1996 年 2～3 月其南端再次勃发时，对喷涌水样的分析发现不见于海水中的特殊微生物，证明是海底下的微生物[12]。

胡安·德富卡海底钻井的观测，还发现海底地下水的水压力和水温，明显地随着海面的潮汐有周期性的升降，而且各井之间的水位也相互连通。可见深海下面的地下水，宛如地下的"海洋"，其中的水也照样流动，流速至少每年30 m[13]。从洋中脊到俯冲带，大洋地下都有水流在岩层中流动，都存在着"洋底下的海洋"。这里是"深部生物圈"生活的天地，也是海底以上"黑暗食物链"的根基，相当于地球深部和表层之间的"锋面"。直到今天，人类"入地"的能力仍然远逊于"上天"，深海海底已经是最贴近地球深部的去处。从海底的"第三个平台"观测，揭示的是地球深部及其与表层间"锋面"的奥秘。

海洋可以从海面往下看，也可以从海底往上看，但只有海底的观测平台才能既看到地球内部自下而上的过程，也看到地球表面自上而下的过程。如上所述，海底下面的岩浆上涌，会带来营养和能量的脉冲，造成热液活动和热液生物的爆发；海底也会感受海面上的潮汐周期，也会接受藻类勃发、鲸鱼死亡给海底带来的"天降"食物。这里的观测从学科发展讲，是地球系统科学深入的途径；从实用角度讲，首先是能源开发的新天地。深海石油的勘探开发，是海底观测的应用大户，因为未来 40% 的石油储量估计将来自深海。由于深海油藏大量出现在深海浊流作用形成的地层里，有效的勘探要求在海底作实地观测，了解深海沉积物的分布和运移。20 世纪 60 年代中期起，用光学和声学的浊度仪测量海水中沉积颗粒物的浓度和粒度分布，用三脚架装上传感器在海底之上进行观测与摄像，发现海流和波浪一直在改造着海底，"海底风暴"的最大流速可以高达 40 cm/s，揭示了沉积作用的真相。英国的 Bathyscaph，美国的 GEOPROBE 等观测设备，都为取得海底沉积的真实认识立下了功勋[14]。

# 6　原位分析与实时观测

　　地球系统的观测不仅贵在实时,而且有许多内容还必须在原位进行分析。到野外进行现场采样,回室内开展实验分析,这是多少年来地球科学的传统。但是,有许多现象是不能"采样"分析的:热液的温度、pH 值,采回来就变了;深海的许多生物,取上来也就死了;甚至沉积物颗粒,本来的团粒,一经采样也就散了,"分析"的结果都不是水层里的真实情况。新的方法是倒过来:不是把样品从海里采回实验室做分析,而是把实验室的仪器投到海里去分析样品。

　　例如浮游生物,通常使用浮游网采集,取上后在显微镜下观测鉴定。但是,对细菌之类小于 2 微米的"微微型"浮游生物,要依靠激光原理用流式细胞计才能统计。近来发明的下潜流式细胞计(FlowCytobot)更进一步,可以不必取上水样,而是直接投入海中作自动的连续测量[15]。美国 Rutgers 大学的 LEO - 15 海底观测站,利用下潜流式细胞计取得了两个月的时间序列,发现微微型浮游生物兰细菌(*Synechococcus*)的丰度有急剧的变化[16]。再进一步的发展,一是"水下显微镜",使下潜的细胞计具有呈像功能,依靠光纤将水里的生物图像发回,全面鉴定统计从硅藻到细菌各种不同大小的浮游生物;二是"DNA 探针",放到海里原位测量生物的基因,在分子水平上测定各种浮游生物的丰度,从而发展"微生物海洋学(microbial oceanography)"新学科。

　　另一个例子是海水中的悬移沉积物,如果将悬移颗粒收集起来分析,脆弱的聚合体就会分解,正确的办法是用光学或声学的手段,进行原位测定。光透式浊度计,光学后散射传感器,和多功能的声学多普勒流速剖面仪,都有测量悬浮物浓度的功能。目前的发展,是用光学方法原位分析悬移物的粒度分布,例如美国的"激光原位散射与投射测量"(LISST - 100)[17]。原位分析的实例不胜枚举,值得一说的是此项技术的发展,也是对行星科学的贡献。比如木星的卫星Europe,可能在表面冰层下有 5 ~ 10 km 深的海洋,一旦行星探测器穿透冰层,只有靠原位分析才能获得这个卫星海洋的信息。

海水中的原位观测，只要将传感器与海底的节点连接，就成了海底观测系统的一部分。这样从海底"向上看"，可以摆脱从海面"向下看"所受到的海况、供电和信息传送的限制，可以进行长期实时的观测。其实海底观测系统的应用前景，并不限于地球科学。海底不但是探测生命起源和极端环境生物学的理想场所，甚至于还是高能物理探测基本粒子的去处。来自宇宙的中微子（neutrino）穿越水层时，会因其产生的 μ 介子（muon）留下光学效应，从而可以在深海追踪中微子在宇宙中的来源。科学家可以把海洋当作"天文台"，在海底架起"望远镜"进行追踪。当然这海水必须深于千米，而且透明度要高、颗粒物要少。1996 年起，欧洲国家在地中海开展"中微子望远镜天文学与深海环境研究（ANTARES）"计划[18]，取的就是地中海水深、寡养、离欧洲的实验室近。

# 7　正在来临的国际竞争

与 20 世纪以前"炮舰外交"的时期不同，现代海上的国际之争，很大程度上就是科技之争；一些属于海洋权益和军事的举措，往往也是在科学研究的旗帜下进行。进入 21 世纪以来，最令人瞩目的就是海底观测系统的竞争。建设海底的地球观测平台，通过光缆联网供电和传递信息，对海底以下的岩石、流体和微生物，对大洋水层的物理、化学与生物，以及对大气进行实时和连续的长期观测，是海洋科技的重大举措，预示着科学上的革命性变化，而同时也有军事上的重要性，必将成为海上权益之争的新手段。在这场酝酿中的海上竞争中，走在最前面的是美国。经过十多年的讨论，美国 2006 年 6 月底通过了由近海、区域、全球三大海底观测系统组成的"海洋观测计划（OOI）"，2007 年起建，计划使用 30 年。其中最为重要的是区域性海底观测网，即东北太平洋的"海王星"（NEPTUNE）计划，在整个胡安·德富卡板块上，用 2 000 多千米光纤带电缆，将上千个海底观测设备联网，由美、加两国联合投资，对水层、海底和地壳进行长期连续实时观测(图5)。美国的计划已经在欧洲和日本得到响应。2004年,欧盟、英、德、法等国的研究所制定了欧洲海底观测网计划(ESONET),针对从北冰洋到黑海不同海域的科学问题,在大西洋与地中海精选10个海区设站建网,进行长期海底观测。日本长期以来特别关注板块俯冲带的震源区,20世纪80年代末期以来,日本在其附近海域已经建立了8个深海海底地球物理监测台网,有的已经和陆地台站相连结进行地震监测;2003年又提出的ARENA计划,将沿着俯冲带海沟建造跨越板块边界的观测站网络,用光缆连接,进行海底实时监测[19]。可以预料,海底观测网建设的国际竞争,在若干年内必将引发国际权益与安全之争。我国决不能袖手旁观,应该尽早着手,力争主动。

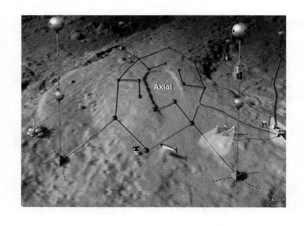

图5　美国—加拿大"海王星"计划
的海底传感器及其联网

应该承认,我国历来在海洋观测方面严重落后。近十余年来虽然海洋考察船的调查相当活跃,但在长期观测上缺少举措,已经落在一些亚洲邻国之后。印度早在十年前通过国际合作,在其专属经济区水深20～4 100 m之间投放12个浮标;韩国2003年在东海,建成了世界上最大的无人海洋观测站。近年来,在海洋"863"计划和地方建设的推动下,我国已经在沿海周边地区初步建立起航天、航空、海监船体等监测体系,提高了海洋环境观测监测和预报能力,但其目标还是海面的环境监测和台风、风暴潮等的预警,并未涉及海底。好在海底观测系统的全面建设,即便发达国家目前也才处于起步阶段,如果我国能够从长远着眼、从当前着手,立即部署、尽快行动,完全有可能在这场新的海上竞争中,争得主动。

回顾历史,科学的发展历来具有突发性。地球科学在19世纪的突破在于生命和地球环境演变的进化论,20世纪的突破在于地球构造运动的板块学说,而突破的基础都在于新的观测,这在当时的中国无从谈起。达尔文经过"贝格尔"号船上五年的观测,才形成进化论,但当时中国正在鸦片战争前夕;《物种起源》发表的1859年正值清军与英法联军大战大沽口,国祚垂危,遑论学问。板块学说的证明,关键在于深海钻探,测得大洋地壳的年龄离中脊越远越老,然而深海钻探开始的1968年,中国正值"文革"高峰,只闻"打倒""砸烂",哪有科研的余地? 对于前两个世纪世界地球科学的进展,中国愧无贡献,首先是历史的原因。人们预计,21世纪的突破将在地球系统科学的领域,人类从地面、空间、海底三管齐下观测地球,将能揭示地球系统"运作"之谜。当前建设中的海底观测系统,正是通向新突破的捷径,而且作为新开的领域,各国也都处在起步阶段。中国目前经历着数百年不遇的良机,科研投入增长之迅速令各国羡慕。因此,我国科学界应当深思:我们能不能抓住时机,在这场新的突破中对人类做出应有的贡献? 国人的回答和行动,将决定历史给予我们的评分。

参考文献

[ 1 ] VAN DER MEIJDE M, MARONE F, GIARDINI D, et al. Seismic evidence for water deep in Earth's upper mantle[J]. Science, 2003, 300: 1556-1558.

[ 2 ] SCHELLNHUBER H J. "Earth system" analysis and the second Copernican revolution [J]. Nature, 1999, 402: C19-C22.

[ 3 ] FIELD J G, HEMPEL G, SUMMERHAYES C P. Oceans 2020, science, trends, and the challenge of sustainability[M]. Washington D C: Island Press, 2002: 365.

[ 4 ] HONJO S, MANGANINI S J, COLE J J. Sedimentation of biogenic matter in the deep

ocean[J]. Deep-Sea Research, 1982, 29: 609 - 625.

[ 5 ] FORNARI D. Realizing the dream of de Vinci and Verne[J]. Oceanus, 2004, 42 (2): 1 - 5.

[ 6 ] STEPHAN R A, KASAHARA J, ACTON G D, et al. Proc ODP Init Repts 2003[CD]. Texas A&M, College Station, TX.

[ 7 ] BECKER K, DAVIES E E. A review of CORK designs and operations during the Ocean Drilling Program[M]// FISHER A T, URABE T, KLAUS A, et al. Proc IODP 301, Texas A&M, College Station, 2005.

[ 8 ] SMITH D. Ears in the ocean[J]. Oceanus, 2004, 42(2): 1 - 3.

[ 9 ] VAN DOVER C L, GERMAN C R, SPEER K G, et al. Evolution and biogeography of deep-sea vent and seep invertebrate[J]. Science, 2002, 295: 1253 - 1257.

[10] KELLEY D S, KARSON J A, FRU H-G G L, et al. A serpentinite-hosted ecosystem: The lost city hydrothermal field[J]. Science, 2005, 307: 1428 - 1434.

[11] IODP 科学规划委员会. 地球, 海洋与生命, IODP 初始科学计划 2003 - 2013[M]. 同济大学海洋地质重点实验室译. 上海: 同济大学出版社, 2003: 96.

[12] SUMMIT M, BARROS J A.. Thermophilic subseafloor microorganisms from the 1996 North Gorda Ridge eruption[J]. Deep-Sea Res II, 1998, 45: 2751 - 2766.

[13] DAVIS E E, BECKER K. Observations of natural-state fluid pressures and temperatures in young oceanic crust and inferences regarding hydrothermal circulation [J]. Earth Planet Sci Lett, 2002, 204: 231 - 248.

[14] CACCHIONE D A, STRENBERG R W, OGSTON A S. Bottom instrumented tripods: history, applications, and impacts [J]. Continental Shelf Research, 2006, 26: 2319 - 2334.

[15] OLSEN R J, SHALAPYONOK A, SOSIK H M. An automated submersible flow cytometer for analyzing pico-and nanophytoplankton[J]. Flow Cytobot Deep Sea Research I, 2003, 50: 301 - 315.

[16] SOSIK H M, OLSON R J, NEUBERT M G, et al. Growth rates of coastal phytoplankton from time-series measurements with a submersible flow cytometer[J]. Limnol Oceanogr, 2003, 48: 1756 - 1765.

[17] GARTNER J W, CHENG R T, WANG P F, et al. Laboratory and field evaluations of the LISST-100 instrument for suspended particle size determinations[J]. Marine Geology, 2001, 175: 199 - 219.

[18] FAVALI P, BERANZOLI L. Seefloor observatory science: a review [J]. Annals of Geophysics, 2006, 49(2/3): 515 - 567.

[19] 同济大学海洋地质实验室. 国际海底观测系统调查报告[R]. 上海: 同济大学, 2006: 148.

# 破冰之旅：北冰洋今昔谈

汪品先* 同济大学海洋地质国家重点实验室

## 1 冰 海 惊 雷

2007年8月2日,俄罗斯科考队员乘"和平-1"号深潜器,将一面约1 m高的钛合金制俄罗斯国旗,插到了4 261 m深的北冰洋洋底(图1)。这无疑是一次海洋科技的创举,人类第一次下潜到北冰洋的深海海底采样、观测,可惜没有发现肉眼可见的大型生物;但是此举的主要影响却在于政治。航次由俄国知名北极专家、现任国家杜马副主席奇林加罗夫带队,由"俄罗斯号"破冰船开路,两艘深潜器先后从冰封的海面下水,是一次名副其实的破冰之旅;然而远远超过航次的学术价值、引起举世瞩目的着眼点,还在于北冰洋大片海域的国际归属。

---

\* 海洋地质学家。长期从事我国海域古海洋学、海洋微体古生物学和我国环境宏观演化的研究,系统分析我国近海沉积中钙质微体化石的分布及其控制因素,发现南海在冰期旋回中对环境信号的放大效应、西太平洋边缘海对我国陆地环境演变的重大影响。作为首席科学家,主持国际深海科学钻探船首次在中国南海进行ODP184航次深海科学钻探,取得西太平洋区最佳的晚新生代环境演变纪录。1991年当选为中国科学院学部委员(院士)。

图1　俄罗斯"和平-1"号深潜器将俄罗斯国旗插到北冰洋深海海底
上："和平-1"号深潜器；下：北冰洋底的俄罗斯国旗

　　事情要从十多年前说起。1997年通过《联合国海洋法公约》之后，俄罗斯在北冰洋的权益局限在200海里的专属经济区里，比1920年苏联地图上的范围小了许多。2001年俄国提出：北冰洋海底的罗蒙诺索夫海脊并非国际海底，而是其西伯利亚大陆架的自然延伸，这就意味着以北极为顶点、东起楚科奇半岛、西抵科拉半岛的三角形海区，海底资源权应属俄国（图2）。这块120万km²面积的海区，论面积和黄、东海的总和相近，论资源其石油储量估计可能有上百亿桶。

　　俄罗斯此举，犹如平静的北冰洋上一声惊雷，引起周围各国的强烈反响。加

图2　北冰洋海域归属之争
虚线为200海里专属经济区界限，实线为海上国界，深蓝色为俄罗斯提出主权的三角形海区，左侧紫线为航海家探索的欧亚"西北通道"

拿大外长说得干脆：现在不是15世纪了，你不能在世界到处插上自己的国旗，就声称"我们拥有这片领土"。加拿大派遣巡逻舰、修建深水港，加强其在北冰洋的军事存在。北冰洋周围美、加、俄、丹麦和挪威五国外长加紧开会，磋商北冰洋资源的分享问题。德国提出了最大破冰船的计划，建议由欧盟联合建造。虽然北冰洋在世界各大洋中最小、最浅，约1 300万 km²的面积，只相当于太平洋的1/14，水深平均只有1 201 m，大陆架占据面积52.9%[1]。但是世界各国都不会小看北冰洋：预计它蕴藏着超过90亿吨的油气，大约占世界未开发油气储量的25%，加上全球变暖带来的通航前景，一个繁荣的北冰洋可能正在逐渐向我们走近，而那里国际风暴的序幕可能也正在拉开之中。

## 2　海冰大战

北冰洋规模更大的一次"破冰"壮举，发生在4年之前，这就是北极的深海钻探。深海钻探已经有40多年的历史，从1968年起，深海钻探（DSDP）、大洋钻探（ODP）和综合大洋钻探（IODP）三大计划先后在各大洋深海海底打钻，包括

1999年在南海的ODP184航次,揭示了深海的奥秘、证实了板块学说、引起了地球科学革命;但唯独没有能够到冰封的北冰洋底下打钻。2004年8—9月,综合大洋钻探IODP302航次进军北冰洋,在水深约1 300 m、离北极点250 km处钻井4口,最深一口钻入海底428 m。这是海洋科技史上的一次创举,因为在深海打钻要求位置固定,而深海大洋无法抛锚,只能依靠动力定位的高技术;而北极周围的海面有2~4 m厚的海冰,以1/2节的速度流动着,要顶住海冰的推力、保持位置固定,就成了难题。实现北极钻探的欧洲联合体,用三条破冰船协同作战:先由俄国的原子能破冰船"苏联号"把大片的海冰压破开路,再由瑞典破冰船"澳登号"把破开的大冰块进一步破碎,然后才能保证挪威破冰钻探船"维京号"保持原位、进行钻探[2]。这场"海冰大战"在技术上是个创新,在科学上是个突破:原来今天的北冰洋,五千万年前是个生物繁茂、温暖宜"人"的湖泊。

图3　俄国原子能破冰船"苏联号"(上)、瑞典破冰船"澳登号"(中)和挪威破冰钻探船"维京号"(下)2004年在北冰洋大洋钻探中大战海冰(Stoll,2006)

北极钻探的位置是打在罗蒙诺索夫海脊上，这条穿越北极点的海脊水深800~1 300 m、延绵2 000 km，大体沿着45°W—135°E一线把北冰洋分成两半，钻井就在88°N的北极点附近（图4）[3]。钻井打穿沉积层进入大陆壳的基岩，取得了5 600万到4 450万年和1 820万年至今的两段沉积记录，可惜中间有2 600多万年的地层缺失，这是因为罗蒙诺索夫海脊当时水深过浅，接近海平面而遭受剥蚀[4]。在这沉积间断之上的地层，记录了1 800万年来北冰洋的历史；而间断面之下，4 500万年前的地层则完全是另一回事：那时北冰洋还没有形成，而这段地层的发现就是北极钻探最大的亮点。

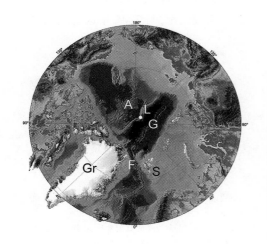

图4　北冰洋海底地形图
三条海脊：A—阿尔法海脊，L—罗蒙诺索夫海脊，G—Gakkel 海脊，Gr 指格陵兰，S 示斯瓦尔巴德，F 示 Fram 海峡；白点示 IODP302航次钻井位置

## 3　北极古湖

原来五千万年前，北冰洋竟是个淡水湖泊！间断面之下的地层基本上都是半咸水的沉积，而化石表明在五千万年前大约长达80万年的时期里，水面大量生长满江红（*Azolla*）[5]。满江红是一种水生蕨类植物，现在分布在热带、

亚热带的淡水里,而满江红的孢子化石居然在北极出现,岂不惊人! 的确,有机地球化学的标志显示当时表层水温总在10℃以上,约5 500万年前曾经高达23℃,简直是亚热带环境[6]。当时北冰洋还没有形成,只是一个封闭性的水盆,由图尔盖海、北海等与外海相通。满江红是淡水植物,最多只能容忍1‰~1.6‰的盐度,其孢子在罗蒙诺索夫海脊钻井中的大量出现,并且有淡水藻类伴生,说明当时极地因大量降水而水体变淡,变成一个暖水的湖泊,应当叫成"北极湖"。满江红孢子也在同时期周围海区发现(图5),推想就是从这个北极湖搬运而来[5]。格外令人注意的是当时北极湖的生产力极高,沉积物中有机碳常在5%以上,甚至高达14%[3],这种非凡的生油潜力具有极大的政治和经济吸引力。可以猜想,2007年北冰洋海底的插旗之举,与2004年这番破冰之旅的发现不无关系。

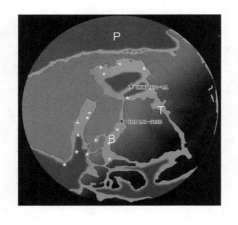

图5　五千万年前的北冰洋和满江红孢子的发现站位(☆)
当时北极是一个湖泊型的封闭盆地,还没有形成大洋型的北冰洋,绿色示陆地,浅蓝色示浅水,深蓝色示深水,T示欧亚之间的图尔盖海,B示北海的前身,P示太平洋(Brinkhuis et al., 2006)

北冰洋从封闭型的盆地变为开放,从"湖泊"型变为"大洋"型,那是后来的事。从今天的地图看,北冰洋的"前门"开向大西洋,"后门"开在太平洋。与大西洋的通道宽,仅Fram海峡便有450 km宽,海槛深达2 500 m;而通向太平洋的白令海峡只有85 km宽、55 m深,而且在地质历史上长期关闭。从地质构造上讲,北冰洋三条海脊,只有一条Gakkel海脊是活动中的大洋中脊,而它正是北大西洋洋中脊的北段,穿过冰岛之后向北伸入北冰洋的。从水文上讲,格陵兰与斯瓦尔巴德群岛之间的 Fram 海峡就是北大西洋与北冰洋的深水通道,也是北冰洋的咽喉。距今 1 750 万年前的构造运动导致 Fram 海峡开放,使得北冰洋深层水终于摆脱了封闭盆地特有的低氧条件,变为大洋型的富氧环境[7],这时候北冰洋才能晋级而跻身于世界大洋之列。

# 4　冰　盖　溯　源

今天的地球,两极都有冰盖。虽然北极现在仅存格陵兰冰盖,拿来去和南极的大陆冰盖相比显得过于寒酸,但两万年前大冰期时大半个北美和西欧都压在几千米厚的大陆冰盖底下,北极与南极的冰盖难分伯仲。其实地球历史大部分时间里并没有极地的大冰盖,现在这种两极都顶个大冰盖的时期不过二三百万年,五六亿年来只有一次,恐怕人类之所以能够演化产生,也正是"得益"于这种特殊条件。然而长期困惑学术界的一个问题是,南、北两极冰盖的产生时间为什么相差如此悬殊:南极冰盖在三四千万年前已经出现,北极冰盖长期以来被认为是三百来万年前方才出现。现在北极的钻探根据岩芯证据,纠正了以往的认识。道理很简单:如果北极有冰盖发育,就会有大小不规则的冰积物,随着冰盖破碎产生的冰筏带到海里。北冰洋的冰筏沉积最早出现在4 500万年前,与南极冰盖的出现基本上同时;到1 400万年前,北冰洋钻孔中的冰积物显著增加,这又与南极东冰盖在1 450万年前的迅速扩大相对应[2]。这样,北冰洋的新发现澄清了南、北极冰盖的历史:虽然南极位于陆上、北极位于海里,两者发育冰盖的条件不同、冰盖历史也不会一样,但是重大的变化期相互对应,说明有共同的原因在起作用,比如说大气 $CO_2$ 浓度的下降可以使得两极同时降温。关于南北极差别的另外一项长期以来的误会,是以为只有北极冰盖才有反复的消融和增长,而南极冰盖一旦形成就不再融化。可是最近南极罗斯海冰架的钻探,发现三四百万年前北半球气候暖湿时,西南极冰盖也一度融化[8],进一步强调了"两极相通"的道理。这些新认识,对我们在"全球变暖"条件下预测两极冰盖的命运,至关重要。

应当承认,关于当代地球上为什么形成极地冰盖,其原因至今还只有种种猜想,没有公认的理论。有的说是因为高原隆升,有的说是温室气体减少,还有的说是高原隆升使得温室气体减少,也有的说原因在于银河系的大周期、"宇宙的冬天"。其中有一种说法是南、北美之间的巴拿马海道关闭,使得墨西哥湾湾流加强,于是由大西洋向欧亚输送的水汽增多,因而西伯利亚河流注入北冰洋的淡水增多,终于导致北冰洋结冰,而海冰形成后提高反照率,促成大陆冰盖[9]。换句话说,美洲的通道和大西洋的洋流,决定着北冰洋和北极冰盖的历史。但是,北冰洋边上有着世界最大的大陆和最大的大洋,亚洲和太平洋对于北极冰盖的演化难道就不起作用吗? 当然不是。

# 5  白 令 断 桥

北极冰盖的出现,的确与淡水注入北冰洋相关,因为盐度降低会提高海水的冰点,使北冰洋容易结冰,当代北冰洋上层 150 m 海水偏淡,是大片海冰形成的前提。现在进入北冰洋的淡水 1/2 靠河流,1/4 靠通过白令海峡进来的太平洋水,而来自大西洋的水盐度偏高。北冰洋周围河流入海流量 3 300 km³,占全球河流总流量的 10%,但是主要来自亚洲,来自美洲的不足1/5[10]。因此,西伯利亚大河注入北冰洋的淡水,对北极冰盖的形成起着关键作用。但是西伯利亚的大河都是河床老、河口新,更大的可能是蒙古、青藏高原的隆升导致河系改组,原来向西、向南的西伯利亚大河改向北流注入北冰洋,因而是亚洲形变的结果[11],不一定都取决于美洲的地理变化。另一个因素是白令海峡,有人假设一旦白令海峡关闭、北冰洋淡水层消失,就会破坏北冰洋海水分层的稳定性,加剧大西洋水上层水的注入而使得海冰融化[12],因此白令海峡在冰期旋回中可能起着关键作用。

　　说到白令海峡，就得从白令说起。直到三百年前，人们对亚洲和美洲是否在北冰洋南岸相连并不清楚。彼得大帝派遣俄籍丹麦航海家白令去探查，1728 年发现两者中间确有个海峡相隔，后来就被称作白令海峡，是北冰洋连接太平洋的唯一通道。太平洋水从白令海峡进入北冰洋的流量虽然不大，只相当于从大西洋流入水量的 1/10，但是由于北太平洋水盐度低、温度高，对于北冰洋海冰的形成至关重要。然而从地质历史的长河看来，太平洋水进入北冰洋是一种短暂现象，大部分时间里亚洲与美洲在这里相互连接，这就是所谓"白令陆桥"。北冰洋的早期向太平洋一侧并不开口，白令海峡要到大约 500 万年前方才出现[13]，但是此后并不稳定，至少在冰期旋回中会随着海平面下降而出露，成为时隐时现的"断桥"。

　　白令海峡很浅，今天只有 55 m 深，但在冰期时出露形成的陆地却不小，这是一条南北宽达千余公里的地带，为两大洲动物和人类的迁徙提供了通道。如此规模的大片陆地，叫做"桥"有点委屈，叫"白令古陆（Beringia）"更确切些；但在生物地理和人类文明的历史上，它确实起过"桥梁"的作用，而且对于北美尤其重要，因为这是美洲原著民的由来。据现在的考察，白令陆桥的最后出现大约始于 75 000 年前，到 11 000 年前随着冰盖的融化、白令海峡的贯通，再度变"断"[14]。同样，冰期时白令海峡的关闭，对白令海、对北太平洋边界流与中层水都会产生影响[15]，这些都是有待新的大洋钻探加以揭示的新题目。通过白令海峡研究北冰洋与太平洋的关系，也是我国极地科学的一个重要课题。

# 6　极地春光

　　当世界各地为温室气体和全球变暖担忧的时候，北冰洋却别具前景，因为升温正可以解除百万年来的冰封雪罩，重返春光。果然，北冰洋海冰融化，是当代全球增温最显著的证据之一。北冰洋海冰的分布范围历来冬进夏退，有着强烈的季节变化,近几十年来冬季海冰面积比较稳定,夏季海冰退缩明显,每十年面积减少10%左右[16]。到了近几年海冰融化进一步加速,甚至连冬季海冰面积和厚度也都在急剧减少:2007年夏季海冰面积竟然比2005年缩小23%[17],海冰减少的面积和西藏差不多大,减少的速率远远超过以往的估计。如果这种趋势继续下去,北冰洋的开发利用就不再是遥远的未来,而摆在眼前的首先是航运和矿产资源。

　　开辟穿越北冰洋的航道,是西方世界五百多年来的梦想。哥伦布发现新大陆不是他的本意,他在西班牙女王面前许下的愿是寻找捷径,开辟去亚洲的新航道,以至于到了中美洲还以为是印度,这才闹出个"东印度群岛"的名字来。五百年过去了,从西欧到亚洲之间的短线航道始终没有开辟,其实最短的路线是穿越北冰洋(图6)。具体有两种走法,一种是沿西伯利亚北岸走的"东北航道",但这条航线几乎全在俄国的辖区之内;另一条是从加拿大东北穿过一系列深水海峡通到美国阿拉斯加,叫做"西北航道",全长才1 500 km。商船从欧洲到亚洲的3条主要航线,无论是经过苏伊士运河、巴拿马运河或者非洲好望角到达太平洋,航程都在2万km以上,而走"西北航道"就可望缩短9 000 km的航程。

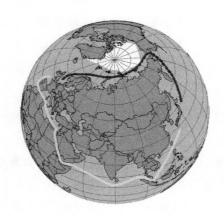

图6　西欧到东亚的两种海路
通过北冰洋的(深色线)途径,比通过地中海、印度洋和南海的(浅色线)近得多

为了开辟"西北航道"，历史上早就付出过血的代价。1845 年英国海军派遣两艘船探索西北航道，第二年这两艘船被海面结冰围困，队员全部丧生。1903年挪威探险家罗尔德·亚孟森率领六个人乘小船从大西洋进入西北航道，3 年后到达阿拉斯加，成为第一个探险成功的人，但这反过来也证明了西北航道只能探险，不能商用。现在随着全球变暖的"天赐"良机，五百年来"西北航道"的梦想可望实现。原来估算到 21 世纪中叶才可以通航的"西北航道"，现在看来有望大大超前，已经成为航运界的热门话题。

# 7　北极探宝

一旦海冰减少到通航成功，北冰洋就不再是个宁静世界，一个北极探宝的高潮必将兴起。这里首先是海底的油气资源，早就估计北冰洋海底蕴藏的油气资源当占全球储量的 1/4，而极地深钻井揭示出富含有机质的地层，又进一步展示了北冰洋能源宝库的前景。除了石油之外，最近的海底探测，又揭示了北冰洋新的资源潜力：洋中脊的热液系统。

世界洋底连绵伸展着 8 万 km 的大洋中脊，这是大洋的板块分界，是新生大洋壳形成的地方，也是地球深部的物质和能量通过热液活动进入地球表层系统的窗口。北冰洋洋底现在还活动的洋中脊，就是前面说到的 Gakkel 海脊（图 3）。大洋中脊产生新洋壳，也就是海底扩张的过程，但是扩张有快慢之别：快的如东太平洋，每年扩张 10～20 cm，是深海热液首次发现的地方；而北冰洋的 Gakkel 海脊扩张特别慢，一年不过 0.6～1.3 cm，但是这个"超慢速扩张"的中脊也有热液活动的迹象[18]。2008 年 8 月初，瑞士科学家在北冰洋 73°N 处水深 2 400 m 的洋中脊，发现了热液活动形成的"黑烟囱"，有 300℃高温的热液喷出。这是世界上最高纬度海底发现的热液喷出口，也是从"超慢速扩张"洋中脊第一次找到黑烟囱。

热液口的"黑烟囱"附近，是金属硫化物大型矿床的形成地，其中有铁、铜、锌、铅、汞、钡、锰、银等硫化物矿产,甚至还有原生的自然金。热液口附近还是特殊的"黑暗食物链"发育地,其中的生物依靠的能源不是太阳光,而是地球内部能量,是新一代生物资源、基因资源的探索对象。北冰洋洋底就像一个正在打开的龙宫宝藏,石油、热液等种种资源,等待着人类的勘探、开发。

　　和几百年前不同,今天海上的国际之争通常以科技竞争的形式出现。北冰洋的前景,正在吸引不少国家提出科技计划,而 2007—2008 年的第四次国际极地年,更将北极的探测推向高潮。一个实例是德国提出的"北极之光(Aurora Borealis)"号超大型破冰钻探船计划,这条190 m 长、可以在水深 5 000 m 处钻进海底 1 000 m 的钻探船专门用来探测北冰洋海底资源,建议由欧盟联合建造,2007—2011 年准备,2012 年建造,2014 年投入使用。

　　可以设想:一个汽笛争鸣、商机盎然的北冰洋,有可能在一二十年里出现。无论北冰洋周围的国家如何在海上划界,总会有一大片国际海底留出来归全人类所有、供世界共同开发。自从 1999 年以来,我国已经多次组织北冰洋考察,2004 年又在斯瓦尔巴德地区建立北极科考站——黄河站,我们的"雪龙"号现在也正在北冰洋执行第三次北极考察。正在"振兴华夏"声中的中华儿女,能不能大幅度加强北极探测,在人类开发北冰洋的历史性壮举中做出自己的贡献,这是当代中国面临的挑战之一。

参考文献

［1］JAKOBSSON M. Hypsometry and volume of the Arctic Ocean and its constituent seas［J］. Geochemistry, Geophysics, Geosystems, 2002, 3(5). doi: 10.1029/2001GC000302.

［2］STOLL M. The Arctic tells its story［J］. Nature, 2006, 441: 579 - 581.

［3］MORAN K, BACKMAN J, BRINKHUIS H, et al. The Cenozoic palaeoenvironment of the Arctic Ocean[J]. Nature, 2006, 411: 601 - 605.

[ 4 ] SANGIORGI F, BRUMSACK H J, WILLARD D A, et al. A 26 million year gap in the central Arctic record at the greenhouse-icehouse transition: Looking for clues [ J ]. Paleoceanography, 2008, 23: PA1S04. doi: 10. 1029/2007PA001477.

[ 5 ] BRINKHUI H, SCHOUTEN S, COLLINSON M E, et al. Episodic fresh surface waters in the Eocene Arctic Ocean[J]. Nature, 2006, 411: 606 - 609.

[ 6 ] SLUIJS A, SCHOUTEN S, PAGANI M, et al. Subtropical Arctic Ocean temperatures during the Palaeocene/Eocene thermal maximum[J]. Nature, 2006, 411: 610 - 613.

[ 7 ] JAKOBSSON M, BACKMAN J, RUDELS B. The early Miocene onset of a ventilated circulation regime in the Arctic Ocean[J]. Nature, 2007, 447: 986 - 990.

[ 8 ] SCHOOF C. Ice sheet grounding line dynamics - Steady states stability, and hysteresis [ J ]. Journal of Geophysical Research, 2007, 112: F03S28. doi: 10. 1029/2006JF000664.

[ 9 ] DRISCOLL N W, HAUG G H. A short circuit in thermohaline circulation: A cause for Northern Hemisphere glaciation? [J]. Science, 1998, 282: 436 - 438.

[10] STEIN R ( Ed.). Circum Arctic river discharge and its geological record [ J ]. International Journal of Earth Sciences, 2000, 89: 447 - 616.

[11] WANG P. Cenozoic deformation and the history of sea-land interactions in Asia[M]. In: CLIFT P, WANG P, KUHNT W, HAYES D (Eds.). Continent-Ocean Interactions in the East Asian Marginal Seas. Geophysical Monograph, 2004, 149, AGU: 1 - 22.

[12] MARTINSON D G, PITMAN W C. The Arctic as a trigger for glacial terminations[J]. Climate Change, 2007, 80: 253 - 263.

[13] GLADENKOV A Y, OLEINIK A E, MARINCOVICH L J, et al. A refined age for the earliest opening of Bering Strait [ J ]. Palaeogeography, Palaeoclimatology, Palaleoecology, 2002, 183: 321 - 328.

[14] KEIGWIN L D, DONNELLY J P, COOK M S, et al. Rapid sea-level rise and Holocene climate in the Chukchi Sea[J]. Geology, 2006, 34(10): 861 - 864.

[15] TANAKA S, TAKAHASHI K. Late Quaternary paleoceanographic changes in the Bering Sea and the western subarctic Pacific based on radiolarian assemblages[J]. Deep-Sea Research II, 2005, 52: 2131 - 2149.

[16] COMISO J C. Abrupt decline in the Arctic winter sea ice cover[ J ]. Geophysical Research Letters, 2006, 33: L18504. doi: 10. 1029/2006GL027341.

[17] STROEVE J, SERREZE M, DROBOT S, et al. Arctic sea ice extent plummets in 2007 [J]. EOS, 2008, 89(2): 13 - 14.

[18] EDMONDS H N, MICHAEL P J, BAKER E T, et al. Discovery of abundant hydrothermal venting on the ultraslow-spreading Gakkel ridge in the Arctic Ocean[J]. Nature, 2003, 421: 252 - 256.

# 人类起源与进化简说

吴新智*　　中国科学院古脊椎动物与古人类研究所

在 19 世纪中叶达尔文和赫胥黎论证人类起源于古猿时,已经出土的人类化石还很稀少,而且不被学术权威所认同。其后陆续发现不同时期的人类化石,使得人们逐渐对人类进化的历程获得越来越多的认识,越来越接受人类起源于古猿的理论,而且为人类进化的历程勾画出越来越清楚的轮廓。

## 1. 早期人类分布与人类化石的发现

迄今所知最早的人类化石是 2000 年报道的非洲肯尼亚的原初人土根种的下颌骨、上臂骨、指骨、大腿骨和牙齿,以及 2002 年报道的撒海尔人乍得种的头骨。其年代估计都是 600～700 万年前,这可能是人类最初出现的时间。比这两批化石稍晚的有发现于埃塞俄比亚的 580～520 万年前的地猿族祖亚种,标本有下颌骨、锁骨、上臂骨、尺骨、指骨和趾骨等。440 万年前有地猿始祖亚种,化石

* 古人类学家。开创并推动我国的灵长类解剖学和法医人类学研究。领导并参加发现郧西和淅川的直立人、丁村等处智人化石和古人类进化材料。对大荔、淅川、阿拉戈(法国)、柯布尔(澳大利亚)等地人类化石进行专门研究综合研究我国古人类的发展规律。1984 年与国外学者对"现代人的起源"提出"多地区进化"假说,成为国际上两大假说之一。对我国古人类发展过程提出"连续进化附带杂交"假说。1999 年当选为中国科学院院士。

有头骨、下颌骨、胸椎、上臂骨、前臂的桡骨和尺骨、许多手骨、骨盆、大腿骨、小腿的胫骨和腓骨，以及许多脚骨。2009年美国《科学》杂志发表了一系列论文全面报道了关于他的研究成果。其四肢骨骼的形态介于后来的人与猿之间，而偏于人类，但是大脚趾不像后来的人那样与其他四趾平行，而是像现代猿那样适合于与其他各趾相对，做抓握的动作，因此推测他们除经常在地面身体直立用两条腿行走外还可能在树上活动（图1）。

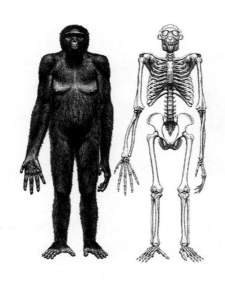

图1　地猿复原骨架与复原图

　　420～390万年前出现了南方古猿（图2），最早的是湖畔种，最晚的有粗壮种，可能在150～100万年前灭绝。两者之间有非洲种、阿法种、惊奇种、羚羊河种、埃塞俄比亚种、包氏种。他们出土于南非、埃塞俄比亚、肯尼亚、坦桑尼亚和乍得，大体上可以归纳为纤巧型和粗壮型，头骨、骨盆和四肢骨形态表明能直立行走。早期的南方古猿身高有的不足一米，后期的较高。纤巧型的平均身高男女分别为151 cm和105 cm；粗壮型男女分别为137 cm和110 cm。头骨包括两部分，即面骨和保护脑子的脑颅。纤巧型的脑颅比较圆隆，脑量较小，平均在450 mL以下；粗壮性平均大于500 mL。人类的牙齿包括前面的门齿和犬齿以及后方的前臼齿和臼齿。纤巧型的前齿大,粗壮型的小。粗壮型的后齿比纤巧型的粗大得多,表明粗壮型南方古猿的食物以植物为主,需要用咬合面较大的后齿进行研磨,而纤巧型则食物比较杂,还包括小动物的肉。与粗壮型比较粗大的后齿配套的是比较强大的咀嚼肌,其中的颞肌需要头骨有比较大的表面供其附着。在脑颅较小,能为颞肌附着提供的表面积不够的情况下,便在其男性头顶正中,像大猩猩那样形成一块片状的矢状脊,以扩大颞肌的附着面。比较强大的咀嚼力使得粗壮型的面骨比纤巧型的粗硕得多。

图 2 南方古猿头骨化石

南方古猿非洲种和阿法种、羚羊河种的生存时代较早,时间上有重叠,惊奇种和埃塞俄比亚种,包氏种和粗壮种比较晚,也可能有一段时间与中期的其他南方古猿同时生存。在 360～330 万年前还有扁脸肯尼亚人与南方古猿同时生存。已经发现的扁脸肯尼亚人的化石包括基本完整的颅骨和上颌骨,他的面骨下部比南方古猿的较欠向前突出,所以被称为扁脸,也因此被一些学者认为比南方古猿可能更接近后来的人类的祖先,而所有的南方古猿分支可能都只有灭绝的命运。

在南方古猿还没有完全灭绝前,出现了人科的一个新属——人属。早期人属是能人,与南方古猿相比,其脑量大得多,多数个体的脑量男性和女性分别在 700～800 mL 和 500～600 mL 之间,平均身高男女分别是157 cm 和 141 cm。有的学者主张将其中一些化石分开,另立一个新种——鲁道夫人,认为他比较能人更接近现代人的祖先。

以上所述的所有化石都发现于非洲。一般认为，一部分能人或鲁道夫人在非洲东部演变成直立人，在大约 200～180 万年前才走出非洲，在欧亚大陆迅速扩散。亚洲西南部有格鲁吉亚 Dmanisi 的人化石，距今约 170 万年前；亚洲东南部有印度尼西亚爪哇岛的 180 人万年前的人化石。

亚洲直立人主要分布在我国和印度尼西亚。印尼早期直立人又称魁人，许多学者将昂栋地方出土的 10～5 万年前的人类化石也归入直立人。印尼弗洛勒斯岛出土一种化石人，身高约 1 m，脑量 300 多毫升。有的学者提出他们是在大约 200 万年前走出非洲的特殊人类的后裔。

欧洲最早的是西班牙 Gran Dolina 大约 80 万年前的化石。与亚洲中期的直立人同时并存于欧洲的人被称为海德堡人，其后有尼安德特人，他们眉脊和脑颅骨壁的厚度介于直立人与现代人之间。尼安德特人生活在大约 20 万年前到大约 3 万年前，主要分布在欧洲，向东达到中东，甚至延及南西伯利亚的阿勒泰地区。尼安德特人之后生存在欧洲的人其形态与现在活着的人基本上一致，被称为解剖学上现代的智人。

非洲早期的直立人也被称为匠人。其后的人类或被称为罗得西亚人或被归并入海德堡人。另外有 Omo 的 19 万多年前的头骨，16 万年前的 Herto 头骨，被许多学者归属于解剖学上现代的智人，实际上它们在形态上兼有解剖学上现代智人与古老型人类的特征，应该被视为混合的或过渡的类型。这样的形态特征有力地证明解剖学上的智人是由古老型人类经历过渡的形式逐渐演变所成，并不是突然出现的。

亚洲东部早期的人类化石都出土于中国，属于直立人，一般俗称为猿人，其中最早的是 170 万年前云南元谋人的两颗门牙（图 3）。北京猿人是最著名和最重要的一员，生活在 50 多万年至 20 多万年前。2009 年报道用铝/铍法测算北京猿人生活于 77 万年前，但该数据的论证存在诸多问题，不宜采用。北京猿人地点发现的猿人化石最多，石器很丰富。此外还有 115 万年前的陕西蓝田公王岭的头骨化石，南京汤山的葫芦洞与安徽和县的龙潭洞的直立人的 50～30 万年前的头骨化石,在陕西蓝田陈家窝发现过直立人下颌骨化石。湖北郧县曲远河口出土的两具被严重压挤变形的头骨可能也属于直立人,山东临沂,湖北郧县梅铺和郧西,河南南召和淅川也发现过可能属于直立人的零星化石。

图 3　元谋人的铲形门齿

　　直立人的形态可以北京周口店的标本为代表。与现代人相比,直立人颜面部分较大,较向前突出,装脑子的部分(专业术语称脑颅)比较小,其头顶较低,前额较扁塌,脑颅前部挨着眼眶的部分特别狭窄,眼眶上方有粗厚的眉脊,脑颅后边有横卧的枕骨脊,额骨和头顶中央有前后方向的矢状脊,整个脑颅的骨壁大约有现代人的一倍厚。所有这些使得直立人的头骨特别结实坚固。此外,他们的下颌骨没有向前突出的下巴颏子。直立人四肢骨形态接近现代人,主要区别是骨壁较厚。直立人的牙齿比现代人的大,咬合面的花纹比较复杂。

　　中国还有一批古人类化石,包括陕西大荔、辽宁营口金牛山、广东马坝、安徽巢县的,可能还包括山西丁村,晋冀交界地区的许家窑、湖北长阳和黄龙洞、河南许昌灵井等地出土的标本,其生存时间在 20 余万年前与大约 10 万年前之间,总体上较直立人晚,也可能有少许重叠。其中有些人形态上兼有直立人和同时期欧洲人的特征,可能是两者基因交流的结果。特别值得一提的是 2008 年在广西崇左出土的下颌骨化石(图 4),其重要意义将在下文予以阐述。在中国,最近几万年的解剖学上现代的智人化石的出土地点比前述的两类人多得多,比较重要的地点有北京周口店的山顶洞,其附近的田园洞、内蒙古萨拉乌苏河流域、广西柳江、云南呈贡、丽江、贵州穿洞、四川资阳等。

图 4　木榄山智人洞早期现代人下颌骨

6～4 万年前人类才越过帝汶东边的海峡到达澳洲,他们是现在澳洲土著的祖先。大约 2～1 万年前地球冰期导致海平面下降,使得现在的白令海峡地带的海底成为陆地,人类从西伯利亚经过这片陆地到达北美洲,迅速散布到南美洲。

2. 早期人类的身高与脑量发展趋势

人类化石很难得,尽管进化过程很复杂,但是形态发展的总趋势还是表现出,与猿猴的差异越来越大,越来越近地趋向现代人。在此简略说明身高和脑量的发展趋势。

人类最初的身体比现在矮得多,440 万年前的地猿身高 120 cm。根据已经发现的 360～300 万年前的南方古猿阿法种的化石可以推算出他们的身高有颇大的变异范围。其中有一副化石骨架,昵称为"露西"。根据其髋骨(构成骨盆两侧和前壁的骨)可以判断为属于女性,大约 20 岁。她的身高 105 cm。根据估计属于男性的其他骨骼推算,男女两性身高可以相差约 1.5 倍。有人估计这种南方古猿的体重男女之间可以相差 1.7～2 倍。在坦桑尼亚的莱托里发现过一系列 375～350 万年前的脚印化石,根据那些脚印的长度可以推算出那些人的身高男性是 140～150 cm,女性是 120～130 cm。180～150 万年前生活在东非的直立人身高为 147～173 cm。还有一个很有意思的例子,肯尼亚 Nariokotome 的 180～160 万年前地层中发现的被称为匠人或直立人的 10 岁上下的男孩的骨架身高达到 160 cm,估计他的同伴成年身高应该可以超过 180 cm。中国直立人中只有北京周口店发现了可以推算身高的大腿骨,估计男性的身高大约 156 cm。总之人类的身高发展总的趋势是,早期的一段是逐渐变高的,男女性之间的差异起初相当大,后来逐渐变小。从大约 180～160 万年前到如今,尽管不同地区的人身高有小幅差异,基本上没有变高或变矮的趋势。

600~700万年前撒海尔人乍得种的脑量估计为320~380 mL;地猿的脑量估计是300~350 mL;南方古猿阿法种的"露西"的脑量是350~400 mL。大多数南方古猿的脑量在440~530 mL之间,个别的可以达到700 mL。非洲早期直立人的脑量700~1 067 mL,印度尼西亚比较早期的脑量为813~1 057 mL。中国发现的最早的直立人头骨化石是在陕西蓝田公王岭发现的,年代为大约115万年,脑量估计为780 mL,比之为晚的中国其他直立人的脑量在860~1 200 mL之间。智人的脑量在900~2 000 mL之间。总之最初人类的脑量与现在的黑猩猩不相上下,在进化全过程中逐渐增大。不过欧洲的尼安德特人的脑量男性为1 525~1 640 mL(6例),女性为1 300~1 425 mL(3例),平均脑量在1 500 mL以上,比现在的人的还要大些。

### 3. 现代人起源的争论

人类的物质生产能力与时俱进。最初可能只会利用石块、断树等天然工具谋生,250万年前开始用一块石头打击另一块石头,制造具有锋尖利刃的石器,提高了谋生的能力。目前确凿的最早用火证据发现于周口店,大约距今50万年前。大约5万年前人类开始有意识地埋葬死者,意味着精神生活提高到一定的程度。到3万多年前,人类开始用兽骨制造精细的工具,绘制壁画,制造艺术品等,开始缝制衣服。大约1万年前,人类开始制造陶器和磨光石器。

虽然关于人类起源和进化的过程已经有了一些基本上都能接受的共识,但是许多细节还存在争议,需要发现更多更完整的化石来补充、校正和澄清。目前最受人关注的争论之一是关于解剖学上现代智人(简称现代人)的起源,主要有两派观点。1984年根据化石证据提出"多地区进化"假说,认为非洲、东亚的现代人的最近祖先是本地区的古老型人类,澳洲土著起源于东南亚,欧洲现代人与当地古老型人类(尼人)也有一定的联系。1987年根据对现代人基因的分析提出"取代说"或"近期出自非洲说",推测全世界的现代人的共同祖先是大约20万年前在非洲出现的一个现代型人,其后代在大约13万年前走到亚洲和欧洲,完全取代原来住在当地的古老型人类,繁衍成全世界的现代人。20多年来,取代说的年代数据有所变动,双方都在积累新的论据,也出现一些趋向协调的迹象,但是完全的协调却不是短期可能达成的。

中国迄今已经在大约80处地点发现了人类化石,综合考察这些化石可以总结出,他们有一系列共同的形态特征,如颜面整体上比较扁塌、鼻梁不高、眼眶轮廓接近长方形、鼻腔前口和眼眶之间骨面较平、上颌骨外侧下缘弯曲、脑颅最宽处在其长度的三分之一的后段、额骨最突出处在其下部、上门牙背面呈铲形等。在进化的几乎全过程中存在这许多共同特征,表明这个过程是连续不断的。但是在中国有个别化石表现出与中国的其他化石不同,却在欧洲常见得多的个别特征,比如马坝头骨的眼眶接近圆形,大荔头骨鼻腔前口和眼眶之间骨面隆起,山顶洞102号头骨颧骨额蝶突比较朝向外侧,南京头骨鼻梁高耸,巢县头骨有枕骨隆凸上小凹,柳江、资阳、丽江头骨枕部有馒头状隆起等。这些在欧洲多见而在中国罕见的特征可能指示中国化石人类接受来自欧洲的基因。这样的一种格局总体上指示,中国古人类进化是连续的,同时少量地接受外来的基因,支持"连续进化附带杂交"的假说。

1998年起发表了一系列分析研究中国现生人类一些基因的论文,提出中国现代人的祖先是十多万年前出现于非洲,大约10万年前经过以色列,6万年前到达华南的解剖学上现代的智人。他们向北迁徙,完全取代原来生存于这大片土地上的古人类,成为我们的祖先。但是这种根据现在的人的基因来推测历史的假说却与大量的历史证据相矛盾。中国发现的大量石器明确显示,中国的石器从开始到3~4万年前,都属于第一模式,而十多万年前生存于非洲和大约10万年前生活于以色列的人制造和使用的石器却都是属于第三模式。如果6万年前那些移民完全取代中国原住民的上述假说属实,中国石器的发展史应该显示在6万年前发生从第一模式转变到第三模式的剧烈变动,但是我国发现的大量属于4~6万年前的石器都属于第一模式,丝毫没有第三模式。很难解释为什么新移民放弃自己的比较高超的第三模式技术,反而回头来使用第一模式的技术。

为了支持上述的6万年前完全取代的假说,必须假设外来移民与原住民丝毫不发生接触,支持这种假说的论文提出,"由于在距今5~10万年前第四纪冰川的存在,使得这一时期包括中国大陆在内的东亚地区绝大多数的生物种类均难以存活"。当地球处于这次冰期时,高纬度地区的确冰天雪地,而我国丰富的动植物化石证据却表明,当时华南有大量猩猩、犀牛、大象等特别喜暖的动物,华北也有许多牛、马、老虎等温带动物。它们能活,没有理由认为中国的原住民必定绝迹。事实上中国确实有这个时期的人化石(如广西咁前洞、浙江桐卢和河南许昌的人类化石)和大量石器(如河南郑州织机洞、重庆鄞都井水湾的标本)出土。特别值得注意的是,2008 年在广西崇左发现的大约 10 万年前的人类下颌骨具有刚刚显现的下巴颏子,其程度比现在人的弱,而古老型人类(直立人和尼人)都没有下巴颏。崇左下颌的形态表明东亚也发生过由古老型人类向现代型人类的过渡,它能证明东亚也是现代人起源地区之一。相信在我国社会主义建设大兴土木的过程中还会发现越来越多的化石和石器,使我们对这个地区的人类进化获得越来越清晰的认识。

原载于《自然杂志》2010 年第 2 期

# 进化论的几个重要猜想及其求证

舒德干* 西北大学大陆动力学国家重点实验室，中国地质大学

## 1 引　　言

在科学史上，引领各门分支科学不断进步的思想革命，不计其数。然而，能改变人类世界观并在整体上长期驱动所有科学加速进步的思想革命，却只有两次：一次是 16 世纪启动、18 世纪已经大功告成的，无机科学界的哥白尼革命；另一次则是始自 19 世纪生命科学界的更为艰难曲折的达尔文革命[1]，这次革命的直接结果就是进化论的诞生和发展，但它远未结束。

在科学界，2009 年是伽利略年，也是拉马克年，更是达尔文年。整 400 年前，伽利略将自制的望远镜指向无垠的太空，为哥白尼的日心说猜想寻找实证。

* 进化古生物学家。主持翻译《物种起源》并撰写长篇"导读"；在早期生命研究上取得系统性突破成果：在《自然》、《科学》发表十余篇论文；发现的昆明鱼目被西方学者誉为"天下第一鱼"，并代表着人类及整个脊椎动物大家族的始祖；创建一个绝灭门类（古虫动物门），提出后口动物亚界演化成型和脊椎动物实证起源假说，并基于此提出三幕式寒武纪大爆发理论。2011 年当选为中国科学院院士。

他不仅发现了木星、土星的卫星,还观察到金星的盈亏和太阳黑子等天文现象,为揭示太阳系结构的庐山真面目建立了盖世奇功。这些发现不仅支撑了哥白尼学说,也为后来的牛顿力学三大定律提供了依据,更为两个多世纪之后的达尔文革命开辟了道路。整200年前,拉马克的《动物学哲学》问世。尽管身陷神创论的一统天下,这位思想革命的先驱冒天下之大不韪,勇敢地为进化论科学大厦铺垫基础。凑巧的是,同年2月12日,更伟大而求实的科学思想家达尔文呱呱坠地;50年后的11月24日,他的《物种起源》第一版正式发行[2]。至此,进化论自成体系。今天,在回顾进化论创立和发展来龙去脉的时刻,我们会发现,诱发这一革命并不断将它引向深纵发展的驱动力乃是几个伟大的科学猜想以及人们对这些猜想执着的求证。在科学的征程上,人们须有继续前行的勇气和决心,但在崎岖山路上更离不开思想"灯塔"的指引。那么,在进化论的形成和发展的进程中,到底有哪些最值得关注的"灯塔"? 谁又是这些"灯塔"的建造者? 对此,本文拟做些初步讨论,冒昧地提出些猜想概念。在众说纷纭的学术界,笔者希望所论之概念能接近历史真实而不致形成误导。不当之处,恳请同仁批评指正。

进化论不同于其他自然科学,就在于它直接涉及到人类自身的性质和价值;它不仅影响到科学界的方方面面,而且还深刻地触动着世俗社会的中枢神经。同时,也由于民族不同,时代不同,文化信仰不同以及所从事的学科不同,人们对进化论各种学术主张的认同和毁誉自然也各不相同。18世纪至20世纪,英、法、德、美各国进化论的际遇多有差别;20世纪上半叶,进化论在苏联和中国仍十分幼稚,盛行的言行主张也多严重偏离进化论的核心价值。140年前,英国《自然》杂志的创建,至少部分地是为了捍卫和发展科学进化论。21世纪的今天,面对这份十分厚重的人类共享的科学和文化双重遗产的继承和光大,中国的《自然杂志》也许会有较大的作为。目前,中国的科学技术和经济皆尚欠发达。当这个两千多年传统儒学文化与近代的多重文化基因交融的社会体大举改革开放,面对来自西方形形色色的进化论猜想,中国现代学者和文化人会做怎样的选择呢?

# 2 进化论的进化简史

由于进化论独特的科学与人文双重属性,使得它的产生及发展历史,在不同的民族和文化背景中变得错综复杂。

## 2.1 18 世纪:进化思想启蒙

当今,在科学技术、经济和军事诸方面,美国无疑是老大。然而在 1776 年 7 月 4 日,美国刚作为一个弱小国家独立面世时,欧洲的科技已经独占鳌头;科学思想十分活跃,进化思想也顺势破土而出。

在博物学界,1707 年诞生了两位伟大人物,一个是瑞典的林奈,另一个是法国的布丰(G. Buffon)。前者对进化思想贡献甚微,而后者却是史上最杰出的进化思想启蒙大师。

17 世纪以后,博物学家已搜集到大量的动植物和化石标本;到了 18 世纪,单单已知的植物物种就有近 2 万个。此时,对物种进行科学的分类就变得亟为迫切。林奈的出生恰逢其时,他的兴趣和能力更成就了他的伟业。

林奈的父亲是一位乡村牧师。幼时的小林奈,受到父亲的影响,十分喜爱植物,八岁时获得"小植物学家"的别名。从 1727 年起,他先后进入龙得大学和乌普萨拉大学学习博物学及采制生物标本的知识和方法。1735 年,周游欧洲各国,并在荷兰取得了医学博士学位。1753 年发表了《植物种志》。林奈最杰出的贡献是正确地选择了自然分类方法,建立了沿用至今的人为分类体系,并完善了双名制命名法,将前人的全部动植物知识系统化。尽管他是一个物种不变论者,但他的生物分类系统却客观上启发了后人探索自然生命的演化内涵。

18 世纪的地质学发现为博物学注入了大量的新知识,从而促进了生物进化思想的萌芽和发展。那时的人们普遍相信,创世的神话能够很好地解释地球的形成及地球上生物的起源。然而,那时假如有人能证明地球的历史十分悠久,而且还曾发生过巨大变化的话,那一定会引发人们怀疑《圣经·创世纪》中生命起源故事的真实性。实际上,布丰就是这样一个人。

布丰出生于一个律师家庭,21 岁大学法律专业毕业,但不久对科学产生了兴趣。1753 年当选为法国科学院院士,以后又被选为英国皇家学会会员,德国和俄国的科学院院士。布丰一生最大的贡献是编著了 35 卷《自然史——总论和各论》(死后又由他的学生续编出版了 9 卷)。44 卷《自然史》内容广泛,共分为地球史、矿物史、动物史、鸟类史、人类史五大部分。布丰强调环境变化对物种变异的影响,著作中包含了物种进化的思想萌芽。尽管他的思想曾发生过动摇,但其论述的自然界及生物界广泛进化的事实,使进化思想开始萌生于法国。作为进化论的先驱,布丰的贡献除了直接阐述进化思想之外,他还先后为进化论培养了两位奠基人:拉马克和圣提雷尔。

## 2.2　进化论奠基

为进化论奠基贡献最大的人当数拉马克。拉马克(1744—1829)幼时就读于教会学校,1761—1768 年在军队服役,其间锻炼了他的斗争精神。他服役时便对植物学发生了兴趣,并于 1778 年出版了 3 卷集的《法国植物志》。1783 年被任命为科学院院士。他发明了“生物学”一词;还第一个将动物分为脊椎动物和无脊椎动物两大类(1794),并首先提出“无脊椎动物”一词,由此建立了无脊椎动物学。他的代表作是《无脊椎动物系统》(1801)和《动物学哲学》(1809)。在这两本巨著中,他提出了有机界发生和较系统的进化学说。“有机界自然发生说”虽然在当时有积极意义,但它一直没能被证实。

圣提雷尔(1772—1844)早年受过僧侣教育,但不久即转学博物学,成为法国著名的动物解剖学家、胚胎学家;他也主张物种可变。

历史上,进化论和神创论的斗争一直不断,但公开的大辩论大论战只有 3 次最著名。第二次大辩论是 1860 年发生在英国的关于“猴子祖先”的故事。辩论双方(英国圣公会主教威尔伯福斯与进化论的热情捍卫者赫胥黎)打了个平手,这为进化论后来的发展留下了空间。第三次大辩论发生在 20 世纪的美国。反进化论者动用了法律，将在课堂上讲授达尔文进化论的中学教师判罪，导致在法庭上的公开辩论。这场审判使反进化论者陷于窘境，以后极少再能明目张胆地反对进化论了。然而，第一次辩论发生得太早了。即使是革命的、进步的思想，也难免失败。那是在 1830 年，辩论的一方是圣提雷尔，另一方是进化论的反对者居维叶。尽管居维叶在分类学、比较解剖学、古生物学上做出了很大贡献，但他却用上帝控制的灾变来解释不同地层中的不同化石。这次斗争失利给进化论的深刻教训是，科学决不能自动战胜神创论，必须取得足够的客观证据才有可能，尤其要求古生物学不断努力发掘与研究，以尽可能详尽地填补地层中那些不连续的物种间空白。

## 2.3　达尔文时代

达尔文时代始于 1831 年达尔文启动环球航行。正是这次彻底改变他人生轨迹的壮举，才使他直接感受到大自然大量活生生的进化事实。他花了 28 年才完成了进化大厦的构建。接下来的几十年，他的进化论在不断的争论中逐步为越来越多的学者和世俗凡人所接受。达尔文的工作在很大程度上改变了整个人类的世界观，他的功绩将与人类文明史共存。

## 2.4　达尔文主义的"日食"时期

所谓"日食"，是指达尔文主义的光辉暂时被遮盖。这种不幸发生在 1900 年前后的十余年间。其表现是，尽管多数人认同生物是进化的，但相当多的学者已经不大相信自然选择学说，转而寻求其他机制来解释生命演化。这段历史相当复杂，其中既有特创论作祟，也有达尔文学术主张先天不足的缘由。比如，达尔文进化论中的最大缺陷是没有遗传学基础。于是，他提出用"泛生论"来附和"融合遗传"假说。孟德尔颗粒遗传理论被学界接受后，融合遗传假说便理所当然地遭到了摒弃。实际上，融合遗传假说从本质上与自然选择理论格格不入。因为，如果融合遗传是真实的话，那么它必然导致生物变异越来越少；而作为自然选择的"原料"，变异少了，自然选择也就越来越成为无米之炊了。此外，达尔文在讨论新物种形成时,没有强调地理隔离的作用,这也招致了学术界的强烈批评。

## 2.5 进化论走向成功

孟德尔主义与达尔文主义的两极分化和"对立"局面,到 1920 年以后开始好转。此时,人们逐步取得共识,颗粒遗传假说原本就是自然选择学说之所需。此后,上述两派的融合,以及后来逐步与群体遗传学、生物地理学、古生物学等多学科的综合,形成了现代进化论,逐步走向成熟、走向成功。分子中性假说"挑战"自然选择说,后来被证明是对进化论的补充。间断平衡假说也对传统渐变论进行了修正和发展。笔者曾在《物种起源》导读中专辟了一节《达尔文学说问世以来生物进化论的发展概况及其展望》[9],欢迎同仁们斧正。

现在,已经没有人怀疑,进化论大厦的核心构建者是达尔文,他的思想构成了进化论的主体和灵魂。在达尔文之前,曾有不少人产生过各种进化思想萌芽,但真正为进化论奠基的主要是拉马克,尽管其基础还不够全面和坚实。在拉马克–达尔文时代,遗传学尚未诞生;他们构建的进化论大厦显得有些单薄。多亏了孟德尔的"颗粒遗传"猜想(后来发展为基因论)才使得这个科学大厦的内涵变得充实、丰富和牢靠。

# 3 进化论的几个主要学术猜想

本文所简要讨论的猜想,并非灵机一动的臆测,而是历史上那些由积淀而生、并长期左右进化理论不断发展的重要学术思想;它们潜在性地接近真理或包含真理。不过,它们的成立仍需要学者们耗费精力和智慧去努力求证才能实现,恰如数学中的哥德巴赫猜想和费马大定理(或费马最后猜想)。进化论猜想,大大小小,难以胜数,本文拟概括性讨论其中 7 个影响最广泛的思想。其中与拉马克相关的猜想有 2 条,由达尔文主导提出的有 4 条,由孟德尔实验引发的有 1 条。

### 3.1　拉马克第一猜想：物种渐变猜想

物种渐变猜想包括两层意思：一是物种可变；二是变化的途径主要靠渐变，一小步一小步地碎步连续向前。前者是对两千多年来的物种不变论的否定，后者则向主张"地史中的物种互不连续"的神创论发起了挑战。

2009 年 5 月 27 日《科学时报》以整版的篇幅刊载了一位研究型记者的长篇文章《200 年，永远的达尔文》。客观地说，该采访文章的评述有相当的广度和深度，但也存在欠严谨的地方。比如，作者在评价达尔文的核心贡献时说："在《物种起源》中，达尔文提出了两个基本理论：第一，他认为所有的动植物都是由较早期、较原始的形式演变而来；其次，他认为生物进化是通过自然选择而来。"其实，这种评价在学界很有代表性。高等教育出版社 2006 年出版的《基础生命科学》也持相同看法："Darwin 进化论主要包括了两方面的基本含义：① 现代所有的生物都是从过去的生物进化来的；②自然选择是生物适应环境而进化的原因。"[3] 10 年前，笔者在应邀给《物种起源》撰写导读时，对类似概述性的评论也没觉得有什么不妥，但近几年的一些再思考，使我深感这样的评述既不够全面，也有失精准和公允，其中至少有三点值得人们注意：① 物种可变，因而生物是由较早期、较原始的形式逐渐演变而来的科学猜想不是由达尔文"提出"的。除了早期一些哲学家类似的推测之外，第一个真正从科学上提出这一思想概念的应该是拉马克[2]。② 在现代进化论看来，比上述两条更具核心价值的思想是"万物共祖"的生命之树猜想。③ 自然选择猜想也不是达尔文最先"提出"的。达尔文在《物种起源》的"引言"中坦诚地写道："在物种起源问题上进行过较深入探讨并引起广泛关注的，应首推拉马克。这位著名的博物学者在 1801 年首次发表了他的基本观点，随后在 1809 年的《动物学哲学》和 1815 年的《无脊椎动物学》中做了进一步发挥。在这些著作中，他明确指出，包括人类在内的一切物种都是从其他物种演变而来的。拉马克的卓越贡献就在于，他第一个唤起人们注意到有机界跟无机界一样，万物皆变，这是自然法则，而不是神灵干预的结果。拉马克的物种渐变结论，主要是根据物种与变种间的极端相似性、有些物种之间存在着完善的过渡系列以及家养动植物的比较形态学得出的。"达尔文的丰功伟绩在于,他首次综合了当时比较形态学、比较胚胎发育学、生物地理学和古生物学4个方面的论据,成功地论证了拉马克物种渐变猜想的正确性。近几十年来,分子生物学的快速发展,更从DNA和蛋白质变化的微观层次上证明了物种在不断演变,而且其主要基调是渐变[4]。客观而公允地看,拉马克应该是这一伟大猜想的提出者,而达尔文则是对这一猜想最伟大的证明者。这正如数学中的费马最后猜想(或费马大定理)和哥德巴赫猜想一样,绝不会因后来有伟大的数学天才对它们进行了杰出的证明而更名。将物种可变思想归于拉马克比归于达尔文更符合历史的真实。

### 3.2　拉马克第二猜想:用进废退及获得性遗传猜想

拉马克第二猜想是进化论中争议最大,最难求证的一个猜想。在《动物学哲学》中,拉马克提出了生物演化的两条法则。一是"用进废退法则",二是"获得性遗传法则[5]"。其实,这两条法则密切相关,应该将它们合二为一。其含义是生物体经常使用的器官构造常会趋于发达,反之会弱化;而这种后天获得的更发达或弱化的性状,如果为雌雄两性的个体同时具有,那么便会通过繁殖遗传给后代,从而使生物定向演化。新、老拉马克主义者最常举的说明例证便是长颈鹿脖子的形成。然而,自20世纪初遗传学开始形成以来,拉马克这一猜想在理论上和实践上皆未得到遗传学的支持。

遗传学认为,遗传物质亦即基因,是以DNA为载体的。遗传的基本过程是DNA先转录为RNA,然后翻译为蛋白质,最后通过蛋白质复杂的相互作用,决定了生物体的表观形态。在这个过程中DNA的顺序是决定性的因素,即生物的形态最终由DNA的顺序决定。在遗传过程中,父母的生殖细胞中的DNA通过细胞减数分裂和受精作用传给子女。由于上一代在后天获得的性状不会影响到生殖细胞中的DNA顺序,所以这些性状也就无法遗传到下一代。也就是说,获得性遗传过程不可能实现,因而用进废退也就成为空中楼阁。在过去的一个世纪,人们做了许多实验以验证这一过程,获得性遗传几乎从未得到过支持。但大家也注意到,这些实验多局限于细菌等低等生命。

有趣的是,最近兴起的表观遗传学(epigenetics)揭示出了获得性遗传的可能性。随着求证工作的深入,将来它也许能成为达尔文自然选择思想的一个重要补充,正如达尔文当年认为的那样。目前,该领域研究成果极富吸引力,以致英国《自然》杂志还以专题的形式对它作了全面分析和介绍[6,7]。表观遗传学的研究对象是一类无需改变 DNA 序列便可改变生物性状的机制。概括地说,DNA虽然对蛋白质的表达握有决定权,但从 DNA 到蛋白质的过程中却存在很多可以调控的步骤,如 DNA 的甲基化、组蛋白的甲基化和乙酰化等;甚至蛋白质的不同折叠也能影响蛋白的表达和功能。epigenetics 这个名词在半个多世纪之前便出现了,这些调控机制过去早已为人知晓。表观遗传学近年之所以引起人们极大关注,主要得益于一些实验的新发现。这些发现揭示出上述调控机制具有两个特征:一是它们能够长久不断地受到自然性的后天影响(可获得性),二是它们还可以遗传(可遗传性)。如果将这两种因素结合在一起,那么获得性遗传就不是不可能了。

## 3.3　威尔斯-达尔文猜想:自然选择猜想

几乎所有了解一点科学知识的人都知道,达尔文进化论的精髓之一是自然选择理论。该理论正确地指出,在生物宏观表形性状的演化过程中,自然选择作用是最重要的驱动力。然而,必须指出,自然选择思想并非达尔文首创。他在《物种起源》开篇的"引言"中坦诚承认,至少有另外 2 人捷足先登提出了自然选择思想,尤其是威尔斯博士最先提出了该思想,最有资格享受创立该思想的优先权。达尔文指出:"1813 年威尔斯博士在英国皇家学会宣读了一篇题为《一个白人妇女皮肤与黑人局部相似》的论文……在该文中,他已经清楚认识到自然选择原理,这是对这一学说的首次认知;尽管他的自然选择只限于人类,甚至人类的某些性状特征。"另一方面,我们也必须看到,是达尔文首次较全面地成功地论证了自然选择作用。现代达尔文主义在群体遗传学的基础上,对传统个体选择假说做了较大的补充和发展,指出自然界中应该存在着多种选择模式,如消除有害等位基因的"正常化选择"，促进有利突变等位基因频率增加的"定向选择"，在位点上保留不同等位基因的"平衡性选择"，还有与"遗传同化"相似的"稳定性选择"。值得一提的是，20世纪六七十年代出现的所谓《非达尔文主义进化》的"中性学说"。现在，越来越多的实验证据显示，自然选择在分子水平仍然可以发挥作用。中性学说很可能在微观层次或分子进化层次上抓住了许多真理，但它是对达尔文学说的补充而非否定。

## 3.4　达尔文猜想：生命之树猜想

进化论的核心价值是什么？不同的学者常有不同的解读。中国著名进化论者张昀的看法独到而精辟，他一语中的："现代进化概念的核心是'万物同源'及分化、发展的思想"。[8]说得直白一点就是，现代进化理论的核心价值是生命之树及其演替的思想。这也恰恰是达尔文对现代进化论的核心贡献。

在《物种起源》中，达尔文在系统论证"物种可变"思想和自然选择思想上都做出了前无古人的杰出贡献，然而他并不拥有这些创新思想的优先权。但对于"生命之树"猜想，情况就不一样了。在达尔文时代之前，主张"突变"和"灾变"的学者构成了当时的主流学派，他们几乎全是神创论者。倡导"渐变论"且有重要建树的进化论代表人物，当属拉马克。但非常不幸的是，他误信了他的老师布丰留下的"生命自发形成论"，结果提出了所谓"平行演化"假说（图1（a））[1,9]；这一严重失误使这位进化论的先驱斗士与生命之树理论失之交臂。

达尔文很幸运，到他那个时代，"生命自发形成论"已经被许多科学实验证伪而遭抛弃。于是，当他刚完成5年环球航行不久，并于1837年确立了"物种可变"思想时，便在其第一本关于物种起源的笔记本中"偷偷地"勾画了一幅物种分支演化草图（"Branching tree" sketch）（图1（b）），这是"生命之树"的第一幅萌芽思想简图。正是这幅不起眼的草图，以其深刻的思想开始不动声色地挑战"万能上帝六日定乾坤"的经典说教。大家都知道，22年后发表的《物种起源》里只有一幅插图。人们不难理解，深谋远虑的作者显然是要用它来表达自己学术大厦的核心思想；而这幅图正是他1837年那幅草图的翻版[10]！

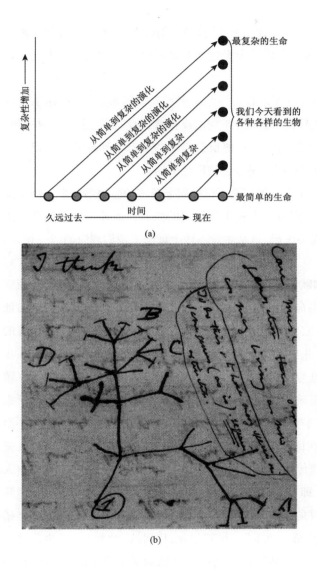

图1 （a）拉马克的平行演化假说,（b）达尔文生命之树思想的雏形

　　人们还注意到,在该书最后一章的最后一节,作者用浪漫散文诗式的语句表述了他对地球生命真谛的理解;而其最后一句更是全书的画龙点睛之笔。它多少有点含蓄、但又十分精到地表达了作者"生命之树"的伟大猜想;那就是:地球

上的所有生命皆源出于一个或少数几个共同祖先,随后沿着38亿年时间长轴的延展而不断分支和代谢,最终形成了今天这棵枝繁叶茂的生命大树。天下生命原本一家亲!

《物种起源》问世不久,不少富有灵性的学者已经敏锐地感悟到,达尔文深刻思想的内核并不在于生物是否进化、渐变论或自然选择,而是生命之树猜想。于是,德国著名的进化论追随者海克尔便根据当时的形态学和胚胎学知识画出了各种"生命之树",其中有些图谱至今仍被广泛引用。

实际上,近几十年来,生命之树理论不仅被越来越多的生物学和古生物学证据所佐证,而且还不断地得到分子生物学新数据的强有力支撑。现存地球上的所有生命都享用同一套遗传密码,这从生命本质上证明了她们理应同居一树,同根同源。

21世纪伊始,北美和欧洲科学界决定继承达尔文的遗愿,分别投入巨额资金,启动了规模庞大的"生命之树研究计划",对生命之树进行间接或直接的证明和完善。人们期待着,它将使这个"理论之树"逐步转变成一个日趋完善的"实践之树"。近年来,古生物学家正在积极地与现代生物学家联手,力图逐步勾画出综合历史生命信息与现代生命信息的各级各类动物之树、植物之树、真菌之树、原核生命之树,乃至统一的地球生命大树。著名的美国地质古生物学家A. Knoll等人近年勾画的生命之树框架,就是一个较为成功的初步尝试(图2)[11]。需要指出的是,在许多低等生命(诸如细菌、古细菌,甚至病毒)之间,近年来发现它们不仅遵循遗传学上正常的"纵向基因传递",同时还存在不少出人意料的"基因横向转移",即不同物种之间,甚至不同门、纲之间也会发生基因转移。这样一来,生命之树的下部和根部很可能构成了极其复杂的纵横交错"网",而不是过去设想的"单一树干"。尽管如此,位居这种"榕树型"生命之树末端的几个大枝,尤其是"动物枝"或"动物树",其结构则要简单得多(图3),因为在那里还很少见到那种令人困惑的"基因横向转移"。因此仍可满怀期待地在寒武纪大爆发前后找到地球上的动物树逐步发育成长的隐秘证据,从而勾画出最初成型的动物树轮廓图(图4)。

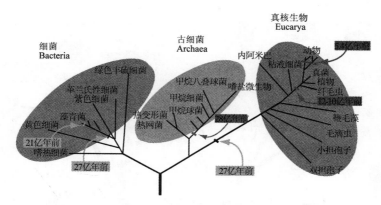

图2 现生生物全谱系树

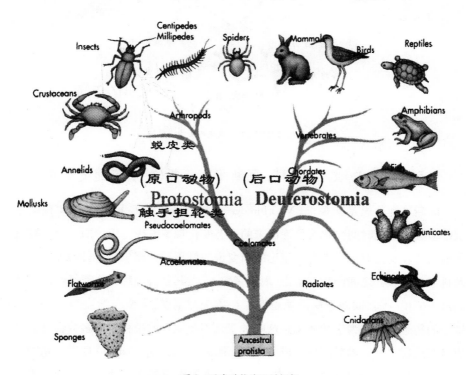

图3 现代动物演化树框架

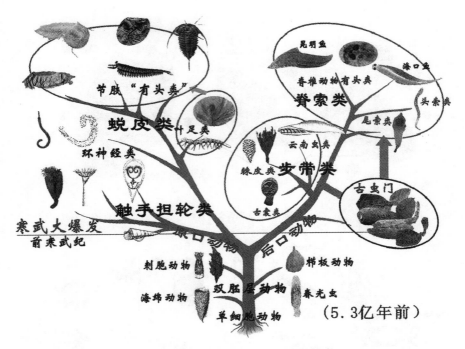

图4　寒武纪大爆发首次构建的动物树框架

### 3.5　达尔文-艾/古猜想：间断平衡猜想（或稳态速变猜想）

间断平衡猜想是艾垂奇（N. Eldredge）和古尔德（S. Gould）1972年根据地层中多数化石随时间变化所呈现出来的形态变化现象而极力倡导的一个物种进化的模式。它是对现代综合进化论的渐变说的修正和补充。经过科学界内部以及科学与宗教界之间的激烈争论，现在多数人，尤其是古生物工作者已经广为认同这一假说[12]。间断平衡假说是建立在质变与量变，突变与渐变辩证统一基础上的猜想。它认为生物演化是这两种变化不断交替的过程。大多数物种的形成是在地质上极短的时间内完成的，即所谓成种作用（speciation）过程。物种一旦形成，多保持一种长时期的稳态（stasis）。成种作用是产生种及种以上分类单元迅速变异的宏进化（macroevolution），种系渐变则是产生种内变异的微演化

（microevolution）。有人还将这一假说延伸,用以解释寒武纪大爆发现象,似乎也言之成理。但是,这次生命大爆发绝非西方一些媒体所宣扬的那样"突然"（overnight）:"几乎所有动物门类的祖先都站在同一起跑线上"的说法也不符合历史真实。实际上,即使是狭义的寒武纪大爆发从 5.4 亿年前开始到大爆发结束,也历经了约 2 千万年。如果将前寒武纪末期的双胚层动物等低等动物的出现包括在广义寒武纪大爆发事件之内的话,那时限至少在 4 千万年以上;而且,双胚层动物亚界、原口动物亚界、后口动物亚界的"起跑线"彼此相距都在 1 千万年以上（图 5）[9]。

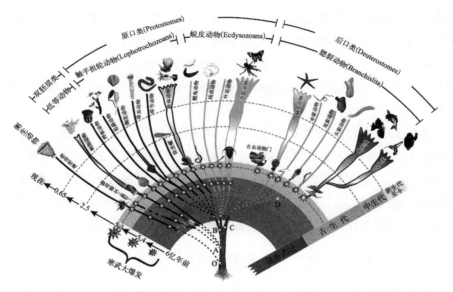

图 5　历时数千万年的广义寒武纪大爆发主要包括三幕,分别形成了三个动物亚界的现代框架

　　"间断平衡"是"punctuated equilibrium"的一种最常见的中文译法。其实,译成"稳态速变"也许更明白更贴切些（物种可长期保持稳态,却能在较短时期内快速演变为新种）;况且,物种演化应该是一个连续的过程,其间并无间断,只是演化速率不同而已。

过去,不少人误以为达尔文是个绝对的渐变论者,其实不然。只要认真仔细审读《物种起源》,便会发现,他曾多次这样描述地史时期物种变化的规律:"物种的变化,如以年代为单位计算,是长久的;然而与物种维持不变的年代相比,却显得十分短暂"。显然,这与现代"间断平衡论"的内涵完全一致[10]。于是,这里产生一个疑问,既然达尔文当时已经认识到地史时期的物种演化是以快速突变与慢速渐变交替方式进行的,那他为何总爱强调渐变呢?我想,这也许与达尔文的论战策略有关。达尔文深深懂得,物种不变论的根基是顽固的神创论。神创论坚持物种特创和物种不变的护身法宝便是突变论和灾变论。在神创论或特创论看来,物种是被上帝一个一个单独创造出来的;一旦物种被快速创造出来,便不再改变。当地球上的大灾难(如大洪水)毁灭了大群旧物种时,上帝便立即再快速创造出一批新物种。显然要想攻破具有强大传统势力的特创论,在当时,达尔文也许只能坚持"自然界不存在飞跃"的渐变论,而完全摒弃任何形式的快速突变的思想,以不致留给特创论任何可乘之机。这应该是达尔文的高明之处。

达尔文这一猜想也是他的学术思想与拉马克绝对渐变论的区别之一。从历史唯物主义的观点看,达尔文有资格享受间断平衡猜想的首发权。乍看起来,"间断平衡"学说好像很简单。但实际上,如许多专家所言,其中仍有很多讲不清楚的机制。比如说,为什么一个物种会长时间处于稳态?无论从基因、生态、生物地理、环境变化各方面的研究看,都还难以解释得明明白白。

## 3.6 布丰-达尔文猜想:人类自然起源猜想

布丰完成了44卷《自然史》巨著,使他成为进化思想的先驱。他推断,地球形成之后,表面发生了一系列变化,相继出现了海洋、陆地、矿石、植物、鱼类、陆地动物、鸟类,最后才出现了人。他的这些天才的推测与后来科学证实的情况几乎完全一致。布丰非常强调环境变化对物种变异的影响。他认为,随着地质的演变,地面气候、环境、食物也在不断地变化,人就是这种变化的产物。所以,达尔文在《物种起源》的"引言"中说,布丰是"以科学眼光看待物种变化的第一人"。也就是说,布丰是提出"人类源出于自然"猜想的第一人。

在布丰之后,他的学生拉马克也坚持人类源出自然的思想。但是,真正较全面而深入求证这一猜想的却是达尔文。达尔文著作等身,但其直接指向神创论要害的只是其中的两部"起源"论著。在《物种起源》写作将要封笔之前,达尔文透露了他最想说的心里话:"展望未来,我发现了一个更重要也更为广阔的研究领域……由此,人类的起源和历史将得到莫大的启示。"12 年后,他感到时机成熟了,于是,《人类起源》(*The Descent of Man*,又常译作《人类的由来》)高调面世[13]。

达尔文深信,地球生命构成了一棵谱系大树,而人类不过是某个枝条上的一片小叶。尽管如此,他心里也十分明白,像这样石破天惊的猜想,如不经受严格的证明,人们将无法接受。求证过程至少包括两大步:第一步探索"人类的近期由来"(人科的演化);而第二大步则为"人类的远古由来",这至少需搞清灵长类之前的一系列重大创新事件的历史证据。

《人类的由来》所探索的主要是人类的近期由来。由于 19 世纪还几乎没有古人类化石证据,达尔文的方法基本上局限于现代生物学的间接推测,诸如讨论人与动物之间"相同的形态解剖构造"、"相同的胚胎期发育"、"相同的残留结构"、"共同的本能"和"相似的社会性行为"等等。客观地说,达尔文取得了初步成功。

19 世纪晚期,荷兰青年杜布瓦到遥远的东方去寻找化石"缺环",并首先发现了"直立猿人"(俗称爪哇人)。20 世纪二三十年代,中外学者合作在周口店的发掘取得了巨大成功,"北京猿人"很快成为学术界的宠儿。更可喜的是,后来在非洲寻觅人类近祖的探索取得了更大的历史性突破。这里的化石比亚洲更丰富、更完好,演化序列更趋完整;"缺环"系列的填补越来越密集。可以说,"人类的近期由来"的历史论证取得了决定性的成功。

谈到人类的远古由来,总情不自禁地要想要问,我们能成为"智慧生灵",说到底,那主要归功于脑。那么,人类脑的起源始点在哪里?我们之所以能"告别动物",发端于直立行走,那自然全靠脊梁骨的支撑。那么,最初的脊椎骨起自何处？而脊椎骨的前身脊索又最先诞生于哪些古老祖先？人类是后口动物亚界的一员；早期的后口类祖先创生了鳃裂构造，引发了新陈代谢革命而与原口类分道扬镳。那么，哪些化石祖先创造了鳃裂呢？疑团一个接一个。令人欣慰的是，作为寒武纪大爆发的最佳科学窗口，澄江化石库十余年的研究，首次揭示出早期后口动物亚界完整的谱系演化图[14-35]。由此，我们可以真实地看到从低等动物通达人类漫长旅途中那些最初创生鳃裂、脊索和脑/头的原始祖先（图6）。

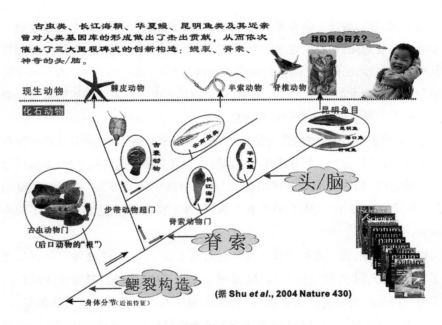

图6　人类远古由来的三次重大创新

## 3.7　孟德尔猜想：颗粒遗传猜想（基因遗传猜想）

在达尔文时代，人们对遗传的本质几乎一无所知。人们所观察到的子代，常表现出父母双亲的中间性状。于是"融合遗传"假说应运而生。这种遗传现象恰如将两种不同色彩混合在一起便产生了中间颜色一样简单。这种似是而非的理论统治学术界将近半个世纪。其实，它极不可靠。假如融合遗传果真存在的话，那么，物种内一个能相互交配的群体之间的个体差别便会越来越小，最终会变为同质。于是变异便没有了，自然选择便成了无米之炊，无法发挥任何作用。而且，由于同质化，即使能偶尔产生变异，它们也会随之消失。在达尔文进化论进退维谷的关键时刻，孟德尔颗粒遗传假说问世，这是对融合遗传的根本否定，它为现代进化论的发展奠定了坚实基础[36]。孟德尔（G. J. Mendel）是奥地利的神父兼学者，与达尔文为同时代人。他通过实验得出的两个遗传定律（分离定律和独立分配定律）已经被广泛地写进各种生物学教材。20世纪20年代摩尔根提出的"连锁遗传定律"，是对孟德尔第二定律的重要补充和发展，并基此创立了《基因论》；他由于这一著名理论而荣膺诺贝尔奖。

　　此后，杜布赞斯基等一批著名学者将基因论、群体遗传学的基本原理与自然选择学说结合，创立了新达尔文主义。接着，更为广泛的学科综合导致了现代达尔文主义或现代综合进化论的问世。这一当代主流学科的问世，孟德尔猜想功不可没。

# 4　结　　语

　　进化论从初创至今已历经整整两个世纪。应该说，从纯科学层面上看，其思想体系或框架的构建业已完成，今天留给我们的主要任务则是猜想的求证、完善、修正和发展。具体地说，在上述七个猜想的求证道路上，进展又不尽相同。有些猜想，如拉马克第一猜想、威尔斯-达尔文猜想和孟德尔猜想的证明已经离终点不远了，甚至有人觉得这些猜想已经可以认同为"事实"。至于达尔文猜想，由于地史时期绝大多数物种没有留下化石，所以历史生命树的细节实际上将永远是个无法证明的谜。当然，科、目级以上的生命树的演替轮廓随着研究的深入会日渐清晰地呈现在人们眼前。特别值得期待的是，随着分子生物学的迅速发展和生命之树宏伟研究计划的持续执行,一个庞大的现代生命之树终会走向完善。然而,另一些猜想,如拉马克第二猜想、达尔文-艾/古猜想和布丰-达尔文猜想的求证之旅仍将十分漫长,有些也许永远无法达到终点,尽管我们渴望逐步接近理想中的终极目标。我们更不能忘记,进化论既是一门科学,也是世俗文化的一个主体构件。在这里,它面对的神创论绝不会完全消亡,因为其主要载体——各种宗教将由于显而易见的原因长存于世俗社会。我们千万要清醒,二百年来,达尔文革命取得了重大进展,但远未取得决定性成功。革命的成功,不仅需要科学家不懈的努力,还需要一大批开明的政治家和睿智的社会活动家长时期的通力协作。

参考文献

[1] BOWLER P. 进化思想史[M]. 田洺,译. 南昌:江西教育出版社,1999:1-450.

[2] 达尔文. 物种起源[M]. 舒德干,等译. 北京:北大出版社,2005:1-294.

[3] 吴庆余. 基础生命科学[M]. 北京:高等教育出版社,2006:213-214.

[4] 李难. 进化生物学基础[M]. 北京:高等教育出版社,2005:156-283.

[5] 朱洗. 生物的进化[M]. 北京:科学出版社,1980:23-26.

[6] BIRD A. Perceptions of epigenetics[J]. Nature, 2007, 447(7143):396-398.

[7] REIK W. Stability and flexibility of epigenetic gene regulation in mammalian development
[J]. Nature, 2007, 447(7143):425-432.

[8] 张昀. 生物进化[M]. 北京:北京大学出版社,1998:1-220.

[9] SHU D G. Cambrian explosion:birth of tree of animals[J]. Gondwana Research, 2008,
14:219-240.

[10] 达尔文. 物种起源导读[M]//达尔文. 物种起源. 舒德干,等译. 北京:北大出版社,
2005:1-30.

[11] KNOLL A H, CARROLL S B. Early animal evolution:emerging views from comparative
biology and geology[J]. Science, 1999, 284:2129-2137.

[12] 穆西南. 古生物研究的新理论新假说[M]. 北京:科学出版社,1993.

[13] 达尔文. 人类的由来及性选择[M]. 叶笃庄,杨习之,译. 北京:科学出版社,1982:

1 – 180.

[14] SHU D, ZHANG X L, CHEN L. Reinterpretation of Yunnanozoon as the earliest known hemichordate[J]. Nature, 1996a, 380: 428 – 430.

[15] SHU D, CONWAY M S, ZHANG X L. A Pikaia-like chordate from the Lower Cambrian of China[J]. Nature, 1996b, 384: 157 – 158.

[16] SHU D, CONWAY M S, ZHANG X, et al. A pipiscid-like fossil from the Lower Cambrian of South China[J]. Nature, 1999a, 400: 746 – 749.

[17] SHU D, LUO H, CONWAY M S, et al. Early Cambrian vertebrates from South China [J]. Nature, 1999b, 402: 42 – 46.

[18] SHU D, CHEN L, HAN J, et al. An early Cambrian tunicate from China[J]. Nature, 2001a, 411: 472 – 473.

[19] SHU D, CONWAY M S, HAN J, et al. Primitive deuterostomes from the Chengjiang Lagerstatte (Lower Cambrian, China) [J]. Nature, 2001b, 414: 419 – 424.

[20] SHU D, CONWAY M S, HAN J, et al. Head and backbone of the Early Cambrian vertebrate Haikouichthys[J]. Nature, 2003, 421: 526 – 529.

[21] SHU D, CONWAY M S, ZHANG Z F, et al. A New species of yunnanozoan with Implications for deuterostome evolution[J]. Science, 2003, 299: 1380 – 1384.

[22] SHU D G. A paleontological perspective of vertebrate origin [J]. Chinese Science Bulletin, 2003, 48(8): 725 – 735.

[23] SHU D, CONWAY M S. Response to comment on "A new species of yunnanozoan with Implications for deuterostome evolution"[J]. Science, 2003, 300: 1372, 1372d. (网上评述论文)

[24] SHU D, CONWAY M S, HAN J, et al. Ancestral echinoderms from the Chengjiang deposits of China[J]. Nature, 2004, 430: 422 – 428.

[25] SHU D, CONWAY M S, HAN J, et al. Lower cambrian vendobionts from china and early diploblast evolution[J]. Science, 2006, 312: 731 – 734.

[26] 舒德干. 论古虫动物门[J]. 科学通报, 2005, 50(19): 2114 – 2126.

[27] SHU D G, CONWAY M S, ZHANG Z F, et al. The earliest history of the deuterostomes: the importance of the Chengjiang Fossil-Lagerstätte[J]. Proceedings of Royal Society B, 2009 (in press and published online).

[28] 舒德干. 澄江化石库中主要后口动物类群起源的初探[M]//戎嘉余. 生物的起源、辐射与多样性演变——华夏化石记录的启示. 合肥: 中国科学技术大学出版社, 2004.

[29] BENTON M. Vertebrate palaeontology (third edition) [M]. Oxford: Blackwell Publishing, 2005.

[30] DAWKINS R. The ancestor's Tale-A pilgrimage to the dawn of life[J]. Weidenfeld & Nicolson, 2004: 528.

[31] CONWAY M S. The Crucible of Creation: the burgess shale and the rise of animals[M]. Oxford University Press, 1998: 242.

[32] GEE H. On the vetulicolians[J]. Nature, 2001, 414: 407 – 409.

[33] HALANYCH K M. The new view of animal phylogeny[J]. Annual Reviews of Ecology

and Evolutionary Systematics,2004,35: 229 - 256.

[34] JANVIER P. Catching the first fish[J]. Nature, 1999,402: 21 - 22.

[35] VALENTINE J W. On the origin of Phyla[M]. Chicago: University of Chicago Press, 2004: 14.

[36] LOIS N MAGNER. A history of the life sciences[M]. 李难,崔极谦,王水平,译. 天津: 百花文艺出版社,2001: 587 - 604.

原载于《自然杂志》2009 年第 4 期

# 达尔文学说问世以来生物进化论的发展概况及其展望

舒德干 *　西北大学地质学系早期生命研究所及大陆动力学国家重点实验室

## 1　当代生物进化论的三大理论来源及其发展

　　一般认为,尽管当代生物进化论学派林立,但追本溯源,它们分别来自三个不同而又相互关联的基本学说:拉马克学说、达尔文万物共祖和自然选择学说,以及孟德尔遗传理论。这里,我们不妨顺沿这三个分支方向的发展、沿革及其相互关系,作一简单介绍。

---

*　进化古生物学家。主持翻译《物种起源》并撰写长篇"导读";在早期生命研究上取得系统性突破成果:在《自然》、《科学》发表十余篇论文;发现的昆明鱼目被西方学者誉为"天下第一鱼",并代表着人类及整个脊椎动物大家族的始祖;创建一个绝灭门类(古虫动物门),提出后口动物亚界演化成型和脊椎动物实证起源假说,并基于此提出三幕式寒武纪大爆发理论。2011 年当选为中国科学院院士。

## 1.1　新拉马克主义

拉马克是第一个从科学角度提出进化论的学者,在生物进化论上本应占有重要地位。不幸的是,他生不逢时,一方面面临着神创论的巨大压力,另一方面由于他当时列举的进化事实不足,"获得性遗传"假说长期得不到科学实验的证实。更要命的是,他和其他进化论者还遭到同时代动物学和古生物学超级大权威居维叶的恶意攻击,使他的学说始终未能形成气候。此后不久几乎被人们淡忘,直到达尔文学说成功之后,人们才重新记起他难能可贵的先驱功勋。即使命运如此之不如意,但由于他毕竟是创立进化论的第一勇士,也由于其学说中仍包含一些诸如"用进废退"原理及环境对生物演化的积极意义的正确主张,使他的学说在其故乡法国找到了避风港并得以延续和发展,并逐步形成所谓的"新拉马克主义"。新拉马克主义者主要包括两大群学者:一是法国的大多数进化论者,二是前苏联的米丘林-李森科学派。但后者误入歧途,已经完全被学界所不齿。中国著名生物学家朱洗、童第周曾是留法学生,也拥持这一学派的观点。这一学派组成人员较为复杂,他们阐述进化理论的角度和强调的侧面彼此也很不相同,但他们在下述几个方面的看法大体一致:① 在生物演化的动力机制上,尽管他们也承认自然选择的作用,但认为"用进废退"和获得性遗传在生物演化进程中的意义更大些。② 生物演化有内因和外因,内因是生物体本身固有的遗传和变异特性,外因是生物生活的环境条件。两者相比,新拉马克主义者更强调环境的作用。③ 生物的身体结构与其生理功能应该是协调一致的,但在两者间的因果关系上,即到底是身体结构特征决定其生理功能,还是生理功能决定结构特征的争论中,新拉马克主义者赞成后者。最典型的例子是他们关于长颈鹿的脖子形成的解释——由于它要实现取食高处树叶的功能,因而该意念决定了其长脖的构造特征。在现代科学成就的基础上,新拉马克主义进一步发展了传统拉马克主义的"环境引起变异、生理功能先于形态构造"的思想。现代进化论主流学派认为,新拉马克主义同样保留了其前任的理论缺陷,即对生物变异缺乏深入的分析,不能区别基因型和表现型,以为表现型的变化可以遗传下去(即生物后天获得性的遗传），其真实性仍有待证实。但值得注意的是，此事尚未盖棺定论，随着发展潜力极大的分子发育生物学的不断深入，也许可为其部分实证。

## 1.2　孟德尔遗传理论

孟德尔（Gregor J. Mendel）是奥地利学者，与达尔文为同时代人。出人意料的是，尽管他终身挂着神职，却扎扎实实地进行着创造性的科学研究。他奠定了遗传学的基础，为进化论的发展做出了划时代的贡献。

孟德尔出身贫寒，从小勤奋好学，聪明过人。虽常忍饥挨饿，但终坚持到中学毕业，而且课程皆为优秀。1843 年，由于生活所迫，他进入布尔诺奥古斯丁修道院当了一名见习修道士。该修道院兼有学术研究的任务，而且院内的主教、神父和大多数修道士都是大学教授或科技工作者。由于他刻苦好学，自学成才，终于在 1849 年被主教纳普派任当大学预科的代理教员，讲授物理学和博物学。1851 年，孟德尔进入奥地利最高学府维也纳大学深造，主修物理学，兼学数学、化学、动物学、植物学、古生物学等课程，结束学习后仍回到修道院任代课教师。从 1856 年起，他开始进行最终导出他"颗粒遗传"或称"遗传因子"这一伟大科学发现的豌豆杂交试验。他虽身为神父，在对待科学和宗教的关系上却"泾渭分明"。他对科学实验态度严谨、一丝不苟，始终坚持实事求是的科学态度，按照生物本来的面貌去认识生物。这应该是他成功的主要秘诀。遗憾的是，尽管他的颗粒遗传理论与达尔文 1859 年发表的《物种起源》几乎同时完成，但前者在当时鲜为人知。1868 年他被任命为修道院院长后，从事科学研究的机会大为减少。在达尔文谢世后不到 2 年，1884 年 1 月 6 日孟德尔也与世长辞。当时数以千计的人们为他们这位可亲可敬的院长送行，然而没有人能理解这位伟大学者曾为遗传学和进化论做出的杰出贡献。不过，在逝世前几个月，孟德尔本人曾十分自信地说："我深信全世界承认这项工作成果的日子已为期不远了。"

实际上，这个日子来得稍微迟缓了些。直至 1900 年，他的遗传学成果才被科学界重新发现，并被概括为"孟德尔定律"。这个定律包括两条：一是"分离定律"。具有不同性状的纯质亲本进行杂交时，其中一个性状为"显性"，另一个性状为"隐性",所以在子一代中所有个体都只表现出显性性状。例如当叶子边缘有缺刻的植株与无缺刻的植株杂交时,如果叶子有缺刻为显性,那么子一代所有个体叶子皆为有缺刻的;但在子二代中,便会发生性状分离现象,即产生有缺刻的叶子和无缺刻叶子两种类型,而且其比率为3:1。二是"自由组合定律",又称为"独立分配定律"。2对(或2对以上)不同性状分离后,又会随机组合,在子二代中出现独立分配现象。例如黄色圆形豌豆与绿色皱皮豌豆杂交后,在子二代个体中,黄圆、黄皱、绿圆、绿皱的比例为9:3:3:1。

　　在达尔文时代,人们对遗传的本质几乎一无所知。人们所观察到的子代,常表现出父母双亲的中间性状,于是"融合遗传"假说应运而生。这种遗传现象恰如将两种不同色彩混合在一起便产生了中间颜色一样简单。这种表面上似乎合理的假说统治学术界近半个世纪之久。其实,它极不可靠。假如融合遗传果真存在的话,那么,物种内一个能相互交配的群体之间的个体差别便会越来越小,最终趋于同质。这样变异便没有了,其结果是自然选择便成了无米之炊,无法发挥任何作用。此外,由于同质化作用,即使能偶尔产生变异,它们也会随之消失。孟德尔颗粒遗传的问世,证明了所谓融合遗传毫无意义。近1个世纪来,由颗粒遗传学说逐步演化形成的现代基因遗传理论向人们昭示,孟德尔理论已经成为探索生命演化内在动力的基本出发点。

　　有一点值得一提,达尔文附和"融合遗传"假说,而与遗传学真谛失之交臂,实乃人生事业的天大憾事。假如达尔文有较好的数学基础,他也许能认真学习、分析领悟到孟德尔实验结果的内涵。要是果真如此,那进化论的发展历程就大不一样了。由此我们可以再次悟到,数学作为一门科学探索工具是何等的重要。诚如恩格斯所言,任何一门学科只有在成功地运用数学之后,才能达到其完善的程度。现代生物学、分子生物学、进化生物学的发展更证实了这一点。

## 1.3　达尔文学说的发展

### 1.3.1　新达尔文主义

达尔文主义的主要缺陷在于缺乏遗传学基础。于是,孟德尔遗传理论的创立,理所当然地为传统达尔文主义向新达尔文主义发展提供了良好契机。这个学派的主要贡献在于它不仅提出了遗传基因(gene)的概念,而且最终还用实验方法证实了,作为遗传密码,基因实实在在地存在于染色体上。新达尔文主义的发展,从 19 世纪中叶到 20 世纪上半叶,经历了一段漫长的历史。比孟德尔稍晚些,自然选择学说的热烈拥护者、德国胚胎学家魏斯曼便提出"种质学说",认为生物主管遗传的种质与主管营养的体质是完全分离的,并且不受后者的影响,因而坚决反对"环境影响遗传"的假说。他做了一个十分著名的实验以反对拉马克主义的获得性遗传假说:他曾切断 22 个连续世代小鼠的尾巴,直到第 23 代鼠尾仍不见变短。这个实验现在看起来较为粗糙,但在历史上影响颇大。1901年德弗里斯提出"突变论",认为非连续变异的突变可以形成新种,成种过程无需达尔文式的许多连续微小变异的积累。不久丹麦学者约翰森又提出"纯系说",首次提出基因型和表现型的概念,并将孟德尔的遗传因子称作"基因",并一直沿用至今。他认为生物的变异可以区分为两类:一是可遗传的变异,称为基因型;另一类不可遗传,称为表现型。新达尔文主义至 20 世纪 20 年代摩尔根《基因论》的问世,已处于成熟阶段。1933 年摩尔根由于染色体遗传理论而荣膺诺贝尔奖。

通过精密的实验,《基因论》将原本抽象的基因或遗传因子的概念落实在具体可见的染色体上,并指出基因在染色体上呈直线排列,从而确立了不同基因与生物体的各种性状间的对应关系,这为日后分子生物学的发展奠定了坚实基础。同时,《基因论》使生物变异探秘成为可能。例如,杂交之所以能引起变异,其内在原因就在于杂交引起了基因重组。

总之,新达尔文主义将孟德尔遗传理论发展到了一个深入探索物种变异奥秘的新阶段。此外,摩尔根提出了"连锁遗传定律",这是对孟德尔第二定律的重要补充和发展。它新就新在将遗传基因具体化了,并指出物种的形成途径不仅有达尔文渐变式,更有大量的突变式。这既是对传统达尔文主义的挑战,更为后者做出了理论上的重要补充和修正。当然,新达尔文主义也存在一些局限性,因为它研究生物演化主要限于个体水平,而实际上进化是一个在群体范畴内发生的过程。此外,这一学派中相当多的学者忽视了自然选择作用在进化中的地位,因而它难以正确解释进化的过程。我们下文将要看到,新达尔文主义的上述局限性,正是现代综合进化论要解决的主要论题。

### 1.3.2　现代达尔文主义(或称现代综合进化论)

这是现代进化理论中影响最大的一个学派,实际上它是达尔文自然选择理论与新达尔文主义遗传理论和群体遗传学的有机结合。

前面提到,孟德尔颗粒遗传理论的问世,是对融合遗传假说的根本否定,为自然选择的原料——变异提供了坚实的理论支撑。这原本应该顺理成章地导致学界对达尔文自然选择学说的认同和进一步支持,然而结果竟然阴差阳错,偏偏造成了两者在很大程度上的背离,甚至使许多人形成这样一种印象:孟德尔遗传学的诞生,便宣告了达尔文学说的死刑。其实,这完全是一种误解或误导,是学科分离造成的恶果。的确,历史常喜欢给人们开玩笑,甚至恶作剧:本该进到这个房间的,却鬼使神差似地被送进另一个房间去了。那就是人们常说的20世纪早期出现的达尔文主义的"日蚀"年代。

1936—1947年间产生的现代综合进化论,与其说是产生于新的知识和新的发现,还不如说产生于新的概念和学术观点。由于进化是涉及生物的全方位协同变化的过程,其中有地理的,也有历史的;有表现型的,更有基因型的;有个体现象,更有群体的综合机理。因而进化论研究应尽量避免学科间的分离和对立,力求各学科的有机统一和内在融合。由于物种演化是种内的群体行为,而同一物种基因库内基因的自由交流告诉我们,必须以群体为单位来研究物种的演化。过去无论是拉马克学说、达尔文学说,还是新达尔文主义,都是从个体变异入手探讨物种演化,那实际上很难准确揭示出变异的真实过程及其进化效应。因而,现代综合论使遗传学、系统分类学和古生物学携手联合,贡献出了一种"现代达尔文主义",它使达尔文的自然选择理论与遗传学的事实协调一致起来。对这个当代进化论,主流学派做出的重要贡献有:1908年英国数学家哈迪和德国医生温伯格首次分别证明的"哈迪-温伯格定理",从而创立了群体遗传学理论,后来又经英国学者费希尔、霍尔丹、美国学者赖特充分发展。费希尔在《自然选择的遗传理论》和霍尔丹在《进化的原因》中都充分阐述了自然选择下基因频率变化的数学理论，而且都证明了即使是轻微的选择差异，也都会产生出进化性变化。

无疑，当时最有影响的著作要数俄裔美国学者杜布赞斯基的《遗传学与物种起源》(1937年)，在这里，理论群体遗传学的基本原理与遗传变异的大量资料和物种差异的遗传学，得到了巧妙的综合。此后，许多从系统分类学、古生物学、地理变异等方面讨论生物进化的重要著作都沿用了杜布赞斯基阐发的遗传学原理。这些著作主要有：迈尔的《系统分类学与物种起源》(1942年)，该书详细论述了地理变异的性质及物种的形成；辛普生的《进化的节奏与模式》(1944年)及《进化的主要特征》(1953年)，论证了古生物学资料也完全适用于新达尔文主义；当年曾力挺达尔文的T·赫胥黎的孙子J·赫胥黎的《进化：现代的综合》(1942年)，则是一部最为全面的综合遗传学和系统分类学的著作；斯特宾斯的《植物中的变异和进化》(1905年)，综合了植物遗传学和系统分类，指出新达尔文主义的遗传学原理不仅可以说明物种的起源，而且也同样能够解释高阶元单位(如属、科、目、纲等)的起源。

现代综合论的要点集中在两个方面：一是主张共享一个基因库的群体(或称居群、种群)是生物进化的基本单位，因而进化机制研究应属于群体遗传学的范围。所以综合理论在进化论研究方法上明显有别于所有以个体为演变单位的进化学说，其中数理统计方法的应用十分重要。二是主张物种形成和生物进化的机制应包括基因突变、自然选择和隔离三个方面。突变是进化的原料，必不可少，它通过自然选择保留并积累那些适应性变异，再通过空间性的地理隔离或遗传性的生殖隔离，阻止各群体间的基因交流，最终形成了新物种。

# 2　传统进化理论面临的挑战和发展机遇

从达尔文《物种起源》进化理论到"新达尔文主义"，再到"现代综合论"，这三个阶段的进化理论尽管在其研究对象、内容、方法和理论体系上各不相同,但它们皆偏重于"理论论证"和"哲学思辨",而且都以"渐变论"为基调。自 20 世纪 60 年代末以来,进化论从"理论论证"开始向可检验的"实证科学"转型,并逐步发展成为内容宽泛的进化生物学。进化论的这次研究转型,我们称之为达尔文进化论的第 3 次大修正、大发展。这次大修正的浩繁工程刚刚离开起点不远,它试图通过揭示生命的分子层次的微观演化轨迹和真实的化石记录来间接和直接地重建地球生命演进的客观历史(即生命之树的形成、历史演化和发展)及其规律,以对传统理论进行检测、修正和补充。这应该是达尔文当年最为期盼的,或者说是进化生物学"功德圆满"的终极大事。此时舞台上的主角自然就变成分子生物学、古生物学和发育生物学了。为此,欧洲和美国科学体已经在 21 世纪初开始投入巨额资金,分别启动了重建生命之树(Tree of Life)浩大工程。

一般说来,任何一种完善的理论都应该能够解释和回答该领域里全部或主要自然现象和难题。综合进化理论综合了百年来进化理论发展的主要理论思想成果,其普适性能够较好地解释大部分已知有关生物进化的现象。但是跟所有其他学科一样,进化生命科学中一些旧问题解决了,新的难题便应运而生,其中有些问题很难在现成的综合理论中得到圆满答案。也正是这些严峻的挑战,为综合理论的修正、补充和发展提供了新的机遇。这些挑战和机遇主要来自新兴分子生物学和发育生物学的快速发展,以及古生物学的复苏。

自 1953 年沃森和克里克提出关于 DNA 结构的划时代的科学发现以来,分子生物学发展迅速。它对遗传的分子奥秘的不断揭示,使人们对突变和遗传性质有了更深的理解。这些新知识一方面丰富了综合理论,另一方面也向后者提出尖锐的挑战。首先发难的是日本群体遗传学家木村资生。1968 年他提出了"中性突变漂变假说",简称为"中性学说"。次年,美国学者金和朱克斯撰文赞成这一学说,并直书为"非达尔文主义进化",因为他们认为在分子水平的进化上,达尔文主义主张的自然选择基本上不起作用。这一学说的要点包括下述几点: ① 突变大多数是"中性"的,它不影响核酸和蛋白质的功能,因而对生物个体既无害、也无益。② "中性突变"可以通过随机的遗传漂变在群体中固定下来,于是,在分子水平进化上自然选择无法起作用。如此固定下来的遗传漂变的逐步积累,再通过种群分化和隔离,便产生了新物种。③ 进化的速率是由中性突变的速率决定的,即由核苷酸和氨基酸的置换率所决定。对所有生物来说,这些速率基本恒定。木村资生认为,虽然表现型的进化速率有快有慢,但基因水平上的进化速率大体不变。尽管如此,木村资生还是承认,中性学说虽然否认自然选择在分子水平进化上的作用,但在个体以上水平的进化中,自然选择仍起决定作用。

中性论是否与自然选择学说完全对立呢? 中性论是否有可能统一到新的综合进化理论中去呢? 美国现代分子进化学家阿亚拉认为,"自然选择在分子水平上同样发挥着实质性的作用",其证据表现在分子进化的保守性、对"选择中性的突变"的选择,以及选择在生物大分子的适应进化中起作用等。近年来,似乎出现越来越多的证据显示自然选择作用在分子进化水平上的有效性。比如,有些实验观察到,某些中性突变并不是绝对"中性的",它们在不同的环境条件下,可以转变为"有利突变"或"不利突变",从而受到大自然的青睐或摒弃。目前,探索和讨论仍在继续,还远未达到做结论的时候。

进化理论是一门关于重建并阐明生物进化历程和规律的学科,它必须首先揭示出生物演进的真实面貌。传统进化论一直将生物演化描绘成一个渐进过程。然而,近30多年来古生物学的发展告诉我们,生物演进中充满了大大小小的突变事件。于是,"间断平衡"演化理论在古生物学家中获得了最大的认同。在这些突变事件中,最大的更替性事件分别发生在古生代与中生代之交以及中生代与新生代之交,这可能是地外事件(如陨星撞击地球等)和多种地球事件(火山、冰川、干旱等)联合作用的结果;而最大的动物创新事件发生在寒武纪与前寒武纪之交。过去,人们早就知道,在这不到地球生命史百分之一的一段时期里,"突然"演化出了绝大多数无脊椎动物门类。近年来中国学者在寒武纪早期不仅首次发现了可靠的无脊椎动物与脊椎动物之间的重要过渡类型半索动物和原始脊索动物,甚至还出人意料地发现了真正的脊椎动物(昆明鱼、海口鱼和钟健鱼),使这一生物门类"爆发"事件更为宏伟壮观。面对"寒武大爆发"的突发性,达尔文当年深感困惑。现代学术界认识到,这一"爆发"比原来设想的力度还要大。那么,在综合理论之外,是否还存在着大突变、大进化的特殊规律和机制,无疑是进化论者必须回答的一个重大课题。十分值得欣慰的是,尽管学界在探索扣动大爆发"扳机"的激发机制(即导致爆发的内因和外因)上仍众说纷纭、莫衷一是,人们却在另一原则问题上开始取得了共识:地史上这场规模最为宏伟的动物爆发式创新事件,在本质上不同于中生代之初和新生代之初的以动物纲、目、科的新老更替为基调的辐射事件,它应该是一次由量变到质变(突变)、从无到有的自然发生的"三幕式"的动物门级创新演化事件,其发生与发展过程与上帝"特创"无关。200年来,对这项"自然科学十大难题之一"的奇特事件的认识曾经历了相当曲折而不断接近真理的历程:

1) 1809年拉马克的《动物学哲学》为科学进化论铺设第一块基石后不久,进化思想便在欧洲幽灵般地蔓延开来。此时,一直在英国思想学界占统治地位的宗教界和自然神学派慌了手脚。19世纪30年代,他们组织各路"精英"撰写了一套名为《Bridgewater Treatise》的"水桥论文集",搜集整理,甚至刻意编造、曲解各种自然现象,以附和圣经教条,颂扬上帝创世的英明和智慧。是时,牛津大学著名的地质古生物学教授W. Buckland在论文集中撰写了一篇名为《自然神学与地质学及矿物学》的论文,文中绘声绘色地描述了寒武系底部大量动物化石如何瞬间被万能上帝所创生的故事(注:当时尚无"寒武纪"概念)。"生命大爆发"概念的首次面世,实际上是神创论者献给上帝的一份厚礼。

2) 面对这份"厚礼"难题,几代自然科学工作者为追求真理、搞清事实真相进行了艰苦卓绝的探索,提出了各种各样的解绎寒武大爆发事件的科学假说或猜想。其中,关于大爆发本质内涵的假说,如下4个最具代表性,它们正一步步逼近真理。

(1) 达尔文的"非爆发"假说(1859年)。其推测的理由很简单,就是前寒武纪"化石记录保存的极不完整性"。他预言,随着未来研究的深入,在"大量化石突然出现"之前的地层中(注:即前寒武纪地层中),一定会发现它们的祖先遗迹。达尔文的预测后来被部分地证实了。面对神创论的"瞬间创生说",他当时提出"非爆发"假说是十分明智的,这对进化论的初期成功创立更具有积极意义。但是,该基于"自然界不存在飞跃"信条的假说毕竟离生命演化的真实历史存在着较大的偏差。

(2)美国著名古生物学家、美国国家科学院院士古尔德(S. Gould)的"一幕式"假说(1975年)。这是他的"间断平衡论"的延伸和放大。该假说对传统"纯渐变论"而言的确是一个进步。由此,学界开始取得共识:寒武纪生命大爆发实质上是动物界(或称后生动物)的一次快速的宏伟创新事件。"寒武纪一声炮响,便奠定了现代动物类群的基本格局。"该假说影响相当广泛,中国有些著名学者也持类似观点。他们附和"大爆发事件瞬间性"的主张,认为寒武纪大爆发导致几乎所有动物门类"同时发生",从而使它们在演化跑道上"都站在同一起跑线上"。他们甚至还定量推测,寒武纪大爆发的全过程"只不过两百万年或更短的时间"(百万年在地质编年史上确系弹指一挥间)。

(3)英国皇家学会会员福泰(R. Fortey)等人的"二幕式"假说(1997年)(英国皇家学会会员 S. Conway Morris、美国国家科学院院士 J. Valentine 等许多学者也都持相近的观点,虽不尽相同)。经半个多世纪的反复探究,大多数古生物学家不仅认识到了前寒武纪晚期与寒武纪早期动物群(尤其是"文德动物群")之间的演化连贯性,更看到了两者之间演化的显著阶段性。这是"二幕式"假说的基本依据。无疑,该假说比"一幕式"假说更接近历史的真实:"罗马绝非一日建成",动物界的整体爆发创新不是"百万年级"的一次性"瞬间"事件,而应该是"千万年级"的幕式演化事件。

(4)"三幕式"新假说。与"一幕式"假说相较,"二幕式"假说显然更符合实际的动物演化史和地球表观发展史。然而,它仍存在一个严重的缺陷:尽管它恰当地标定了爆发的始点和前期进程,却未能限定爆发的终点。于是,学术界便出现了形形色色的猜测:要令绝大多数动物门类完成形态学构建并成功面世,有些学者认为,能胜任完成这一历史使命的寒武纪大爆发很可能会延续至著名的中寒武世的布尔吉斯页岩,另有人甚至推测,该创新大爆发应结束于晚寒武世之末。那么,这次大爆发的本质内涵和历史进程到底有怎样的庐山真面目?破解难题的钥匙又会藏匿于何方仙洞？生物学和地史学现在已经逐步形成了共识：① 寒武大爆发几乎形成了所有动物门类,或者说已经构建了整个动物界的基本框架。② 动物界主要包括三个亚界,而现代分子生物学、发育生物学和形态解剖学信息皆已证实,这三个亚界("基础动物"或双胚层动物亚界、原口动物亚界及后口动物亚界)是由简单到复杂、由低等到高等先后分别经历了三次重要创新事件而依次形成的。就是说,动物界或动物之树的成型经历了明显的三个演化阶段。③ 由此不难得出结论,当包括我们人类在内的后口动物亚界完成构架之时,即是整个动物界成型之时,也就应该是寒武大爆发基本结束之日。(此时,动物的"门类"创新已经基本结束,尽管后续演化中还会在各门类里不断出现新纲、新目的"尾声"。)

　　一般认同,现代后口动物亚界共包含 5 大类群(或门类)(棘皮类、半索类、头索类、尾索类和脊椎类)。过去学术界之所以无法在寒武纪内标定出大爆发的终点,关键在于未能在寒武纪任一时段发现这 5 大类群,尤其是其中最高等的脊椎动物(或有头类)。十分幸运的是,大自然恩赐给科学界一份超级厚礼——澄江化石库。经过 20 年的艰苦探索,人们在这个宝库里不仅发现了所有 5 大类群的原始祖先,而且还发现了另一个已经绝灭了的后口动物类群——古虫动物门。基于这些早期后口动物亚界中完整"5 + 1"类群的发现和论证,"三幕式"寒武大爆发假说(或"动物树三幕式成型"理论)便水到渠成、应运而生。该假说的概要是：① 前寒武纪最末期约 2 000 万年间,出现了基础动物亚界首次创生性爆发,除延续了极低等的无神经细胞、无组织结构、无消化道的海绵动物门的发展之外,它更构建了刺胞动物门、栉水母动物门,而且还造就了多种多样"文德动物"的繁茂。此外,该时段的后期也产出了原口动物亚界的少数先驱。② 在早寒武世最初的近 2 000 万年的所谓"小壳动物"期间,原口动物亚界基本构建成型。尽管节肢动物门多为软体,尚未"壳化",此时,后口动物亚界的少数先驱分子已崭露头角。③ 接下来的澄江动物群时期,动物界演化加速,在短短的数百万年间快速实现了"口肛反转"和鳃裂构造创新,以及同源框基因簇(*Hox gene cluster*)的多重化(常为四重化);不仅成功完成了由"原口"向"后口"(或次生口）的转换，而且还实现了该谱系由无头无脑向有头有脑的巨大飞跃。由此，后口动物谱系的"5＋1"类群全面问世，从而导致该亚界的整体构建。至此，大爆发宣告基本终结。④ 严格地说，澄江动物群之后的数千万年间，包括加拿大著名的布尔吉斯页岩在内，应该属于"后爆发期"（Post-explosion）或"尾声"（Epilogue）。尽管它维持甚至发展了动物的高分异度和高丰度，但已经基本上不产生新的动物门类了。

3）值得一提的是，生物门类的绝灭一直被蒙上神灵发威的神秘色彩。寒武大爆发这一动物界伟大创新事件不可避免地也伴随着一些门类（如古虫动物门和叶足动物门）的绝灭，对此，神创论无法给出恰当的说明，然而，古生态学研究告诉我们，这种现象在生存斗争——自然选择学说那里却很容易得到有说服力的解释。显然，正是这些形态学和生理功能上皆相对欠适应的门类被淘汰而绝灭，才为狭路相逢的脊椎动物未来的大发展腾出了广阔的生态空间，这是动物界高层次的正常的新陈代谢。

回顾古生物学近200年来的进展，我们欣喜地看到，动物界和植物界演化的许多谜团不断被破解，各级各类大大小小的类群的演化谱系不断被揭示。在这方面，脊椎动物学的进展尤其突出，诸如为着构建具鳔偶鳍类向具肺四足类的演化框架或探明由恐龙向真鸟类过渡的实际路径，古生物学家已经信心满满，因为他们手头精美的化石材料日臻丰富和完善。随着多学科联合作战的深入开展，显生宙几个重大的绝灭—复苏—再辐射事件的神秘面纱正在被逐步揭开。然而，前寒武纪漫长岁月的众多奥秘仍然深埋在黑暗之中，它们在等待科技的进步，在等待古生物工作者新的努力。

发育生物学的前身——胚胎学，曾为达尔文当年构建进化论大厦立下过汗马功劳。今天，由它与分子遗传学联姻形成的现代发育生物学有望为当代进化论的发展提供进一步的重要支撑，其担当学科就是近20年来形成的发育进化生物学（Evo-Devo）。进而，它与古生物学的交融，可以通过化石生物、胚胎发育和基因调控等多方面研究成果的相互验证，通过历史与现代、宏观与微观的综合分析，将有效地破解生物器官构造的形成、生物类群的起源与进化、生物多样性起源等一些重大难题。

例如,在发育生物学中人们利用追索同源调控基因的转导信号,可以对某些复杂器官的起源产生全新的认识。眼睛是一种结构和功能都十分复杂的构造,早年曾被一些人用来刁难达尔文的自然选择学说。达尔文也举出了一些眼睛演进中可能的中间过渡环节例子来勉强说明自然选择可能发挥的作用。当然,他更无法阐释几种明显不同类型眼睛之间的关系。无论是从结构特征,还是发育过程上看,昆虫、头足动物和哺乳动物的眼睛都迥然不同:昆虫是复眼,头足动物的眼睛是由同一基板上两个分离区域共同发生而成,而哺乳动物的眼睛则是源于与外胚层表面相连的间脑的一个膨胀区域。所以,传统发育学家都认为,它们尽管功能相同,但结构不同,只属于趋同构造,无同源性可言。然而,近年的发育进化生物学研究结果显示,这三种眼睛都是一种叫做 Pax6 的调控基因作用的结果。于是,人们对同源性便有了新的理解。

又例如,如果对一种称作 Hox 基因簇的调控基因的各种变化与早期动物化石多样性的关系进行深入的综合研究,将很有希望帮助人们揭示出寒武纪大爆发创新众多动物门类的奥秘。

分子发育遗传学研究告诉人们,Hox 基因几乎在所有动物的发育过程中都控制着身体各部分形成的位置(尤其是确定动物身体轴向器官的分布、分节、肢体形成等),因而在主要生物类群的产生与生物多样性起源中扮演着类似总设计师、总导演或"万能开关"的角色。同源框基因是一种同源异形基因(homeotic gene),在胚胎发育过程中能调控其他基因的时空表达,将空间特异性赋予身体前后轴上不同部位的细胞,进而影响细胞的分化,于是便保证了生物体在正常的位置发育出正常形态的躯干、肢体、头颅等器官构造。然而,如果它们发生突变,便会导致胚胎在错位的地方异位表达,产生同源异形现象(homeosis),使动物某一体节或部位的器官变成别的体节或其他部位的器官。这些基因突变,在胚胎早期引起的变化很微小,但随着组织、器官的分化成型,其影响会被"放大",导致身体结构发生重大变化,形成"差之毫厘,谬以千里"的负面效应或"四两拨千斤"的跳跃式演化效应。

　　调查发现,在除海绵之外的所有无脊椎动物中,各种同源框基因(最多为13个)按顺序排列在同一染色体上,串联成一条链条状同源框基因簇。

　　如果这条同源框基因簇发生整体性多重复制的话(常为4倍复制,并分别位于4个染色体上),那么,无脊椎动物(低等脊索动物)就演变成了脊椎动物。

　　在后口动物亚界和原口动物亚界的各类动物中,其同源框基因簇有着相似的调控作用和表达方式,而且,尽管各主要门类在身体结构上彼此存在着显著的差异,但其身体结构的基本格局受相似的基因系统控制。然而,当这些基因发生变异时,便会"魔术般"地产生形形色色的动物类群。后口动物亚界与原口动物亚界在同源框基因簇上的区别,主要表现在这13个基因中最后部的3、4个基因上。显然,寒武纪大爆发、大分异的形成很可能与此密切相关。这些现象背后的机理都值得今后着力探索。长期以来,戈尔德施密特(R. B. Goldschmidt)提出的染色体改变等较大的突变有可能形成生物体崭新的发育式样和成体构造的猜想,一直受到以渐变论为基调的综合进化论学派的诟病。然而,近年来所观察到的同源框基因簇发生形形色色的突变所引起的显著宏观进化效应向我们显示,戈氏的"充满希望的怪物"(hopeful monster)这一著名猜想并非完全想入非非。

　　综合进化论较好地解决了生物个体和群体(居群)层次上的自然选择机理。但是,生物演化是否存在着多层次的不同机制,譬如分子水平上的非选择机制,物种水平上的某种特殊的"物种选择"机制,将是进化论发展所面临的更深更广的论题。放开来说,如果地球早期生命真是"天外来客"的话,如果将来科学真能使人类与外星系可能存在的生命进行沟通的话,地球生物进化研究将获得某些可供比较的体系,生物进化论无疑还会不断修正、补充和发展。人类对生命真谛及其演化的认识,可能才从起点出发不远,尤其在其微观层次和历史领域,更是如此。展望未来,任重而道远。当下,分子生物学和进化发育生物学方兴未艾,古生物学重大突破性成果不断涌现。它们进一步联手,有望在重建地球生命之树及其早期演化历史的探索上取得关键性突破,从而为进化论第三次大修正做出实质性贡献。

　　**附言:**生物进化论博大精深,包含着大大小小的假说和猜想不计其数。但是,其中最为重要的有下述 10 条。① 拉马克第一猜想:物种渐变猜想,② 拉马克第二猜想:用进废退及获得性遗传猜想,③ 威尔斯-达尔文-华莱士猜想:自然选择猜想,④ 达尔文核心猜想:生命之树猜想,⑤ 达尔文-艾/古猜想:间断平衡猜想,⑥ 布丰-达尔文猜想:人类自然起源猜想,⑦ 孟德尔猜想:颗粒遗传猜想(或基因遗传猜想),⑧ 木村资生猜想:分子中性演化及分子钟猜想,⑨ 真核生命树内共生成型猜想,⑩ 动物树三幕式爆发成型猜想(或三幕式寒武大爆发假说)。

　　在这 10 大猜想中,比自然选择理论更为重要的应该是生命之树猜想,它是达尔文进化论核心的核心。在"生命之树"理论体系中,从科学和人文双重角度上看,"人类自然起源猜想""真核生命树内共生成型猜想"和"动物树三幕式爆发成型猜想"是目前较为重要和成熟的假说。(详情请参阅北京大学出版社出版的《物种起源》之附录。)

　　**编者按:**本文改编自《物种起源》(增订版)一书的"导读"部分。该书由北京大学出版社出版。

原载于《自然杂志》2014 年第 1 期

# 孔子鸟的研究现状

张福成　周忠和*　李东升　李志恒　中国科学院古脊椎动物与古人类研究
所脊椎动物进化系统学重点实验室

# 1　孔　子　鸟

　　孔子鸟是指生活在 1 亿多年前的一个由不同属种鸟类构成的一个较大化石类群。1995 年在命名圣贤孔子鸟新属新种(*Confuciusornis sanctus*)时,孔子鸟的新科(Confuciusornithidae)和新目(Confuciusornithiformes)也同时建立[1]。这样,如不加特殊说明,孔子鸟目的所有种类通常可以简单和含糊地称为"孔子鸟";但在特定语境下,"孔子鸟"也通常可指孔子鸟属(*Confuciusornis*)的所有种类。

---

* 古生物学家。主要从事古鸟类研究。研究发表了 20 多种早白垩世发现的新的鸟类化石,在早期鸟类的系统发育和分类、分异辐射、飞行演化、功能形态、胚胎发育、繁殖行为和生态习性等方面取得了若干发现和成果,有力推动了我国在中生代鸟类研究领域的工作。此外,还在热河生物群的综合研究等方面有较大贡献。2010 年当选美国科学院外籍院士,曾担任国际古生物学会副主席。2011 年当选中国科学院院士。

迄今为止,仅是热河生物群的鸟类就有 20 多种[2-3],并且新种类还在不断涌现,如何把孔子鸟和其他鸟类区别开来? 在孔子鸟发现之初,大约能找到 20 多个骨骼和羽毛特征把孔子鸟和其他鸟类区别开;这 20 多个特征就是在新物种命名上必须用到的所谓鉴别特征,简单地说就是能把一个物种或类群区别于其他的特征或特征组合。

鉴别特征通常是动态的,也就是鉴别特征是可以增减和修改的。例如在描述圣贤孔子鸟最初文献中,并没有明确把具有角质喙作为孔子鸟的一个主要鉴别特征,但是在随后的研究中发现孔子鸟的角质喙应该是同时期原始鸟类中唯一具有角质喙的种类。这样,"具有角质喙"就被加入到了孔子鸟的鉴别特征中。然而最近的研究发现,热河生物群还发现有其他具有角质喙的鸟类,如红山鸟和古喙鸟[4-5],这样具有角质喙的特征最多也只能被作为孔子鸟组合特征的一部分。对一个新物种或类群的鉴定实际上就是一个排除的过程,排除那些与其他类群共有的性状,如果能存留下独有特征,那么新物种或类群的建立就能成立,否则就不能成立。

那么,如何简单而较迅速地把孔子鸟从其他鸟类中甄别出来? 如果一枚化石标本基本能满足下列几个特征,那么它有很大可能就属于孔子鸟了:头骨及下颌没有牙齿而具有角质喙,不论是侧视还是背腹视前半部基本都呈三角形;前肢各骨基本都没有发生愈合,肱骨近段具有孔子鸟所特有的明显凸起(三角脊),有的近似三角形,有的更加圆润些;大指和小指基本等长,但大指的各骨块均明显粗壮;大掌骨明显较小掌骨粗壮;翼指和小指的爪节及其爪鞘均明显大于大指的各相应部分。

孔子鸟的上述特征只是它们所有鉴定特征中易于辨别的部分,也是初步判断的基本特征,这基本可以在肉眼的视力范围内进行。实际上由于标本保存或暴露不全等原因,对一个疑似孔子鸟的鉴定还需要参照其他的头部与下颌及头后骨骼的 10 多个其他细微特征进行,而这通常还得应用到放大镜甚至显微镜等设备。

# 2 现有孔子鸟的属种

现有资料表明,圣贤孔子鸟标本发现后的 10 多年里,除了圣贤孔子鸟外,还有其他 7 个新属种发表:

圣贤孔子鸟(*Confuciusornis sanctus*, 1995)

川州孔子鸟(*Confuciusornis chuanzhous*, 1997)

孙氏孔子鸟(*Confuciusornis suniae*, 1997)

横道子长城鸟(*Changchengornis hengdaoziensis*, 1999)

杜氏孔子鸟(*Confuciusornis dui*, 1999)

义县锦州鸟(*Jinzhouornis yixianensis*, 2002)

章吉营锦州鸟(*Jinzhouornis zhangjiyingia*, 2002)

郑氏始孔子鸟(*Eoconfuciusornis zhengi*, 2008)

实际上,孔子鸟不仅种类多,而且数量也很多;其中保存在国内各博物馆、学校和研究机构的孔子鸟就有上千件,而流失的数量应远大于这个数字。四合屯是目前孔子鸟出产最多的一个地点,根据野外发掘的经验,仅在所谓的"鸟板"一层,每大约 5~6 m² 就能采到一件孔子鸟,甚至在有些局部区域不到 2 m² 就有 2~3 只,这个记录一直保留到今天。

另外,孔子鸟的分布区也已从早期的尖山沟和四合屯扩展到北票市的其他地点,如李巴郎沟和黑蹄子沟等。目前,孔子鸟的踪迹已遍及辽宁省的朝阳和锦州、内蒙古自治区的赤峰及河北省的承德等地。这些新地点的孔子鸟也同圣贤孔子鸟一道,正在书写着它们自己的多彩历史。孔子鸟发现的层位也从义县组(约 1.25 亿年前)[6]向上延伸到了九佛堂组(约 1.2 亿年前)[7]、向下延伸到了河北大北沟组(约 1.31 亿年前)[8]。

# 3　几个孔子鸟属种简介

## 3.1　圣贤孔子鸟

　　圣贤孔子鸟最初的几枚标本发现于 1993 年或者更早些,是由辽宁省北票市上园镇炒米甸子村的村民在当地偶然发现的,后被中国科学院古脊椎动物与古人类研究所征集(图 1)。

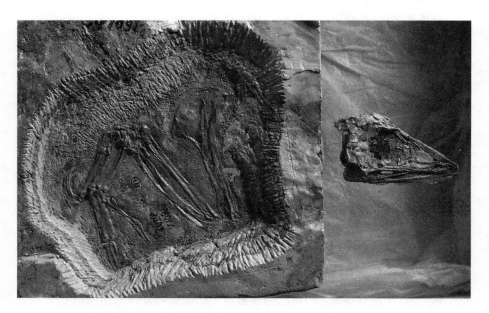

图 1　圣贤孔子鸟的模式标本:头骨和前肢;产于辽宁省北票尖山沟,义县组

　　圣贤孔子鸟的初步研究于 1995 年 4 月发表在《科学通报》上,题为《侏罗纪鸟类化石在中国的首次发现》,同文中亦建立了孔子鸟科和孔子鸟目。该研究

主要基于一完整头骨、一前肢、一部分腰带和完整后肢，及一不完整后肢。尽管研究材料由于保存不完整，信息量有限，但孔子鸟的主要特征已经显露出来，如上下颌具纹饰结构（但在初步研究中没有明确把角质喙作为孔子鸟的一个重要鉴定特征，尽管纹饰与喙具有非常强烈的关联）；肱骨近段膨大并中央具孔；大、小掌骨基本等长；第一指爪大等特征[1]。

　　同年 8 月，圣贤孔子鸟的进一步研究成果以《A beaked bird from the Jurassic of China》为题发表在英国的 *Nature* 上，这是该杂志首次发表有关中国化石鸟类的论文，引起学界轰动。在该文中，作者首先明确把孔子鸟的无牙、具角质喙作为一个主要特征提出；其次对孔子鸟和德国的始祖鸟（公认的最原始鸟类，发现于德国索罗霍芬的晚侏罗世泻湖沉积中，约 1.4 亿年前）进行了比较，提出在形态学上这两种类的前肢处在同一进化水平上，这包括腕骨没有愈合、指骨较长等；第三，提出孔子鸟和始祖鸟的后肢同样具有很大的形态学相似性[9]。另外，在该文中，作者也推论出在始祖鸟前期或后期，鸟类经历了快速的演化辐射过程，及上述两种鸟类的一些头后骨骼特征似乎说明它们易于攀爬的形态学适应，这为后来有关鸟类飞行起源的地栖和树栖假说的激烈争论埋下了伏笔。

　　圣贤孔子鸟模式标本发表后不久，大量的其他孔子鸟就在辽西陆续发现。这些新材料大部分属于圣贤孔子鸟。它们的大量出现极大地促进了我们对孔子鸟的了解。1997 年，《中国中生代鸟类》一书在台湾出版。在该书中，侯连海把圣贤孔子鸟的副型之一，一不完整的后肢（IVPP V10919）与圣贤孔子鸟剥离，新建一种属种——川州孔子鸟（*C. chuonzhous*），其主要依据包括"胫骨强壮……前后较厚；跟骨和距骨独立存在……第一趾骨爪特别小"等特征。同书中，另一新种——孙氏孔子鸟（*C. suniae*）同时建立，其主要依据是前上颌骨远端具"特殊豁口"；额骨短；顶骨发达；颈椎椎体特别宽，并具两侧"不大"的凹坑；胸椎椎体窄长且有较长的凹坑；最后三枚腰椎横突愈合和尾椎已基本愈合等特征[10]。（图 2，图 3）

图 2　圣贤孔子鸟副型标本：部分腰带、后肢及羽毛印痕(正、负面)；产于辽宁省北票黄半吉沟，义县组

图 3　圣贤孔子鸟副型标本：部分后肢(正、负面)；后被命名为川州孔子鸟，后又被归入圣贤孔子鸟；产于辽宁省北票黄半吉沟，义县组

## 3.2　杜氏孔子鸟

　　1999 年，孔子鸟另一新种——杜氏孔子鸟(C. dui)在 Nature 上发表，题为《A diapsid skull in a new species of the primitive bird Confuciusornis》。在这篇由中外学者合作完成的文章中，不仅对孔子鸟的形态学特征进行了补充与肯定，也提出了一些新观点和推测。该新种的建立主要基于以下几个特征：上、下颌前部相对纤细，且无圣贤孔子鸟所特有的齿骨前下部的明显隆起；翼指爪相对不发达；胸骨相对较长且前端有缺颏，并有一对较短的侧突；跗蹠骨较圣贤孔子鸟为短且短于尾综骨[11]。(图 4)

　　如该文章题目所示，杜氏孔子鸟保存完好的双弓形头骨是其一个主要亮点。在演化上，相对于头后骨骼，有关鸟类头骨的研究更具有挑战性，就现生鸟类而

图4　杜氏孔子鸟模型,完整骨骼及
印痕,产于辽宁省北票市,义县组

言头部各骨在成体多愈合或缺失;对化石鸟类而言,头部整体构建复杂、各骨块
也多形体纤细、易碎,难以重建。这种情况在头骨颞部表现得尤为明显：现生鸟
类由于大脑和视觉器官的扩张,颞部大为退化,而最原始的鸟——始祖鸟没有保
存清楚的眶后骨。这样,我们对一个典型的双弓形头骨是如何演化成现代鸟类
颞部的构造缺乏基本的了解,可以说这是一个演化上的缺失环节。相对于在始
祖鸟上的缺失和现生鸟类的细弱,孔子鸟的眶后骨显得较粗壮,它与其后紧密相
连的鳞骨共同构成隔开上、下颞孔的颞弓。这说明孔子鸟具有与其他一些爬行
动物类似的双弓形头骨,从而推测始祖鸟也具有类似的构造。另外,由于颞弓和
双颞孔的存在似乎已排除了上颌与头颅和眶部的具有可动关节的可能,而这个
关节恰是大多现生鸟类的一种取食适应。

　　尽管说孔子鸟是具有角质喙的鸟类,但实际上圣贤孔子鸟的模式标本和后
来的许多标本均没有保留角质喙化石本身;有角质喙这个结论是主要基于无牙

齿和上、下颌骨具细密条纹这两个事实的推断。但在杜氏孔子鸟的上下颌骨的上下缘均发现有角质喙的印痕。同时由于角质喙末端具有较明显的向上弯曲的形状，似乎更支持孔子鸟的为植食性的动物。

　　总之，杜氏孔子鸟不仅补充了孔子鸟的许多形态学特征，同时也在生物进化理论上进行了一定的探索，但显然由于文章篇幅限制等原因，一些问题并没有进行更加深入的讨论。

### 3.3　横道子长城鸟和其他圣贤孔子鸟材料

　　1999 年，季强，Luis M. Chiappe 和姬书安等在 *Journal of Vertebrate Paleontology* 上以《A new Late Mesozoic Confuciusornithid bird from China》为题报道了孔子鸟的另一新成员——横道子长城鸟（*Changchengornis hengdaoziensis*），建立了孔子鸟的第二个属[12]。同年稍晚，Luis M. Chiappe，季强和姬书安等在 *Bulletin of the American Museum of Natural History* 上发表了横道子长城鸟的详细研究论文，题为《Anatomy and Systematis of the Confuciusornithidae（Theropoda：Aves）from the Late Mesozoic of northeastern China》。该论文还包括几枚圣贤孔子鸟的新材料。这是一篇迄今有关孔子鸟形态学研究最详尽的论文。

　　主要由于材料多、许多形态特征保存完好，这篇文章补充了许多前期工作的未竟的信息，如头部、肩带和腰带等方面的信息。在一些方面支持和完善了前人的工作，如对双颞孔的确认、眶后骨的存在等。同时，该文也对前人的一些工作提出了质疑，如认为上颌等骨相对于脑颅具有一定的活动能力等。

　　另外，该文也对川州孔子鸟和孙氏孔子鸟的两种有效性提出质疑，认为它们属于圣贤孔子鸟[13]。

　　在系统分类上，作者认为长城鸟和孔子鸟互为姊妹群，同属孔子鸟科；并列出孔子鸟科的几个共有衍征（synapomorphy）：上、下颌无牙，下颌前端形成叉状联合；大指爪节小和胸骨前端具 V 形缺颏等。孔子鸟科与复合的反鸟类和今鸟类构成姊妹群，而不是反鸟的姊妹群或就是属于反鸟。

　　最后，作者强烈质疑孔子鸟的树栖能力，认为孔子鸟具有从地面起飞的能力。

### 3.4  义县锦州鸟和章吉营锦州鸟

2002 年,侯连海等人在《中国辽西中生代鸟类》一书中,首先基于新材料对圣贤孔子鸟和杜氏孔子鸟进行了进一步的描述,同时在该书中建立了两个孔子鸟的新属种:义县锦州鸟( *Jinzhouornis yixianensis* )和章吉营锦州鸟( *J. zhangjiying* )。这是孔子鸟的第三个属。(图5,图6)

图 5　锦州义县鸟,产于
辽宁省义县吴屯,义县组

如属名和种加词所示,义县锦州鸟产于辽宁省锦州市所属的义县吴屯村,是该地区孔子鸟的首次报道,它主要有如下特征:头、吻部较其他孔子鸟长,且吻部较壮,眼孔前吻部超过头骨全长的二分之一;颈椎椎体较孔子鸟为长;胸腰椎超过 12 枚;肩胛骨和肱骨略等长等[14]。

图6　章吉营义县鸟,产于辽
宁省北票市章吉营,义县组

章吉营锦州鸟产于辽宁省北票市章吉营乡的黑蹄子沟,与盛产圣贤孔子鸟的四合屯只有一山之隔,几公里之遥。它的主要特征有:前上颌骨前列后申,已超过眼眶后沿深入到额骨的腹侧;下颞孔较大等[14]。

## 3.5　其他圣贤孔子鸟及食性

除了新属种的发现外,新材料也增添了圣贤孔子鸟的许多形态学信息,《中国辽西中生代鸟类》一书也包含两个产于辽宁省阜新市的圣贤孔子鸟新材料的描述,产出层位也应属于义县组,与其他孔子鸟的层位相当。

然而,随着时间的推移,新的化石地点不断出现,其他层位的孔子鸟也相继出现。2006年,由中外学者共同完成的论文《Food remains in *Confuciusornis sanctus* suggest a fish diet》发表在德国的 *Naturwissenschaften* 上。该文描述的圣贤

孔子鸟就产于义县组之上的九佛堂组,把孔子鸟的生活时代向后推了约500万年。(图7)

图7　圣贤孔子鸟新标本,产于辽宁省朝阳市大平房,九佛堂组

另外,该鸟的意义不只局限于其时代上,它对我们了解孔子鸟的食性也提供了重要的信息。在这个孔子鸟的第七和第八颈椎附件保存着7~9枚其他动物的椎体和几节肋骨,经鉴定属于硬骨鱼类群中的吉南鱼。由于这些零散鱼椎体是除孔子鸟外的唯一其他化石,应能排除鱼与鸟偶然埋藏到一起的可能。另外,由于鱼椎体保存在鸟颈椎的腹侧,也就是消化系统的通道的位置,位置也比较靠

前,这似乎也排除了这些鱼的椎体在鸟的肌胃中的可能,当然也不太可能处在腺胃中。再则,这些鱼的椎体并不呈关节连接,但彼此靠近且有轻微破损。种种迹象表明这些鱼的椎体可能属于正在反刍中的食团。当然也不能排除它们可能处在肌胃中,但这似乎与它们的非关节状态相左。

当然,不论这些鱼的椎体处在消化道的何种位置,它们都将对我们了解孔子鸟的食性具有重要的意义。首先,这种现象使我们倾向认为孔子鸟应不是专门食植物或种子的鸟类。之所以这么说的证据还包括成百上千的孔子鸟标本中并没有发现胃石,而具有胃石通常是现生植食性或吃种子鸟类的标志。孔子鸟强壮的喙似乎更倾向具有食种子的能力,但消化系统中鱼的残骸至少说明种子应不是孔子鸟的唯一食物。事实上,现生鸟类中如蜂鸟一样的狭食性种类并不是很多;多数鸟类的食物都是"因时、因地制宜",为广义上的广食性;孔子鸟可能就是这样的鸟类。另外,孔子鸟强壮的喙既然利于食攻破坚果,当然在猎鱼上也不应太弱[15]。

## 3.6　郑氏始孔子鸟

孔子鸟具有 500 万年演化历史跨越的记录于两年后被刷新。2008 年,《中国科学》发表了题为《A primitive Confuciusornithid bird from China and its implications for early avian flight》的论文,文中的新材料的产出地层约为 1.31 亿年,把孔子鸟的时代又向前推了 600 万年,这样孔子鸟这科的鸟类就跨越了从 1.2 亿～1.31 亿年的 1 100 万年,这在早期鸟类中是仅有的。

这个新建立的属种就是郑氏始孔子鸟(*Eoconfuciusornis zhengi*),其中属名中的"eo"为希腊词前缀,意为"黎明",显示该新物种比其他孔子鸟原始;种名献给我国著名鸟类学家郑光美教授。该属为孔子鸟的第四个属。(图 8)

郑氏始孔子鸟产于河北省北部的丰宁县四岔口乡,该地在中华民国和中华人民共和国早期的行政区划上与现在盛产鸟类化石的辽宁省西部同隶属于热河省。但是不论是在化石绝对数量,还是物种多样性上,冀北热河生物群均低于辽西,冀北产化石地层较辽西为老应是主要原因。

图8　郑氏始孔子鸟,产于河北
省丰宁县四岔口,大北沟组

　　区别于其他孔子鸟,始孔子鸟具如下组合特征：胸椎椎体上的侧凹不如其
他孔子鸟明显;肩胛骨无明显峰突及关节面;乌喙骨短且具宽大的胸骨关节面;
肱骨三角脊不很发育,肱骨近端宽度未达到远端宽度的两倍,且近段无孔;距骨
具孔;跗蹠骨略长于胫骨的二分之一。

　　对应于其较老的时代,始孔子鸟也表现出一些明显的原始特征。例如,始孔
子鸟的肱骨近段不如义县组的孔子鸟发育,当然就更不如九佛堂组的发育了;始
孔子鸟的胸骨骨化并不完全,更没有形成龙骨突的痕迹,而义县组的孔子鸟的龙
骨突在胸骨后端开始发育,九佛堂组的龙骨突已经前伸到胸骨前端;两者均显示

出一个与年代相关的演化序列,前者可能表明孔子鸟特有的一种飞行调控机制的逐渐形成,而后者表明飞行力量的逐渐增强[16]。

# 4 结 语

孔子鸟作为基干鸟类的一个重要类群,不论是在数量上和还是在演化辐射上,都在早白垩世经历着巨大的发展,正与同期另外两个重要的类群反鸟类和今鸟类共同谱写鸟类早期辐射中最壮美的篇章。孔子鸟的发现和研究历史也或多或少折射了我国东北地区中生代鸟类发现和研究的历史。由于巨大的标本数量和精美的保存,对孔子鸟的研究程度超过了其他许多早期的鸟类,但有关这一鸟类类群更多的信息还在不断被揭示出来。如今,孔子鸟已经不再是我国发现的最原始的鸟类,孔子鸟具有的角质喙在同时期的其他鸟类中也已出现,但从系统演化上来看,孔子鸟依然是最早完全退化了牙齿,并具有了角质喙的鸟类。若干年后,孔子鸟恐怕依然会作为早期鸟类演化中最著名的一类化石而受到人们的青睐。

参考文献

［1］侯连海,周忠和,顾玉才,等.侏罗纪鸟类化石在中国的首次发现[J].科学通报,1995,40(8):726-729.

［2］CHANG M M, CHEN P J, WANG Y Q, et al. The jehol biota[M]. Shanghai:Shanghai Scientific & Technical Publishers, 2003.

［3］ZHOU Z H, BARRETT P M, HILTON J. An exceptionally preserved Lower Cretaceous ecosystem[J]. Nature, 2003, 421:807-814.

［4］ZHOU Z H, ZHANG F C. Discovery of a new ornithurine bird and its implication for

Early Cretaceous avian radiation[J]. Proceedings of the National Academy of Sciences of the United States of America, 2005,102（52）: 18998－19002.

［ 5 ］ ZHOU Z H, ZHANG F C. A beaked basal ornithurine bird (Aves, Ornithurae) from the Lower Cretaceous of China[J]. Zoologica Scripta, 2006,35(4): 363－373.

［ 6 ］ Swisher III C C, et al. Further Support for a Cretaceous age for the feathered-dinosaur beds of Liaoning, China: New$^{40}$Ar/$^{39}$Ar dating of the Yixian and Tuchengzi Formations [J]. Chin Sci Bull, 2002, 47(2): 135－138.

［ 7 ］ HE H Y, WANG X L, ZHOU Z H, et al. Timing of the Jiufotang Formation (Jehol Group) in Liaoning, northeastern China and its implications[J]. Geophys Res Lett, 2004,31(12): L12605.

［ 8 ］ HE H Y, WANG X L, JIN F, et al. $^{40}$Ar/$^{39}$Ar dating of the early Jehol Biota from Fengning, Hebei Province, northern China[J]. Geochem Geophys Geosys, 2006, 7, doi: 10.1029/2005GC001083.

［ 9 ］ HOU L H, ZHOU Z H, LARRY D,et al. A beaked bird from the Jurassic of China[J]. Nature,1995,377: 616－618.

[10] 侯连海. 中国中生代鸟类[M]. 台湾省南投县: 台湾省立凤凰谷鸟园,1997.

[11] HOU L H, MARTIN L D, ZHOU Z H, et al. A diapsid skull in a new species of the primitive bird *Confuciusornis*[J]. Nature, 1999, 399: 679－682.

[12] JI Q, CHIAPPE L M, JI S A. A new Late Mesozoic Confuciusornithid bird from China [J]. J Vertebr Paleontol, 1999,19(1): 1－7.

[13] CHIAPPE L M, JI S A, JI Q,et al. Anatomy and systematics of the Confuciusornithidae (Theropoda: Aves) from the Late Mesozoic of Northeastern China[J]. Bull Am Mus Nat Hist, 1999,242: 1－89.

[14] 侯连海,周忠和,张福成,等. 中国辽西中生代鸟类[M]. 沈阳: 辽宁科学技术出版社,2002.

[15] DALSÄTT J, ZHOU Z H, ZHANG F C, et al. Food remains in *Confuciusornis* sanctus suggest a fish diet[J]. Naturwissenchaften, 2006, 93(9): 444－446.

[16] ZHANG F C, ZHOU Z H, BENTON M J. A primitive confuciusornithid bird from China and its implications for early avian flight [J]. Science in China, 2008, 51 (5): 625－639.

原载于《自然杂志》2009 年第 1 期

# 简说羽毛化石的研究

王　敏　周忠和* 　中国科学院古脊椎动物与古人类研究所

鸟类是现存爬行动物中,种类最多、分布最广的类群,包括 3 个总目,9 000多种。独特的身体结构,旺盛的新陈代谢和飞行能力帮助鸟类占据了广泛的生态位。当我们谈到鸟类时,除了好奇它的飞行能力之外,也感叹其身上形态多样、色彩斑斓的羽毛。羽毛是鸟类表皮的角质化衍生物,主要由羽轴、羽干、羽枝和羽小枝组成(图 1)[1]。羽毛是最复杂的脊椎动物皮肤衍生物,它的出现被很多研究者认为是鸟类演化过程中出现的新性状[2-4]。1860 年发现的第一枚始祖鸟化石就是它的羽毛,其形态结构与现生鸟类的羽毛几乎相同,难以给出关于原始羽毛起源演化的信息,同时,由于羽毛不易保存,关于它的起源、演化过程我们知道的并不多。近年来,热河生物群发现了大量的带毛恐龙,以及中生代的鸟类化石,保存了很多羽毛或类似羽毛的化石,结合鸟类与恐龙的系统发

* 古生物学家。主要从事古鸟类研究。研究发表了 20 多种早白垩世发现的新的鸟类化石,在早期鸟类的系统发育和分类、分异辐射、飞行演化、功能形态、胚胎发育、繁殖行为和生态习性等方面取得了若干发现和成果,有力推动了我国在中生代鸟类研究领域的工作。此外,还在热河生物群的综合研究等方面有较大贡献。2010 年当选美国科学院外籍院士,曾担任国际古生物学会副主席。2011 年当选中国科学院院士。

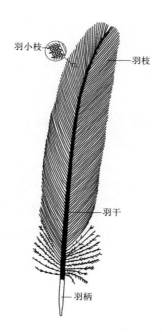

羽小枝

羽枝

羽干

羽柄

图1　家鸡的正羽[1]

育关系,大量的证据表明,羽毛在鸟类出现以前就已经出现,而并非为鸟类所独有[5-6],这些化石提供了原始羽毛的形态特征,为研究它的起源和演化提供了依据。

　　早期,关于羽毛起源的研究,关注于它最初的功能,比如提出的飞行起源假说、防止热量散失假说、防水假说等[2,7-8]。这些假说在探讨羽毛的起源和原始形态时,首先推测其最初的功能,然后设计出适合这种功能的羽毛形态。在没有化石证据和发育生物学事实的前提下,对原始鸟类的生活习性、运动方式的猜测都是值得怀疑的,而据此所推测的原始羽毛,同样有问题[2]。对任何生物体结构演化的研究,必须建立在生物系统演化的框架之下,研究鸟类羽毛的起源与演化问题,需要在完善的恐龙鸟系统发育框架下进行[6]。辽西早白垩世热河生物群以及更老的侏罗纪地层中发现的带毛恐龙,为鸟类的恐龙起源假说提供了大量证据,而这一假说也逐渐被学术界广泛接受[9]。鸟类与恐龙系统发育关系的不断完善,以及在恐龙身上发现的多种不同类型的原始羽毛化石,为研究羽毛的起源提供了前提。

# 1　带毛恐龙保存的羽毛化石

第一例报道的带毛恐龙是"中华龙鸟"(*Sinosauropteryx*),属于兽脚类恐龙中的美颌龙科(Compsognathidae),其上保存了类似单根纤维的毛状结构,由于保存状况不理想,关于"中华龙鸟"身上的似羽毛结构还有很多不同的观点[5,10],但最新的研究认为它和现实鸟类的羽毛是同源的结构,代表了一类原始的羽毛。

尾羽龙(*Caudipteryx*)属于窃蛋龙类(Oviraptorosauria),具有和现代鸟类几乎相同的羽毛,特别是在第二掌骨和第二指骨上连接的初级飞羽,具有明显的羽轴、羽枝结构,由于受保存状况的限制,羽小枝是否存在并不清楚[11-12],与始祖鸟和现代飞行鸟类不同的是,尾羽龙的飞羽是左右对称的,显然不具备飞行能力(图2)。同属窃蛋龙类的"原始祖鸟"(*Protarchaeopteryx*),也发现了类似的羽毛结构,所不同的是,"原始祖鸟"的尾羽很长[5]。最近在另一种窃蛋龙类——似尾羽龙(*Similicaudipteryx*)上发现了一种特殊的羽毛,所报道的两件标本根据骨骼的发育情况,推测分别属于幼年早期阶段和晚期阶段,较年幼的似尾羽龙的飞羽和尾羽是一种带状的羽毛结构,这种羽毛在靠近身体一侧的是一片未分异的角蛋白组成的带状结构,没有分枝出现,这部分约占羽毛长度的2/3,在羽毛的末端才有羽枝连接在"轴上",形成羽片;而在稍微年长的似尾羽龙上,这种近端带状的羽毛却没有发现,研究者认为这很有可能表示,像现生的鸟类一样,带毛恐龙在个体发育中,也会经历换羽[13](图3)。与之相类似的带状羽毛在耀龙(*Epidexipteryx*)上也有出现,耀龙属于已知的与鸟类亲缘关系最近的兽脚类恐龙——攀龙科(Scansoriopterygidae),已经具备明显的树栖特征,主要有两种羽毛结构,一种是由若干平行排列的羽枝,其末端连接在一种膜状结构上(图4),另一种就与似尾羽龙的带状羽毛很相似[14],由于化石中这部分羽毛并没有保存其末端部分,所以难以确定这种带状羽毛会不会像似尾羽龙那样在末端具有分叉[13]。

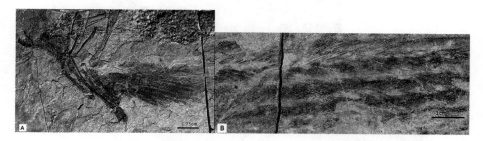

图2 尾羽龙 *Caudipteryx* 的羽毛(A 左肢的飞羽,B 尾羽)

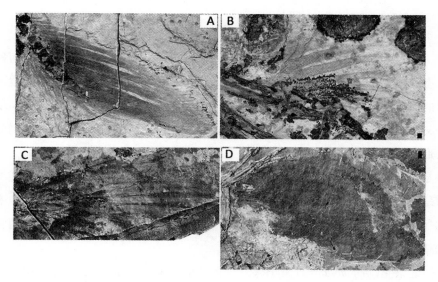

图3 义县似尾羽龙 *yixianensis*(A、B 幼年早期个体:A 近端带状的尾羽;B 近端带状的飞羽。C、D 幼年晚期个体;C 尾羽,没有带状结构;D 飞羽,没有带状结构)

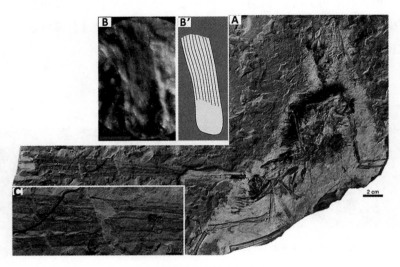

**图 4　胡氏耀龙 *Epidexipteryxhui***

A　*Epidexipteryx hui* 骨骼及尾羽；B　平行排列的羽枝，其末端连接在一种膜状结构上；
B′ 是 B 的示意图；C　四根伸长的带状尾羽

　　中国鸟龙（*Sinornithosaurus*）属于驰龙科（Dromaeosauridae），身上保存了两种
形态特殊的羽毛结构[15]（图 5），一种结构很像现生鸟类的雏绒羽，有像羽枝一
样的毛状结构，其基部在羽柄顶部聚合，呈辐射状发散，毛状结构上没有进一步
分叉形成羽小枝；另一种结构类似正羽，但又有区别，沿着一根中央纤维，两侧分
叉形成一列毛状结构，类似正羽羽轴上的羽枝，但是前者的中轴更加纤细[15]，
但是，究竟中央纤维和羽枝状纤维如何区分，或者二者是不是同样的结构，还不
清楚[5]。帝龙（*Dilong*），一类个体较小的暴龙类（Tyrannosauroidea），保存了和中
国鸟龙第一种毛状结构相似的羽毛，及一簇毛状羽毛的基部附着在类似羽柄状
的结构上[16]。

　　北票龙（*Beipiaosaurus*）属于镰刀龙类（Therizinosauroidea），具有和中国鸟龙
相似的毛状衍生物，同时还具有一种特殊形态的羽毛结构——加长加宽的毛状
羽毛，只由单独的一根丝状结构组成，这种单一丝状结构的羽毛在现生鸟类中没

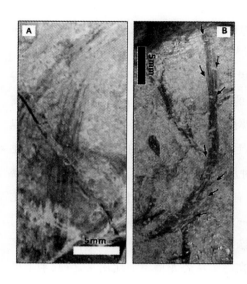

图5 千禧中华龙鸟 Sinornithosaurus-millenii
A 羽枝状的毛状结构的基部在羽柄顶部聚合,呈辐射状发散;B 中央纤维两侧两侧分叉形成一列羽枝状的毛状结构,简头指示两侧分叉的毛状结构末梢

有出现,而与中华龙鸟的毛状结构相比,前者更加粗壮[17]。

　小盗龙(Microraptor)属于驰龙科(Dromaeosauridae),具有和现代鸟类相同的飞羽。初级、次级飞羽清晰可见,并且在第一指上出现了相对飞羽较小的羽毛,同样具有羽片的形态,在一些中生代鸟类和现代鸟类,同样的位置着生的是对飞行起重要控制作用的小翼羽。小盗龙最重要的特征是具有羽片状结构的腿羽,特别是跖骨的羽毛具有不对称的结构[18]。属于伤齿龙类的近鸟龙(Anchiornis)发现于辽西侏罗纪的地层中,距今大约有1.6亿年,因此时代比最早的鸟类还早,同样具有羽片状的腿羽,但不同于小盗龙,前者胫、腓骨处的羽毛比跖骨处的要长,并且羽毛是对称的,后者却相反[19]。在比小盗龙、近鸟龙与鸟类亲缘关系更近的侏罗纪的足羽龙(Pedopenna)的胫、腓骨和跖骨也发现了腿羽,跖骨处的羽毛更长,却是左右对称的[20]。结合在始祖鸟以及一些反鸟腿羽的化石资料,可以看出,在恐龙鸟的演化过程中,腿羽经历了出现退化的过程。最初,腿羽的出现,可以辅助飞行,甚至出现了具有明显飞行作用的不对称的腿羽,如小盗龙;随着前肢飞行能力的不断提高,后肢羽毛的飞行辅助作用逐渐被弱化,并且退化[21]。腿羽化石为鸟类的飞行起源提供了新的研究视角,即鸟类的飞行演化很有可能经历过四翼飞行的阶段[5,9,18-19]。

　　除了上述与鸟类亲缘关系较近的虚骨龙类之外,毛状的皮肤衍生物在鸟臀类恐龙和翼龙中也有报道。异齿龙类的天宇龙(*Tianyulong*),角龙类的鹦鹉嘴龙(*Psittacosaurus*)在其尾部都发现有似羽毛的保存,形态类似"中华龙鸟"的,但比后者更加纤细[22-23]。翼龙中也有"毛"状皮肤衍生物的发现,宁城热河翼龙(*Jeholopterus*)身体的大部分都存在一种波状的、弯曲的"毛"状结构,常常成簇聚集,与"中华龙鸟"相似,这些"毛"并没有分叉现象,都是单根的[24]。当然,翼龙的毛状物是否和鸟类的羽毛同源还是一个悬而未决的问题。

　　可以看出,在恐龙,特别是与鸟类亲缘关系较近的虚骨龙类中,羽毛在谱系中分布广泛,而且具有多种形态,表明在鸟类从恐龙谱系演化出来之前,羽毛就已经发生并且呈多样性的发展[3,5-6,8-9,13](图6),已有的材料表明羽毛很有可能首先出现在某一种初龙类(Archosauria)身上。已发现的绝大多数带毛恐龙出

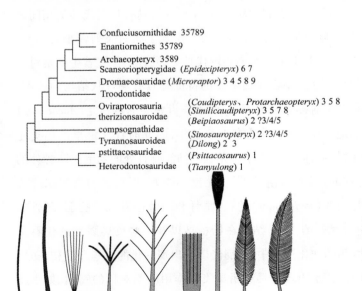

Confuciusornithidae 35789
Enantiornithes 35789
Archaeopteryx 3589
Scansoriopterygidae (*Epidexipteryx*) 6 7
Dromaeosauridae (*Microraptor*) 3 4 5 8 9
Troodontidae
Oviraptorosauria　　　(*Coudipteryx*、*Protarchaeopteryx*) 3 5 8
therizionsauroidae　　(*Similicaudipteryx*) 3 5 7 8
　　　　　　　　　　　(*Beipiaosaurus*) 2 ?3/4/5
compsognathidae
Tyrannosauroidea　　　(*Sinosauropteryx*) 2 ?3/4/5
　　　　　　　　　　　(*Dilong*) 2 3
pstittacosauridae　　　(*Psittacosaurus*) 1
Heterodontosauridae　　(*Tianyulong*) 1

图6　已知的不同形态的羽毛在恐龙谱系的分布。按形态结构的不同,将在带毛恐龙、古鸟类出现的羽毛分为9类,"?"表示不确定。可以看出,与鸟类亲缘关系越近,显示出更多的结构类型[13]

现的时代晚于始祖鸟,但在比始祖鸟更老的地层中也发现了多种带毛的恐龙。在原始的基干鸟类,如始祖鸟、热河鸟、孔子鸟和反鸟类中,羽毛的形态结构更加复杂,而且与现生鸟类的羽毛几乎相同。也有比较引人注意的化石羽毛,如孔子鸟、原羽鸟和副原羽鸟长长的尾羽,具有和似尾羽龙相似的结构[13,25-28],最原始的反鸟类原羽鸟(*Protopteryx*)已经具有了小翼羽[25]。

## 2  羽毛的功能和颜色

现代鸟类羽毛的作用包括保护、防止热量的散失、飞行、触觉和吸引异性等[1]。原始鸟类或者带毛恐龙的羽毛具有和现生鸟类可对比的结构,因而它们的功能也可以由现生鸟类羽毛的功能进行推测,这种功能推测还必须与生物体的身体结构相适应。具有不对称飞羽的小盗龙,前、后肢的羽毛显然是与飞行作用相关[18];在中华龙鸟、中国鸟龙、北票龙等身上出现的单根纤维的毛状结构,以及其他恐龙身上具有的绒羽状结构,很有可能起到了隔热作用[5],这很有可能是羽毛最初具有的功能,当带毛恐龙,特别是进化为鸟类的一支兽脚类恐龙,逐渐具有飞行能力时,羽毛也产生了变化,最终出现了符合空气动力学的飞羽结构;尾羽具有重要的平衡作用,在鸟类的演化过程中,尾椎的椎骨数目不断减少,并在末端愈合,逐渐由恐龙长长的尾巴演化为尾综骨。已发现的尾综骨具有两种形态:一种是长的棒状的,主要出现在会鸟、孔子鸟和反鸟类上;另一种是像现生鸟类那样的犁状结构,如义县鸟等早白垩世的今鸟类,这种尾综骨往往具有扇状的、与现生鸟类相似的尾羽[27,29-30]。在棒状尾综骨处只附着绒毛状的羽毛,但在孔子鸟、原羽鸟的一些化石中出现了一对带状尾羽[25-26],而在副原羽鸟尾部则发现了四根尾羽[27]。研究者认为棒状的尾综骨应当被看作是兽脚类恐龙尾骨逐渐缩短的结果,带状尾羽的出现更多的是为了展示、吸引异性,或者是性双型的表现,而并非像现生鸟类那样具有重要的运动平衡作用[26-27,29]。

最近,通过扫描电镜已经在一些兽脚类恐龙、鸟类的羽毛化石中发现了黑色素体化石[31-32]，黑色素体对鸟类羽毛的颜色具有重要作用，通过分析黑色素体的形态和分布，可以推测带毛恐龙和原始鸟类羽毛的颜色[32-33]，通过研究与鸟类亲缘关系不同的恐龙羽毛的黑色素体，表明羽毛之间色彩差异的出现早于单个羽毛内部颜色的差异，而这两种基于黑色素的色彩差异出现的时间早于鸟类具备飞行能力，进一步表明羽毛最初的功能并非辅助飞行[33]。或许，展示、吸引异性才是恐龙羽毛最初出现时所具有的功能。

## 3　羽毛的演化和发育

羽毛的演化和发育问题主要根据发育生物学的研究。Prum，Harris[2-4]等提出过羽毛起源和多样化的模型，模型主要是以羽毛发育机制，结合发现的化石材料进行验证。模型表明对羽毛发生最重要的是羽毛滤泡的出现，羽毛所有的形态结构发育都是在滤泡中进行的（图7）。

图7　滤泡结构示意图[2]

在模型中，羽毛所有的复杂形态都是由基本的结构单元——羽枝的复杂变化形成的。真皮间充质细胞大量聚集在表皮之下，形成乳头突起，随后乳头周围的表皮开始内陷，在乳头周围形成杯状构造——滤泡，乳头外的表皮逐渐角质化并向外伸长，形成了单根的毛状羽毛，这一时期，还没有羽枝的形成，这种羽毛结构出现在"中华龙鸟"等身上（图8Ⅰ）；此后，羽毛开始出现分枝现象，最先出现的是绒羽，在乳突表皮内壁形成径向的羽枝嵴，这就是羽枝的原基，乳突表皮的外壁形成角质的羽鞘,羽毛不断生长,直到羽鞘脱落,里面的羽枝嵴就呈辐射状散开,形成绒羽(图8Ⅱ);随着羽毛进一步演化,原先等速生长的羽枝嵴有了变化,在背侧中线的一支羽枝嵴生长速率相对增快,拉动两侧的羽枝嵴,并不断与其相融合,形成羽轴的雏形,此时不断有新的羽枝嵴在腹侧中线附近产生,腹侧中线两侧新生成的羽枝嵴几乎同时向羽轴靠近,最终形成左右对称的带有羽轴的羽毛(图9),而此时羽枝上还没有分异形成羽小枝(图8Ⅲa);模型认为除了产生这种左右对称的羽毛,还有另外一种可能的结构,即羽枝先发生分异,形成羽小枝,并没有羽轴的产生,从而形成另一种羽毛结构,带有羽小枝的绒羽(图8Ⅲb);很难明确上述这两种结构发生的先后顺序,但他们很有可能出现在具有紧密羽片的羽毛之前,紧密的羽片形成需要在羽小枝上进一步产生羽小钩,相邻的羽小枝才能通过它紧密连接,构成严密的羽片,所以这就需要羽小枝和羽轴的率先形成(图8Ⅳ)[2-4,34];而飞羽这种不对称结构的出现,主要是在乳头表皮内表面,新形成的羽枝嵴的生长点不在腹侧中线上,而是偏向一侧,从而使得羽轴左右两侧吸附的羽枝嵴长度不同,形成了不对称的结构。上述的模型表明首先出现的是绒羽、其次是正羽、最后是飞羽,这与已有的化石证据有很好的相关性,与鸟类亲缘关系较远的翼龙、鹦鹉嘴龙等只发现了原始的羽毛,而在虚骨龙中更多的羽毛类型出现了。上述模型的核心是个体发育推断系统发育,但是生物发生律在使用个体发育重演系统发育还有很多问题,羽毛这一个体发育本身是否包含了所有关于羽毛演化历史的信息呢? 是否存在其他的演化途径呢? 这有赖于进一步的研究。

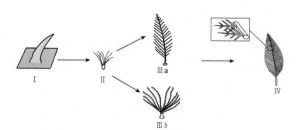

图8 羽毛演化的模型,Ⅰ、出现原始的单根毛状羽毛;Ⅱ、绒羽出现;Ⅲa、没有羽小枝的开阔羽片,Ⅲb、具有羽小枝的绒羽,Ⅲa、Ⅲb 出现的先后顺序不确定,但都发生在第Ⅳ阶段之前;Ⅳ、紧密的羽片[2]

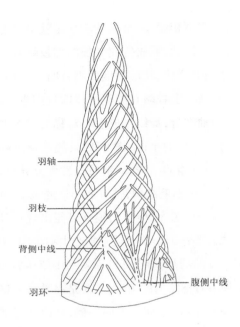

图9　羽轴形成的示意图。腹侧中线形成的羽枝,不断向背侧中线的一枝快速生长的雏形羽轴愈合,最终形成羽轴[1]

（图中标注：羽轴　羽枝　背侧中线　羽环　腹侧中线）

# 4　讨　论

　　羽毛化石的出现,使我们对羽毛的起源和演化有了很多新的认识,但许多或许更重要的问题还需要解决,那就是羽毛是如何起源的,或者说羽毛与爬行动物的鳞片是否同源? 鸟类起源于恐龙,而在恐龙,甚至更大的分类阶元——爬行动物,在它们身上相同部位都是鳞片覆盖的,而在鸟类或者带毛恐龙身上却产生了羽毛,二者的同源性似乎是显而易见的,一些化石证据也支持这种观点,如原羽鸟、副原羽鸟、似尾羽龙、孔子鸟的近端带状的羽毛,其带状的结构更像是伸长的鳞片[13,25-27],生活在三叠纪的槽齿类长鳞龙(Longisquama)背部具有羽毛状伸长的鳞片[8]。Harris[4]通过研究鸭子、鸡的雏绒羽和盾状鳞片,以及美洲鳄的鳞片在发育过程中,Shh 和 Bmp2 两种蛋白的调控作用,认为羽毛形态多样性的产生,是这两种蛋白多种表达方式的结果,而这两种蛋白的一些行为在初龙类的鳞片的形成中同样具有,只是羽毛将这种表达方式进行了多样化的沿袭,从蛋白质调控水平上,二者是同源的;但是羽毛结构的形成发生在滤泡内,滤泡为 Shh 和 Bmp2 的表达提供了多个轴向,也就为 Shh 和 Bmp2 在多个轴向的表达提供了可能,形成复杂的形态结构[3-4],而滤泡没有在鳞片中出现,所以二者又不是同源的。作者觉得,在讨论羽毛同源问题时,需要有一个明确的同源器官的概念,在分子水平或者组织结构水平上区分同源性容易造成混乱。羽毛滤泡的形成确实在羽毛的发育中起到了重要的作用,但是这种结构或许同样在恐龙中也有出现,只是这种发生在皮肤上的结构几乎难以保存下来。

已有的化石材料和生物模型让我们对羽毛这种复杂的生物结构有了不断深入的认识,关于羽毛起源的很多问题仍然有待解答,需要我们发现处在羽毛最初演化中更多的化石——带有羽毛的初龙类,在可靠的谱系框架内探讨羽毛的演化过程。

参考文献

[ 1 ] 郑光美. 鸟类学[ M ]. 北京:北京师范大学出版社,1995.

[ 2 ] PRUM R O. Development and evolutionary origin of feathers[ J ]. Journal of Experimental Zoology,1999,285:291 - 506.

[ 3 ] PRUM R O. Evolution of the morphological innovations of feathers[ J ]. Journal of Experimental Zoology, 2005, 304B:570 - 579.

[ 4 ] HARRIS M P, FALLON J F, PRUM R O. Shh-bmp2 signaling module and the evolutionary origin and diversification of feathers[ J ]. Journal of Experimental Zoology, 2002,294:160 - 176.

[ 5 ] ZHANG F C, ZHOU Z H, DYKE G. Feathers and "feather-like" integumentary structures in Liaoning birds and dinosaurs[ J ]. Geological Journal, 2006,41:495 - 406.

[ 6 ] XU X. Scales, feathers and dinosaurs[ J ]. Nature,2006, 440:287 - 288.

[ 7 ] DYCK J. The evolution of feathers[ J ]. Zoologica Scripta, 1985,14: 137 - 153.

[ 8 ] FEDUCCIA A. The origin and evolution of birds [ M ]. New Haven: Yale University Press,1999.

[ 9 ] ZHOU Z H. The origin and early evolution of birds: discoveries, disputes, and perspectives from fossil evidence[ J ]. Naturwissenschaften, 2004, 91: 455 - 471.

[10] CHEN P J, DONG Z M,ZHEN S N. An exceptionally well-preserved Theropod dinosaur from the Yixian formation of China[ J ]. Nature, 1998, 391: 147 - 152.

[11] ZHOU Z H, WANG X L. A new species of Caudipteryx from the Yixian Formation of Liaoning,Northeast China[ J ]. Vertebrata PalAsiatica, 2000, 38: 111 - 127.

[12] JI Q, CURRIE P J, NORELL M A, et al. Two feathered dinosaurs from northeastern China[ J ]. Nature, 1998, 393: 753 - 761.

[13] XU X, ZHENG X T, YOU H L. Exceptional dinosaur fossils show on togenetic development of early feathers[ J ]. Nature,2010,464: 1338 - 1341.

[14] ZHANG F C, ZHOU Z H, XU X, et al. A bizarre Jurassic maniraptoran from China with elongate ribbon-like feathers[ J ]. Nature, 2008, 455: 1105 - 1108.

[15] XU X, ZHOU Z H, PRUM R O. Branched integumental structures in Sinornithosaurus and the origin of feathers[ J ]. Nature, 2001, 410: 200 - 204.

[16] XU X, NORELL M A, KUANG X W, et al. Basal tyrannosauroids from China and evidence for protofeathers in tyrannosauroids[ J ]. Nature, 2004, 431: 680 - 684.

[17] XU X, ZHENG X T, YOU H L. A new feather type in a nonavian theropod and the early evolution of feathers[ J ]. Proc Natl Acad Sci USA, 2009, 106: 832 - 834.

[18] XU X, ZHOU Z H, WANG X L, et al. Four-winged dinosaurs from China[ J ]. Nature, 2003, 421: 335 - 340.

[19] HU D Y, HOU L H, ZHANG L J, et al. A pre-Archaeopteryx troodontid theropod from China with long feathers on the metatarsus[ J ]. Nature, 2009, 461: 640 - 643.

[20] XU X, ZHANG F C. A new maniraptoran dinosaur from China with long feathers on the metatarsus[ J ]. Naturwissenschaften, 2005, 92: 173 - 177.

[21] ZHANG F C,ZHOU Z H. Leg feathers in an Early Cretaceous bird[ J ]. Nature,2004, 431: 925.

[22] ZHENG X T, YOU H L, XU X, et al. An Early Cretaceous heterodontosaurid dinosaur with filamentous integumentary structures[ J ]. Nature, 2009, 458: 333 - 336.

[23] MAYR G M, PETERS D S, PLODOWSKI G, et al. Bristle-like integumentary structures at the tail of the horned dinosaur Psittacosaurus [ J ]. Naturwissenschaften,2002,89: 361 - 365.

[24] WANG X L, ZHOU Z H, ZHANG F C, et al. A nearly completely articulated rhamphorhynchoid pterosaur with exceptionally well-preserved wing membranes and "hairs" from Inner Mongolia, northeast China[ J ]. Chinese Science Bulletin, 2002, 47: 226 - 230.

[25] ZHANG F C, ZHOU Z H. A primitive Enantiornithine bird and the origin of feathers[ J ]. Science, 2000, 290: 1955 - 1959.

[26] CHIAPPE L M, et al. Anatomy and systematic of the Confuciusornithidae (Theropoda: Aves) from the late Mesozoic of Northeastern China, Bull[J]. Am Mus Nat Hist, 1999, 242: 1 - 89.

[27] ZHENG X T, ZHANG Z H, HOU L H. A new Enantiornitine bird with four long rectrices from the early cretaceous of northern Hebei, China[J]. Acta Geologica Sinica, 2007, 81 (5): 703 - 708.

[28] CHIAPPE L M, JI S, JI Q, et al. Anatomy and systematics of the Confuciusornithidae (Aves) from the Mesozoic of Northeastern China [J]. American Museum Novitates, 1999, 242: 1 - 89.

[29] CLARKE J A, ZHOU Z H, ZHANG F C. Insight into the evolution of avian flight from a new clade of Early Cretaceous ornithurines from China and the morphology of Yixianornis grabaui[J]. J Anatomy, 2006, 208: 287 - 308.

[30] ZHOU Z H, ZHANG F C. Anatomy of the primitive bird Sapeornis chaoyangensis from the Early Cretaceous of Liaoning, China[J]. Can J Earth Sci, 2003, 40: 731 - 747.

[31] VINTHER J, BRIGGS D E G, PRUM R O, et al. The colour of fossil feathers[J]. The Royal Society, 2008, 4: 522 - 525.

[32] ZHANG F C, KEARNS S L, ORR P J, et al. Fossilized melanosomes and the colour of Cretaceous dinosaurs and birds[J]. Nature, 2010, 463: 1075 - 1078.

[33] LI Q G, GAO K Q, VINTHER J, et al. Plumage color patterns of an extinct dinosaur [J]. Science, 2010, 327: 1369 - 1372.

[34] XU X. Feathered dinosaurs from China and the evolution of major avian characters[J]. Intergrative zoology, 2006, 1: 4 - 11.

[35] MINGKE Y U, PING W U, RANDALL B, et al. The morphogenesis of feathers[J]. Nature, 2002, 420: 308 - 312.

原载于《自然杂志》2011 年第 2 期

# 寻找失去的陆地碳汇

方精云 * 　　郭兆迪　北京大学环境学院生态学系

## 1　全球碳循环与 $CO_2$ 失汇

　　陆地植物如同地球上最大的化学加工厂,在太阳光的作用下,经光合作用将大气中的 $CO_2$ 转变为有机物,将太阳能转化为生物能。在这些光合产物中,一部分用于构建植物体本身,为地球上的其他生物,包括人类提供物质和能量来源;一部分经自身的呼吸又以 $CO_2$ 的形式释放到大气中;还有一部分以枯枝落叶的形式进入土壤,在土壤微生物的作用下,分解释放到大气中。$CO_2$ 在大气圈—生物圈—土壤圈—大气圈中的这种流动过程便形成了地球上规模最大的生物地球化学过程——全球碳循环。

---

* 生态学家。主要从事全球变化生态学、生物多样性和生态遥感等方面的科研和教学工作。系统地开展了中国陆地生态系统碳循环的研究,发展了我国陆地生态系统碳储量的计量方法,为评估中国陆地碳收支奠定了方法论基础;对中国植物物种多样性进行过较为系统的调查,完善和发展了生态学代谢理论;较系统地研究了中国植物化学元素的计量特征,提出了"限制元素稳定性假说"。2005 年当选为中国科学院院士。

## 全球碳循环与 $CO_2$ 失汇

　　陆地植被通过光合作用,每年固定大气中的 $CO_2$ 约为 100 PgC(1PgC 为 10 亿吨碳),其中 50 PgC 以植物呼吸的形式释放到大气中,剩下的 50 PgC 的有机物质以枯枝落物等形式进入土壤。这一部分的有机碳又以土壤呼吸的形式释放到大气中。因此,在自然状态下,$CO_2$ 在陆地生物圈与大气圈之间的循环保持着平衡状态。另一方面,人类燃烧化石燃料每年向大气净排放约 5.4 PgC 的 $CO_2$,热带林破坏导致生物圈向大气排放 1.6 PgC 的 $CO_2$。也就是说,人类活动每年向大气净排放的 $CO_2$ 总量为 7.0 PgC(图 1)。在水圈,大气与表层海洋中,每年进行着 90 PgC 的碳交换。研究表明,海洋每年能净吸收大气中的 $CO_2$ 为 2 PgC。于是,人类活动每年净释放到大气中的 $CO_2$(7.0 PgC),有 3.3 PgC 用于增加大气中的 $CO_2$ 浓度,2.0 PgC 被海洋吸收。陆地生物圈与大气圈之间,碳循环被认为是处于平衡状态。因而剩下的 1.7 PgC 的 $CO_2$ 则去向不明。这就是人们常常提到的 $CO_2$ 失汇(missing sink)现象。

　　全球碳循环不仅造就了五彩缤纷的生命世界,也为地球上的所有生命包括人类提供了赖以生存的物质和能量的来源。我们人类今天所需要的衣食住行直

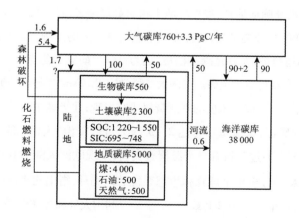

图 1　全球碳循环

接或间接地来源于全球碳循环。

在工业革命前,全球碳循环处于基本稳定的平衡过程。伴随着现代工业的兴起,大量的化石燃料被开采使用,全球碳平衡被打破:原本处于平衡状态的全球 $CO_2$ 收支,由于人类活动的影响,从生物圈释放到大气中的 $CO_2$ 一部分去向不明,即形成了所谓的“$CO_2$ 失汇”。

通俗地说,当生态系统固定的碳量大于排放的碳量,该系统就成为大气 $CO_2$ 的汇,简称碳汇(carbon sink),反之,则为碳源(carbon source)。在 20 世纪 70 年代以前,人们一直认为森林作为地球陆地上最大的光合作用系统,如同巨大的海绵体,吸收着大气中的 $CO_2$,起着净化大气、减缓因人为释放 $CO_2$ 而导致大气 $CO_2$ 浓度快速增加的作用。换言之,森林起着大气 $CO_2$ 汇的作用。然而,这一“常识”在 20 世纪 70 年代后期遭到了质疑。一些科学家研究发现,全球森林,尤其是热带林的破坏正导致陆地生态系统向大气净排放 $CO_2$,成为大气 $CO_2$ 浓度升高的罪魁祸首之一[1-3]。这一结果让科学界感到震惊,同时也产生了一个重要的科学问题:如果陆地生态系统不能起到 $CO_2$ 汇的作用,那么这部分的碳汇该在何处呢? 从 20 世纪 80 年代起,寻找陆地碳汇便成为生态学、生物地球化学、全球变化等领域的研究热点。

我们知道,大气、海洋和陆地生物圈是人工源 $CO_2$ 的 3 个可能的容纳库(reservoir)。大气的 $CO_2$ 量可以相当准确地通过直接测定而获得;海洋系统因为相对均质,其吸收量也能较准确地估算;唯独陆地生物圈最复杂、最具不确定性,因为陆地表面除了丰富多样的植被类型外,还存在一个碳储量巨大的土壤圈。因此,提出“失汇”现象之后,陆地植被,尤其是森林植被,成为科学界研究的焦点。

20 世纪 90 年代初,研究获得重大突破。美国大气科学家 P. Tans 领导的研究小组利用大气和海洋模型以及大气 $CO_2$ 浓度的观测资料研究发现,北半球中高纬度陆地生态系统是一个巨大的碳汇,其值每年可达 2 ~ 3 PgC,可以抵消“失汇”部分的 $CO_2$[4]。之后,Kauppi 等人[5]通过分析森林资源清查资料,发现欧洲大陆的森林起着碳汇的作用。Dixon 等人[6]分析了全球森林生态系统的碳循环,指出北半球中高纬度森林净吸收的 $CO_2$ 为每年 $0.7 \pm 0.2$ PgC。Fan 等人[7]利用大气和海洋模型研究发现,北美是个巨大的碳汇,其吸收的 $CO_2$ 可以抵消北美工业源 $CO_2$ 的释放。但这个结果很快遭到了包括美国科学家在内的广泛批评,认为北美陆地不可能有如此大的碳汇[8]。事实上,这个研究小组于 2001 年承认了他们的结果偏大。Pacala 等人[9]估计,在 20 世纪 80 年代,美国本土的陆地碳汇相当于其工业 $CO_2$ 排放量的 30% ~ 50%。欧洲大陆吸收了其工业源 $CO_2$ 的 7% ~ 12%[10]。Fang 等人[11]发现,中国森林的固碳能力与美国森林相当。Myneni 等人[12]利用遥感数据,分析了北半球陆地碳汇库的变化,发现欧亚大陆是个巨大的碳库,其固碳能力远大于北美大陆(图2)。

图2　森林如同巨大的海绵体,
吸收着大气中的 $CO_2$

# 2　陆地碳汇的特征及其影响因素

## 2.1　碳汇大小与不确定性

总体而言,北半球中高纬度陆地生态系统起着大气 $CO_2$ 汇的作用,但不同生态系统差异极大,一些生态系统起着碳汇的作用,而另一些生态系统则起着碳源的作用,而且它们存在明显的时间变化[13]。

就全球而言,不同研究者估算的全球碳汇值差异很大。例如,Schimel 等人[14]估计全球陆地碳汇由 20 世纪 80 年代的每年 0.2 PgC 增加到 90 年代的每年 1.4 PgC。Plattner 等人[15]估计 80 年代陆地碳汇为每年 0.4 PgC,90 年代为每年 0.7 PgC。Gurney 等人[16]利用大气反演模型估算得到的 90 年代的全球陆地碳汇为每年 1.4 PgC。Houghton[17]则认为 90 年代全球陆地碳汇为每年 0.8 PgC。

陆地碳汇的大小和分布存在很大的不确定性[16]。如美国的碳汇量变动于每年 0.078 ~ 1.7 PgC 之间,相差高达 20 ~ 34 倍[13]。这种差异主要是来自于生态系统的复杂性和不同研究者所使用的研究方法和手段不同。

由于生态系统固有的复杂性,使得碳汇的测定和估算难以精确。例如草地对年际间气候变化的敏感性,生物量随之波动,从而影响碳吸收量的准确测定[18]。生态系统呼吸作用是最重要的碳释放过程,然而该过程十分复杂,目前无法准确定量[19]。

另一方面,由于研究方法的局限性,不同的估算方法包含的过程不同,有些方法很难涵盖全面的碳通量过程[20]。因此,使得不同研究所得出的结果差异很大,难以达成准确一致的结论。

## 2.2　空间差异和时间动态

碳汇的大小具有很大的空间异质性。这是由陆地生态系统的类型、所处的气候和土壤条件以及它们对全球变化的敏感程度所决定的[13]。如在美国的不同生物气候区,其年平均碳汇量变动为每年每公顷 100 ~ 150 kg 之间[21]。在较小尺度上,人为活动是形成和改变碳汇空间差异的重要因素,如造林和保护性耕作等有助于形成碳汇。

另一方面,陆地生态系统碳汇具有明显的年际变化和季节变化。

图 3 显示全球陆地碳汇/碳源的年际变化[14]。1981—1983 年、1989—1994 年以及 1997 年全球陆地是明显的碳汇,而 1984 年、1987—1988 年以及 1995—

1996 年则表现出明显的碳源作用。碳汇的年际变化可能是来源于气候变化作用于各个碳库而形成的波动。例如厄尔尼诺及南方涛动造成的大尺度的气候周期性变化与大气中 $CO_2$ 浓度的波动有密切关系[22]。此外,火山喷发、火灾和病虫害的发生也会引起陆地碳汇的年际变化。

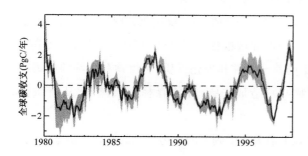

图3　全球陆地碳收支的年际变化。该结果由8个反演模型计算得出。实线为8个模型计算得出的平均值,投影部分为表示范围。横虚线为长期平均的碳通量踞平,正值(虚线上方)表示陆地净释放,负值(虚线下方)为净吸收

　　陆地碳汇的季节变化与生态系统生产者碳输入的季节变化有关。研究表明,北半球陆地的 $CO_2$ 净排放量在 4 月为 0.6 PgC,在 7 月则变为净吸收,达 1.8 PgC[23]。这种由 4 月的净排放碳转变为 7 月的净吸收碳主要是由于在生长季节,光合作用吸收大量的 $CO_2$,而在非生长季节,生态系统的呼吸作用排放出大量的 $CO_2$[13]。季节降水也可能影响碳汇的大小,有研究显示,草地生态系统在湿润的生长季碳汇作用有所增强,而木本植物在湿润的生长季碳汇作用有所减弱[24]。

## 2.3　影响碳汇的因素

### (1) 气候变化

　　气候变化显著影响陆地碳汇的大小和变动。例如,Potter 等人[25]研究了近 20 年欧亚大陆的碳汇变化,发现碳汇的变化趋势与降水和地表太阳辐射的变化有关。又如,北半球高纬地区的生长季延长和热带地区干旱程度的增加,影响生态系统的主要过程,从而改变着生态系统的碳吸收[26]。土壤水分及水分循环

对碳循环也有重要作用,它们不仅影响陆地碳汇的功能,也是控制土壤碳的重要因素[27]。

(2)人为活动

直接影响碳汇的人为活动包括造林、森林恢复、生态系统(森林、农田和牧场)的管理以及城市化等,而间接的影响因素主要有 $CO_2$ 施肥效应、氮沉降、对流层臭氧的变化以及酸沉降等。其中造林和生态系统优化管理可以促进生物量及土壤碳汇的增加;$CO_2$ 施肥效应能促进植物的光合作用,从而增加碳汇;氮沉降的增加和酸沉降改变了土壤的养分条件和理化性质,对植物和土壤的固碳过程有影响;臭氧的增加对植物叶片造成伤害,并使森林生长减弱,从而减少碳汇[28]。

对于不同区域而言,陆地碳汇的大小受到不同人为活动的影响。例如,在美国,土地利用变化和精细的管理是其碳汇的主要影响因素[29];在欧洲,土地利用及管理的变化、$CO_2$ 施肥作用和氮沉降为主导因素[5];对于中国来说,陆地碳汇主要来源于造林和再造林工程[11]。

(3)火灾和病虫害

火灾和病虫害的发生也是影响生态系统碳吸收的重要因素。譬如,近年来西伯利亚和北美北部的森林火灾和虫害有所增加,使其逐渐成为碳源[30]。另一方面,火灾与病虫害的发生与气候变化以及人为活动常常有着密切的关系。如全球变暖使得一些区域变得干燥,从而增加火灾的发生。

(4)土壤的作用

土壤是一个巨大的有机碳库,它的微小变化都将显著地影响着碳汇或碳源的大小和分布。Goodale 等人[31]计算北半球森林碳汇时发现,土壤碳汇要比生物量碳汇还要大,而 Liski 等人[32]则认为欧洲森林的土壤碳汇约是生物量碳汇的 2/3;Nabuurs 等[33]指出欧洲森林碳汇在增加,并且在 1990 年,土壤碳汇同树木生物量碳汇的大小相当。不过,也有研究显示,虽然土壤碳库很大,但土壤碳汇在整个生态系统的总碳汇中只占很少一部分[34]。

## 3 中国陆地碳汇有多大

中国是世界上人口最多,农耕文化的历史最长,近20年经济发展速度最快的国家,它的碳汇/碳源问题令世人注目,但尚没有一个系统全面的评估。最近,方精云等[35]利用森林和草场资源清查资料、农业统计、气候等地面观测资料以及卫星遥感数据,对我国1981—2000年间的森林、草地、灌草丛以及农作物等陆地植被的碳汇进行了较为全面的估算,认为过去20年间我国陆地植被的年平均碳汇为0.10~0.11 PgC(表1)。但该值不是整个生态系统的碳汇,生态系统的总碳汇应该包括植被和土壤两部分。

表1  1981—2000年中国主要陆地生态系统的碳汇
($1\ TgC = 10^{-3}\ PgC$)

| 项  目 | 面积($10^6\ hm^2$) | 年碳汇(TgC) |
| --- | --- | --- |
| 森林植被 | 116.5~142.8 | 75.2 |
| 草地植被 | 334.1 | 7.04 |
| 灌草丛植被 | 178 | 13.9~23.9 |
| 农田植被 | 108 | 0.0 |
| 植被合计 | 725.6~748.0 | 96.1~106.1 |
| 土壤合计 | 725.6~748.0 | 41.2~70.8 |
| 生态系统合计 | 725.6~748.0 | 137.3~76.9 |

在我国,土壤固碳的研究奇缺,目前主要见于耕作土壤的研究(如 Pan等[36];黄耀和孙文娟[37])。黄耀和孙文娟对近20年来我国耕作土壤有机碳储量的变化作了详细的分析,认为我国耕作土壤的年平均碳汇为0.015~0.020 PgC。

对于自然土壤来说,我们只能对其固碳功能进行一些定性的分析。研究表明,在过去的20多年里,中国的森林面积和生物量都在显著增加,这意味着中国森林的土壤碳库也是在增加的,因为一般认为由非森林土壤转变成森林土壤,以及地上生物量的增加都会增加其土壤的有机碳。中国草地的生物量碳库也在增加,可以推测其土壤的碳储量也应该是在增加的。另一个分布广泛的植被类型——灌草丛在过去的20多年里得到较快的恢复,表明其土壤碳储量在增加。

也就是说,中国主要植被类型的土壤都在起着碳汇的作用,但其数值有多大,除耕作土壤外,人们不得而知。参考国外的结果,估算得到我国土壤碳汇每年大约在 0.041~0.071 PgC 之间(表1)。因此,在1981—2000年的20年间,我国陆地生态系统(植被+土壤)的总碳汇可达 2.7~3.5 PgC。

那么,与同期我国工业 $CO_2$ 排放量相比,我国陆地生态系统的碳汇处于什么样的水平？不难计算,我国于1981—2000年间排放的工业 $CO_2$ 总量为13.2 PgC。那么,在过去的20年里,中国陆地植被碳汇相当于同期中国工业 $CO_2$ 排放量的 14.6%~16.1%。该值大于欧洲的相对吸收量(1995年的值为7%~12%),而小于美国的值(20世纪80年代的20%~40%)。但如果考虑中国整个陆地生态系统,则我国的总碳汇相当于同期中国工业 $CO_2$ 排放量的 20.8%~26.8%。该值显著大于欧洲的相对吸收量,略小于美国的值。考虑到我国森林面积的快速增加导致我国森林碳汇,尤其是人工林碳汇的强劲增长势头,我国陆地的碳汇能力完全可以与美国相当,甚至超过美国的水平。

# 4　结　　语

全球和区域碳循环已成为全球变化研究和宏观生物学研究的核心内容之一。在碳循环研究中,一个重要的科学问题是回答区域或全球的碳源和碳汇的大小、分布及其变化。因为它与限制一个国家化石燃料使用的国际公约——《京都议定书》(Kyoto Protocol)紧密联系,所以这不仅是一个科学命题,也成为国际社会广泛关注的焦点。

## 京都议定书

全球温暖化是目前人类面临的严重环境问题。导致全球温暖化的主要原因是人类长期无限制地向大气中排放 $CO_2$ 等温室气体。为在全球范围内控制和降低温室气体的排放，联合国于 1992 年在巴西里约召开了世界环境与发展首脑会议。会上，签署了著名的《联合国气候变化公约》。这一公约的主要条款是要求发达国家在 2000 年前使其温室气体排放量降低到 1990 年的水平。

为使《联合国气候变化公约》得以具体实施，1997 年 12 月，公约成员国在日本京都召开会议，会上通过了具有里程碑意义的、具有法律约束力的国际条约——《京都议定书》。议定书要求发达国家在 2008—2012 年期间，将温室气体的排放总量在 1990 年的基础上至少再降低 5%。这个 5% 的要求是全部工业化国家的平均值，对不同国家因其经济发展情况以及温室气体排放量的不同，议定书有不同的限制要求。例如，大多数东欧国家和欧洲共同体国家的降低程度为 8%，美国为 7%，加拿大和日本均为 6%[38]。

对于发展中国家的温室气体排放限制问题，《京都议定书》中未作出具体的时间规定。因为发展中国家一致反对在近期内对其温室气体排放做出任何限制。这一立场在京都会议期间为大多数工业国家所理解和接受。但一些工业国家在理解上述立场的同时，要求发展中国家做出长远计划（即 2012 年以后），对其温室气体排放进行限制，以实现在全球范围内限制温室气体的排放。

《京都议定书》还规定，发达国家可以在本国或第三国进行植树造林来抵消本国部分 $CO_2$ 排放。这一规定强调了陆地植被，尤其是森林植被在减缓 $CO_2$ 排放中的作用。

　　"失汇"现象作为 20 世纪 70～90 年代,直至现在仍未彻底解决的科学之谜吸引了不少最优秀的科学家为之努力。经过近 1/4 世纪的探索,这一科学之谜正在逐渐被认识。通过这一较长期的、多学科的交叉研究大大加深了人类对大气—海洋—陆地间相互作用以及对陆地生态系统结构和功能的理解,促进了生态学、大气科学、海洋科学以及模型科学等研究领域的发展。通过这些研究,宏观生物学和地球科学得到了长足的进步,也提高了人类对保护绿地、保护森林和植树造林重要性的认识。同时,这些研究的成果也服务于全球环境政策和有关国际法律的制定。例如,国际社会为限制全球 $CO_2$ 排放所达成的《京都议定书》的签署便是这些研究成果的一个重要应用。

　　虽然碳汇研究已经取得了令人鼓舞的成就,但它涉及复杂的生物学、物理和化学的过程,因此还有很多过程和机理尚不清楚,需要学术界进行更广泛的合作,开展进一步深入的探索。今后的研究将是多方面的,例如如何提高碳汇估算方法的时空分辨率,以减少估算的不确定性;在碳循环研究中,增加考虑非 $CO_2$ 形式的碳转化以及不经过生态系统碳库的 $CO_2$ 通量;如何准确预测陆地碳汇随全球变化所发生的变化;如何区分自然因素和人为活动对碳汇的影响,以为制定和实施 $CO_2$ 减排政策提供依据等等。

参考文献

[ 1 ] SCEP ( Study of Critical Environmental Problems ). Man's import on the global environment[M]. Cambridge:MIT Press, 1970.

[ 2 ] REINERSW A. Terrestrial detritus and the carbon cycle[M]// WOODWELL G M, PECAN E V eds. Carbon and the biosphere. New York:United States Atomic Energy Commission, 1973:303 - 327.

[ 3 ] BOLIN B. Change of land biota and their importance for the carbon cycle[J]. Science, 1977, 196(4290):613 - 616.

[ 4 ] TANS P, FUNG I P, TAKAHASHI T. Observational constraints on the global atmospheric $CO_2$ budget[J]. Science, 1990, 247(4949): 1431 – 1438.

[ 5 ] KAUPPI P E, MIELIKÄINEN K, KUUSELA K. Biomass and carbon budget of European forests, 1971 to 1990[J]. Science, 1992, 256(5053): 70 – 74.

[ 6 ] DIXON R K, BROWN S, HOUGHTON R A, et al. Carbon pools and flux of global forest ecosystems[J]. Science, 1994, 263(5144): 185 – 190.

[ 7 ] FAN S, GLOOR M, MAHLMAN J, et al. A large terrestrial carbon sink in North America implied by atmospheric and oceanic carbon dioxide data and models [ J ]. Science, 1998, 282(5388): 442 – 445.

[ 8 ] FIELD C B, FUNG I Y. The not-so-big U. S. carbon sink[J]. Science, 1999, 285 (5427): 544 – 545.

[ 9 ] PACALA S W, HURTT G C, BAKER D, et al. Consistent land- and atmosphere-based U. S. carbon sink estimates[J]. Science, 2001, 292(5525): 2316 – 2320.

[10] JANSSENS I A, FREIBAUER A, CIAIS P, et al. Europe's terrestrial biosphere absorbs 7% ~ 12% of European anthropogenic $CO_2$ emissions[J]. Science, 2003, 300(5625): 1538 – 1542.

[11] FANG J Y, CHEN A P, PENG C H, et al. Changes in forest biomass carbon storage in China between 1949 and 1998[J]. Science, 2001, 292(5525), 2320 – 2322.

[12] MYNENI R B, DONG J, TUCKER C J, et al. A large carbon sink in the woody biomass of northern forests[J]. PNAS, 2001, 98(26): 14784 – 14789.

[13] 方精云,朴世龙,赵淑清. $CO_2$ 失汇与北半球中高纬度陆地生态系统的碳汇[J]. 植物生态学报,2001,25(5): 594 – 602.

[14] SCHIMEL D S, HOUSE J I, HIBBARD K A, et al. Recent patterns and mechanisms of carbon exchange by terrestrial ecosystems[J]. Nature, 2001, 414 (6860): 169 – 172.

[15] PLATTNER G K, JOOS F, STOCKER T F. Revision of the global carbon budget due to changing air-sea oxygen fluxes[J]. Global Biogeochemical Cycles, 2002, 16(4): 1096.

[16] GURNEY K R, LAW R M, DENNING A S, et al. Towards robust regional estimates of $CO_2$ sources and sinks using atmospheric transport models [ J ]. Nature, 2002, 415 (6872): 626 – 630.

[17] HOUGHTON R A. Aboveground Forest Biomass and the Global Carbon Balance [ J ]. Global Change Biology, 2005, 11(6): 945 – 958.

[18] SCURLOCK J M O, JOHNSON K, OLSON R J. Estimating net primary productivity from grassland biomass dynamics measurements[J]. Global Change Biology, 2002, 8 (8): 736 – 753.

[19] RAICH J W, POTTER C S. Global patterns of carbon dioxide emissions from soils[J]. Global Biogeochemical Cycles, 1995, 9(1): 23 – 36.

[20] NILSSON S, JONAS M, STOLBOVOI V, et al. The missing "missing sink" [ J ]. Forestry Chronicle, 2003, 79(6): 1071 – 1074.

[21] SCHIMEL D, MELILLO J, TIAN H Q, et al. Contribution of increasing $CO_2$ and climate to carbon storage by ecosystems in the United States[J]. Science, 2000, 287(5460):

2004 - 2006.

[22] RAYNER P J, LAW R M, DARGAVILLE R. The relationship between tropical $CO_2$ fluxes and the ElNiño- Southern Oscillation[J]. Geophysical Research Letters, 1999, 26 (4): 493 - 496.

[23] CAO M, WOODWARD F I. Net primary and ecosystem production and carbon stocks of terrestrial ecosystems and their response to climate change[J]. Global Change biology, 1998, 4(2): 185 - 198.

[24] SCOTT R L, HUXMAN T E, WILLIAMS D G, et al. Ecohydrological impacts of woody-plant encroachment: seasonal patterns of water and carbon dioxide exchange within a semiarid riparian environment[J]. Global Change Biology, 2006, 12(2): 311 - 324.

[25] POTTER C, KLOOSTER S, TAN P, et al. Variability in terrestrial carbon sinks over two decades: Part2——Eurasia[J]. Global and Planetary Change, 2005, 49(3 - 4): 177 - 186.

[26] CRAMER W, BONDEAU A, WOODWARD F I, et al. Global response of terrestrial ecosystem structure and function to $CO_2$ and climate change: results from six dynamic global vegetation models[J]. Global Change Biology, 2001, 7(4): 357 - 373.

[27] TRUMBORE S E, HARDEN J W. Accumulation and turn over of C in organic and mineral soils of BOREAS northern study area[J]. Journal of Geophysical Research, 1997, 102(D4): 28817 - 28830.

[28] MCLAUGHLIN S, PERCY K. Forest health in North America: some perspectives on actual and potential roles of climate and air pollution[J]. Water Air Soil Pollut, 2000, 116: 151 - 197.

[29] HOUGHTON R A, HACKLER J L, LAWRENCE K T. The US carbon budget: Contributions from land-use change[J]. Science, 1999, 285(5427): 574 - 578.

[30] BARBER V A, JUDAY G. P, FINNEY B P. Reduced growth of Alaskan white spruce in the twentieth century from temperature-induced drought stress[J]. Nature, 2000, 405 (6787): 668 - 673.

[31] GOODALE C L, APPS M J, BIRDSEY R A, et al. Forest carbon sinks in the Northern Hemisphere[J]. Ecol. Appl, 2002, 12 (3): 891 - 899.

[32] LISKI J, PERRUCHOUD D, KARJALAINEN T. Increasing carbon stocks in the forest soils of western Europe[J]. Forest Ecology and Management, 2002, 169(1 - 2): 159 - 175.

[33] NABUURS G J, SCHELHAAS M J, MOHREN G M J, et al. Temporal evolution of the European forest sector carbon sink from 1950 to 1999[J]. Global Change Biology, 2003, 9(2): 152 - 160.

[34] SCHLESINGER W H, LICHTER J. Limited carbon storage in soil and litter of experimental forest plots under increased atmospheric $CO_2$ [J]. Nature, 2001, 411 (6836): 466 - 469.

[35] FANG J Y, GUO Z D, PIAO S L, et al., Estimation of biomass carbon sinks in China's terrestrial vegetation[J]. Accepted by Science in China (D), 2006.

[36] PAN G X, LI L, WU L, et al. Storage and sequestration potential of topsoil organic carbon in China's paddy soils[J]. Global Change Biology, 2003, 10(1): 79 – 92.

[37] 黄耀,孙文娟. 近20年来中国大陆农田表土有机碳含量的变化趋势[J]. 科学通报, 2006,51: 750 – 762.

[38] 高方,郭勤峰. 控制全球温暖化的国际协作:京都协议[M]//方精云主编. 全球生态学,北京:高教出版社与施普林格出版社,2000: 246 – 257.

原载于《自然杂志》2007 年第 1 期

# 灌丛化草原：一种新的植被景观

陈蕾伊　沈海花　中国科学院植物研究所植被与环境变化国家重点实验室

方精云 *　北京大学城市与环境学院,中国科学院植物研究所植被与环境变化
国家重点实验室

## 1　灌丛化草原及其分布

近几十年来,由于全球气候变化与人类土地利用方式的改变,灌木植物在全球草地分布区大面积扩张,这一现象引发了科学界的广泛关注,人们先后用"灌木入侵"(shrub invasion)、"木本植物致密化"(woody thicketization)或者"木本植物入侵"(woody invasion)等术语对其进行表述。其中,Van Auken[1] 提出的"灌丛化"(shrub

---

* 生态学家。主要从事全球变化生态学、生物多样性和生态遥感等方面的科研和教学工作。系统地开展了中国陆地生态系统碳循环的研究,发展了我国陆地生态系统碳储量的计量方法,为评估中国陆地碳收支奠定了方法论基础;对中国植物物种多样性进行过较为系统的调查,完善和发展了生态学代谢理论;较系统地研究了中国植物化学元素的计量特征,提出了"限制元素稳定性假说"。2005 年当选为中国科学院院士。

encroachment）一词被人们广泛认同。随着灌木植物的逐渐增多,原本大面积连片生长的草原被分割成形状不同的斑块,进而在全球草原分布区形成一种新的植被景观,即灌丛-草原连续体,我们将这种灌木植物在草原基质上形成的团块状散布的斑块状植被景观,称为灌丛化草原(shrub-encroached grassland, SEG)[2]。灌丛化草原主要由灌木斑块(灌木植物冠层投影所在的范围)与灌草间隙处草地斑块(灌丛斑块间的空间)组成。今天,灌丛化草原已成为干旱半干旱地区的一种重要植被类型[3-4]。

## 中国的植被类型与灌丛化草原

通俗地说,一个地区内生长的所有植物叫做这个地区的植被。据统计,中国植被种类丰富,全国植被共被划分为 10 个植被型组和 29 个植被型。10 个植被型组分别为针叶林、阔叶林、灌丛、草原和稀树草原、草甸、荒漠、高山稀疏植被、沼泽、冻原和水生植物。其中,草原和稀树草原是以多年生旱生草本植物为主的植被类型,主要分布于温带和高寒带;稀树草原分布在热带;灌丛是灌木占优势的植被类型,分布广泛,其高度一般小于 5 m,盖度 30% ~40%。灌丛化草原,作为一种新的植被类型或植被景观,介于草原与灌丛之间,是在草原基质上灌木植物增多而形成的灌草连续体。在该植被类型中,灌木植物与草本植物同为优势种,灌木盖度一般小于 30%。

在全球,干旱半干旱区域约占陆地总面积的 41%,其中有 10% ~20% 的地区发生了灌丛化[1,5-6]（图 1）。目前,灌丛化草原的研究主要集中于两个区域:北美和非洲南部。在北美,灌丛化的非林地面积约占 3.3 亿 $hm^2$[3,7]（1 $hm^2$ =1 万 $m^2$)。例如,在北美低海拔地区的 Chihuahuan 稀树草原中,灌木植物密度大幅度增加,取代了原有的半干旱草原[8]。在得州稀树草原区,木本植物盖度从 1941 年的 13% 增加到 1983 年的 36%;同时,平均丛幅面积也显著增加[9]。在南非,约有 1 300 万 $hm^2$ 的稀树草原发生了灌丛化[5]。在中国,灌丛化现象也有大量报道[4,6,10-15]。其中,内蒙古草原的小叶锦鸡儿灌丛化现象最为典型,约有 510 万 $hm^2$ 的草原出现了灌丛化[10,16-17]（图 2）。

图 1　全球灌丛化草原景观举例:(a) 美国新墨西哥州的灌丛化荒漠草原;(b) 美国堪萨斯州灌丛化高草草原;(c) 非洲莱索托亚灌丛化高寒草原;(d) 葡萄牙稀树草原未发生灌丛化时的情景;(e) 葡萄牙稀树草原遭受岩蔷薇(*Cistus ladanifer*)灌丛化后的情景

图 2　中国内蒙古灌丛化草原景观,灌木植物将草原植被分割成形状不同的斑块

## 2  灌丛化草原形成的可能原因

一般认为，灌丛化草原的出现是由气候变化和人为活动引起的。在气候变化影响方面，最直接的原因是土壤表层水分含量下降，导致根系分布较浅的植物（尤其是禾本科草本植物）竞争能力下降，灌木侵入扩大[18]；其次，大气中二氧化碳浓度和温度的上升，更有利于灌木植物而不利于一些草本植物的生长[19-20]。在人类活动影响方面，放牧导致的家畜选择性采食使得部分灌木具有竞争优势[21]（图3）。另外，由于气候或人为活动的影响导致草原的火烧频率下降，使得灌木在与草本植物的竞争中处于有利地位[22-23]。实际上，上述因素并非独立发生作用。比如，气温上升或降水减少，会导致地表蒸发和植物蒸腾作用增强；过度放牧可以减少植被覆盖率而增强表面蒸发；土地利用变化（如草原农田化）使地下水位下降，草原土壤表层或浅层的水分环境恶化，导致草本植物生长受阻，灌木植物由于根系较深得以在竞争中取胜[24]。

图3  过度放牧带来的牛羊选择性食草可能增加灌木植物的竞争力

## 3　灌丛化草原的植被特征及其影响因素

对中国灌丛化草原的研究发现,内蒙古灌丛化草原的平均灌木盖度约为 12.8%,灌木斑块大小平均约为 1.22 m²,植物物种数量平均约为 15 种/m²[2]。 作为灌-草连续体,灌丛化草原中的灌木盖度、斑块大小、灌木与草本间的间隙大 小等植被外貌特征都会影响下层植物,同时导致能量、水分和养分空间分布的异 质性。研究还表明,灌丛内外存在明显的环境梯度,与周围裸露地表或草本植被 相比,灌丛斑块的光照、温度、水分以及养分都有显著差异[25-26],因此,灌木斑 块内外草本植物高度、多样性和生物量都有明显差别[2-3,27]。相比而言,灌木内 的草本植物高度更高,但种类和数量都较小(图4)。在区域尺度上,灌木盖度和 斑块大小的主要影响因素是降雨量;灌木高度和斑块密度的影响因素则主要为 温度。在干旱高温的区域,灌木盖度低,斑块小而多;在湿度适中且低温的区域, 灌木盖度高,斑块大而少。与此同时,灌丛化草原中的原生草本植物也会在一定 程度上影响灌木斑块的分布。多样性和植物高度较大的草本植被群落在一定程 度上限制灌木植物的扩张[2]。

图4　灌丛化草原中的灌木斑块和灌草间隙示意图[2]。

## 4  灌丛化草原的物种组成及多样性

在北美的半干旱灌丛化草原中，腺牧豆树（*Prosopis glandulosa*）、天鹅绒牧豆树（*P. velutina*）和牧豆树（*P. juliflora*）等牧豆树属（*Prosopis*）的灌木植物是主要的木本植物（图5）[1]。此外，石炭酸灌木拉瑞尔（*Larrea tridentata*）也常常成为该地区灌丛化草原的优势灌木种类。除了这两大类外，在部分区域，金合欢（*Acacia*）、丝兰（*Yucca*）、仙人掌（*Opuntia*）、刺柏（*Juniperus*）和栎（*Quercus*）等属的植物也时有分布，但其面积较小[1]。在中国，小叶锦鸡儿是灌丛化草原中最常见的灌木植物[17,28]。此外，其他锦鸡儿属植物，如狭叶锦鸡儿、藏锦鸡儿和中

图5　全球灌丛化草原的主要灌木物种和中国灌丛化草原中的主要草本植物

间锦鸡儿等，以及长柄扁桃、油蒿、珍珠猪毛菜等灌木植物也都是中国草原灌丛化过程中的主要物种[15,29]。在草本植物中，糙隐子草、冰草、黄囊薹草、羊草和克氏针茅等是内蒙古灌丛化草原中最常见的多年生草本[2]。

## 5  灌丛化草原土壤的"沃岛效应"

在一些风蚀强烈的地区，由于风力搬运、水土流失以及灌木植物对土壤结构和土壤小气候的改变，在灌丛斑块附近堆积着比周围地表更肥沃的土壤。这种灌木植物聚集土壤养分的现象，被称之为"沃岛效应"（fertile island effect）[13,37]。灌木植物通过对其冠层下环境的修饰作用，不仅富集养分，也形成了比周围环境更加温和的小气候，使得沃岛成为植物更新的适宜地点，并常常吸引动物来此栖息、取食和寻求庇护[13,38]。研究发现，沃岛内土壤有机质[39]、碳氮磷等元素含量[28,40-42]以及微生物生物量[43-44]都明显高于灌丛外。例如，Zhang 等[29]研究了藏锦鸡儿灌丛化草原沙堆内外的土壤养分差异，发现大灌木斑块内土壤有机质含量和总磷含量均高于灌木外的间隙处。程晓莉等[45]和 Li 等[28]对中国内蒙古鄂尔多斯温带荒漠草原的研究也发现，在油蒿灌丛化群落中，土壤有机碳、全氮和可溶性氮在灌丛根系下的含量显著高于灌丛间空白地。

## 6  灌丛化草原的碳循环特征

灌丛化草原的土壤养分及群落物种组成的高度空间异质性，必然导致生态系统碳氮循环及其储量的变化。研究表明，灌丛化草原可能具有明显的增汇作用[5]。例如，Hughes 等[38]发现，与纯草原相比，尽管灌丛化草原的表层土壤（0 ~ 10 cm）的碳氮储量无显著变化，但较深层的碳氮储量显著增加，而且这些影响受植被类型的形成时间、土壤类型以及植物功能性状等因素的控制。然而，灌丛化草原的碳汇功能受到 Jackson 等的质疑，他们基于土壤剖面调查和同位素分析，指出与纯草原相比，灌丛化草原的生态系统碳汇较低，其减少程度与降水量呈显著负相关[46]。但是，Jackson 等的研究范围跨度较大，包括降雨量超过 1 000 mm的区域，这些地方的木本植物更多的为乔木树种，而非灌木植物。因此，现有的研究结果还不足以对灌丛化草原的碳源汇功能进行准确的评估[41]。

# 7 结 语

灌丛化草原的植被特征及其生态功能已成为全球变化研究和干旱区生态学研究中的焦点内容之一。虽然国内外对灌丛化的研究已经取得了令人鼓舞的成就，但它们大多比较零星，所涉及区域较窄，对象灌丛也十分有限，因此还有很多过程和机理尚不清楚。今后的研究将是多方面的。例如：如何利用遥感影像和航空照片，对灌丛化草原的发生过程进行准确辨识；在灌丛化草原发展机理研究中，结合野外控制实验，揭示灌丛化草原在不同水热施肥条件下的可能发展过程；如何准确评估不同区域、不同土壤类型和不同放牧强度下，灌丛化草原的多样性及碳循环特征，并准确预测全球变化对灌丛化草原生态功能的影响；等等。这些研究将为未来干旱半干旱地区的草原管理提供政策建议和技术支撑。

参 考 文 献

[ 1 ] VAN AUKEN O W. Shrub invasions of North American semiarid grasslands[J]. Annual Review of Ecology and Systematics, 2000, 31: 197 – 215.
[ 2 ] CHEN L, LI H, ZHANG P, et al. Climate and native grassland vegetation as drivers of the community structures of shrub-encroached grasslands in Inner Mongolia, China[J].

Landscape Ecology, 2014, doi: 10.1007/s/0980 - 014 - 0044 - 9.

[3] HOUGHTON R A, HACKLER J L, LAWRENCE K T. The U. S. carbon budget: contributions from land-use change[J]. Science, 1999, 285(5427): 574 - 578.

[4] 彭海英,李小雁,童绍玉. 内蒙古典型草原灌丛化对生物量和生物多样性的影响[J]. 生态学报,2013,33(22): 7221 - 7229.

[5] ELDRIDGE D J, BOWKER M A, MAESTRE F T, et al. Impacts of shrub encroachment on ecosystem structure and functioning: towards a global synthesis[J]. Ecology Letters, 2011, 14(7): 709 - 722.

[6] 彭海英,李小雁,童绍玉. 内蒙古典型草原小叶锦鸡儿灌丛化对水分再分配和利用的影响[J]. 生态学报,2014,34(9): 2256 - 2265.

[7] KNAPP A K, BRIGGS J M, COLLINS S L, et al. Shrub encroachment in North American grasslands: shifts in growth form dominance rapidly alters control of ecosystem carbon inputs[J]. Global Change Biology, 2008, 14(3): 615 - 623.

[8] BUFFINGTON L C, HERBEL C H. Vegetational changes on a semidesert grassland range from 1858 to 1963[J]. Ecological Monographs, 1965, 35(2): 139 - 164.

[9] ARCHER S, SCIFRES C, BASSHAM C R, et al. Autogenic succession in a subtropical savanna: conversion of grassland to thorn woodland[J]. Ecological Monographs, 1988, 58(2): 111 - 127.

[10] 周道玮. 内蒙古小叶锦鸡儿灌丛化草地[J]. 内蒙古草业,1990(3): 17 - 19.

[11] 张宏,史培军,郑秋红. 半干旱地区天然草地灌丛化与土壤异质性关系研究进展[J]. 植物生态学报,2001(3): 366 - 370.

[12] 李香真,张淑敏,邢雪荣. 小叶锦鸡儿灌丛引起的植物生物量和土壤化学元素含量的空间变异[J]. 草业学报,2002,11(1): 24 - 30.

[13] 熊小刚,韩兴国. 生态学中的新领域——沃岛效应与草原灌丛化[J]. 植物杂志,2003 (2): 45 - 46.

[14] 熊小刚,韩兴国. 内蒙古半干旱草原灌丛化过程中小叶锦鸡儿引起的土壤碳、氮资源空间异质性分布[J]. 生态学报,2005,25(7): 1678 - 1683.

[15] 郑敬刚,张本昀,何明珠,等. 灌丛化对贺兰山西坡草场土壤异质性的影响[J]. 干旱区研究,2009,26(1): 26 - 31.

[16] ZHANG Z, WANG S P, NYREN P, et al. Morphological and reproductive response of *Caragana microphylla* to different stocking rates[J]. Journal of Arid Environments, 2006, 67(4): 671 - 677.

[17] PENG H Y, LI X Y, LI G Y, et al. Shrub encroachment with increasing anthropogenic disturbance in the semiarid Inner Mongolian grasslands of China[J]. CATENA, 2013, 109: 39 - 48.

[18] KNOOP W T, WALKER B H. Interactions of woody and herbaceous vegetation in a southern African savanna[J]. Journal of Ecology, 1985, 73(1): 235 - 253.

[19] POLLEY H W, TISCHLER C R, JOBNSON H B. Elevated atmospheric $CO_2$ magnifies intra-specific variation in seedling growth of honey mesquite: an assessment of relative growth rates[J]. Rangeland Ecology & Management, 2006, 59(2): 128 - 134.

[20] BOND W J, BUITENWERF R, MIDGLEY G F. CO2 and woody thickening in South African savannas[J]. South African Journal of Botany, 2011, 77(2): 516－516.

[21] COETZEE B W T, TINCANI L, WODU Z, et al. Overgrazing and bush encroachment by Tarchonanthus camphoratus in a semi-arid savanna[J]. African Journal of Ecology, 2008, 46(3): 449－451.

[22] SILVA J F, ZAMBRANO A, FARI AS M R. Increase in the woody component of seasonal savannas under different fire regimes in Calabozo, Venezuela[J]. Journal of Biogeography, 2001, 28(8): 977－983.

[23] M LLER S, OVERBECK G, PFADENHAUER J, et al. Plant functional types of woody species related to fire disturbance in forest-grassland ecotones[J]. Plant Ecology, 2007, 189(1): 1－14.

[24] VAN AUKEN O W. Causes and consequences of woody plant encroachment into western North American grasslands[J]. Journal of Environmental Management, 2009, 90(10): 2931－2942.

[25] MORO M J, PUGNAIRE F I, HAASE P, et al. Effect of the canopy of Retama sphaerocarpa on its understorey in a semiarid environment[J]. Functional Ecology, 1997, 11(4): 425－431.

[26] LIU F, BEN WU X, BAI E, et al. Spatial scaling of ecosystem C and N in a subtropical savanna landscape[J]. Global Change Biology, 2010, 16(8): 2213－2223.

[27] LETT M S, KNAPP A K. Woody plant encroachment and removal in mesic grassland: production and composition responses of herbaceous vegetation[J]. The American Midland Naturalist, 2005, 153(2): 217－231.

[28] LI P X, WANG N, HE W M, et al. Fertile islands under Artemisia ordosica in inland dunes of northern China: Effects of habitats and plant developmental stages[J]. Journal of Arid Environments, 2008, 72(6): 953－963.

[29] ZHANG P, ZHAO L, BAO S, et al. Effect of Caragana tibetica nebkhas on sand entrapment and fertile islands in steppe-desert ecotones on the Inner Mongolia Plateau, China[J]. Plant and Soil, 2011, 347(1/2): 79－90.

[30] SIRAMI C, SEYMOUR C, MIDGLEY G, et al. The impact of shrub encroachment on savanna bird diversity from local to regional scale[J]. Diversity and Distributions, 2009, 15(6): 948－957.

[31] RATAJCZAK Z, NIPPERT J B, HARTMAN J C, et al. Positive feedbacks amplify rates of woody encroachment in mesic tallgrass prairie[J]. Ecosphere, 2011, 2(11): art121.

[32] SU Y Z, ZHAO H L. Soil properties and plant species in an age sequence of Caragana microphylla plantations in the Horqin Sandy Land, North China[J]. Ecological Engineering, 2003, 20(3): 223－235.

[33] WARDLE D A, BARDGETT R D, CALLAWAY R M, et al. Terrestrial ecosystem responses to species gains and losses[J]. Science, 2011, 332(6035): 1273－1277.

[34] MAESTRE F T, BOWKER M A, PUCHE M D, et al. Shrub encroachment can reverse desertification in semi-arid Mediterranean grasslands[J]. Ecology Letters, 2009, 12

(9): 930 - 941.

[35] MCCLARAN M P, MOORE-KUCERA J, MARTENS D A, et al. Soil carbon and nitrogen in relation to shrub size and death in a semi-arid grassland[J]. Geoderma, 2008, 145(1/2): 60 - 68.

[36] HOWARD K S C, ELDRIDGE D J, SOLIVERES S. Positive effects of shrubs on plant species diversity do not change along a gradient in grazing pressure in an arid shrubland [J]. Basic and Applied Ecology, 2012, 13(2): 159 - 168.

[37] SCHLESINGER W H, RAIKES J A, HARTLEY A E et al. On the spatial pattern of soil nutrients in desert ecosystems[J]. Ecology, 1996, 77(2): 364 - 374.

[38] HUGHES R F, ARCHER S R, ASNER G P, et al. Changes in aboveground primary production and carbon and nitrogen pools accompanying woody plant encroachment in a temperate savanna[J]. Global Change Biology, 2006, 12(9): 1733 - 1747.

[39] THROOP H L, ARCHER S R. Shrub (Prosopis velutina) encroachment in a semidesert grassland: spatial-temporal changes in soil organic carbon and nitrogen pools[J]. Global Change Biology, 2008, 14(10): 2420 - 2431.

[40] PARIZEK B, ROSTAGNO C M, SOTTINI R. Soil erosion as affected by shrub encroachment in northeastern Patagonia[J]. Journal of Range Management, 2002, 55 (1): 43 - 48.

[41] MCKINLEY D, BLAIR J. Woody plant encroachment by Juniperus virginiana in a mesic native grassland promotes rapid carbon and nitrogen accrual[J]. Ecosystems, 2008, 11 (3): 454 - 468.

[42] SKOWNO A L, BOND W J. Bird community composition in an actively managed savanna reserve, importance of vegetation structure and vegetation composition[J]. Biodiversity and Conservation, 2003, 12(11): 2279 - 2294.

[43] LIAO J D, BOUTTON T W. Soil microbial biomass response to woody plant invasion of grassland[J]. Soil Biology and Biochemistry, 2008, 40(5): 1207 - 1216.

[44] MAZZARINO M J, OLIVA L, ABRIL A, et al. Factors affecting nitrogen dynamics in a semiarid woodland (Dry Chaco, Argentina)[J]. Plant and Soil, 1991, 138(1): 85 - 98.

[45] 程晓莉,安树青,李远,等.鄂尔多斯草地退化过程中个体分布格局与土壤元素异质性[J].植物生态学报,2003(4): 503 - 509.

[46] JACKSON R B, BANNER J L, JOBBAGY E G, et al. Ecosystem carbon loss with woody plant invasion of grasslands[J]. Nature, 2002, 418(6898): 623 - 626.

# 中国西北干旱区土地退化与生态建设问题

郑　度* 　中国科学院地理科学与资源研究所

中国西北干旱区的开发历史悠久,在西部大开发战略部署下又受到社会各界的密切关注。本文从自然地理学角度阐述了西北干旱区自然环境的基本特征,并就环境与发展协调中的土地退化、生态建设以及区域发展中水土资源利用等问题进行了探讨。

# 1　西北干旱区自然环境的基本特征

我国西北干旱区是与东部季风区、青藏高原区并列的、各具特色、分异明显

* 自然地理学家。建立了珠穆朗玛峰地区垂直带主要类型的分布图式,划分了青藏高原的垂直自然带为季风性和大陆性两类带谱系统,构建其结构类型组的分布模式,揭示其分异规律建立了横断山区干旱河谷的综合分类系统,证实并确认高原寒冷干旱的核心区域阐明了高海拔区域自然地域分异的三维地带性规律,建立适用于山地与高原的自然区划原则和方法,拟订的青藏高原自然地域系统方案得到广泛的应用。1999年当选为中国科学院院士。

的三大自然区之一。干旱区指气候干燥、降水较少的区域,由于蒸发(包括蒸腾在内)大于降水,而成为干旱缺水的地区。对于干湿程度不同所引起的自然界的地域分异,科学家们拟订了相应的气候指标来加以划分。通常用干燥度,即潜在蒸发对降水的比值,可以近似地代表一地的干湿程度。因为,降水代表水分的最主要来源,而潜在蒸发(即蒸发蒸腾的气候因素)则代表在土壤水分充足的条件下,矮秆作物或短草最主要的水分支出。干湿地区划分的主要依据应当是与干湿状况相关的植被、土壤等自然现象。在划分以后,与干燥度的分布作对比,选取如下比较接近的数值作为参考:湿润地区干燥度在 1.0 以下,半湿润地区与半干旱地区之间分界线附近干燥度在 1.5 左右,干旱地区干燥度则在 3.5 以上[1]。

虽然东部季风区和青藏高原区范围内也有一定面积的干旱地区和半干旱地区分布,但本文将仅限于在自然地理学家所划分的西北干旱区内来讨论土地退化与生态建设等问题。我国西北干旱区幅员辽阔,包括内蒙古东部半干旱地区的草原地带,内蒙古西部、宁夏、甘肃和新疆等省区干旱地区的荒漠地带。我国西北干旱区的基本自然特征,大体可以按照半干旱地区和干旱地区分别表述如下[2]:

半干旱地区 降水量比可能蒸发的水分少,其差值较大。天然植被主要为干草原,土壤中多有钙积层,有机质含量低,可给性矿质养分较少,在排水不良的地方,盐渍化迅速。在没有灌溉的条件下,可以耕种,但生产很不稳定,如没有适当措施,风力侵蚀土壤亦将引起地力逐渐衰退。各年降水量变化大,常有旱患,往往成灾。受地方因素作用,部分海拔较高的山地、阴坡或水分条件较好的地方,也可以有灌丛或森林生长。

干旱地区 降水量比可能蒸发的水分少,而且两者差值很大。除地方性因素所造成的特殊情况外,天然植被为半荒漠与荒漠,土壤呈石灰性,有机质含量低,可给性矿质养分少。在排水不良的地方,盐渍化很迅速。除非采取特殊措施(如甘肃的砂田),无灌溉即不能耕种。但在某些水分稍好的山前地域,无灌溉亦能耕种,由于各年降水量变化大,其生产情况反而比半干旱地区更差一些。

了解西北干旱区上述干湿程度的区域差异是很必要的,人们可以根据不同区域的具体自然条件来拟订退化土地综合整治和生态建设的对策与措施,也为规划土地与水资源的合理开发利用,提供科学的宏观区域框架。

# 2 土地退化问题

土地退化指由于人类不合理利用土地及气候变化等自然因素发生逆变,或两者共同作用,导致土地质量降低,土地生产潜力衰减或丧失的过程及结果。在干旱、半干旱地区土地退化的主要类型有:风力吹蚀作用形成的土地沙漠化(沙质荒漠化),排水不良蒸发强烈形成的土地盐渍化,人类过度垦殖、超载过牧引起的草地退化等。它们的形成与演化过程不一,其整治战略和措施也迥然有别。强烈的土地退化加剧了人口、土地与粮食的矛盾,社会、经济与生态的后果严重,成为影响生产持续发展和人民生活水平提高的重要制约因素。为了维持人类社会的生存空间,必须采取有效措施,防止土地进一步退化,使退化土地得以恢复,以充分发挥其生产潜力,促进区域的可持续发展。

## 2.1 沙漠化土地的分布

土地沙漠化是西北干旱区突出的环境问题,指在干旱、半干旱地区脆弱的自然环境背景下,过度的人类活动导致生态失衡,造成类似沙漠景观的土地退化,出现土地沙漠化过程,或沙漠化影响的土地。沙漠化过程大体包括沙地(丘)活化、草原灌丛沙漠化、土壤风蚀粗化以及土地的不均匀切割等4种过程。在西北干旱区东部半干旱地区的草原地带,沙漠化土地多为成片分布;在西部干旱地区的荒漠地带,沙漠化土地则集中分布于沙漠绿洲的边缘,它们连接起来呈裙带状镶嵌在沙漠的外围[3]。

我国干旱、半干旱区沙漠化(风沙化)土地分别为 $10.3 \times 10^4 \ km^2$ 和 $21.8 \times 10^4 \ km^2$,占全国沙漠化土地的 27.8% 和 58.8%[4]。据统计,2000 年我国北方有

沙漠化土地 $38.57 \times 10^4\ km^2$，其中：轻度沙漠化土地 $13.95 \times 10^4\ km^2$，中度沙漠化土地 $9.98 \times 10^4\ km^2$，重度沙漠化土地 $7.91 \times 10^4\ km^2$，严重沙漠化土地 $6.75 \times 10^4\ km^2$，分别占 36.1%、25.9%、20.5% 和 17.5%。与 20 世纪 80 年代中后期监测结果相比，轻度沙漠化比例减少，中度沙漠化比例基本稳定，重度沙漠化比例增加[3]。这与沙漠化土地发展规律以及"先易后难"的治理结果是大体相符的。

## 2.2 土地盐渍化

土地盐渍化又称盐碱化，指盐分在土壤中积聚，形成盐渍化土壤或盐渍土的过程。土地盐渍化现象主要发生于干旱、半干旱地区，由于地面蒸发作用较大，地下水的矿化度高，使底层土和地下水中所含的盐分随着土壤毛细管水上升并积聚于表土。在不合理的耕作灌溉条件下，易溶盐类在表土积聚，也能引起土壤盐渍化，称为土地次生盐渍化。

据统计，新疆耕地次生盐渍化最严重，共 $126.39 \times 10^4\ hm^2$（$1\ hm^2 = 10^4 m^2$），占耕地面积 30.58%；内蒙古次之，为 $179.76 \times 10^4\ hm^2$，占耕地面积 23.8%[4]。内蒙古后备灌区耕地从 1950 年的 $19.5 \times 10^4\ hm^2$ 增至 1973 年的 $37 \times 10^4\ hm^2$，而灌溉面积中的盐碱地由 $3 \times 10^4\ hm^2$ 增加至 $21.1 \times 10^4\ hm^2$，占耕地面积的 57%[5]。新疆后备耕地资源中盐渍化土地 $556.16 \times 10^4\ hm^2$，占 58.49%，居各省区之首。甘肃、宁夏、内蒙古后备耕地资源中盐渍化土地面积分别占 40.28%、22.79% 和 9.46%。1990 年以后开垦的部分荒地，仅新疆就增加耕地面积 $39.4 \times 10^4\ hm^2$，甘肃、宁夏等新垦灌区，灌溉后引起地下水位升高，导致新增耕地绝大部分都有不同程度的次生盐渍化[4]。盐渍化土壤与盐渍土的改良一般考虑流域治理与综合治理，并注重改土和治水相结合、排水与灌溉相结合的基本原则。总之，对西北干旱区而言，无论是提高当前土地利用率和耕地单产，还是将来扩大可耕地面积，土地盐渍化始终是非常重要的制约因素。

## 2.3 草地退化及其原因

在干旱、风沙、盐碱等不利自然因素的影响下，或在过度放牧、滥割、滥挖草地植物等不合理利用的情况下,引起草地牧草生物产量降低、品质下降、草地环境恶化、草地利用性能降低,甚至逐渐失去利用价值的过程称为草地退化。我国西部分布着 5 大牧场,天然草地面积33 144 × $10^4$ $hm^2$,占西部地区总面积的48.2%。甘肃、新疆、内蒙古退化草地面积变化于 42% ~ 87% 之间。与 20 世纪80 年代中期相比,退化草地面积正在扩大。以内蒙古为例,20 世纪 70 年代末退化草地面积21. 34 × $10^4$ $hm^2$,占可利用草地面积的 36%,而 1995 年达 38. 70 × $10^4$ $hm^2$,占可利用草地面积的 60%。15 年间退化草地面积增加了 17. 36 × $10^4$ $hm^2$,平均每年扩大 1. 16 × $10^4$ $hm^2$,即可利用草地面积每年以 1. 9% 的速度退化。

人类活动与气候变化是导致草地退化的重要原因。大量调查研究表明,近30 年大面积草地退化主要是由于人类不合理的活动所致,超载过牧、草畜供需失衡是主要矛盾,也有盲目开垦、滥樵乱采、工矿开发等的负面影响[5]。不合理的政策导向也是草地退化的重要原因。据统计,从 1991 年到 1995 年,政府用于草原牧区的建设费用每年约 1 亿元,每公顷可利用草地仅 0. 45 元[6]。长期以来重视草地作为畜牧业基地的生产功能,轻视其生态功能,致使对草地的投入很少,草地生态系统的产出多于投入。

# 3  生态建设应尊重自然

在我国西北干旱区的发展战略中,生态建设是重要的内涵。陆地表层上主要生态系统类型的分布取决于温度水分条件的组合,形成受自然地带规律制约的空间格局。现按照尊重自然的原则讨论生态建设中有关植树造林、生态修复和自然保护区建设等问题。

## 3.1  植树造林与"绿化工程"

长期以来,普遍存在着"绿化"就是植树造林,生态建设就是植树造林的片面认识。这主要是由于人们对自然地带规律缺乏了解所致。通常在受季风作用影响的我国东部湿润和半湿润地区,温度水分条件好,有天然森林分布,也可以植树造林。在半干旱、干旱地区则仅在山地的适宜部位有森林分布,局部地段可以植树,但大面积造林则不合适。有学者提出以森林覆被率作为我国各个区域可持续发展的共同指标之一,这是值得商榷的。以我国西北干旱区为例,适宜森林生长分布的区域有限,目前一些省区的森林覆被率多在5%以下。如果要求这些省区大面积植树造林,以达到对东部湿润、半湿润地区同样要求的森林覆被率指标,是不符合自然地带规律的。因此,半干旱、干旱气候下各省区环境与发展的协调应当因地制宜,既不应背上森林覆被率低的包袱,也不应片面追求不切实际的造林指标[7]。

　　然而,在西北干旱区仍可以看到引水灌溉植树建造机场高速的"绿化带",或在部分高速公路两侧山丘沿等高线挖坑种植灌木,进行喷灌以营造"绿化工程"。结果是事与愿违,既不见林带,又破坏了原已十分脆弱的地表植被和土壤。有关部门甚至提出要在乌鲁木齐市郊拍卖荒漠山丘土地,以承包方式实施"植树绿化"的计划。在我国西北干旱区绿洲边缘虽然可以适当地营建小规模的农田防护林,但是不宜大面积造林,更不应过分渲染、夸大防护林的作用。有学者根据干旱、半干旱区自然地带特点,提出应当重新审视三北防护林建设问题[8]。因为在西北干旱、半干旱区大规模营造防护林,既无助于防患沙尘暴,也不符合水资源短缺的客观实际,还存在许多需要改进的问题[5]。三北防护林建设项目区域范围总面积达$394.5 \times 10^4 \ km^2$,其中荒漠占55%,草原和荒漠草原占20%。在这样的自然条件下大规模造林,完全违背客观的自然地带规律[9]。对于重大的改造大自然的计划或工程,必须开展动态监测,不断地总结成功经验,吸取失败教训,及时加以修正和改进。否则就会像马克思引自比·特雷莫的名言所说:"不以伟大的自然规律为依据的人类计划,只会带来灾难。"

## 3.2　生态修复与封育管理

据沙坡头定位站的试验研究,在流动沙丘沙表层的结皮形成后,将导致降水在沙地中的分配浅层化,这是人工植被中柠条(*Caragana korshinskii*)衰退,而浅根的油蒿(*Artemisia ordosica*)得以生存的主要原因之一[10]。在腾格里沙漠南缘,多年平均降水量仅175 mm、地下水埋深67 m的甘肃古浪县东北部荒漠植被演替的观测研究也表明,土壤生物结皮引起土壤水分的浅层化,导致花棒(*Hedysarum scoparium*)、柠条、沙蒿(*Artemisia sphaerocephala*)等深根植物逐渐衰退,而形成以油蒿为单一优势种的荒漠植被。可见,坚持封育保护,禁止放牧、砍柴等人为破坏活动,可以保护土壤生物结皮,从而实现防风固沙的目标[11]。

因此,沙漠化整治的目标不应是片面追求植被覆盖度的不断增加。许多研究表明,通过对现有植被的封护管理,减少和避免人类扰动,可以使退化植被自然更新与恢复,促进沙漠草、灌自然植物发育,从而可减低区域内流沙活动,防止造成新的破坏和沙漠化土地的蔓延,对沙区的可持续发展有重要作用[12]。我国的沙漠化有明显的地带性特点,干旱区荒漠植被对极端生境的适应性强,一旦遭到破坏,其生态的自我修复能力也就受到限制。所以沙漠化治理的基本原则是对现有的植被加以保护,充分利用生态系统自我调节和自我修复的功能[13]。

### 3.3 自然保护区建设与作用

沙漠作为大自然的产物有其形成、演化和发展的自然规律。20世纪50年代以来,对西北干旱区开发的成功经验与失败教训值得认真总结与吸取。例如,在准噶尔盆地位于天山北麓冲积平原的莫索湾地区,原有天然植被较好,由于不合理的大规模垦殖,强度樵采薪柴和过度放牧,导致沙丘活化严重。虽然采取了防治沙漠化的措施,如建立乔灌木防护林带保护农田,恢复沙丘天然植被等,也取得一些成效,但大多为消极被动的亡羊补牢之举。

准噶尔盆地有较多的降水,是温带荒漠中生物多样性最为丰富的区域之一,也是温带干旱区重要的基因宝库。古尔班通古特沙漠以固定、半固定沙丘为主,有大面积的白梭梭(*Haloxylon persicum*)和梭梭(*H. ammodendron*)林生长,还有独特的春季短命植物,在我国干旱区中独具一格。虽然受人类不合理活动的影响原有植被遭到破坏,但只要采取适当的封育措施,将能较快地恢复演替为相应的顶级群落。建议加强对整个古尔班通古特沙漠的自然保护,划定有特别价值的地区建立自然保护区或国家荒漠公园[5]。

图1　古尔班通古特沙漠的梭梭林

横贯新疆中部的天山在西北干旱区中有着特殊的地位,目前有各类自然保护区 15 个,总面积达 10 438 km$^2$。它们除在保护天山的珍稀动植物及生态系统方面具有特别重要的价值外,在保护天山原始的自然生态系统与环境,如冰川、地貌、森林、草原及其水源涵养能力,以及水土保持、调节气候等方面都有重要作用[14]。无论是山地、盆地还是沙漠等多处自然保护区在保护干旱区自然环境和各族人民的家园方面都有着不可替代的作用。

# 4　土地与水资源的开发利用

环境整治和生态建设与区域可持续发展有着密切的关系。干旱区在区域发展中涉及土地与水资源的合理开发利用以及区域间环境与发展协调等问题。

## 4.1　土地资源的垦殖利用

在 20 世纪 50～60 年代,西北干旱区的开发多以土地资源的垦殖利用为主。

农垦在当时起到积极的作用并取得明显的成绩,然而大面积垦殖对环境所产生的负面效应也很突出。人工绿洲的建立和扩大有很大一部分是以破坏荒漠林为代价的。以新疆为例,从 1949—1979 年的 30 年间共垦荒 346.67 × 10⁴ hm²,其中有38.5%为荒漠的乔、灌木林。从 1950 年至 1998 年,新疆累计垦荒 392.8 × 10⁴ hm²,加上原有耕地,应有耕地面积 513.8 × 10⁴ hm²。而 1998 年实有耕地 331 × 10⁴ hm²,丧失耕地面积 182.8 × 10⁴ hm²,丧失率达 35.6%。如按新垦荒地计算,丧失率则高达 46.5%,其中除少数为建设占用外,绝大部分为再次返荒[15]。可见,西北干旱区虽然地域广阔,但适宜农耕的土地大多已经开垦利用。何况后备耕地资源中,盐渍化土地面积所占比例很高。今后应以提高现有农田的产出为主,而不应盲目开荒垦殖扩大耕地面积。近年新疆有关部门提出垦殖千万亩以上荒地的计划,并且部分已经启动实施,引起人们的关注和担忧。

## 4.2　水资源开发利用问题

与世界其他荒漠区相比,我国西北干旱区得天独厚。一系列高山上发育着许多山地冰川,为荒漠绿洲的发展提供重要的水源。目前主要问题是水资源利用不充分,管理不善、效率低下且浪费很大。水是干旱区十分紧缺的资源,在节约田间灌溉用水方面,需要结合当地条件做切实的科学试验,研制出适宜于干旱区应用的技术手段。地膜覆盖农业在干旱区的发展前景很大,在薄膜塑料覆盖下,既能获得充足的光合有效辐射能,消除日温变化大的缺点,又可以节约水的消耗,将有利于扩展各种植物生长。当然也应研究立地条件改变后,对土壤、土壤动物和土壤微生物的影响[16]。当前北疆山麓平原绿洲地下水超采开发,地下水位急剧下降,严重威胁着该地区绿洲的生态安全与可持续发展。

有人从湿润地区的角度出发,认为调水到西北干旱区是开发和整治的必要前提。他们以为只要有充足的水,沙漠、戈壁都可以变良田,粮食、棉花、水果都是优质品。于是有人提出"东水西调,彻底改造北方沙漠"的设想,也有人主张从雅鲁藏布江调水 400 亿 m³ 到新疆,认为完全具备了相应的科学技术能力。然而他们却不知道干旱区的问题不是调水能解决的,客观存在的自然地带性规律是不以人们的意志为转移的。在干旱区内的跨流域引水工程计划需要十分谨慎，应当以服务城市和工矿用水为主要目标，而不宜调水用于垦殖发展农业，否则将破坏天然植被，加重土壤次生盐渍化。无论从自然条件看，还是从社会经济发展角度出发，为开发西北干旱区而进行大规模的、远距离跨流域调水的设想，都存在可行性、市场需求、投资效益等诸多问题，需要慎重分析，决不可轻率决策[7]。

## 4.3　石羊河下游绿洲的危机

自然界是有机的整体，区际间彼此联系、相互制约，上下游之间的作用与影响更为突出。石羊河下游的民勤绿洲，开发历史悠久。至 20 世纪上半叶，风沙压埋土地 $1.74 \times 10^4 \ hm^2$，土地沙漠化严重。20 世纪 50 年代末至 80 年代初，采取一系列生物与工程措施相结合的办法，开展大规模的沙漠化整治，围绕绿洲基本建成了林、灌、草相结合的防风固沙体系，保证绿洲人民的生产和生活安全[17]。因此，民勤成为当时著名的治沙先进县，约有 30 年未发生过大的沙丘迁移及沙埋庄园的事件。但其成功经验和有效措施存在一定的局限性，需要分析其适用的区域范围和具体的自然条件，还应对整治的过程与动态演化进行监测，预测其未来的发展趋势，不断加以总结和提高。

20 世纪 50 年代以来民勤绿洲曾经建成以沙枣林为主的防护林体系，并大面积加以推广。截至 1991 年，累计营造沙枣林 $1.7 \times 10^4 \ hm^2$，灌木林 $2.7 \times 10^4 \ hm^2$。由于地下水位迅速下降，导致严重衰退，$0.6 \times 10^4 \ hm^2$ 沙枣林成片死亡，$0.6 \times 10^4 \ hm^2$ 枯梢，$0.8 \times 10^4 \ hm^2$ 人工灌木林死亡[18]。可见在干旱荒漠区的绿洲，防护林带的营造不宜片面追求林地覆被面积的比例，而应适度安排。否则，区域地下水位急剧下降，不仅影响农牧业生产的发展，所营造的林带也将衰败而失去作用，使沙漠化卷土重来。

石羊河流域水资源利用缺乏长远规划和统一管理，中游武威盆地的开发规模大、用水量多，导致下游水资源匮缺、耕地撂荒，流域的环境平衡失调。进入民勤绿洲的径流量从 20 世纪 50 年代的每年 $5.88 \times 10^8 \ m^3$，减少至 21 世纪初的每年 $1.1 \times 10^8 \ m^3$。由于人口增长导致资源环境的压力加大，从 1987 年到 2001 年

图2　石羊河下游
的土地沙漠化

图3　民勤绿洲成
片死亡的沙枣林

图4　民勤绿洲边
缘沙地上栽植的梭
梭灌丛

图 5　沙坡头铁路防沙治沙

民勤绿洲耕地的毛面积净增加 $2.75 \times 10^4$ hm$^2$，而水资源浪费严重，普遍采用漫灌、串灌等方式，灌溉定额高达 10 050 m$^3$ · hm$^{-2}$，水资源利用效率平均为(生产粮食)0.49 kg · m$^{-3}$[19]。为保证灌溉，民勤绿洲从 20 世纪 70 年代中期以来，每年超采地下水 $2.4 \times 10^8$ m$^3$，到 90 年代初累计超采 $36.3 \times 10^8$ m$^3$，地下水位区域性下降了 4～17 m，形成总面积近 1 000 km$^2$ 的三个降落漏斗，漏斗中心水位每年下降 0.6～1.0 m[20]。由于地下水位下降，水质矿化度增高，造成盐碱地扩展、植被衰败、沙丘活化的严重后果。如不及早加以调控，石羊河下游生态与环境恶化的前景不堪设想。

　　民勤绿洲是遏制腾格里沙漠和巴丹吉林沙漠南侵、保卫武威绿洲的外围屏障，民勤绿洲的沙漠化，必然使武威绿洲唇亡齿寒[21]。对石羊河流域沙漠化土地分布状况的分析表明，由区域经济发展不平衡导致的区域间资源分配的不合理，是下游地区沙漠化的根本原因，而中游地区的环境退化又是下游地区沙漠化的必然结果[22]。可见，作为整体的流域，无论是发展还是环境都需要上下游兼顾、统筹安排，要将沙漠化的综合整治、生态建设和区域发展结合起来，处理好流域内上下游地区资源、环境和发展的协调。

# 5  结　语

　　我国西北干旱区的开发是一个长期的过程,面对干旱区复杂而脆弱的自然环境,如何处理好人与自然的关系是非常重要的。干旱区的土地退化问题主要为土地沙漠化、土地盐渍化和草地退化。在生态建设中应当尊重自然,不宜大面积植树造林、片面追求森林覆被率的提高。采取生态修复和建立自然保护区等措施有助于环境整治与生态建设。在区域发展中应当重视土地与水资源的合理开发利用以及区域间环境与发展的协调等问题。

参考文献

[ 1 ]黄秉维. 中国综合自然区划纲要[M]//中国科学院地理研究所. 地理集刊(自然区划方法论)·第 21 号. 北京:科学出版社,1989:1－9.

[ 2 ]黄秉维. 中国综合自然区划图[M]//《黄秉维文集》编辑组. 地理学综合研究——黄秉维文集. 北京:科学出版社,2003:320－324.

[ 3 ]王涛主编. 中国沙漠与沙漠化[M]. 石家庄:河北科学技术出版社,2003:142－161.

[ 4 ]王绍武,董光荣主编. 中国西部环境特征及其演变[M]. 北京:科学出版社,2002:104－144.

[ 5 ]王苏民,林而达,佘之祥主编. 环境演变对中国西部发展的影响及对策[M]. 北京:科学出版社,2002:54－86,181－182.

[ 6 ]李博. 中国北方草地退化及其防治对策[J]. 中国农业科学,1997,30(6).

[ 7 ]郑度. 西部开发中的生态与环境建设问题[M]//中国地理学会自然地理专业委员会. 全球变化区域响应研究. 北京:人民教育出版社,2000:67－76.

[ 8 ]伍光和,潘晓玲. 西北地区土地利用/土地覆被若干理论与实践问题的思考[M]//中国地理学会自然地理专业委员会. 土地覆被变化及其环境效应. 北京:星球地图出版社,2002:16－21.

[ 9 ]陈宜瑜主编. 气候与环境变化的影响与适应、减缓对策[M]. 北京:科学出版社,

2005：315－320.

[10] 冯金朝,等.沙区人工植被的耗水特征与水量平衡[M]//中国科学院沙坡头沙漠试验研究站.沙漠生态系统研究.兰州：甘肃科学技术出版社,1995：143－148.

[11] 王继和,马全林,等.干旱区沙漠化土地逆转植被的防风固沙效益研究[J].中国沙漠,2006,26(6)：903－909.

[12] 满多清,吴春荣,徐先英,等.腾格里沙漠东南缘荒漠植被月变化特征及生态修复[J].中国沙漠,2005,25(1)：140－144.

[13] 马立鹏,罗万银,王瑜林.甘肃省沙漠化土地封禁保护区建设研究[J].中国沙漠,2005,25(4)：592－598.

[14] 胡汝骥主编.中国天山自然地理[M].北京：中国环境科学出版社,2004：420－430.

[15] 陈亚宁主编.干旱荒漠区生态产业建设理论与实践[M].北京：科学出版社,2004：19－25,41－48.

[16] 黄秉维.关于西北干旱区农业可持续发展问题[M].//《黄秉维文集》编辑组.地理学综合研究——黄秉维文集.北京：科学出版社,2003：388－391.

[17] 高志海,等.民勤绿洲的荒漠化过程及其驱动模式[J].中国沙漠,2004,24(增刊)：20－24.

[18] 沈大军,等.石羊河流域水资源问题的制度原因及对策[J].自然资源学报,2005,20(2)：293－299.

[19] 纪永福.甘肃河西生态环境建设的思路和对策[J].中国沙漠,2004,24(增刊)：45－49.

[20] 袁生禄.石羊河流域水资源大规模开发对生态环境的影响[J].干旱区资源与环境,1991,5(3)：44－52.

[21] 冯绳武.石羊河下游民勤绿洲的沙漠化问题[M]//冯绳武.区域地理论文集.兰州：甘肃教育出版社,1992：74－81.

[22] 薛娴,王涛,姚正毅,等.从石羊河流域沙漠化土地分布看区域协调发展[J].中国沙漠,2005,25(5)：682－688.

原载于《自然杂志》2007 年第 1 期

# 全球变暖背景下中国旱涝气候灾害的演变特征及趋势

黄荣辉*　　　杜振彩　中国科学院大气物理研究所

# 1 引　　言

气候是人类及一切生物赖以生存的最重要的条件,人们无论从事工农业生产或日常生活都离不开气候,因此,全世界人民愈来愈认识到气候变化严重地影响着人类的生存环境。气候变化影响着全球所有国家的工农业生产,特别是影响着粮食生产、交通运输、能源消耗和水资源,而水资源又与人民生活密切相关;反过来,人类的生产和生活活动又严重地影响着气候变化,这正是近年来国际上重视对气候变化研究的主要原因。

气候是不断地变化着,甚至有时会发生较大的异常,产生灾害。近年来,世界

*　气象学家。对大气中准定常行星波形成、传播和异常机理进行了系统研究,提出了准定常行星波在球面三维大气中的传播理论,证明了球面大气行星波的波作用守恒,与 Nitta 同时发现热带西太平洋暖池热状态及暖池上空对流活动对东亚夏季大气环流与气候异常起着重要作用,提出了影响中国夏季气候的大气环流的遥相关型及其理论。近年来致力于亚洲季风与 ENSO 循环相互作用和气候灾害机理的研究。1991 年当选为中国科学院学部委员(院士)。

上接连不断地发生大范围、持续性气候异常,每年给全世界带来约 600 亿美元以上的经济损失。气候变化与异常已是影响世界每一个国家和地区经济建设以及经济和社会可持续发展的重要因素,因此,气候变化与异常及其对经济和社会的影响不仅成为国际科学界的一个非常重要的研究课题,而且也是全世界每一个国家、每一个地区在制定社会和经济发展规划时必须认真考虑的一个重要问题。

　　中国地处东亚季风区,东临太平洋,西有世界上最高的高原——青藏高原。受季风以及地理位置、地形和地貌等因素影响,中国气象灾害不仅种类多,而且发生频率高,是国际上气象灾害频发的国家之一。气象灾害每年造成的经济损失约占中国自然灾害总损失的71%,在 20 世纪 90 年代气象灾害每年造成的损失可占到国内生产总值(GDP)的 3% ~ 6%,其中约 80% 是旱涝气候灾害所造成。近年来,随着全球气候变暖,不仅季风变异引起的旱涝气候灾害在加剧,而且引起洪涝灾害的台风、暴雨等突发性天气灾害频繁发生。这些频发多样的气象灾害不仅给中国人民生命财产及社会发展带来了严重影响,每年造成约 $2 \times 10^{10}$ kg(即 200 亿 kg)的粮食损失和 2 000 亿元以上的经济损失,而且还严重影响水资源,从而带来一系列的社会和环境问题。

## 2　中国旱涝气候灾害的严重性

　　所谓气候灾害是指在某段时间或时期内由于降水、气温或风力偏离气候平均的距平值超过一定范围,从而造成灾害,并威胁到人类的生存与生物的成长,甚至破坏人类生存环境和生物生长环境,导致人民生命财产和经济损失。因此,气候灾害是大范围、长时间的气候异常造成的灾害,如长时间气温偏高、偏低,或降水量偏多、偏少,风力偏强等,这些气候异常会带来干旱、洪涝、低温、冷害和沙尘暴等灾害。气候灾害是全世界自然灾害中最常见、发生最频繁的一种灾害。在中国,旱涝气候灾害造成的农作物受灾面积可占受灾农作物总面积的 70% 以上(见图 1),特别是 1998 年夏季长江流域和嫩江、松花江流域发生了长时间的降水,季节降水量比常年偏多 1 倍,造成 3 000 多人死亡,受灾农田达 0.2 × $10^8$ hm² (约 3 亿亩),经济损失达 2 600 多亿元。

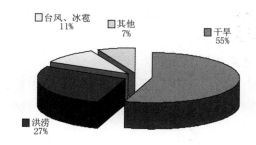

图 1   1989—2002 年平均各类气象灾害引起的受灾面积与受灾农作物总面积的百分比(资料来源于国家气候中心)

中国由于处于副热带的东亚季风区,降水的空间和时间分布都存在着严重的不均匀,东部降水多,西部少,容易引起旱涝灾害,特别是夏季风降水的年际变异将导致中国严重旱涝等重大气候灾害的发生。根据黄荣辉和郭其蕴等[1]的研究,旱涝气候灾害是对中国工农业生产和经济造成最严重损失的气候灾害。

## 2.1   干旱气候灾害

干旱灾害主要是由于长时间降水偏少,造成土壤和地表水分缺乏,影响农作物生长,并导致水资源缺乏和生态环境恶化,若长时间干旱,就会造成人畜饮水困难,严重影响人民的生存环境。

干旱是中国最常见、影响最大的气候灾害,每年因干旱造成的粮食减产约占气象灾害造成粮食总损失的 50% 左右(见图 1)。根据黄荣辉和郭其蕴等[1]的统计结果,中国各地均可能发生干旱,每年平均旱灾面积达 0.2 × $10^8$ hm²,占中国耕地总面积的 1/6 左右。中国有些地区经常出现年降水量比常年偏少30% ~ 50%,个别季度能出现比常年平均偏少 60% ~ 80%,致使发生严重干旱。如图 2 所示,由于气候变暖,华北地区在 1977—1992 年及 1999—2009 年,降水连年偏少,20 世纪 80—90 年代的年平均降水量约比 50

年代减少了 1/3,发生了长时期的干旱。由于干旱而带来的水资源缺乏,致使华北地区人均水资源占有量只有全国平均值的 1/6,耕地亩均水资源占有量只有全国平均值的 1/10。从 20 世纪 90 年代末到 21 世纪初,华北和东北南部地区以及西南地区降水偏少,干旱更加严重。特别是中国西南地区(主要在云南、贵州和广西西北部)自 2009 年秋、冬到 2010 年春季发生持续了 3 个季度的严重干旱,如图 3 所示,降水量比常年偏少了 40% 以上,有的地区偏少了 60% 以上,受旱面积达 $0.8 \times 10^7$ hm$^2$(约 1.2 亿亩),遭受百年罕见严重干旱。这次大旱不仅致使云南、贵州和广西西北部大量农作物歉收或绝收,而且致使 2 500 万人生活用水困难。

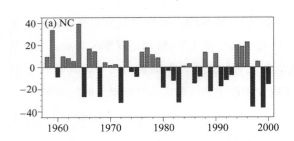

图 2 华北地区夏季(6—8 月)降水距平百分率的年际变化

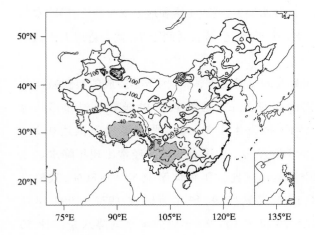

图 3 中国 2009 年 9 月—2010 年 4 月降水距平百分率分布(气候态为同期 1971—2000 年气候平均,图中阴影区表示降水距平百分率小于 −40%)

## 2.2 雨涝气候灾害

雨涝灾害是由于长时间降水偏多,使农田受淹、江河洪水泛滥,从而造成工农业生产严重损失,交通中断,甚至造成重大人员伤亡。

雨涝是中国仅次于干旱的气候灾害,雨涝每年造成的粮食损失约占气象灾害造成粮食总损失的27.5%,个别严重雨涝年份损失更严重。全国平均每年洪涝受灾耕地约 $0.07 \times 10^8 \sim 0.1 \times 10^8$ hm²(1.0~1.5亿亩)。如:1954年夏季长江全流域发生特大洪涝,汛期降水量将近常年的2.5倍,降水量达1 600 mm,是1949年以来汛期降水量最多的一年,受灾耕地面积达 $0.16 \times 10^8$ hm²(约2.4亿亩),致使3万多人死亡;1998年夏季长江流域、嫩江和松花江流域发生特大洪涝,汛期降水量将近常年的2倍,降水量达1 200 mm左右,受灾耕地面积高达 $0.2 \times 10^8$ hm²左右,致使3 000多人死亡和2 600亿元的经济损失;2003年夏季淮河流域发生了严重洪涝,6月21日—7月22日期间淮河流域降水量达500~600 mm,比同期气候平均值偏多了1~2倍;2007年6月下旬至7月上、中旬淮河流域与长江中、上游普降持续性暴雨,淮河流域的降水量比同期气候平均值增多了2倍,产生了三次洪峰,在此流域发生了仅次于1954年的严重洪涝,国家不得不采取多处分洪应急措施,造成严重的经济损失。

由此可见,中国旱涝气候灾害每年发生的面积广,灾害损失严重。

# 3　在全球变暖背景下中国旱涝气候灾害的变化特征

中国由于受东亚季风的影响,降水和气温变化不仅在空间存在着严重不均匀,而且在时间也存在着严重不均匀,这就使得旱涝气候灾害出现的频率随季节和地理位置而变化。根据黄荣辉和郭其蕴等[1]利用40年的气候资料统计和研究的结果,可以看出,中国旱涝气候灾害的时间与空间分布变化分布特征如下：

### 3.1 中国旱涝气候灾害发生的频率

干旱主要发生在中国西北和华北地区。西北地区年降水量很少，一年四季均有干旱发生，属于干旱气候；而华北降水量年际和季节变化很大，在春、夏季很容易发生干旱，特别是黄淮海地区干旱更是频繁发生。对每个季节来讲，中国大部分地区干旱发生频率大约为2～3年一遇，但华北和西南地区干旱发生频率随季节变化较大，这两地区春季干旱发生频率可达三年两遇，其次是长江、淮河流域夏季干旱也时常发生（图4）。

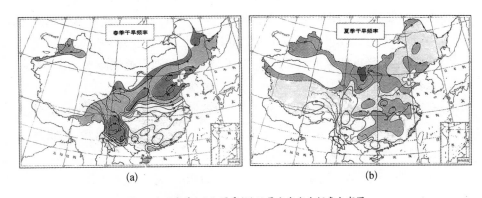

(a)　　　　　　　　　　(b)

图4　中国春季(a)和夏季(b)干旱灾害发生频率分布图

全国雨涝发生频率比干旱稍低，一般约为五年一遇，主要发生在长江中、下游地区和东南沿海。夏季在淮河流域、长江中、下游地区夏季季风降水具有2～3年周期的振荡特征[2]，因此，在这些地区的雨涝发生频率可达2～3年一遇，且强度大、影响范围广。如1954、1980和1991年夏季在长江流域发生了严重洪涝，特别是1998年夏季长江流域、嫩江和松花江流域发生了特大洪涝，这些洪涝灾害造成了严重的经济损失。

上述的统计分析结果表明了中国旱涝气候灾害发生的频率高。

### 3.2　中国旱涝灾害年际变化特征

中国由于受东亚夏季风年际变化的影响,旱涝灾害发生有明显的年际变化。根据 Huang 等[2]的研究,中国东部季风区夏季降水异常有两种主模态,即从南到北经向三极子型分布(EOF1)和经向偶极子型分布(EOF2)。图5和图6分别是中国东部季风区夏季降水两种主模态(即 EOF1 和 EOF2)空间分布及时间系数序列。从图5可以看到,中国夏季降水的年际变化不仅在时间上存在着准两年周期振荡,而且在空间分布上存在着明显的"−,+,−"或"+,−,+"的经向三极子型分布特征,即三极子型分布模态。这种年际变化的三极子型分布特征很好地反映在中国旱涝气候灾害在经向的三极子型分布上。图7给出几个在江淮流域典型洪涝和干旱年份的夏季中国东部季风区夏季降水距平百分率的分

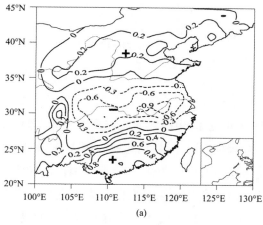

(a)

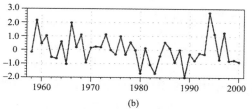

(b)

图5　中国东部夏季风降水 EOF 分析第1主分量(EOF1)的空间分布(a)和相应的时间系数序列(b)。图中实、虚线分别表示正、负信号。EOF1 对方差的贡献为 15.3%(降水资料取自中国气象局 756 测站降水资料集)

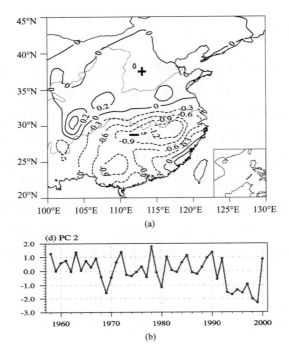

图6　同图5,但为 EOF2,
对方差的贡献为 13.2%

布,可以看到,这些年份的夏季中国降水异常明显地呈经向三极子型分布。如图
7(a-d)所示,在 1980、1983、1987、1998 年夏季,中国江淮流域夏季风降水偏多,
发生洪涝,而华南地区降水偏少,不同程度发生干旱,华北地区在这些年份降水
明显偏少,发生干旱;相反,如图7(e-f)所示,1976、1994 年夏季中国江淮流域夏
季的季风降水偏少,发生干旱,而华南地区降水偏多,且发生洪涝,华北地区降水
偏多,部分地区发生洪涝灾害。类似上述经向三极子型分布还有很多年的夏季,
相比之下,中国发生全国性的洪涝或干旱灾害的年份不多。

## 3.3　中国旱涝灾害的年代际变化特征

从图5(b)和图6(b)还可以看到,中国东部季风区夏季降水有很大年代际
变化。为了更清楚看到中国东部季风区夏季降水异常的年代际变化与夏季降水

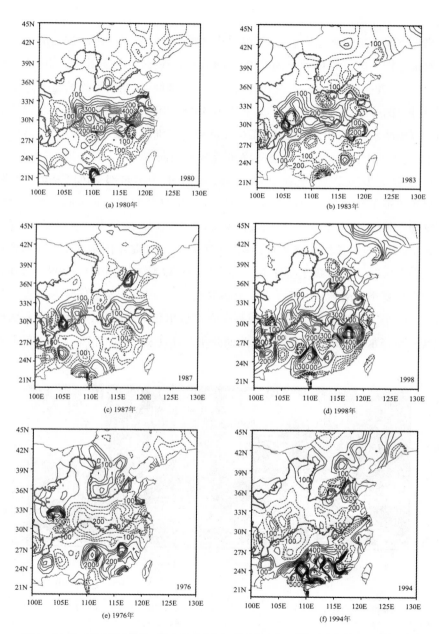

图7　在江淮流域典型涝年(a~d)和典型旱年(e、f)的夏季中国东部季风降水距平百分率分布(实、虚线分别表示降水正、负距平)

主模态空间分布变化的关系,本节利用从中国756站降水资料所挑出的516站资料来分析中国夏季降水异常的年代际分布。图8(a-d)分别是中国1958—1977年、1978—1992年、1993—1998年和1999—2009年期间平均的夏季降水距平百分率的分布。从图8(a)可以看到,在1958—1977年期间,中国华北和华南地区夏季降水偏多,出现正距平,而长江流域和江淮地区夏季降水偏少,出现负距平,这正是上面所述的中国夏季降水异常的经向"+,-,+"三极子型分布。并且,从图8(b)可以看到,在1978—1992年期间,中国东部季风区夏季降水距平分布出现了与1958—1977年期间相反的分布,在华北和东北南部及华南地区夏季降水偏少,出现负距平,而长江流域、汉水和四川盆地夏季降水偏多,出现了正距平,在此时期长江流域出现了多次洪涝灾害,这正是中国东部夏季降水异常的经向"-,+,-"三极子型分布。从图8(c)可以看到,在1993—1998年期间,中国东部夏季从南到北出现了降水偏多的现象,不仅在华南地区降水出现了较大的正距平,而且在长江、淮河流域夏季降水也出现了正距平,华北和东北西部地区夏季降水也有弱的正距平,在此期间华北地区从20世纪70年代中后期到

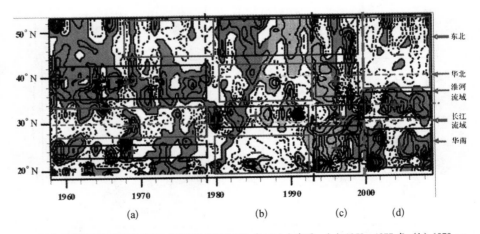

图8 中国各时期平均的夏季(6—8月)降水距平百分率(%)分布图。(a)1958—1977年,(b)1978—1992年,(c)1993—1998年和(d)1999—2009年。图中实、虚线分别表示正、负距平,阴影区表示正距平,降水资料取自中国气象局756站降水资料集。

90 年代初期间所发生的持续干旱有所缓和。这主要由于在此时期中国东部夏季降水第二主模态的作用增强,使得中国东部夏季降水出现"＋,－,＋"经向三极子型分布和经向"＋,－"偶极子型分布的叠加。此外,从图 8(d)可以看到,在 1999—2009 年期间,中国东部夏季降水在东北和华北地区偏少,出现明显负距平,干旱加剧,而从华南地区到淮河流域(除长江沿岸地区)夏季降水偏多,洪涝灾害增多,从而形成了"南涝北旱"的降水异常分布型,即出现了从南到北"＋,－"经向偶极子型分布。

上述结果表明了在全球变暖背景下,中国旱涝气候灾害的年际和年代际变化更加明显。

# 4 中国旱涝气候灾害的成因

要预测气候灾害的发生,首先必须了解气候变化和气候异常是如何产生的。从 20 世纪 70 年代起,人们在认识气候方面有了一个突破性的飞跃,这就是认识到:气候变化与异常不仅仅是由于大气圈的内部热力、动力作用的结果,而是大气圈、水圈、冰雪圈和岩石圈所构成的地球气候系统中各圈层相互作用的结果。具体来说,气候变化是由于地球大气、海洋、冰雪、陆地等相互作用的结果,此外,还与生物圈及人类活动有很大关系(如图 9 所示)。因此,要了解气候灾害发生的成因,不仅要知道控制气候灾害发生的大气内部过程,而且还要知道大气外部如海洋、陆面等的热力状况及其对大气环流的影响。此外,还要研究人类活动引起的全球变暖对气候灾害发生的影响。

根据 Huang 等[3]的研究,发生在中国的旱涝气候灾害是由于包括海洋、大气和陆地所组成的东亚季风气候系统各成员的变异和相互作用所引起。具体来说,中国旱涝气候灾害的发生主要是由于东亚季风气候系统变化所引起,这些物理因子初步归纳如图 10 所示。

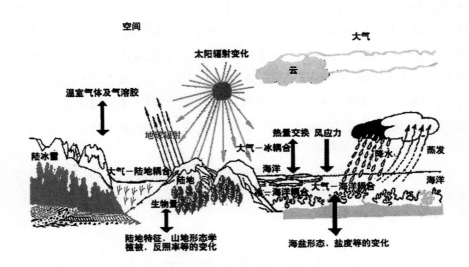

图 9　气候系统示意图

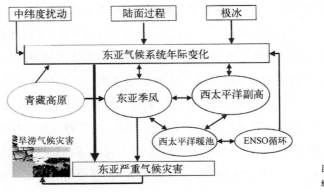

图 10　东亚气候系统示意图

## 4.1　厄尔尼诺和南方涛动(简称 ENSO)循环

正如图 10 所示,热带太平洋海表热力异常是引起大气环流异常的重要原因,也是引起东亚季风异常和旱涝灾害发生的重要原因。厄尔尼诺(El Niño)现象是指赤道中、东太平洋海表温度异常增温,而南方涛动(southern oscillation)是指热带东、西太平洋海面气压的涛动现象。由于这两种现象密切相关,故又简称为厄尔尼诺·南方涛动(ENSO)现象。ENSO 现象不仅仅是作为一个事件发生,而且还是周而复始的一种循环现象,其周期约 2 ~ 7 年,故又称 ENSO 循环。

　　Huang 和 Wu[4]从观测资料分析指出,ENSO 循环的不同阶段对中国夏季风异常和旱涝分布有着不同影响。当 ENSO 事件处于发展阶段,即当赤道东太平洋海温处于上升阶段时,该年夏季中国江淮流域降水将会偏多,可能发生洪涝,而黄河流域、华北地区的降水往往偏少,易发生干旱,且中国东北往往发生低温;相反,在 ENSO 事件处于衰减阶段或拉尼娜(La Niña)事件的发展阶段时,也就是赤道中、东太平洋海温处于下降阶段,中国发生旱涝的区域与在 ENSO 事件处于发展阶段的旱涝分布有明显的不同。在此阶段的夏季,中国淮河流域的降水往往偏少,并可能发生干旱,而黄河流域、华北地区及长江流域南部、华南地区的降水可能偏多。

　　20 世纪长江流域三次特大洪涝均发生在赤道太平洋 ENSO 事件的衰减期或拉尼娜事件的发展期。如 1997 年 5 月发生的 ENSO 事件从 1998 年初夏开始衰减,这样造成长江流域,特别是洞庭湖、鄱阳湖以及湘江、资水、沅江、澧水流域降水比常年降水增加了近 100%,发生了特大洪涝。

　　Ashok 等[5]的研究表明了热带太平洋 ENSO 事件有两类,即热带东太平洋增温型和热带中太平洋增温型(即 El Niño motoki)。而热带中太平洋增温型所引起的中国夏季降水异常分布与热带东太平洋增温型所引起的降水异常分布型不同,在 El Niño motoki 发展期,中国淮河流域夏季降水偏少,而在它的衰减期,淮河流域夏季降水偏多[6]。

## 4.2　西太平洋暖池的热力异常

　　热带西太平洋是全球海洋温度最高的海域,全球大约 90% 暖海水集中在这里,因此,此海域称为暖池(warm pool)。西太平洋暖池的海温和热容量变化对全球气候异常有很大的影响,特别是对东亚夏季风和气候异常会产生严重影响,因此,它也是东亚季风气候系统重要成员之一(如图 10 所示)。Nitta[7]、Huang 和 Li[8],黄荣辉和李维京[9]的研究结果表明:当西太平洋暖池处于暖状态,从菲律宾周围经南海到中印半岛的对流活动强,则长江中、下游地区和淮河流域的降水往往偏少;相反,当西太平洋暖池处于偏冷状态时,菲律宾周围的对流活动较弱,长江中、下游地区和淮河流域的降水往往偏多。1998 年夏季整个热带西太平洋暖池海域的次表层海温处于偏低状态,故菲律宾周围的对流活动很弱,西太平洋副热带高压偏南,从而造成雨带稳定在长江流域,使得长江流域发生特大洪涝。

## 4.3　青藏高原上空的热源异常

叶笃正和高由禧[10]指出:青藏高原陆面热状况对东亚气候异常有着重要影响,特别是青藏高原的雪盖面积大,深度深,不仅本身是气候灾害之一,而且它对中国旱涝气候灾害的发生也有重要作用,如图 10 所示,它也是东亚季风气候系统重要成员之一。观测资料分析和数值模拟的结果都表明了青藏高原冬、春雪盖与中国长江流域南部的汛期降水有明显的正相关,即青藏高原冬、春雪盖面积大,夏季洞庭湖、鄱阳湖和江南地区的梅雨强。1997 年冬和 1998 年春青藏高原降了历史上罕见的大雪,这导致 1998 年夏季洞庭湖和鄱阳湖降水偏多,发生洪涝。

## 4.4　亚洲季风环流异常

中国东部处于东亚季风区,东亚地区在不同季节有着一定特征的气候系统,如在夏季中国江淮流域的梅雨,而冬季有持续的西北风和寒潮等系统;并且,东亚季风的年际和年代际变率很大,这给中国东部经常带来严重的干旱和洪涝等气候灾害。如图 10 所示,它是东亚季风气候系统主要成员。因此,早在 70 年前,东亚季风的特征与变化已成为东亚诸国重要的科学研究问题,中国著名气象学家竺可桢[11]首先提出了东亚夏季季风和中国降水的可能关系,之后,涂长望和黄仕松[12]又研究了东亚夏季风的进退。这些研究开辟了研究东亚夏季风变化及其对东亚夏季气候影响的研究之路。继他们研究之后,中国气候研究者对于东亚气候系统及其对气候灾害的影响作了大量研究,取得很大进展。根据Tao 和 Chen[13]的研究,东亚夏季风系统的成员包括:位于南海和赤道西太平洋的季风槽或赤道辐合带(ITCZ)、印度的西南季风气流、沿 100°E 以东的越赤道气流、西太平洋副高和副高南侧的东风气流、中纬度的扰动、梅雨锋以及澳大利亚的冷性反气旋。

由于中国东部季风区的气候受到东亚季风很大影响,中国东部冬、夏季气候的年际变率是很大的,从而造成此区域旱涝等气候灾害发生频率高。1998 年东亚夏季风偏弱,这有利于从孟加拉湾、热带西太平洋和中国南海输送来的水汽汇集到长江流域,从而引起长江流域夏季多雨,发生严重洪涝。

## 4.5　西太平洋副热带高压异常

东亚夏季风雨带的北移是与西太平洋副热带高压的北跳有关。研究表明:中国夏季在季风环流背景下,在青藏高原的影响下,在西太平洋副热带高压的西侧与北侧季风暴雨具有突发性与持续性,从而引起洪涝灾害,因此,西太平洋副热带高压也是东亚季风气候系统重要成员之一(如图 10 所示)。叶笃正和陶诗言等[14]首先发现东亚夏季风环流和西太平洋副热带高压在 6 月上、中旬存在着突变,并指出了正是这种行星尺度环流的突变才导致东亚夏季风的爆发。Huang和 Sun[15]的研究表明:西太平洋副高异常北跳、东亚夏季风环流的突变是与菲律宾附近的对流活动密切相关,在菲律宾附近对流活动强的夏季,西太平洋副热带高压在 6 月上、中旬突然北跳明显;相反,在菲律宾附近对流活动弱的夏季,西太平洋副热带高压突跳往往不明显。

Nitta[7]、Huang 和 Li[8]以及黄荣辉和李维京[9]的研究表明:西太平洋副热带高压与西太平洋暖池热状态及菲律宾周围对流活动紧密相关,指出了北半球夏季环流异常存在着一遥相关型,即东亚/太平洋型遥相关型(也称 EAP 型)。这个遥相关型表明了行星尺度扰动波列在北半球夏季能够从东南亚通过东亚向北美西部沿岸传播,它严重地影响着西太平洋副热带高压位置的南北和东西振荡,从而影响中国旱涝气候灾害的分布。1998 年春到夏期间热带太平洋热容量偏低、菲律宾周围对流活动弱,西太平洋副热带高压位置偏南,这引起了从孟加拉湾和热带西太平洋水汽输送到长江流域偏强,从而造成了此地区严重洪涝。

　　除了上述由海-陆-气耦合的东亚季风气候系统各子系统的变异将导致中国旱涝气候灾害的发生,还有人类活动所引起的全球变暖对中国旱涝气候灾害也有一定的影响。

# 5　在全球变暖背景下中国旱涝气候灾害未来演变趋势的预测

　　由于全球变暖,上述东亚季风气候系统各子系统都在不断发生变异,这将使得中国旱涝气候灾害变得更加严重。根据 2001 年政府间气候变化专门委员会( Intergovermental Panel on Climate Change, IPCC)报告中对 20 世纪后 50 年极端天气和气候事件的分析表明:世界上与 El Niño 事件相关的各地干旱、强降水、高温酷暑、热带强风暴等灾害事件都会增加[16]。

　　随着全球气候变化研究的兴起,利用包括如图 9 所示的海-陆-气耦合气候数值模式来模拟和预测在全球变暖背景下未来亚洲季风的变化成为当今大气科学的研究热潮。因此,在下文中利用 2007 年发布的第四次评估报告( IPCC - AR4)气候数值模式在 A1B 排放情景下的计算结果来对东亚夏季风降水未来演变趋势做预测。所谓 A1B 排放情景下,就是未来世界经济增长非常快,全球人口数量峰值出现在 21 世纪中叶,并随后下降;并且,新的更高效技术迅速引进,地区间经济差距不断缩小,地区间文化和社会的相互影响不断扩大,地域间人均收入差距得到实质性缩小;此外,对所有能源供给和终端利用技术平行发展[17]。

## 5.1  21世纪东亚夏季降水年际变率的变化趋势预估

如第3节所述,在全球变暖背景下东亚夏季降水存在着明显的年际和年代际变率,从而导致了中国严重旱涝灾害发生加剧。Lu和Fu[18]选取了IPCC - AR4耦合气候数值模式比较计划(CMIP3)中的12个模式的模拟结果,评估了模式对20世纪东亚夏季风降水年际变率的模拟能力,并预估了全球变暖背景下21世纪东亚夏季降水年际变率的变化趋势。他们利用标准偏差表示降水的年际变率的强度,发现这些模式都能模拟出东亚和西北太平洋地区存在着强降水年际变率;模式也很好地模拟出与东亚夏季降水年际变率紧密相关的西太平洋副热带高压和东亚高空急流年际变率的主要特征。

Lu和Fu[18]对这些模式模拟结果的分析表明:在A1B情景下,21世纪东亚和西北太平洋地区夏季降水的年际变率将会增强,特别在东亚副热带地区,在A1B情景下,12个模式中有10个模式的结果表明东亚夏季降水的年际变率在21世纪将增强。模式集合平均的结果还表明了东亚夏季副热带降水的年际变率在A1B情景下相对于20世纪有10%的增长。据以往众多的研究结果,21世纪东亚夏季降水量本身相对于20世纪的增加幅度大约为5%,这表明21世纪东亚夏季降水年际变率的增强程度明显高于总降水量的增加幅度,这就是说,21世纪东亚夏季旱涝气候灾害将明显增强。

## 5.2  21世纪早、中、晚期亚洲季风区夏季降水变化趋势的预估

中国地处东亚季风区,未来东亚季风降水的变化不仅影响中国旱涝灾害,而且将影响中国的水资源安全,因此有必要针对东亚季风区在气候变暖背景下未来21世纪的降水变化趋势进行较为细致的研究。为此,杜振彩和黄荣辉等[19]选用了CMIP3中22个气候模式就A1B排放情景下21世纪早、中、晚期亚洲夏季降水变化趋势的模拟结果做了分析。

图11给出了由CMIP3中22个气候模式在A1B排放情景下,对21世纪三个不同时间段(早期:2010—2030年;中期:2045—2065年;后期:2079—2099

年)模拟结果与20C3M(1979—1999年)多年平均夏季降水差值的加权集合平均结果。从图11可以发现:在A1B排放前景下,在21世纪早期,如图11(a)所示,亚洲季风区夏季降水开始出现较为明显的变化,尤其在东亚季风区,夏季降水异常表现为由南到北呈现"+,-,+"的三极子型降水异常型,并以长江流域中、上游以及黄河流域上游和渭河流域偏旱为主要特征;到了21世纪中期,如图11(b)所示,南亚季风区的夏季降水明显增多,而在东亚季风区,夏季经向三极子降水异常型更加明显,长江流域的干旱得到缓解,而华北和华南地区的降水明显增多,使得在此两区域洪涝灾害发生频率将增加;到21世纪后期,如图11(c)所示,亚洲季风区夏季降水基本保持与21世纪中期相似的降水异常分布型特征。这可能与A1B排放情景假设有关,即全球人口数量峰值出现在21世纪中叶并随后下降。此外,从图11(a-c)还可以看到,在A1B排放情形下,中国黄河中、上游地区及西北内陆地区无论在21世纪早期,或是在21世纪中、晚期夏季降水减少,这意味着这些区域21世纪夏季干旱将加剧。

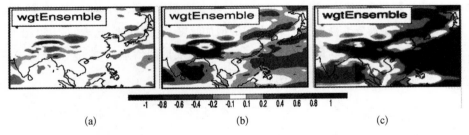

图11 从CMIP3中选取22个气候模式在A1B排放情景下,对21世纪三个不同时期段(a)早期(2010—2030年),(b)中期(2045—2065年),(c)后期(2079—2099年)模拟结果与20C3M(1979—1999年)模拟结果的多年平均夏季降水差值的加权集合平均的结果(单位:mm/d)

从各耦合气候数值模式的模拟结果可以看到,各模式对未来21世纪在A1B排放情景下亚洲季风降水的模拟结果表现出较大的差异,对此区域夏季降水不同模式模拟结果之间的标准差与降水变化的标准差相当。因此,上述亚洲季风区夏季降水的预测结果有很大不确定性,只是一种预估而已。

# 6　结　　语

从上面的分析可以看到,旱涝气候灾害仍是未来中国严重的自然灾害之一。虽然气候趋势预估存在不确定性,但我们预计未来随着全球变暖,中国旱涝等极端气候灾害事件增多的可能性甚大。这主要是一方面由于中国旱涝气候灾害是严重的,它不仅分布广、发生频率高,而且造成的经济损失是巨大的;另一方面,由于人类活动、社会发展及城市化进程的加快,有些旱涝等极端气候事件虽然并不严重,但其造成的损失及影响却越来越大。因此,为保证中国经济和社会的持续发展,在致力于中国经济建设和社会发展的同时,我们应做好全球变暖背景下中国旱涝气候灾害加剧的各项应对工作,不仅重视对旱涝等气候灾害的监测、预测和预警工作,而且应加强旱涝等气候灾害发生规律和成因的研究,研制和发展新一代高分辨率旱涝气候灾害的预报预测系统,提高旱涝气候灾害的预测水平,加强防灾抗灾的能力建设,从而最大限度减少旱涝灾害造成的经济损失和人员伤亡。

参考文献

[ 1 ]　黄荣辉,郭其蕴,孙安健,等. 中国气候灾害图集[M]. 北京:海洋出版社,1997:190.

[ 2 ]　HUANG R H, CHEN J L, HUANG G. Characteristics and variations of the East Asian monsoon system and its impacts on climate disasters in China[J]. Adv Atmos Sci, 2007, 24:993 - 1023.

[ 3 ]　HUANG R H, HUANG G, WEI Z G. Climate variations of the summer monsoon over China[C]//CHANG C P(ed). East Asian Monsoon. Singapore:World Scientific

Publishing Co. Pte. Ltd. , 2004: 213 - 270.

[ 4 ] HUANG R H, WU Y F. Influence of ENSO on the summer climate change in China and its mechanism[J]. Adv Atmos Sci, 1989, 6: 21 - 32.

[ 5 ] ASHOK K, BEHERA S, RAO A S, et al. El Niño Modoki and its teleconnection[J]. J Geophys Res, 2007, 112: C 11007, doi: 10. 1029/2006 JC003798.

[ 6 ] HUANG P, HUANG R H. Relationship between the modes of winter tropical Pacific SSTAs and the intraseasonal variations of following summer rainfall anomalies in China [J]. Atmos & Ocea Sci Lett, 2009, 2: 295 - 300.

[ 7 ] NITTA T S. Convective activities in the tropical western Pacific and their impact on the Northern Hemisphere summer circulation [ J ]. J Meteor Soc Japan, 1987, 64: 373 - 400.

[ 8 ] HUANG R H, LI W J. Influence of the heat source anomaly over the tropical western Pacific on the subtropical high over East Asia [ C ]//Proceedings of International Conference on the General Circulation of East Asia. Chengdu, April 10 - 15, 1987: 40 - 51.

[ 9 ] 黄荣辉,李维京. 热带西太平洋上空的热源异常对东亚上空副热带高压的影响及其物理机制[J]. 大气科学,1988,特刊: 95 - 107.

[10] 叶笃正,高由禧. 青藏高原气象学[M]. 北京: 科学出版社,1979: 279.

[11] 竺可桢. 东南季风与中国之雨量[J]. 地理学报,1934,1: 1 - 27.

[12] 涂长望,黄仕松. 夏季风进退[J]. 气象杂志,1944,18: 1 - 20.

[13] TAO S Y, CHEN L X. A review of recent research on the East Asian summer monsoon in China[C]//CHANG C P, KRISHNAMURTI T N ( eds), Monsoon Meteorology. Oxford University Press, 1987: 60 - 92.

[14] 叶笃正,陶诗言,李麦村. 在六月和十月大气环流的突变现象[J]. 气象学报,1958, 29: 249 - 263.

[15] HUANG R H, SUN F Y. Impacts of the tropical western Pacific on the East Asian summer monsoon[J]. J Meteor Soc Japan, 1992, 70(1B): 243 - 256.

[16] HOUGHTON J T, DING Y H, GRIGGS D G, et al. Climate change: the scientific basis [M]. Cambridge, U. K. : Cambridge University Press, 2001: 785.

[17] IPCC, Special Report on Emissions Scenarios. 2001, http//www. grida. no/climate/ ipcc/spmpdf/sres-e. pdf.

[18] LU R Y, FU Y H. Intensification of East Asia summer rainfall interannual variatbility in the twenty-first century simulated by 12 CMIP3 coupled models[J]. J Climate, 2009, DOI: 10. 1175/2009JCLI3130. 1.

[19] 杜振彩,黄荣辉,黄刚. 滑动窗区空间相关系数加权集合方法及其在 IPCC - AR4 多模式对亚洲夏季风降水集合模拟和预测中的应用[J]. 大气科学,2010(6): 1168 - 1186.

# 转动分子马达：ATP 合成酶

舒咬根　欧阳钟灿*　中国科学院理论物理研究所

# 1　前　　言

　　生物分子马达是将化学能转化为力学能的生物大分子,它们广泛存在于细胞内,且常处在纳米尺度,因此也称纳米机器。生物分子马达能主动从环境中俘获"能量分子"ATP(adenosine triphosphate,三磷酸腺苷),借助热涨落来消耗 ATP 水解所释放出的化学能,进而改变自己的构象。一旦与轨道结合,马达通过构象变换产生与轨道间的相对运动,因此,它们具备"自动性"(motility)[1-2]。

---

　*　理论物理学家。主要从事凝聚态物理中生物膜液晶模型理论、液晶物理及应用基础理论等研究。从曲面变分技术导出了用曲面曲率及其微分表示含自发曲率膜泡的普遍形状方程,首次从理论上预言应存在着半径比为 2 的平方根与无穷的两种亏格为 1 的环形膜泡并获实验完全证实,提出了突破 Helfrich 流体膜框架的手征膜理论合作,发现了膜形状方程的四类解析解,提出 D∞h 对称液晶光倍频理论并与实验完全符合,给出了超扭曲液晶盒弱锚泊条件下指向矢的严格解。1997 年当选为中国科学院院士,2003 年当选为第三世界科学院院士。

　　生物分子马达按运动形式可分为线动和转动两大类。线动马达常常与特定轨道结合在一起,利用 ATP 水解所释放出的化学能产生与轨道的相对运动,其作用机制与人造发动机类似。这类马达主要有肌球蛋白(myosin)、驱动蛋白(kinesin)和动力蛋白(dynein)等;转动马达则类似于人造电机,也由"转子"和"定子"两部分组成,这类马达包括鞭毛马达(flagellar)和 ATP 合成酶(ATP synthase)等,它们往往是可逆的[3-4]。

　　ATP 合成酶广泛存在于细菌、叶绿体和线粒体膜上。它由两个转动马达 Fo 和 $F_1$ 共轴($c_n - \varepsilon - \gamma$)耦合而成(图 1)[5]。嵌膜部分(疏水)Fo 由质子通道($c_n$)和蛋白 a 组成;而突出部分(亲水)$F_1$ 的结构类似于"电机",其"定子"由三对 αβ 蛋白环成,γ 蛋白则是其"转子"。ATP 在 $F_1$ 中的水解是释能反应,它驱动 γ 轴逆时针转动(自上往下观察);反之,如果外力拖动"转子"顺时针转动,则 $F_1$ 合成 ATP。因此 $F_1$ 既是"电动机"又是"发电机"。$F_1$ 的"定子"通过蛋白组合 $\delta b_2$ 与 Fo 的 a 蛋白紧紧结合在一起。Fo 中跨膜质子梯度导致的质子流驱动离子通道 $c_n$ 相对于蛋白 a 顺时针转动;$F_1$ 中 ATP 的自发水解驱动"转子"逆时针转动,这两种反向"自动"又是共轴耦合的[6],因此,马达是合成酶(发电机)还是水解酶(电动机)完全取决于生化环境。

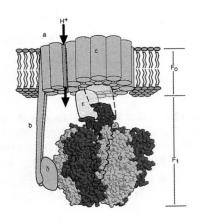

图 1　ATP 合成酶结构图

# 2 为什么要研究 ATP 合成酶

## 2.1 生命科学的现实需要

ATP 是有机组织的"能量货币"。它由腺苷连接三个磷酸基团组成(图 2)。如果最外面的磷酸基团($P_i$)断裂,剩余的便是 ADP,同时释放的磷酸键能(约 $20\ k_B T$)与细胞内各种有序运动每个循环所需能量相当。ATP 合成酶的主要功能是将营养因子燃烧所释放出的低能的共价键能量集结到高能的 ATP 磷酸键上,使 ATP、ADP 和 $P_i$ 三分子循环参与所有生命过程。因此 ATP 的合成机制是人类在揭示生命过程中首先面临的生物能学(bioenergetics)问题。

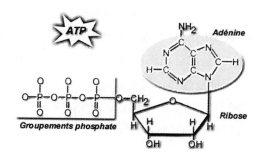

图 2　ATP 分子结构

## 2.2 人造纳米机器的仿生需要

人造机器要实现化学能与力学能的转化必须借助中间介质,如热或电,即能量转化是间接的,这就决定了人造机器的能量转化效率是不理想的。ATP 合成酶则不同,它将化学反应所释放的化学键能通过自身的构象变化直接转换成力学能,其转换效率接近 100%。因此,在机器的能量转化效率方面,ATP

合成酶这个现成的力学化学耦合（mechanochemical coupling）系统给我们带来很多启示。这也是为什么分子马达的力学化学耦合机制令科学家着迷的原因[7-10]。

## 2.3　多底物可逆酶动力学研究的需要

传统的酶动力学只考虑单个底物的不可逆反应，而 ATP 合成酶是由两个转动马达耦合而成的可逆酶。当它处在合成酶时，ADP 和 $P_i$ 是底物，ATP 是产物；反之，如果工作在水解状态，则 ATP 是底物，而 ADP 和 $P_i$ 是产物。因此，它们既是底物又是产物且结合在同一个位点，其角色互换又与跨膜质子驱动势（proton-motive force）的大小有关。这种复杂的酶动力学过程是生物体内普遍存在的，也是我们研究生命科学所必须克服的难题之一。

## 2.4　微观系统非平衡统计力学研究的需要

在传统统计中，一旦我们知道系统的始态和终态能量及连接两态的路径，便可确定系统对外作的功。事实上，两态的能量及系统与环境在路径上的交换热在 Boltzmann 统计上均有 $k_B T$ 涨落，只是在宏观统计中，这个量级的涨落被忽略了。如果系统很小，这样的涨落则不能被忽略。这类微观系统的统计热力学问题是纳米科学当前所面临的研究障碍。ATP 合成酶正是这样的微观系统，它为物理学家解决该问题提供了一个理想的研究平台[11,12]。

# 3　ATP 合成酶研究的重要进展

## 3.1　ATP 及马达的发现

能量分子 ATP 是由德国科学家 Karl Lohmann 于 1929 年在肌肉组织中发现的，但它在生命过程中所扮演的角色直到 1939—1941 年才被逐渐了解；德裔美国科学家 Fritz Albert Lipmann 阐明了 ATP 是细胞的"能量货币"，其化学能储藏于高能磷酸键中；1948 年，英国科学家 Alexander Robertus Todd 首次人工合成了 ATP；20 世纪四五十年代，科学家观察到在细胞呼吸或光合作用期间，线粒体或叶绿体内的 ATP 浓度明显上升；1960 年美国科学家 Efraim Racker 成功地从线粒体膜上分离出 ATP 合成酶的突出部分，由于它是首次被定义的与细胞呼吸耦联的因子，因此被命名为 $F_1$(factor 1)；1965 年，他和 Kagawa 又解析出嵌膜部分，并定名为 Fo(factor of oligomycin)，从此，该马达被称为 $FoF_1$ ATP 合成酶[13]；1957 年，丹麦科学家 Jens C. Skou 发现了在活体细胞内维持钠、钾离子平衡起主要作用的离子泵[14]，该泵结构与 ATP 合成酶类似。

## 3.2 ATP 合成机制的建立

基于有关 ATP 合成及细胞呼吸之间的关联研究，英国科学家 Peter Dennis Mitchell 于 1961 年提出了"化学渗透假说"(chemiosmotic hypothesis)[15]，认为是跨膜质子驱动势推动了 ATP 的合成[16-17]；1973 年，美国科学家 Paul D. Boyer 等建立了三个 β 位点的顺序构象变换与 ATP 合成的关系，即"结合变换机制"[18](binding change mechanism)(图 3A、B、C、D)，并推测了 γ 轴的非轴对称性；1994 年，英国科学家 John E. Walker 通过晶体结构[19](图 3a、b、c、d)证实了 γ 轴结构上的非轴对称性，与 Boyer 分享 1997 年诺贝尔化学奖。

## 3.3 ATP 合成酶的单分子研究

20 世纪 90 年代以前，对细胞内生物大分子的化学性质的研究均通过系综测量进行，其结果反映的是大量分子的平均行为，而人类对其物理性质的认识仅停留在测序分类和晶体结构之类的静态层面上。我们对于生物分子马达的兴趣点是它们的"自动性"，即它们是如何启动、运动和发力，以何种方式沿轨道运动，每个运动周期消耗多少燃料，效率如何等，要回答这些问题必须借助 20 世纪 80 年代发展起来的单分子操纵(manipulation)和实时视见(visualizing)技术，例

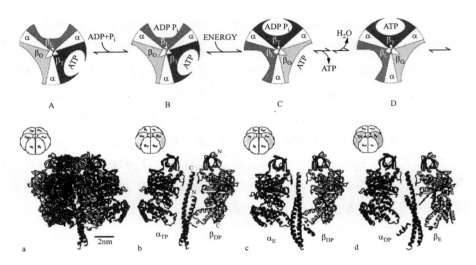

图3 Boyer的"结合变换机制"[20]。A：$F_1$"定子"上的每个β亚基含有一个催化位点，三个位点在同一时刻处于不同的构象：$β_O$（"开"）、$β_L$（"松"）和$β_T$（"紧"），$β_T$位点结合着ATP；B：ADP和$P_i$结合到$β_L$位点；C：在外力的作用下γ轴逆时针转动了120°（对应于图1自下而上观察），各位点的构象依次发生了变换：$β_O→β_L$、$β_L→β_T$和$β_T→β_O$；D：在一个"紧"构象中ADP和$P_i$被合成了ATP，而"开"构象中的ATP被释放出来。马达每转一周合成三个ATP，而三个催化位点都依次经历上述三种构象变换，这就要求γ轴在结构上是非轴对称的。Walker的$F_1$晶体结构（a，b，c，d）[19]证实了γ轴结构上的非轴对称性

如原子力显微镜（AFM）、光镊（optical tweezers）、流场拖曳（hydrodynamic drag）、磁钳（magnetic tweezers）、玻纤微管（glass micropiptte）、荧光共振能量转移（FRET）及荧光单分子检测（fluorescence single-molecule detection）等。这些技术既可探测0.1～100 nm的位移，又可对单个马达施加0.1～$10^4$ pN的外力[21-23]。

在$F_1$"自动性"（ATP水解）的单分子研究方面，突破性进展大部分是由日本早稻田大学的Kinosita小组作出的。1997年，他们实时视见了$F_1$在ATP溶液中自发转动[24]（图4）（这种"自动"在1998和1999年也相继被德国Junge和日本Futai小组借助不同的方法观察到[25-26]）；1998年，他们又发现这种转动是"步进"的，每步转过120°[27]；2001—2004年，他们进一步观测到120°的步进包含着80°和40°两个分步，同时证实是第三个位点的核苷结合推动了γ轴的转

动[28-29];2007 年,他们用磁镊结合全内反射荧光显微术[30](TIRF,图 5)确认了磷酸根的释放是个力学过程(图 6),这一过程伴随着 40°分步。该实验同时证实了带荧光分子的核苷从结合到释放需要经历 240°转动,即两步(图 7)[30]。在 $F_1$ 的"被动"实验方面,2004 年,他们和德国 Graber 小组分别用磁钳和质子梯度钳(ΔpH clamp)在体外实现了 ATP 的合成[31-32]。在 Fo 的动态研究方面,2005 年,我国乐加昌小组测量了质子驱动势作用下 Fo 产生的扭矩[33]。这些单分子实验给出了生物分子实时的行为与性质。

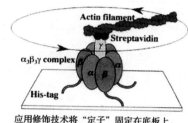

应用修饰技术将"定子"固定在底板上,γ 轴粘上带荧光分子的细丝,我们就能观测 ATP 水解导致的 γ 轴自发转动

图 4　$F_1$"自动性"单分子实验

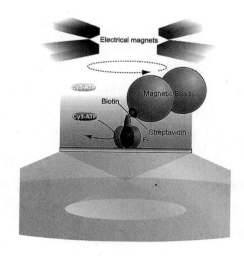

图 5　ATP 成酶单分子力学化学耦合实验装置

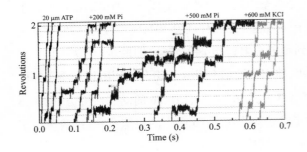

图6　马达步进轨迹[30]。底物（ATP）浓度较低时,马达停留时间（dwell time）较长,120°（80°＋40°）的步进轨迹（实线）很明显。随着$P_i$浓度的提高,马达在40°步进起点（虚线）的停留时间延长。在500 mM时,马达甚至出现了逆转现象,表明磷酸根的释放是力学过程

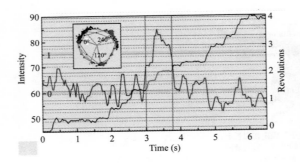

图7　马达的时变亮度（intensity）和步进轨迹[30]。由于布朗运动,荧光分子ATP（Cy3－ATP）在溶液中显示的是背景亮度,一旦结合到β位点,则会使马达亮度显著提高。图中两条绿线区间的亮度显示了Cy3－ATP结合至Cy3－ADP释放的过程,马达相应地转动了240°,该图像与"结合变换机制"完全一致

## 3.4　$FoF_1$ 的整体研究

上述研究主要集中在分离的 $F_1$ 部分,利用的是其水解的"自动性"。而作为一个完整的全酶,其工作机制还涉及跨膜质子驱动势。1990 年以来,Graber、Rumberg 和 Strotmann 小组先后测量了从菠菜叶绿体中分离出来的 ATP 合成酶（$CFoF_1$）的全酶动力学,发现 ADP 和 $P_i$ 的米氏常数同时随跨膜质子梯度的上升而下降[34-36]。他们先将 $CFoF_1$ 重组到磷脂膜上（图 8）,并使用一种精巧的质子梯度钳技术。2007 年,舒咬根等提出了力学化学紧耦合模型,并解析了该马达的酶动力学。根据上述实验结果,该模型排除了 ADP 和 $P_i$ 有序结合的可能性,获得了该可逆马达的"相图"（图 9）[37]。

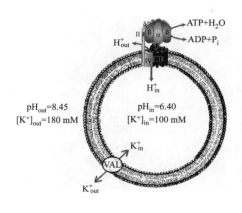

图 8　质子梯度钳结合重组技术可进行 ATP 合成酶全酶动力学测量[34]

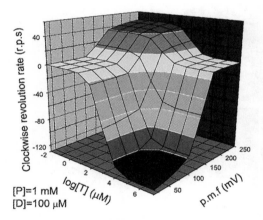

图 9　转动马达FoF$_1$"相图"

红色、蓝绿和黄色分别表示合成酶、水解酶和"相变"区。纵坐标是马达顺时针转速，[T]、[D]和[P]分别代表 ATP、ADP 和 P 的浓度，另一横坐标是跨膜质子驱动势。图中数据仅供参考，具体参数取决于马达所属的物种。

## 3.5　其他

在马达的整体结构图像方面，2000 年，Graber 小组用电境测得了 CFoF$_1$ 的全貌[38]（图 10）。在质子通道数的测定方面，1999 和 2000 年，Walker 小组和德国 Muller 小组分别测得 EFo（大肠杆菌）和 CFo 的质子通道数依次为 10[39] 和 14[40]（图 11）。

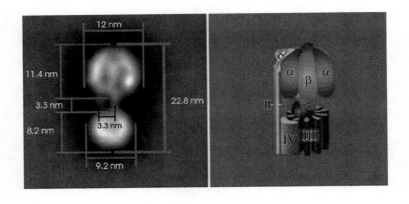

图 10　CFoF$_1$
电镜侧视图
（左）和结构解
释图（右）

图 11　AFM 测得的脱 F$_1$
质子通道环在膜上的形貌

# 4　前景及展望

21 世纪是纳米科技的世纪。高集成、智能化纳米器件的开发必将推动信息技术、生物技术、新材料技术、能源技术及环境技术等的高速发展。纳米技术是目前国际科技竞争的前沿，也是对未来社会发展、经济振兴、国力增强最有影响力的战略研究领域。人工纳米机器的构建与应用是此前沿领域国际上最具有挑战性的热点课题之一。

21 世纪也是生命科学的世纪。生命活动是自然界最精巧的运动方式,它赖以存在的基础是生物大分子能够响应外界刺激(包括环境及外场条件的改变)。近 20 年来,分子生物学和单分子生物物理学所取得的突破性进展揭示了生物分子马达在生命过程中扮演着核心角色。这些过程包括 ATP 合成,基因转录、翻译,物质输运,细胞运动与分裂等。因此,科学界已全面确立了将蛋白酶理解为生物单分子机器的观点。生物分子马达的发现一方面使人们对生命的复杂有序有了新的认识,另一方面也启示和激发科学家去建造能与自然相媲美的纳米机器。

生物分子机器是上亿年进化的产物,尺寸大多在几个纳米到几百个纳米之间,其结构、动态与功能的关系为人工纳米机器的设计和制备提供了绝佳的范例和素材。人们可以直接利用天然蛋白质酶为材料构建能够实现能量转换的分子机器以满足实际需求。通过研究各种纳米生物机器物理化学过程,尤其是纳米尺度的物理、化学作用的特殊性(如热涨落的重要性等),人们可以探索纳米生物机器的普遍运动规律,并有可能衍生新的物理概念。这些新概念可指导人们找出优化设计原则,进而引导人工纳米机器的构建与应用,其作用不亚于卡诺热机模型对工业革命的影响。

对纳米生物机器系统的研究不仅对我们了解生命的奥秘、构建人工纳米机器及机器人系统有着重要意义,还将为智能材料体系的设计、构造,生物传感器以及传统生物芯片产业的改造和升级换代提供理论和技术基础。开展纳米生物机器运动机理与应用研究有利于保持我国在此领域的国际竞争力和抢占国际纳米技术发展的制高点,对发展具有自主知识产权、对国民健康及国防建设具有重要应用价值的纳米生物技术也将起到关键性作用[41]。

ATP 合成酶是自然界最精妙的纳米机器之一,有关它的研究已经产生了六位诺贝尔奖得主,其重要性不言而喻。发达国家对该马达的研究是系统的:Boyer、Cross 和 Senior 等小组的研究侧重于生化方面[42-45];Walker 小组垄断了 $F_1$ 各部件的晶体结构[19,46-48];而 Kinosita 小组又几乎主宰了 $F_1$ 单分子行为的检测[24,27-31];在全酶动力学测量方面,Graber、Rumberg 和 Strotmann 三小组无疑已走在世界前列,他们能在磷脂膜上重组该马达并发展出一种精巧的质子梯度钳技术[34-36]。尽管如此,人类对 ATP 合成机制的了解还非常肤浅,其中对 $F_1$ 的理解还停留在唯象层面[6],对 Fo 的认识则仍处在卡通阶段。我们面临的主要问题如下:

（1）如何获得 Fo 的精细结构图像;

（2）质子通道 c 环与蛋白 a 之间的相互作用机制;

（3）质子流向与马达转向的对应切换机制;

（4）"转子"γ 轴的储能机制;

（5）"定子"上的化学循环与"转子"的步进式转动之间如何实现高效的力学化学耦合;

（6）三个催化位点顺序可逆的构象变换:$\beta_O \leftrightarrow \beta_L$、$\beta_L \leftrightarrow \beta_T$ 和 $\beta_T \leftrightarrow \beta_O$,与 γ 近距离的相互作用关系;

（7）三个催化位点全都结合核苷才能推动马达转动还是只需要其中两个结合;

（8）ADP 和 $P_i$ 与催化位点的结合和去结合是顺序还是随机的;

（9）催化位点聚合方向的构象变化是否有利于 ADP 和 $P_i$ 的结合,反之,水解方向的构象变化是否有利于 ATP 的结合等。

我们希望在现有工作的基础上发展出一整套独门技术和完整的理论,为生命科学的研究打下一个坚实的基础。

参 考 文 献

[ 1 ] OWARD J. Mechanics of motor proteins and the cytoskeleton Sinauer[M]. Sunderland:
　　　Massachusetts, 2001.

［2］SHU Y G, OU-YANG Z C. Motility of molecular motor［J］. Comput Theor Nanosci, 2007, 4: 71.

［3］HIROKAWA H. Kinesin and dynein superfamily proteins and the mechanism of organelle transport［J］. Science, 1998, 279: 519.

［4］KREIS T, VALE R. Guidebook to the cytoskeletal and motor proteins［M］. New York: Oxford University Press, 1999.

［5］WANG H Y, OSTER G. Energy transduction in the $F_1$ motor of ATP synthase［J］. Nature, 1998, 396: 279.

［6］BOYER P D. The ATP synthase-A splendid molecular machine［J］. Annu Rev Biochem, 1997, 66: 717.

［7］BUSTAMANTE C, CHEMLA Y R, FORDE N R, et al. Mechanical processes in biochemistry［J］. Annu Rev Biochem, 2004, 73: 705.

［8］SHU Y G, SHI H L. Cooperative effects on the kinetics of ATP hydrolysis in collective molecular motors［J］. Phys Rev E, 2004, 69: 021912.

［9］SHU Y G, SHI H L. The effect of mechanical tension on DNA polymerase activity studied with a two-state model［J］. Mod Phys Lett B, 2007, 21: 1097.

［10］SHU Y G, SHI H L. Mechanochemical coupling of molecular motor［J］. AAPPS Bulletin, 2006, 16: 8.

［11］BUSTAMANTE C, LIPHARDT J, RITORT F. The onequilibrium thermodynamics of Small systems［J］. Physics Today, 2005, 43.

［12］LIU F, OU-YANG Z C. Force unfolding single RNAs［J］. Biophys J, 2006, 90: 1895.

［13］BOYER P D. ATP synthase-past and future Biochim［J］. Biophys Acta, 1998, 1365: 3.

［14］SKOU J C. The influence of some cations on an adenosine triphosphatase from peripheral nerves［J］. Biochim Biophys Acta, 1957, 23: 394.

［15］MITCHELL P. Coupling of phosphorylation to electron and hydrogen transfer by a chemi-osmotic type of mechanism［J］. Nature, 1961, 191: 144.

［16］MTTCHELL P. A chemiosmotic molecular mechanism for proton-translocating adenosine triphosphatases［J］. FEBS Lett, 1974, 43: 189.

［17］BOYER P D. A model for conformational coupling of membrane potential and proton translocation to ATP synthesis and to active transport［J］. FEBS Lett, 1975, 58: 1.

［18］BOYER P D, CROSS R L, MOMSEN W. A new concept for energy coupling in oxidative phosphorylation based on a molecular explanation of oxygen exchange reactions［J］. PNAS, 1973, 70: 2837.

［19］ABRAHAMS J P, LESLIE A G W, LUTTER R, et al. Structure at 2.8Å resolution of $F_1$ −ATPase from bovine heart mitochondria［J］. Nature, 1994, 370: 621.

［20］BOYER P D. The binding change mechanism for ATP synthase-Some probabilities and possibilities［J］. Biochem Biophys Acta, 1993, 1140: 215.

［21］STRICK T, ALLEMANG J F, CROQUETTE V, et al. The manipulation of single biomolecules［J］. Physics Today, 2001, 46.

［22］VALE R D, MILLIGAN R A. The way things move: looking under the hood of molecular motor proteins[J]. Science, 2000, 288: 88.

[23] MEHTA A D, RIEF M, SPUDICH J A, et al. Single-molecule biomechanics with optical methods[J]. Science, 1999, 283: 1689.

[24] NOJI H, YASUDA R, YOSHIDA M, et al. Direct observation of the rotation of $F_1$ - ATPase[J]. Nature, 1997, 386: 299.

[25] SABBERT D, ENGELBRECHT S, JUNGE W. Functional and idling rotary motion within $F_1$ - ATPase[J]. PNAS, 1998, 94: 4401.

[26] SAMBONGI Y, IKO Y, TANABE M, et al. Mechanical rotation of the c subunit oligomer in ATP synthase ($FoF_1$): direct observation[J]. Science, 1999, 186: 1722.

[27] YASUDA R, NOJI H, KINOSITA K Jr, et al. $F_1$ - ATPase is a highly efficient molecular motor that rotates with discrete 120° steps[J]. Cell, 1998, 93: 1117.

[28] YASUDA R, NOJI H, YOSHIDA M, et al. Resolution of distinct rotational substeps by submillisecond kinetic analysis of $F_1$ - ATPase[J]. Nature, 2001, 410: 898.

[29] NISHIZAKA T, OIWA K, NOJI H, et al. Chemomechanical coupling in $F_1$ - ATPase revealed by simultaneous observation of nucleotide kinetics and rotation[J]. Nat Struct Mol Biol, 2004, 11: 142.

[30] ADACHI K, OIWA K, NISHIZAKA T, et al. Coupling of rotation and catalysis in $F_1$ - ATPase revealed by single-molecule imaging and manipulation [J]. Cell, 2007, 130: 309.

[31] ITOH H, TAKAHASHI A, ADACHI K, et al. Mechanically driven ATP synthesis by $F_1$ -ATPase[J]. Nature, 2004, 427: 465.

[32] DIEZ M, ZIMMERMANN B, BORSCH M, et al. Proton-powered subunit rotation in single membrane-bound $FoF_1$ - ATP synthase[J]. Nat Struct Mol Biol, 2004, 11: 135.

[33] ZHANG Y H, WANG J, CUI Y B, et al. Rotary torque produced by proton motive force in $FoF_1$ motor[J]. Biochem Biophys Res Comm, 2005, 331: 370.

[34] TURINA P, DIETRICH S D, GRABER P. $H^+/ATP$ ratio of proton transport-coupled ATP synthesis and hydrolysis catalysed by $CFoF_1$ liposomes [J]. EMBO J, 2003, 22: 418.

[35] PANKE O, RUMBERG B. Kinetic modelling of the proton translocating $CFoCF_1$ - ATP synthase from spinach[J]. FEBS Lett, 1996, 383: 196.

[36] KOTHEN G, SCHWRZ O, STROTMANN H. The kinetics of photophosphorylation at clamped ΔpH indicate a random order of substrate binding[J]. Biochem Biophys Acta, 1995, 1229: 208.

[37] SHU Y G, LAI P Y. Systematic kinetics study of $FoF_1$ - ATPase [J]. Europhysics Letters, submitted.

[38] BOTTCHER B, GRABER P. The structure of the $H^+$-ATP synthase from chloroplasts and its subcomplexes as revealed by electron microscopy[J]. Biochem Biophys Acta, 2000, 1458: 404.

[39] STOCK D, LESLIE A G W, WALKER J E. Molecular architecture of the rotary Motor in ATP synthase[J]. Science, 1999, 286: 1700.

[40] SEELERT H, POETSCH A, DENCHER N A, et al. Proton-powered turbine of a plant motor[J]. Nature, 2000, 405: 418.

[41] BROWNE W R, FERINGA B L. Making molecular machines work [J]. Nature Nanotechnology, 2006, 1: 25.

[42] BOYER P D. Catalytic site forms and controls in ATP synthase catalysis[J]. Biochem Biophys Acta, 2000, 1458: 252.

[43] MILGROM Y M, CROSS R L. Rapid hydrolysis of ATP by mitochondrial $F_1$ − ATPase correlates with the filling of the second of three catalytic sites [J]. PNAS, 2005, 102: 13831.

[44] LOBAU S, WEBER J, SENIOR A E. Catalytic site nucleotide binding and hydrolysis in $F_1$ Fo-ATP synthase[J]. Biochemistry, 1998, 37: 10846.

[45] WEBER J, SENIOR A E. ATP synthase: what we know about ATP hydrolysis and what we do not know about ATP synthesis[J]. Biochim Biophys Acta, 2000, 1458: 300.

[46] DICKSON K V, SILVESTER J A, FEARNLEY I M, et al. On the structure of the stator of the mitochondrial ATP synthase[J]. EMBO J, 2006, 25: 2911.

[47] KABALEESWARAN V, PURI N, WALKER J E, et al. Novel features of the rotary catalytic mechanism revealed in the structure of yeast $F_1$ − ATPase[J]. EMBO J, 2006, 25: 5433.

[48] BOWLER M W, MONTGOMERY M G, LESLIE A G W, et al. Ground state structure of $F_1$ − ATPase from bovine heart mitochondria at 1.9Å resolution[J]. J Biol Chem 2007, 282: 14238.

原载于《自然杂志》2007 年第 5 期

# 小虫春秋：果蝇的视觉学习记忆与认知

郭爱克* 中国科学院神经科学研究所，神经科学国家重点实验室　中国科学院生物物理研究所，脑与认知科学国家重点实验室

彭岳清　张　柯　奚　望　中国科学院神经科学研究所，神经科学国家重点实验室

　　生命系统是复杂性世界、动态世界。生物学中没有像物理学和化学那样"铁的定律"（rigid laws）。演化产生机制，而且多半是亚级机制。几乎很少有对一切生物问题普适的"规则"。有限的普适原则造就了生物世界的骨架，而生物系统的宽容性则幻化出丰富多彩的自然万物，达尔文不是说过，从一个简单的开始，无穷尽的更为美妙的更为完备的形式曾经和正在演化着，正所谓"道生一，

＊　神经科学和生物物理学家。从事视觉信息加工、神经编码和计算神经科学研究。从基因－脑－行为的角度，研究果蝇的学习、记忆、注意和抉择机制。开创了果蝇的两难抉择的研究，为理解抉择的神经机制提供了较为简单的模式生物和新范式；确立果蝇视觉记忆的短/中/长时程等多阶段记忆模型，证实学习/记忆的分子和细胞机制的进化保守性；揭示果蝇的类注意状态并发现某些记忆基因突变导致注意状态缺陷；在视觉图形－背景分辨的神经计算仿真和复眼的颜色以及偏振光视觉的生物物理机制方面也有重要研究成果。2003 年当选为中国科学院院士。

一生二，二生三，三生万物"（老子）。大脑就好比是"一条历史长河"，它从远古"流"到了今天，又将从今天"流"向未来。在某种意义上它又是演化留下的"记忆"，成为"集智慧之大成，集大成之智慧"。它是我们学习，思考和记忆的器官，是我们的智力和创造性，个性与社会性的神经生物学基础。恩格斯曾将"思维着的精神"比作是"地球上最美的花朵"，这是多么的生动、深刻而美妙。我们试图从简单的模式系统入手，为揭示"脑是怎样工作的"，"物质的脑是如何产生精神的"提供线索。

小小的飞虫——果蝇（*Drosophila melanogaster*），花花世界里的一颗微尘，却秉承着动物界的许多共有能力和属性。它有清晰的遗传背景，简约的神经系统，较短的生命周期，较强的繁殖能力，丰富的行为菜单。整整一个世纪以来，果蝇作为生命科学领域的模式生物，为我们理解生命本质和人类自身做出了伟大的贡献而被誉为生命科学的"万能钥匙"（图1）。人们发现，果蝇的生命机器的部

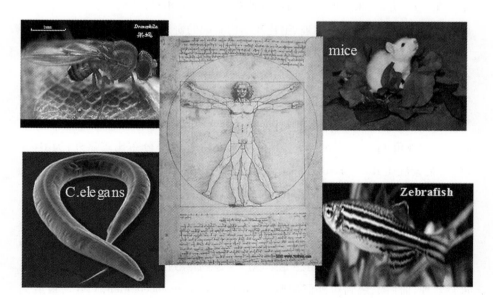

图1　人与模式动物：线虫、果蝇、小鼠和斑马鱼

件和人类有很大不同,但更多的是相同的运作方式。现在的经典遗传学知识甚至绝大部分都来源于对果蝇的遗传物质的研究。如今,它已成为研究遗传、发育、衰老、疾病、代谢、节律、成瘾、暴力、痛觉、"雄性同性间求偶"、睡眠、学习与记忆、智障、抉择等科学问题的重要模式动物。在我们认识大脑工作机制的道路上,果蝇将再度向我们伸出援手。

# 1 果蝇的脑,简约而不简单

果蝇大约有 $3 \times 10^5$ 个神经元,另外一种简单模式动物——线虫( $C. elegans$ )则只有 302 个神经元,人类则有 $10^{11}$ 神经元,从数目上看,果蝇脑的神经元数量正好处于线虫和人类的几何平均。一方面说明了果蝇神经系统"恰到好处"的复杂性;另一方面,果蝇的脑结构及其他神经系统又相对简单,使得利用果蝇进行学习记忆等高级功能的生理、生化及结构基础的研究相对简单易行。

果蝇的视觉通路相比嗅觉来说要复杂得多(图 2)。果蝇是复眼,单侧大约有 750 小眼(ommatidium)按六角形排列,视野超过视觉范围的 85%,只有背后 40°左右的一个竖直区域为视觉盲区[1]。相邻小眼之间的夹角( $\Psi$ )大约是 5°,每个小眼中又包含 8 个感光细胞(photoreceptor)和其他一些色素细胞,每个视觉感受器的视角( $\rho$ )是 3.5°[2-3]。8 个感光细胞中,6 个分布比较靠外,为 R1 ~ R6,含视紫红质 Rh1(photopigment rhodopsin 1,Rh1),负责大范围光谱视觉感知;2 个分布靠内的感光细胞 R7 和 R8 则负责偏振光和颜色视觉感知[4,5]。然后由视叶结构(optic lobe)在果蝇脑内两侧与复眼相连,接收由小眼传来的视觉信息。视叶结构包括薄板(lamina)、髓质(medulla)、小叶(lobula)及小叶板(lobula plate)四个部分。视觉信号由感光细胞产生,然后经过薄板、髓质、小叶及小叶板进行处理,而后汇聚到腹外侧原脑区(ventrolateral protocerebrum,VPN),最后到达中央脑的各个脑结构,形成了果蝇视觉信息处理的神经通路[6]。

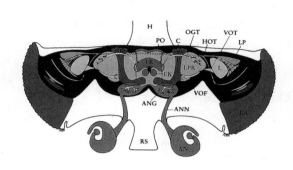

图2　果蝇的视觉系统。在果蝇脑最外侧的是复眼，单侧大约有750个小眼（ommatidium）组成，然后是视叶结构（optic lobe）在果蝇脑内两侧与复眼相连，包括薄板（lamina）、髓质（medulla）、小叶（lobula）及小叶板（lobula plate）四个部分；果蝇嗅觉系统：外界气味首先激活分布第三节天线和下颚须（maxillary pap）上的嗅觉神经元（olfactory sensory neuron），然后嗅觉感觉神经元投射到天线叶（antennal lobe, AL）。天线叶是果蝇中枢神经系统中嗅觉通路的第一站，蘑菇是嗅觉通路的第二站

## 2　果蝇的视觉学习和记忆

　　视觉信息是混合了时间、空间和光谱的复合信息，具有颜色、对比度、形状、位置和运动等特征，所以视觉认知过程是一个先解析而后重构这些信息的复杂过程。自20世纪80年代末[7-9]，果蝇和视觉飞行模拟器被广泛用于研究视觉模式学习[10-12]、视觉记忆的巩固[13-20]和比较复杂的高级视觉认知行为[21-23]。视觉飞行模拟器（图3）是由德国科学家Goetz在1964年设计的[2]，其核心部件是扭矩检测和补偿装置，构成了由计算机控制的负反馈系统，后来由Heisenberg和Wolf进行了修改和完善[24]。在飞行模拟器中，果蝇头和身体被粘在一起，被悬挂在扭矩检测仪的中心。在一个环绕果蝇的圆筒壁上，有四个视觉目标作为视觉刺激，每个目标占一个90°象限。果蝇可以通过自身扭矩控制圆筒转动，从而把它偏好的视觉目标稳定在其视野正前方[9]。当将负强化刺激（如红外激光作为热惩罚）与某一组目标相耦联时，果蝇可学会躲避这一目标而转向盯飞另外一组，逃避惩罚，建立操作式条件化记忆。而记忆表现可用学习指数（performance index, PI）来量化。学习指数的定义是果蝇在条件化训练后，在不存在非条件刺激的情况下，在"安全"区域盯飞的时间（$t_1$）与在"非安全"区域盯

飞的时间$(t_2)$的差值和总时间的比值$(t_1 + t_2)$[9,14,25,26]。根据巴甫洛夫学说,经典条件化的建立需要条件化刺激与非条件刺激之间的建立因果关联[27,28]。在利用飞行模拟器训练果蝇学习某一图形特征时,果蝇不仅要建立图形特征和热惩罚之间的耦联,还要学会控制飞行模拟器的一系列操作,把"安全"的目标稳定在自己前方,所以这种条件化的建立要比经典条件化更难一些,是典型的操作式条件化范式[29,30]。

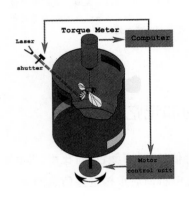

图3 视觉飞行模拟器装置图。包括视觉圆筒、扭矩仪、计算机、直流马达和红外惩罚系统。其主要原理是细的Pt-Ni悬丝在磁场中切割磁力线,从而产生感应电流信号。果蝇与其视觉环境之间构成闭环系统,可以用自身飞行扭距,通过负反馈控制圆筒的角位置和角速度

近年来,我们从基因-脑-行为-认知相结合的角度,在果蝇的视觉学习/记忆和认知行为的分子细胞和神经整合机制的研究方面取得一系列重要进展,系统地开创了果蝇的视觉"认知"研究,对探索"智与愚"的神经生物基础方面有一定的科学意义。

## 3　果蝇视觉模式的位移不变性识别

已有的研究表明,果蝇至少可以通过五类参数识别视觉图形,分别是图形尺度大小、颜色、重心高度、垂直紧致度(vertical compactness)和图形朝向。以往认为视

觉不变性识别是高等动物视知觉的基本特性之一，果蝇的视觉图形识别，可能主要使用视网膜上的模板匹配机制（retinotopic template-matching mechanism）[11]。中科院唐世明等研究发现，果蝇也有一定的视觉位移不变性识别能力，即视觉模式识别与模式获取时刻所在的网膜位置无关[31]。他们使用不带重心位置线索的图案，如长的和短的线条，或蓝色与绿色的方块，或含有几种元素的复杂组合图案，训练果蝇学会喜欢某一图案。若将图案纵向移动，使之出现在果蝇坐标系中的一个新的位置上，果蝇仍能识别该图案，而不会将其视为陌生图案。对于组合图案的识别，如对"＜"与"＞"的识别，果蝇需要同时认知图形元素的位置和特征，即其"关联"线索（relational cues）。这表明在果蝇脑中可能存在整合"什么"（what）和"哪里"（where）的感知觉信息通道。利用这种机制，可以衍生出复杂而丰富的图形认知能力。视觉不变性的神经机制研究有助于揭示概念如何生成，如何存储。有了概念才会有智力和思维。所以，果蝇视觉不变性认知研究有助于理解脑与智力的关系。

# 4　视觉模式特征的记忆痕迹

前面讲到，果蝇能够通过五种参数分辨不同的图形。图形识别的神经环路是怎样的，果蝇的视觉记忆躲藏在哪里？美国科学家 Lashly 就曾经在大鼠脑中搜索过记忆痕迹（engram of memory trace），但是没有成功[32]。中科院刘力等通过使用果蝇中央复合体结构的突变体，以及 rut 基因（腺甘酸环化酶基因，短时程记忆突变体，俗称"大头菜"基因）功能恢复技术，并利用 UAS／GAL4 系统在 rut 基因突变体内组织特异性的表达野生型 rut 基因，筛选出几种可以恢复 rut 基因突变体短时程记忆缺陷的 GAL4 品系。通过免疫组化，比较这些 GAL4 品系的基因表达模式，发现果蝇脑中心区域的扇形体（fan-shaped body）的第一层和第五层神经元，分别记忆具有不同角度信息和不同重心高度的图形特征。他们还使用了两种与 rut 基因功能恢复技术截然不同的特定区域功能阻断方法，用持续有表达活性的 G 蛋白 α 亚基（$G_s\alpha^*$）破坏 rut 基因编码产物的动态平衡，可以阻断果蝇的视觉学习记忆。由于破伤风毒素阻断法的作用区域是突触前神经元，所以表现出了一定的区域功能的非特异性。

这样，刘力等首次证明了果蝇中心脑区（central complex，CX）的扇形体结构（fan-shaped body，FB）的神经元，参与调节视觉图形识别过程[33]。这是对果蝇视觉学习记忆功能区的精确描述，有力地支持了果蝇的视觉位移不变性识别，表明果蝇的记忆痕迹并不存储在某个通用的记忆中心。嗅觉记忆定位在蘑菇体（mushroom bodies，MB），视觉模式的两个参数的记忆分别定位在中央复合体的扇形体的两层平行的细胞结构。

# 5　果蝇基于价值的抉择行为

生命就是抉择之链，不论是人，还是果蝇，概不能外。抉择是一种基于知识与经验，权衡利弊得失，从可供选择的全部方案中，选择最为有利者之能力。对于抉择的脑机制有"三问"：一问是，抉择在哪里进行，有没有所谓的"主管抉择的神经元"或"抉择脑结构"，充当"首席执行官"，统领全部的抉择过程；二问是，在抉择过程中，当前的感觉信息输入如何与先前的经验和而后的期望结合起来；三问是，脑怎样从多种可能性中选出恰当的一种，其脑过程是怎样的？

很久以来，人们认为抉择是人和非人灵长类的"专利"。为了揭示果蝇利用知识应对环境变化的能力，中科院唐世明和郭爱克开创了果蝇"颜色/图形"（"color/shape" dilemma）的两难抉择的研究[34]，证明了果蝇可以学习视觉模式的图形和颜色双线索来指导飞行定向行为。之后当遇到图形与颜色错配时，果蝇可以根据颜色和形状线索的相对"价值"（value）的不同，作出"趋利避害"的非线性的"胜方全拿"的抉择（winner-take-all）。此外，他们还进一步发现突变体果蝇（$mbm^1$）（其脑内的蘑菇体减小或缺失）和蘑菇体发育被羟基脲剥夺的果蝇的抉择能力受到损害,呈线性抉择行为。

# 6 蘑菇体结构和多巴胺能系统共司两难抉择

在中科院张柯等的抉择脑机制研究中,设置了由视觉目标重心高度和颜色构成的新的两难抉择环境。他们利用温度敏感型的突触传递突变体(shibire[ts1]),通过控制果蝇在冲突环境中做选择时的温度,在特定时间阻断特定脑区或者神经元的突触传递,研究参与基于目标突显程度的视觉抉择环路和神经机制[35]。发现果蝇脑中的蘑菇体结构和多巴胺能神经系统(dopaminergic system)的突触传递对这一抉择过程非常重要。蘑菇体是昆虫脑的重要的结构之一,因其外型类似于一对蘑菇,故被命名为蘑菇体(图4)。

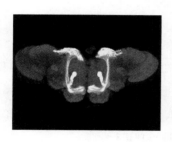

图4 美妙的果蝇蘑菇体。黄色凸显出蘑菇体结构;萼、柄和叶。蘑菇体外圈的轮廓代表果蝇脑的其他部分

昆虫的蘑菇体结构是由法国生物学家 Felix Dujardin 在久远的1850年发现的。果蝇的蘑菇体由一簇特殊分化的神经元(kenyon cell)及其神经突起组成,其树突短而密集成片,位于上方,称为萼(calyx),胞体位于下面,轴突集结成束向下延伸,称为柄(peduncle),在一定的位置分为三叶(lobes),其中 α/α' 是垂直走向,β/β' 和 γ 为水平走向。其他昆虫的蘑菇体,随着进化神经元数目增多,结构趋于复杂。蜜蜂是一种社会性昆虫,行为复杂性最高,蘑菇体也最为发达,其

萼的部分甚至出现了类似于人类大脑皮层的皱褶。面对如此优美的结构,Felix Dujardin 曾大胆猜测蘑菇体可能赋予昆虫一定程度的自由意志(free will)或者是智能控制(intelligent control)[36]。

张柯等的研究发现抉择过程可根据对蘑菇体和多巴胺能神经系统环路的需要与否分为两个阶段。第一个阶段为抉择确立期,这个阶段需要蘑菇体和多巴胺能神经系统共同参与;第二个阶段为抉择的执行期,不依赖于蘑菇体和多巴胺能神经系统环路的功能。通过免疫荧光组织化学实验发现,蘑菇体结构和多巴胺能神经元系统在神经结构上关系紧密。多巴胺能神经元的轴突侵入到蘑菇体的分叶中,提示蘑菇体和多巴胺能神经系统存在功能上的联系,而这一环路对于基于目标突显程度的视觉抉择是必需的。


# 7　果蝇的跨视觉和嗅觉
## 模态的记忆协同共赢

在现实生活中,人们经常会谈到协同、合作和共赢。跨模态信息的"整合""匹配""传递""捆绑""协同"等,是脑与认知研究的热点问题之一。中科院郭建增和郭爱克在"经典"的视觉飞行模拟器上,"嫁接"了嗅觉气味调控系统,在国际上率先实现了对个体果蝇的嗅觉操作式条件化:在同一台飞行模拟器上,视、嗅操作条件化可以同步实施或各自独立地单独进行。

他们将单独的视觉(高/低条纹重心的垂直距离)和嗅觉(OCT)与(MCH)浓度的输入衰减到单独都不再能引起具有统计意义的学习/记忆效果,然后将它们同步地提供给单只实验果蝇,实施双模态共操作条件化,发现二者之间的"弱-弱"联合,竟导致跨模态的学习记忆的非线性放大,达到了(1+1>2)的非线性的"协同共赢"[37]。他们还发现,在双模态共操作条件化之后,视觉和嗅觉的单模态各自都分别生成了有统计意义的记忆。这表明双模态之间不仅实现了"协同共赢",而且还体现了"互利互惠"。进一步研究还发现,在"预操作条件化"的范式中,记忆信息可以从被条件化的模态向未被条件化的模态传递,对后者的记忆也"伴随而生"。多模态记忆协同对如何生成概念、推理、问题求解和"个性与共性"的关系都有重要的认知意义。

# 8 果蝇的视觉环境泛化和视觉模式特征的抽提能力

　　所谓泛化,就是将某些普适性的信息从若干不同的个例刺激中分离出来,用于识别和判断包含其他新异信息的刺激[38]。刘力等发现果蝇确有一定程度的背景泛化能力[21],即当果蝇对某一视觉模式建立条件化后,在一定程度内改变背景条件(如改变背景颜色、闪光条件等),果蝇仍然能识别出原先训练过的视觉特征。这个能力依赖于蘑菇体,当蘑菇体出现缺陷时,果蝇就可能失去背景泛化能力。同时这个泛化的能力是有限的,当环境变化过于剧烈时,野生型果蝇也无法适应[39],但至少可以提高对环境变化的容忍程度。蜜蜂可以经过训练识别对称和非对称的物体[40],或相似和不相似的目标,说明蜜蜂具有抽提对称性概念的能力。果蝇有没有这种能力呢? 中科院彭岳清等发现果蝇有能力从视觉模式中抽提出某种特征[41],将先前的视觉经验可以易化果蝇在复杂模式条件下学习的能力也看作是泛化能力的一种,即从其他视觉特征的干扰中识别出被条件化的特征。在视觉飞行模拟器的圆筒中,有四个颜色和图形信息组合的目标,面对面的图形相同,但颜色不同;相邻的颜色相同,但图形却不同。所以,若试图训练果蝇从面对面的两个组合目标中抽提出相同的图形信息(或者颜色),这太难了,果蝇不能完成这个学习任务,因为在学习某一单独特征时,总有另一错配的在干扰。但是,若先将图形信息单独取出(即没有颜色或颜色相同)来训练果蝇,然后再加上错配的颜色干扰来训练果蝇时,果蝇则能够将这一图形信息从错配的复杂模式组合中提取出来,而"忘掉"颜色的干扰。即当果蝇经过对一组简单视觉模式的条件化训练甚至是部分条件化训练后,就能从加入了其他干扰特征的复合目标中,将之识别出来,即使这种复合很复杂,甚至从另外一个线索的角度看起来具有一定的冲突性。同样的,这种泛化能力依赖于蘑菇体的完整性。从自然和进化角度来看,泛化能力也应该属于果蝇基本的并且对于其生存来说极其重要的能力。

# 9　果蝇的视觉选择性注意

选择性注意就是在多个竞争性刺激同时呈现时,将感知限制在其中一个刺激目标上的行为[42]。选择性注意能力可以帮助动物把感知信息的能力资源集中在最重要的,对当前要完成的任务所必需的最关键的信息或者刺激目标上,从而避免因不相关的干扰影响到任务的完成或者目标实现。中科院奚望等的实验表明果蝇也有某种类似选择性注意的行为[43]。在视觉飞行模拟器中,在白背景下的黑色竖条可以引发果蝇自发的盯飞行为[44]。场电位记录证明,对突显目标的盯飞行为与果蝇中部原脑(the medial protocerebrum)区的 20～30 Hz 同步电活动相关联[45]。进一步实验证明,蘑菇体神经元的输出对于目标追踪行为和 20～30 Hz 同步放电都是必需的。这就暗示了果蝇的蘑菇体可能调节类似注意的行为。一些与短时程记忆相关的基因,如 *dunce* 和 *rutabaga*,也会影响到果蝇类注意行为中的表现[23,45],并且还会改变中部原脑的场电位活动模式。对同样的目标,*dunce* 突变体的果蝇显示了幅度比较小且延迟的 20～30 Hz 同步放电。由于 *dunce* 和 *rutabaga* 都选择性的表达在蘑菇体,所以以上的结果暗示了蘑菇体结构对果蝇的类注意行为可能有调节作用。奚望等的实验表明,在呈现 3 个有对比度差异的多目标的盯飞选择范式中,蘑菇体可以帮助果蝇选择其中最凸显的一个目标,而"滤掉"另外两个对比度稍低的目标[43]。最近有报道,果蝇蘑菇体的 GABA 递质系统也参与噪声过滤的神经过程[46]。

# 10 果蝇的认知向我们提示了什么？

我们人类和形形色色的动物们同在蓝天下，同住地球村。我们一样都是自然界的孩子，感受着同样的春夏秋冬，一样的电闪雷鸣。我们能学习，能思考，会创造，有感情，有灵性……动物们呢，昆虫们呢？我们在脑科学研究的每一个进展，都告诉我们，我们对它们的认知太少了，它们的智力往往比我们估计的要高得多。正如 Dobzhansky 指出的那样，不懂得演化就不能真正懂得生命科学（Nothing in biology makes sense except in the light of evolution）。"天地不仁，以万物为刍狗"（老子），"物竞天择，适者生存"，在演化的长河中，昆虫的祖先面对各种环境条件，作为竞争的胜利者，生活至今。我们这些自诩高等的生物其实是分享着昆虫的祖先们所留下的对自然适应性的遗产，组成了我们的躯体，孕育了我们的思维。我们的一只脚刚要迈向远方，而另一只脚仍然根植在广阔的生物界。我们和动物，甚至昆虫，分享着类似的遗传过程，相似的发育步骤，进而类同的认知的原机制。从 20 世纪 60 年代末到现在，岁月已经划过 50 多个年头，人类已经对学习记忆的过程有了一些认识。如今，已经没有人再怀疑学习记忆的细胞内分子机制是否是进化保守的了，但是人们仍然有疑问，环路层面上也是保守的吗？从我们目前的了解来讲，至少仍然是部分保守的，但同时也体现了演化路径的多样性。就拿睡眠来说吧，最近有一种观点认为，它是脑内局域神经网络的一种集体涌现行为。郭爱克实验室也研究果蝇的睡眠，发现它有一对叫作"背侧配对中间神经元"（dorsal paired medial neurons）投射到果蝇蘑菇体的各叶，分管睡眠的发起和维系。又如研究者最近发现一对前侧配对 GABA 能神经元（anterior paired lateral neuron）参于果蝇蘑菇体的抑制性门控，又如郭爱克实验室发现的一对视觉投射神经元（VPN）调控果蝇的高阶运动感知等，都体现了果蝇脑中神经环路的多功能性和简约性，这不同于高等动物的大规模神经网络才有的动力学复杂性。另一方面，我们在研究果蝇的两难抉择及其神经相关物时，发现与灵长类何其相似乃尔！二者都需要多巴胺能信号，都需要特定的脑结构与多巴胺能信号互动，在灵长类是在前额叶等脑区，果蝇则主要是蘑菇体结构。它们各自都完成增益和门控的调控过程。这是否表明生物体在自然计算原理上的保守性呢？这是否再现了生命世界的多样性和同一性的辩证统一？恩格斯是对的，在自然界里非此即彼的绝对分明的和固定不变界线是没有的（《自然辩证法》）。

参考文献

［1］ BUCHNER E. Dunkelanregung des stationaren flugs der Fruchtfliege *Drosophila*［M］. Dipl Thesis Univ Tuebingen, 1971.

［2］ GÖTZ K G. Optomotorische Untersuchung des visuellen Systems einiger Augenmutanten der Fruchtfliege *Drosophila*［J］. Kybernetik 1964, 2: 77－92.

［3］ LAND M F. Visual acuity in insects［J］. Annu Rev Entomol, 1997, 42: 147－177.

［4］ HARDIE R. Functional organization of the fly retina［M］//OTTOSON D. Progress in sensory physiology. Berlin: Springer,1985.

［5］ MORANTE J, DESPLAN C. Building a projection map for photoreceptor neurons in the *Drosophila* optic lobes［J］. Semin Cell Dev Biol, 2004,15: 137－143.

［6］ OTSUNA H, ITO K. Systematic analysis of the visual projection neurons of *Drosophila melanogaster*. I. Lobula-specific pathways［J］. J Comp Neurol, 2006, 497: 928－958.

［7］ HEISENBERGM, WOLF R. Reafferent control of optomotor yaw torque in *Drosophila melanogaster*［J］. J Comp Physiol A, 1988,130: 113－130.

［8］ WOLF R, HEISENBERG M. Visual control of straight flight in *Drosophila melanogaster*［J］. J Comp Physiol A, 1990,167: 269－283.

［9］ WOLF R, HEISENBERG M. Basic organization of operant behavior as revealed in *Drosophila* flight orientation［J］. J Comp Physiol A, 1991,169: 699－705.

［10］ DILL M, WOLF R, HEISENBERG M. Visual pattern recognition without shape recognitionJ［J］. Phil Trans R Soc Lond, B, 1995,349: 143－152.

［11］ DILL M, WOLF R, HEISENBERG M. Visual pattern recognition in *Drosophila* involves retinotopic matching［J］. Nature, 1993,365: 751－753.

［12］ ERNST R, HEISENBERG M. The memory template in *Drosophila* pattern vision at the flight simulator[J]. Vis Res, 1999,39: 3920 - 3933.

[13] GUO A K, GÖTZ K G. Association of visual objects and olfactory cues in *Drosophila*[J]. Learn Mem, 1997,4: 192 - 204.

[14] GUO A K, LI L, XIA S Z, et al. Conditioned visual flight orientation in *Drosophila*: dependence on age, practice, and diet[J]. Learn Mem, 1996, 3: 49 - 59.

[15] LIU L, WANG X, XIA S, et al. Conditioned visual flight orientation in *Drosophila melanogaster* abolished by benzaldehyde [J]. Pharmacol Biochem Behav, 1998, 61: 349 - 355.

[16] XIA S, LIU L, FENG C, et al. Drug disruption of short-term memory in *Drosophila melanogaster*[J]. Pharmacol Biochem Behav, 1997a, 58: 727 - 735.

[17] XIA S, LIU L, FENG C, et al. Memory consolidation in Drosophila operant visual learning[J]. Learn Mem, 1997b, 4: 205 - 218.

[18] XIA S Z, FENG C H, GUO A K. Multiple-phase model of memory consolidation confirmed by behavioral and pharmacological analyses of operant conditioning in *Drosophila*[J]. Pharmacol Biochem Behav, 1998,60: 809 - 816.

[19] XIA S Z, FENG C H, GUO A K. Temporary amnesia induced by cold anesthesia and hypoxia in *Drosophila*[J]. Physiol Behav, 1999,65: 617 - 623.

[20] XIA S Z, LIU L, FENG C H, et al. Nutritional effects on operant visual learning in *Drosophila melanogaster*[J]. Physiol Behav, 1997c,62: 263 - 271.

[21] LIU L, WOLF R, ERNST R, et al. Context generalization in *Drosophila* visual learning requires the mushroom bodies[J]. Nature, 1999,400: 753 - 756.

[22] WOLF R, WITTIG T, LIU L, et al. *Drosophila* mushroom bodies are dispensable for visual, tactile, and motor learning[J]. Learn Mem, 1998,5: 166 - 178.

[23] WU Z, GONG Z, FENG C, et al. An emergent mechanism of selective visual attention in *Drosophila*[J]. Biol Cybern, 2000,82: 61 - 68.

[24] HEISENBERG M, WOLF R. Vision in *Drosophila* [M]//Studies of brain function. Berlin: Springer, 1984.

[25] BREMBS B, HEISENBERG M. The operant and the classical in conditioned orientation of *Drosophila melanogaster* at the flight simulator[J]. Learn Mem, 2000,7: 104 - 115.

[26] BREMBS B, HEISENBERG M. Conditioning with compound stimuli in *Drosophila melanogaster* in the flight simulator[J]. J Exp Biol, 2001,204: 2849 - 2859.

[27] HAWKINS R D, ABRAMS T W, CAREW T J, et al. A cellular mechanism of classical conditioning in Aplysia: activity-dependent amplification of presynaptic facilitation[J]. Science, 1983,219: 400 - 405.

[28] PAVLOV I P. Conditioned reflexes[M]. London: Oxford University Press, 1927.

[29] SKINNER B F. The behavior of organisms: an experimental analysis[M]. New Jersey: Prentice Hall, Englewood Cliffs, 1938.

[30] SUTTO R S, BARTO A G. Time-derivative models of Pavlovian renforcement [M]// GABRIEL M, MOORE J. Larning and computational neuroscience: foundations of adaptive networks. Boston MA: MIT Press, 1990: 497 - 537.

[31] TANG S, WOLF R, XU S,et al. Visual pattern recognition in *Drosophila* is invariant for retinal position[J]. Science, 2004, 305: 1020 − 1022.

[32] LASHLEY K S. Brain mechanisms and intelligence: a quantitative study of injuries to the brain[M]. Chicago: University Chicago Press,1929.

[33] LIU G, SEILER H, WEN A,et al. Distinct memory traces for two visual features in the *Drosophila* brain[J]. Nature, 2006,439: 551 − 556.

[34] TANG S, GUO A K. Choice behavior of *Drosophila* facing contradictory visual cues[J]. Science, 2001,294: 1543 − 1547.

[35] ZHANG K, GUO J Z, PENG Y, et al. Dopamine-mushroom body circuit regulates saliency-based decision-making in *Drosophila*[J]. Science, 2007,316: 1901 − 1904.

[36] STRAUSFELD N J, HANSEN L, LI Y, et al. Evolution, discovery, and interpretations of arthropod mushroom bodies[J]. Learn Mem, 1998,5: 11 − 37.

[37] GUO J, GUO A K. Crossmodal interactions between olfactory and visual learning in *Drosophila*[J]. Science, 2005,309: 307 − 310.

[38] WEHNERR. Spatial vision in arthropods [M]//AUTRUM H. Handbook of Sensory Physiology VII/6C. Berlin: Springer,1981: 287 − 616.

[39] MENZEL R,GIURFA M. Cognition by a mini brain[J]. Nature, 1999, 400: 718 − 719.

[40] GIURFA M, EICHMANN B, MENZEL R. Symmetry perception in an insect [J]. Nature, 1996, 382: 458 − 461.

[41] PENG Y, XI W, ZHANG W, et al. Experience improves feature extraction in *Drosophila* [J]. J Neurosci, 2007,27: 5139 − 5145.

[42] JAMES W. The principles of psychology[M]. New York: Henry Holt,1890.

[43] WANG X, PENG Y Q, GUO J Z,et al. Mushroom bodies modulate salience-based selective fixation behavior in Drosophila[J]. European Journal of Neuroscience, 2008, 27: 1441 − 1451.

[44] POGGIO T, REICHARDT W. Visual control of orientation behaviour in the fly. Part II. Towards the underlying neural interactions[J]. Q Rev Biophys, 1976,9: 377 − 438.

[45] van SWINDEREN B,GREENSPAN R J. Salience modulates 20 − 30 Hz brain activity in *Drosophila*[J]. Nat Neurosci, 2003,6: 579 − 586.

[46] LIU X, KRAUSE W C, DAVIS R L. GABA(A) receptor RDL inhibits *Drosophila* olfactory associative learning[J]. Neuron, 2007,56: 1090 − 1102.

原载于《自然杂志》2009 年第 2 期

# 人类意识流的重要构成部分

## ——心智游移

宋晓兰　浙江师范大学教师教育学院心理系

唐孝威*　浙江大学物理系

# 1　什么是心智游移

你是从什么时候开始注意到自己的精神世界是自由的？尽管身在此处,可我们具有在任意时刻离开此时此地的能力:可以在课堂上回想昨晚的电影,演练晚上的演讲;可以在去食堂的路上构思课程的期末论文,或者幻想一下自己如果是隐形人是不是就可以迅速穿越人流和长长的队伍直接买到紧俏的红烧牛

* 原子核物理及高能物理学家。主要从事原子核物理、高能实验物理、生物物理学、医学物理学、核医学、脑科学等方面的研究。20 世纪 60 年代参加中国原子弹、氢弹的研究、试验,在中子点火实验和核试验物理诊断等方面做出贡献。70 年代中进行我国卫星舱内空间辐射剂量的测量。70 年代末率领中国实验组到德国汉堡电子同步加速器中心进行高能实验,参加的马克杰国际合作组在实验中发现胶子。80 年代初领导中国科学院高能物理研究所实验组参加 L3 实验及 AMS 实验等国际科技合作,在实验证实自然界存在三代中微子以及实验测定中间玻色子特性等方面做出贡献。近年来进行意识问题的自然科学研究。1980 年当选为中国科学院学部委员(院士)。

肉；当然也可以一边在网球场上挥洒汗水，一边惦记着日程表里堆积起来的待办事项……

此类白日梦的经验对你而言，一定太平常不过了。并且，你一定注意到了，这样的体验通常不请自来，有时甚至是挥之不去的。一方面，在无聊的空闲时间里，白日梦成了你打发时间的必备工具；而另一方面，它也会在你不是那么想让它出现的场合困扰你，让你无法专心（比如此刻我要专心写这篇稿子，可是家里的琐事却不停地跳到我的脑子里来）。

这种体验，在生活中我们叫它"白日梦"，或者"走神"，在科学研究中它有一个专门的名字——心智游移（mind wandering）。通常对它的定义是：在清醒状态下自发产生的内源性表征涌现现象。具体而言，就是在清醒状态下，个体体验到来自于内部而不是即时环境的心理表征，而这种意识内容并非个体主动发起，也并非来自于环境诱因，它与个体正在从事的活动或者环境中的刺激都没有直接关系。这种情况可以发生在个体闲暇时，也可以发生在个体从事某种活动的过程中。

对个体而言，这种体验平常得让人理解起来不费力气，但要对它进行科学研究却是另外一回事。事实上，这种自人类出现以来就存在的普遍意识现象，直到21世纪初才真正引起科学家们的兴趣，并随着对意识和脑的研究的不断深入而迎来了真正的探索热潮。今天这篇文章，旨在让国内的读者了解如何对这种现象进行科学研究，以及这类研究已经获得了哪些进展。

首先，我们需要确切地知道心智游移体验到底有多普遍，是不是每个人都有，以及我们有多频繁地体验到它？已经有很多研究提供了此类数据，使得我们能够大致描绘出这类体验在人群中的分布以及发生频率。根据早期的报道，大概96%的美国人报告说自己对心智游移体验很熟悉[1]。当被试在完成一个需要集中注意于屏幕上不断变化着的刺激并及时做出反应（比如发现目标刺激出现时按下一个特定的键）的任务中，通过在实验过程中随机插入探针问题（比如：此刻你走神了吗？），研究者发现被试报告心智游移的次数占探针问题总数的30% ~ 50%[2]。在2010年发表于美国著名期刊《科学》上的研究论文中，研究者给被试的手机植入一个客户端应用程序(App),在每天的若干个随机时间点提醒被试完成一份关于此刻注意是否集中于当前任务或环境的问卷,在整个调查期间被试像往常一样生活,结果表明心智游移频率占人们清醒时刻的 46.9%[3]。也就是说,无论是在日常生活中还是在心理学实验室里,我们都有 1/3 ~ 1/2 的时间并没有专心于当前任务或环境,而是想一些和当下没有关系的事情。这个结果是不是很令你惊讶:原来我是那么的不专心,而且有这么多人和我一样!

　　其实,早在 100 多年以前,现代科学心理学的开山鼻祖之一,大名鼎鼎的威廉·詹姆士(William James)就注意到了这个现象,并提及这个现象的研究价值。他说,尽管我们所体验到的意识内容有一部分来自于外界环境,但另一部分(可能是更大的部分)来自于我们的头脑①。他提出意识流(stream of consciousness)的概念,用来描述那些显然会永远变化且不断连续流动的想法/观念/意向和感受。

　　我们有理由相信,占据我们清醒意识体验约 1/2 的心智游移,在保证永远变化且不断变化的意识流的连续性上,起到了非常重要的作用。通过控制刺激引起个体不同的行为反应是经典的实证心理学的实验传统,而这个实验传统却只能告诉我们心理过程是如何受制于外界环境和当前任务目标。对于威廉·詹姆士提到的那一大部分来自于脑内部的意识流,尤其是自发产生的心智游移体验,传统的刺激—反应的心理学实验显得无能为力。因此,在很长一段时间内,对心智游移的实证研究非常稀少。在 20 世纪 60 年代,心智游移曾经被当成想象过程的重要成分而被 Singer、Antrobus 等心理学家关注过[4-5],但是很快,他们的研究被淹没在其他以刺激—反应为导向的实验心理学研究的洪流中。直到 21 世纪初,随着以功能核磁共振成像(functional magnetic resonance imaging, fMRI)为代表的无损脑功能成像技术在认知科学研究中的飞速发展和渗透,以及整个科

---

① 原文: Enough has now been said to prove the general law of perception, which is this, that whilst part of what we perceive comes through our senses from the object before us, another part (and it may be the larger part) always comes out of our own head.

学界重新掀起对人类意识之谜的研究热情,心智游移这个每个人都再熟悉不过的意识体验,被重新搬上实证研究的舞台,并且迅速引发了一股研究热潮。如今,我们对心智游移的理解,无论在行为表现层面,还是在脑功能层面,都达到了前所未有的高度,并且还将越来越深入。

# 2　如何研究心智游移

经典的实验心理学通过控制外界刺激来影响被试的心理过程,并借助个体的行为反应来获得心理活动的间接指标。这个刺激—反应的传统模式在研究心智游移时遇到了很大的困难。心智游移的核心特征——内源性和自发性——决定了对这个现象的研究必须突破刺激—反应的实验范式。内源性是指发生心智游移时个体的意识内容并不来自于外界环境,因而研究者无法用控制刺激的方式来"引起"心智游移;自发性是指心智游移的发生是不受个体主观意愿控制的,也就是说研究者不能"要求"个体心智游移,个体自己也不能"主动发起"心智游移。这样一来,经典实验心理学的"控制"思想在研究心智游移时就碰了壁。

好在心智游移的发生频率很高,因而研究者采用了"守株待兔"的思路,即等着它自己出现。这种思路通过一种叫做"经验取样"的方法得以实现。

经验取样是一种专门用来研究个体持续变化着的意识体验的方法,通常这种方法依赖于个体对自己意识经验的如实报告。在运用经验取样法获取个体的心智游移体验样本时,研究者会在个体没有准备的情况下给个体发送"探针问题",要求个体报告在收到信号的前一刻在想些什么:是在想与即时环境和活动有关的事情,还是在想与它们无关的内容。如果是后者,那么就认为在收到信号时个体正在进行心智游移。上一部分提到的 2010 年发表在美国《科学》上的那项研究就用了这种方法,通过在受访者手机上安装客户端的方式,在调查期间每天多次给受访者发出提醒,要求受访者就此刻自己的意识状态进行内省并回答相应的问题[3]。全球数千名参与调查的受访者的数据显示,在生活中,有

46.9%的时间里个体的意识体验都不是针对当前活动和当前环境的,而是在进行心智游移。

通过把"探针问题"插入到被试正在进行的活动中的方式,经验取样获得了目前为止最为直接的心智游移发生信息。因为心智游移体验留下的记忆痕迹很浅,个体不大可能在很久以后仍然记得先前的"走神"体验,而经验取样这种对意识经验的"立即"回顾最大限度地降低了个体的记忆负担。尽管如此,经验取样法仍然不可避免地具有主观报告法的缺陷。由于经验取样法只能通过内省对意识流经验随机抽样,因而它仍然无法让研究者直观地观测到心智游移的随时发生和动态变化。所以,在心智游移研究中,寻找可以反映心智游移发生的其他客观指标(包括心理的、行为的和生理的),一直以来都是这个领域内一个重要的方法学课题。

令人庆幸的是,虽然心智游移是一种纯主观的个人体验,它的发生还是伴随着一些个体其他方面的改变。作为一种有意识的心理过程,心智游移的发生会消耗有限的认知资源。因此,如果个体在从事一项活动时发生心智游移,那么个体正在从事的活动就会因为可用认知资源的减少而受到影响。根据这样的基本假设,研究者就可以通过观测被试活动绩效的改变来间接探测心智游移的发生。这样的思路在20世纪90年代以后被频繁用于绝大多数针对心智游移的行为实验中。通常研究者会让被试完成一个不太难的知觉任务,比如对连续出现的单个数字进行是否是"3"的判断,在任务中的随机时间点,插入经验取样法中使用的探针问题(探针出现的前一刻,你的注意"在当前任务上"或"不在当前任务上")。这样研究者在获取个体心智游移的主观报告数据的同时还能记录个体在实验任务上的行为绩效(比如对刺激的反应速度和正确率)。在精心控制的实验条件下,研究者可以得到行为绩效和个体主观报告数据之间的对应关系。正如预计的那样,当个体报告自己的注意"不在当前任务上"时,他对目标刺激的反应正确率下降了,反应时变得更不稳定了。因而,个体在低负荷任务中行为绩效的下降成为发生心智游移的一个间接却更为客观的指标。这类方法的最大问题在于,造成行为绩效下降的原因可能不仅仅限于心智游移(外界干扰刺激造成的分心也会使个体的任务绩效下降)。因而,如何设计更好的实验范式,使得个体的行为绩效的变化和心智游移的发生之间的对应关系变得更为单纯,就成为使用这一方法的研究中要解决的主要问题。

好在行为绩效如反应时、正确率的变化并非心理活动的唯一表现,随着各种生理心理记录方法,如眼动、多导生理记录和以 fMRI 为代表的包括事件相关电位(ERP)在内的无损脑功能探测手段在心理学实证研究中的深入应用,在对心智游移客观指标的探索方面已经获得了很多极有价值的成果。

例如,眼动是个体加工视觉刺激及相关注意过程的一个可探测的生理反应,因而可以作为心智游移是否发生的一个指标。研究发现,在阅读过程中的心智游移往往伴随着更长的注视时间、对词频变化更不敏感的凝视时间、更大的瞳孔直径以及更频繁地眨眼[6-8]。通过 fMRI 的方法,研究者可以直接获取个体在发生心智游移时脑内神经元活动的变化情况。目前这方面的研究结果都将心智游移的发生与脑内一个十分特殊的区域——"默认网络"联系起来,这部分内容还会在本文第四部分专门进行介绍。在脑电技术方面,若干 ERP 研究都发现了心智游移发生时个体对外界刺激加工削弱的证据。这样的研究不仅仅提供了心智游移的客观指标,同时,它们也有助于探索心智游移的内部机制。例如,心智游移时眼动指标和脑电成分的改变都强有力地证明了心智游移发生时个体的注意处在一个与外界环境分离的状态下。

当然,上述研究目前仍然需要以个体口头报告来判断个体是否真的发生了心智游移,通过比较"心智游移"时和"专心于任务"时这两种情况下相关数据的差异,研究者获得了有希望作为心智游移客观指标的方法。相信随着实验设计的日益精致和技术手段信噪比的不断提升,未来可以在不需要被试口头报告的情况下直接以其他指标探测到个体的心智游移。

# 3　有得有失的心智游移

心智游移的实证研究是在对其负面效应的探索中兴起的。在心智游移研究真正开展起来的过去 10 年中,大量的实验将心智游移当成人类注意机制不那么完美的一个表现,它就像是注意过程中一个无法避免的缺陷,令人讨厌却又无可奈何,我们需要去做的是如何减少它可能造成的糟糕影响。然而,随着研究深入,研究者们意识到这种跨种族、跨文化的普遍存在于人类意识中且发生频率极高的体验,是一种正常而非"病态"的人类意识现象。这时,全面地看待心智游移的代价和可能带来的益处,就显得十分自然了。

心智游移的代价太显而易见了。心不在焉给人们带来不少麻烦,这一点在实验室里被反复证明。我们都有阅读时心不在焉的体验:眼睛随着文本移动,但直到翻页才发现自己什么都没看进去,脑子里被不知道哪来的想法充斥着。若干个研究揭示了阅读时发生心智游移将影响个体对文本信息的编码,使人在接下来的阅读理解测试中表现糟糕[9];课堂或讲座中,心智游移体验也非常普遍,它将极大影响听者对讲座内容的理解[10]。更多的实验任务反复证明了即使在非常简单的知觉任务中,发生心智游移也将影响个体的表现:让个体行为陷入缺乏监控的、机械的自动化模式,对关键刺激视而不见或者反应速度明显减慢。而且,在越是简单枯燥的任务中,个体越是容易陷入心智游移。

值得一提的是,尽管在实验室任务中心智游移对个体执行当前任务的负面影响如此明显,生活中发生的心智游移频率更高,却并不令人讨厌。大部分受访者表示对心智游移体验是非常熟悉的,有时甚至会享受这种从当前环境中离开而进入个人世界的状态[11]。当考虑到日常生活中我们的活动并不时时要求我们全神贯注于当前环境时,生活中并不讨厌的心智游移就变得可以理解了。在不那么重要以及对即时元意识监控要求不那么高的日常活动中,对个体而言,心智游移的影响常常是可以忽略的——想想我们在排队缴费、走路或者在空旷的道路上开车中的体验吧。

然而,驾驶机动车是个特别需要提到的情境。在交通情况良好的情况下驾驶员做做白日梦并无大碍(而且似乎不可能不这么做),然而,一旦发生突然的交通状况(比如从前方不远处的绿化隔离带中突然窜出一个人),此时驾驶员是集中精力于驾驶环境还是正在心智游移,就会极大地影响他是否有足够的反应时间应对此种突发状况。一些通过模拟驾驶实验来研究心智游移对驾驶行为影响的研究揭示了个体在驾驶中发生心智游移对驾驶行为可能产生的影响,包括跟车距离变短,对周围环境信息视而不见,不会根据前方车辆状况及时调整驾驶模式等[12]。

看来心智游移是否对个体从事当前活动产生不利影响,取决于个体在什么样的环境中发生心智游移。在那些日常的、熟练的、自动化的行动中,走走神做做白日梦不会让人烦恼;但是如果是在一些需要注意高度投入才能胜任的任务情境中,发生心智游移就不是一件让人享受的事情了。因此,在需要高度注意投入的任务(如参加考试)中抑制自己的心智游移就成为一种非常重要的能力,智力测验成绩和心智游移频率之间的负相关关系支持这一论断[13]。

因此,我们很容易就能想到,个体根据任务需求控制心智游移的发生是一种非常重要的认知能力:在重要的任务中不走神,而在简单的、自动化的任务中利用多余的认知资源走神却不会产生多大的负面影响。这样的能力我们称之为执行控制功能,这个功能会决定个体是否能够尽可能地避免心智游移的损害。例如,在一个延迟满足可以带来更大利益的实验情境中,当任务负荷较低时,个体可以策略性地利用延迟期间的心智游移来帮助自己抵抗当前诱惑[14](可能是因为心智游移可以帮助个体避免直接面对当前诱惑),而执行功能受损的个体(如患有注意缺陷多动障碍的个体)就无法根据任务需求灵活调节自己的心智游移[15]。

一些研究还提示在衡量心智游移的负面影响时有必要考虑心智游移的具体内容。比如,心智游移的情绪色彩、时间指向等特征和产生多大的负面效果有关。带有消极情绪色彩和指向过去的心智游移与更严重的负面影响以及更消极的个体心境相关[16]。因而研究者推测,消极的心智游移可能会产生更为消极的后果。当然,目前下这样的结论还为时过早,但在评价心智游移带来的损益时考虑多方面的影响因素却是必要的:发不发生心智游移是一回事,在什么时候发生以及发生什么样的心智游移又是另外一回事。

心智游移作为一种如此普遍、发生如此频繁并且几乎是不可避免的意识体验,如果说它对个体只有消极影响而没有一丝用处,似乎是说不过去的。而且,想想我们自己对此是多么乐此不疲,尤其是在闲着没事儿干的时候,如果没有心智游移来帮助我们打发时间,将是多么的无趣啊。因而,尽管对心智游移的实证研究是在对它的负面效应"口诛笔伐"过程中逐渐兴起的,研究者们还是在思考并努力地探索着它可能具有的功能。

对心智游移功能的探索要从分析心智游移的内容开始,也就是说,得首先知道人们在心智游移时都想些什么,才能知道他们为什么想这些,以及投入认知资源甚至以牺牲当前任务绩效为代价来想这些事情对他们有什么用。早在 20 世纪 60 年代,Singer 就发现了心智游移(那时叫白日梦)是一种以情景表征涌现为主的意识状态(就像我们晚上做的梦那样生动,让人产生身临其境的感觉),这个事实在 21 世纪得到了更为清晰的证实。我们用经验取样的方法,发现情景表征占据了 60% 以上的心智游移意识体验[11],并且,其中占据最大比例的又是在时间维度上指向将来的那些情景性表征(图 1)。也就是说,人们在心智游移时,总是会去想那些还未发生但即将发生的事件,以情景想象的方式在头脑里一遍又一遍地对这些事件进行预演。我们把心智游移的这种特征称为心智游移的前瞻偏向。这种偏好使得研究者猜测心智游移具有规划未来的功能,并且认为其具体机制在于心智游移可以提供一个机会,让个体可以比较现有状态和目标状态之间的差距并反复思量需要克服的中间障碍[17]。笔者带领的团队正在做一些探索性的研究,试图寻找个体将来指向的心智游移频率和个体随后对前瞻记

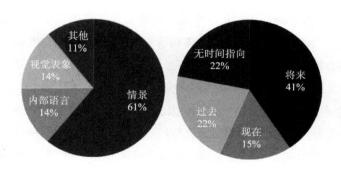

图 1　心智游移的基本成分:左图为心智游移中各种表征形式的比例;右图为情景性心智游移中各个时间指向的比例

忆(一种指向将来要做事件的记忆,如记得自己下课要去买一杯咖啡)任务完成情况之间的关系,结果发现如果心智游移时想到的内容是与个体前瞻计划相关的,那么这种心智游移就会有利于随后前瞻记忆任务的执行。

另一个正在接受实证考验的猜测是心智游移有助于人们发挥创造性。之所以做出这样的假设,是由于心智游移因其不受控从而可能具有发散思维的特质,而发散思维是创造力的一个必要条件。这方面的证据来自两类研究:一类研究发现,心智游移频率高的个体在创造力特质问卷中的得分也比较高;另一类研究发现,在呈现需要创造性的问题后让个体参加一个和问题不相关的分心任务,那些在分心任务中发生较多心智游移的个体,相比于那些一直专心完成任务的个体,随后能够更具创造性地解答问题[18]。这几个有限的研究给我们一些有意思的启示:首先,那些平常爱胡思乱想、动不动思绪乱飞的人,更有可能是高创造性的个体;其次,当我们面对需要创造性思维才能解决的问题时,在干点别的事情的同时走走神,很有可能会有助于我们开阔思路,得到更有创造性的答案。当然,目前这类研究开展得还十分粗浅,如果心智游移确实能够以某种方式有助于个体发挥创造力的话,那么,这种促进作用的具体机制还需要更深入的研究;并且,心智游移能够促进创造力的发挥,或者有助于问题解决这一点,首先需要更多实证研究的验证。

心智游移现象说明了人类意识具有不可抵挡地离开此时此地进入自我主观世界的倾向。这种倾向说明个体之所以以牺牲对现时环境和任务的加工为代价"陷入"心智游移,是因为相对于即时环境和任务,心智游移更为吸引我们。"当前关注理论"(current concern theory)正是从这个角度解释心智游移的发生。这种理论认为心智游移时个体所思所想均是对个体而言更"重要"的以及个体更"关心"的事,个体利用心智游移来对这些重要的事务进行加工。上述两种心智游移的功能(未来筹划及创造性地解决问题)均可纳入这个理论。

心智游移会发生在个体执行各种任务过程中,因此,有一种理论认为心智游移"打断"当前任务是因为它可以提供让人"休息"的机会。我们暂且称这种理论为"心理休息论"[19]。长时间从事枯燥无聊的任务会让人情绪低落,而那些老是在任务中走神的个体,他们情绪低落的状况会比那些走神较少的个体来得轻微。人们在心智游移时想一些将来的事情,也会有助于他们改善不愉快的情绪[16]。除了通过调节情绪让个体休息,心智游移还可以通过降低习惯化的方式使个体更不容易在学习中感到疲劳[20]。总之,尽管对当下任务而言,心智游移是一种打扰,但这种打扰有时恰恰能缓解因过度专注于任务而产生的负面效应。

所以,你瞧,任何事情都有两面性,心智游移让人们不由自主地不能"活在当下",对那些需要"关注当下"的任务而言,心智游移无疑是不好的。然而,这种离开此时此地的倾向有时是如此不可避免,似乎人们的精神世界内部本身具有一股力量,总是要将我们的意识觉知拉进去。人们经常被这种"倾向性"俘虏,很可能是因为心智游移是有用的,尽管它的用处并不指向当下。

# 4　自驱动的心理与自驱动的脑

对于专门研究脑和意识的科学家而言,重新认识到心智游移的研究价值是极其令人兴奋的。长久以来,对脑的研究都没能离开百年以前由华生(Watson)开创的"刺激—反应"研究模式:研究者控制刺激,规定任务目标,从而控制个体的反应,从个体的反应模式中推断这些刺激是如何影响个体的内部心理过程。这个方法简便易懂,但它忽略了人类心理活动的一个非常重要的特点,即,心理活动具有"自驱动性",并不完全受制于即时环境。在脱离环境刺激和任务目标时,心理活动也并不停止。心智游移就是人类心理自驱动性的典型表现。尽管在科学心理学创立之初,威廉·詹姆士就指出了人类心理的这个显而易见的特征,但因为"刺激—反应"的研究范式在研究人类心理自驱动性时不再管用,科学家们不得不暂时放弃对它的探索。

20世纪末兴起并不断发展的无创脑功能成像技术让研究以心智游移为代表的人类心理"自驱动"特征成为可能。其中,fMRI在脑功能研究中的普遍应用使心智游移研究迎来了真正的春天。

　　fMRI 即功能核磁共振成像技术，是一种利用磁共振造影来测量神经元活动所引发的血液动力改变的方法，它可以动态地间接反映脑内神经元的活动情况。只需要让个体躺在核磁共振扫描仪里完成某些任务，通过计算，就可以得到他们的脑在完成这些任务时的活动情况。神经元是一直在活动的（包括我们睡着了的时候），因此当我们想知道个体在完成特定任务时哪些脑区参与了这一活动时，我们采用在实验心理学中常用的"减法法则"：即为目标任务设置一个"对照状态"或"基线状态"，将脑在目标任务中的信号与在对照状态中的信号相减，来得到那些在目标状态中比在对照状态中更活跃的脑区。静息态——就是闭着眼睛保持清醒但不要刻意去想任何事——是一个常被用来作为对照的基线状态。用上述减法法则，可以得到个体在执行某种任务时相对于静息状态下更为活跃的脑区。用静息态作为基线状态的研究者认为静息是一个最简单、心理活动最少的状态。

　　然而，人们可以在闭眼清醒时"什么都不想"吗？当然不行！很显然，静息态同时也是一个心智游移活动最为活跃的状态。并且，心智游移是一个不受控的、自发的意识状态，是比由刺激和目标明确的任务引起所谓的"任务态"更为复杂的心理状态。当研究者们意识到这一点时，心智游移研究的曙光才真正到来，这曙光来自于对人脑工作方式的重新认识。

　　首先，有"好事者"将前面任务—静息的计算方式反过来做，变成静息—任务，此时原来的任务变成了"基线"。结果是令人惊讶的：不管这个任务是视觉的、听觉的、运动的还是计算的，只要任务需要个体将注意力集中在外界刺激上，那么"静息—任务"得到的活跃脑区中就总包含着以扣带回后部和前额叶为核心的几个区域。也就是说，相对于注意外投的任务，这些脑区总是在个体静息时更为活跃。我们称这些脑区为负激活脑区[21]。

　　随后，上述负激活脑区的一个更重要的特征被若干项重要研究陆续证实，即在静息时，这些脑区的低频自发活动以一种高度协同的方式"互相呼应"，也就是说，在没有外在任务时这些脑区的自发活动在时间上是同步的[22]。这些发现促使科学家们提出了"默认网络"（default network）的概念（图2），认为人脑内存在一个在静息时活跃，在外投注意活动受抑制的网络，网络内的脑区以同步自发活动的方式组织起来。这种活动模式独立于外界刺激，是"内禀"的或者说是自组织、自驱动的，因此被称为默认网络。并且，用正电子发射计算机断层扫描技术可以发现，在静息时，默认网络的核心脑区的能量消耗在全脑各区域中也是最高的[23]。

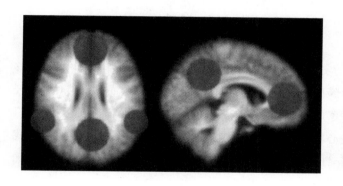

图2　默认网络的大致区域，圆形色块区域为经典的默认网络脑区

　　也就是说，脑在"静息"时并不真正静息，而是仍然以一种自发的、有组织的活动方式工作着，默认网络就是这种自组织活动模式的代表。并且，默认网络活跃时，恰恰也是心智游移活动最为活跃的状态。至此，心智游移活动和默认网络活动之间的对应关系已经呼之欲出，但还没有被直接证明。真正把心智游移和默认网络直接联结起来的，是2009年发表在《美国国家科学院院刊》上的一项研究。这项研究利用前面所述的探针技术，实时地将个体在任务中对探针问题回答"我走神了"的前一小段fMRI扫描数据和个体回答"我专心做任务"前一小段数据进行对比，结果发现了和上述默认网络脑区高度吻合的激活模式[24]。

　　心智游移代表了一种独立于外界刺激的自驱动心理活动，而默认网络代表了一种独立于外界刺激的自驱动的脑工作模式。此时，我们可以在更为整合的层面上去重新理解人类心智的运行。对即时环境进行加工和反应的确是人类心智和脑的重要功能,但在心智活动中,还有一个相当庞大且相当重要的部分,就是人类心智的自发活动,这种自发活动是内禀的,不受制于即时环境和即时任务,并且,我们的脑以高度组织化的活动方式来维持它的运行。心智游移就是这种自发内禀心理活动在意识觉知层面的体现。

# 5　未来的心智游移
研究将走向哪里

当代对心智游移的实证研究已经走过了 10 年。在这 10 年中,对心智游移的认识在研究角度上,经历了从正视心智游移的普遍性,到全面揭示其对当前任务的损害,再到开始探索它的积极功能的一系列转变。最后,与"自驱动的脑"的研究潮流的碰撞,使心智游移研究真正走进了意识和脑研究领域的舞台。我们可以想见,未来 10 年针对心智游移的研究将以更快的速度扩展其研究广度和深度。

首先,在其效用的探索上,在明确心智游移对不同任务类型的负面影响及其内部机制的同时,心智游移对人类的功能还需要更多实证研究的确认。更重要的是,此类研究最终是否能够提供一套方法,指导个体如何在尽量避免心智游移的负面效应的同时,尽可能地发挥它的积极作用。

其次,作为健康人群中极其普遍的意识体验,心智游移在情绪和表征方式等特点上具有一定的规律性(如前瞻偏向)。由于罹患精神疾病(比如情绪障碍和认知障碍)的个体通常也会伴随有意识体验的改变,那么这些人群的心智游移体验是否也具有与健康人群明显不同的特点? 例如:已经有一些探索性的研究发现,高抑郁倾向个体的心智游移不再像健康人群那样具有前瞻偏向[25],而患有注意缺陷多动障碍的个体,通常也会在任务中发生更多的心智游移。未来更多针对特殊人群心智游移体验的研究将为精神疾病的诊断和治疗提供新的思路。

再次,心智游移体验具有很大的个体差异,这些差异不仅体现在发生频率和发生情境上,还可能体现在表征方式等其他特征上。其中一些个体差异较为稳定,成为一种个人特质[1]。目前尚不明确这些个体差异是否与心智游移的代价和功能相关。例如:是否心智游移促进创造力发挥的功能更容易在具有某种心智游移特质的个体身上表现出来? 未来从个体差异的角度进行的心智游移研究将有希望回答这一类问题。

最后,尽管心智游移和人脑的默认网络已经被联系在一起,但我们并不清楚组成默认网络的若干脑区究竟以什么样的方式参与了心智游移的诸多心理过程。此外,作为人类认知重要成分的无意识活动,它和心智游移活动之间的关系也是一个十分重要的课题。目前已经在默认网络中确认了几个关键节点和子网络[26],未来研究需要探明这些子网络和心智游移的特性是否存在关联。

参考文献

[ 1 ] SINGER J L. Daydreaming[M]. New York: Plenum Press, 1966.

[ 2 ] SMALLWOOD J, SCHOOLER J W. The restless mind[J]. Psychological Bulletin, 2006, 132(6): 946 - 958.

[ 3 ] KILLINGSWORTH M A, GILBERT D T. A wandering mind is an unhappy mind[J]. Science, 2010, 330(6006): 932.

[ 4 ] SINGER J L, ANTROBUS J S. Daydreaming, imaginal processes, and personality: a normative study[M]// SHEEHAN P W. The Function and Nature of Imagery. New York: Academic Press, 1972: 175 - 202.

[ 5 ] SINGER J L. Daydreaming and fantasy[M]. Oxford: Oxford University Press, 1981.

[ 6 ] FOULSHAM T, FARLEY J, KINGSTONE A. Mind wandering in sentence reading: decoupling the link between mind and eye[J]. Canadian Journal of Experimental Psychology-Revue Canadienne De Psychologie Experimentale, 2013, 67(1): 51 - 59. doi: 10.1037/A0030217.

[ 7 ] FRANKLIN M S, BROADWAY J M, MRAZEK M D, et al. Window to the wandering

mind: pupillometry of spontaneous thought while reading[J]. Quarterly Journal of Experimental Psychology, 2013, 66(12): 2289-2294. doi: 10.1080/17470218.2013.858170.

[8] REICHLE E D, REINEBERG A E, SCHOOLER J W. Eye movements during mindless reading[J]. Psychological Science, 2010, 21: 1300-1310.

[9] SCHOOLER J W, REICHLE E D, HALPERN D V. Zoning out while reading: evidence for dissociations between experience and metaconsciousness[M]// LEVIN D T. Thinking and Seeing: Visual Metacognition in Adults and Children. Cambridge: MIT Press, 2004: 203-226.

[10] SZPUNAR K K, KHAN N Y, SCHACTER D L. Interpolated memory tests reduce mind wandering and improve learning of online lectures[J]. Proceedings of the National Academy of Sciences of the United States of America, 2013, 110(16): 6313-6317. doi: 10.1073/Pnas.1221764110.

[11] SONG X L, WANG X. Mind wandering in chinese daily lives — an experience sampling study[J]. PLoS ONE, 2012, 7(9): e44423. doi: 10.1371/journal.pone.0044423.

[12] YANKO M R, SPALEK T M. Driving with the wandering mind: the effect that mind-wandering has on driving performance[J]. Human Factors, 2014, 56(2): 260-269.

[13] MRAZEK M D, SMALLWOOD J, FRANKLIN M S, et al. The role of mind-wandering in measurements of general aptitude[J]. Journal of Experimental Psychology-General, 2012, 141(4): 788-798. doi: 10.1037/A0027968.

[14] SMALLWOOD J, RUBY F J M, SINGER T. Letting go of the present: mind-wandering is associated with reduced delay discounting[J]. Consciousness and Cognition, 2013, 22(1): 1-7. doi: 10.1016/J.Concog.2012.10.007.

[15] FRANKLIN M S, MRAZEK M D, ANDERSON C L, et al. Tracking distraction: the relationship between mind-wandering, metaawareness, and adhd symptomatology[J]. J Atten Disord, 2014. doi: 10.1177/1087054714543494.

[16] RUBY F J, SMALLWOOD J, ENGEN H, et al. How self-generated thought shapes mood — the relation between mind-wandering and mood depends on the socio-temporal content of thoughts[J]. PLoS ONE, 2013, 8(10): e77554.

[17] OETTINGEN G, SCHWÖRER B. Mind wandering via mental contrasting as a tool for behavior change[J]. Frontiers in Psychology, 2013, 4: 562. doi: 10.3389/Fpsyg.2013.00562.

[18] BAIRD B, SMALLWOOD J, MRAZEK M D, et al. Inspired by distraction mind wandering facilitates creative incubation[J]. Psychological Science, 2012, 23(10): 1117-1122.

[19] SMALLWOOD J, SCHOOLER J W. The science of mind wandering: empirically navigating the stream of consciousness[J]. Annu Rev Psychol, 2014, 66: 487-518.

[20] MOONEYHAM B W, SCHOOLER J W. The costs and benefits of mind-wandering: a review[J]. Canadian Journal of Experimental Psychology-Revue Canadienne De Psychologie Experimentale, 2013, 67(1): 11-18. doi: 10.1037/A0031569.

[21] MCKIERNAN K A, KAUFMAN J N, KUCERA-THOMPSON J, et al. A parametric manipulation of factors affecting task-induced deactivation in functional neuroimaging[J]. Journal of Cognitive Neuroscience, 2003, 15(3), 394－408.

[22] GREICIUS M D, KRASNOW B, REISS ALLAN L, et al. Functional connectivity in the resting brain: a network analysis of the default mode hypothesis[J]. Proceedings of the National Academy of Sciences, 2003, 100: 253－258.

[23] GUSNARD D A, RAICHLE M E. Searching for a baseline: functional imaging and the resting human brain[J]. Nature Review of Neuroscience, 2001, 2: 685－694.

[24] CHRISTOFF K, GORDON A M, SMALLWOOD J, et al. Experience sampling during fMRI reveals default network and executive system contributions to mind wandering[J]. Proceedings of the National Academy of Sciences, 2009, 106: 8719－8724. doi: 10. 1073/pnas. 0900234106.

[25] SMALLWOOD J, FITZGERALD A, MILES L K, etal. Shifting moods, wandering minds: negative moods lead the mind to wander[J]. Emotion, 2009, 9: 271－276.

[26] BUCKNER R L, ANDREWS-HANNA J R, SCHACTER D L. The brain's default network: anatomy, function, and relevance to disease[J]. Annals of the New York Academy of Sciences, 2008, 1124: 1－38.

原载于《自然杂志》2015 年第 1 期

# 剖析乙肝病毒的包膜

## ——乙肝表面抗原的生物学功能及其致病机制

田晓晨　　闻玉梅*　复旦大学上海医学院教育部/卫生部医学分子病毒学重点实验室

　　自1965年美国科学家Blumberg博士首次在澳大利亚土著人血清中发现"澳大利亚抗原",并确定其为乙型肝炎的病毒标志物以来,人类与乙型肝炎病毒(hepatitis B virus, HBV)的斗争已经持续了40余年。在这40多年里,科学家将乙肝病毒层层剖开,利用分子生物学和免疫学的手段对乙型肝炎的发病机制和临床表现进行了广泛的研究,在乙肝病毒的预防和治疗方面都有了深入的认识和重大的突破。尽管如此,乙肝病毒感染仍然是目前最为严重的健康问题之一。据世界卫生组织估计,全世界累计有20亿人口曾受HBV感染,约有3.5亿人口现行慢性感染,每年新增感染约500万人。在如此庞大的感染人群中,每年有约100万人死于包括慢性活动性肝炎(chronic active hepatitis)、肝硬化(liver cirrhosis)及原发性肝癌(primary liver cancer)等在内的

＊　医学微生物学家。主要研究领域:乙型肝炎病毒学与免疫学、治疗性疫苗基础理论与应用。代表性成果:乙肝病毒基因组结构与功能研究、抗原-抗体复合物型治疗型疫苗。1999年当选为中国工程院院士。

各类由乙肝病毒感染引起的肝脏疾病[1-2]。中国是乙肝病毒感染的高危区，尽管乙肝疫苗的广泛接种已经有效地控制了乙肝病毒的传播，但是仍有非常庞大的感染群体，据估计全国有 1.2 亿人长期携带乙肝病毒，其中慢性乙肝病人 2 000 万。乙肝病毒感染严重危害了人类的健康，同时也引发了一系列社会和经济的问题，是中国现阶段最为突出的公共卫生问题之一。目前，市场上已经有了包括干扰素、核苷类似物在内的一系列抗病毒药物，但是由于耐药性、药物毒性以及适应症等问题的存在，现有的治疗手段仍然无法彻底地清除病毒，解除病人痛苦。因此，对于乙肝病毒的研究，尤其是病毒致病机制研究以及新型抗病毒药物的开发仍然任重而道远。

# 1　乙肝病毒的生物学特性

## 1.1　乙肝病毒的基因组结构

乙肝病毒属于嗜肝 DNA 病毒科（*hepadnaviridae*），是一个带有包膜的 DNA 病毒，完整的病毒颗粒大小约为 42 nm，具有独特的基因组结构和生物学特性。其基因组为松弛环型部分双链 DNA（relaxed circular partial double stranded DNA），具有一条全长的负链和一条不完全封闭的正链（图 1）。HBV 基因组长度为 3.2 kb，共编码 7 个蛋白，分别为由包膜蛋白基因（preS1/preS2/S－ORF）编码的三个表面抗原（hepatitis B surface antigen，HBsAg），大蛋白（LHBs，L）、中蛋白（MHBs，M）以及主蛋白（SHBs，S）；由衣壳蛋白基因（preC/C－ORF）编码的核心抗原（hepatitis B core antigen，HBcAg）和 e 抗原（hepatitis B e antigen，HBeAg）；由聚合酶基因（P－ORF）编码的带有反转录酶功能的聚合酶蛋白（polymerase）；以及由 X 基因（X－ORF）编码的 X 蛋白（hepatitis B x protein，HBx）。

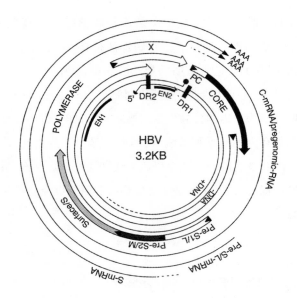

图1　乙肝病毒基因
组结构示意图[3]

## 1.2　乙肝病毒复制周期

　　HBV 在细胞内的复制过程较为复杂,最主要的特征是其基因组的复制要经过由 RNA 中间体到 DNA 的这样一个逆转录过程。

　　成熟病毒颗粒侵入人体以后,在细胞表面未知受体的介导下进入肝脏细胞,病毒包膜与细胞膜发生融合,病毒核衣壳被释放入细胞中。在细胞质中,病毒进一步将衣壳蛋白脱去,暴露出松弛环状的 DNA 基因组,并将其转运入细胞核。随后,在细胞 DNA 聚合酶的作用下,松弛环状的 DNA 基因组被修复成为共价闭合环状 DNA(covalently closed circular DNA, cccDNA),并以此作为病毒基因组复制以及转录的模板,转录出包括病毒前基因组 RNA(pregenomic RNA, pgRNA)在内的一系列基因组和亚基因组产物。随后病毒利用宿主细胞的蛋白翻译系统将亚基因组转录产物翻译为病毒的包膜蛋白、核心蛋白、e 抗原、X 蛋白以及聚合酶蛋白。新合成的病毒衣壳蛋白将病毒 pgRNA 与病毒聚合酶蛋白包裹在一起组装成核衣壳,并在病毒核衣壳中启动反转录过程,以 pgRNA 为模板,在病毒反转录酶的作用下,合成子代病毒基因组。当反转录过程完成后,病毒核衣壳会在细胞的内质网中包裹病毒包膜蛋白,然后通过细胞的囊泡运输系统分泌到细胞外,产生新的病毒,开始新一轮的感染。

## 1.3　乙肝病毒感染的特性

研究发现 HBV 除了通过上述的复制周期产生成熟的病毒颗粒(Dane particle)以外,还能合成并分泌大量的亚病毒颗粒(图2)。这些亚病毒颗粒直径在 22 nm,形状为球形或管状,不包含病毒基因组和衣壳蛋白,主要由病毒的包膜蛋白以及宿主细胞来源的脂质成分组成。在 HBV 感染病人的血清中,HBsAg 亚病毒颗粒的含量远远超过 Dane 颗粒,血清浓度能达到 $10^{12}/\mathrm{mL}$,是 Dane 颗粒的 10 000 到 1 000 000 倍。甚至在检测不到病毒 DNA 的情况下,HBsAg 仍能持续大量存在。这种独特的现象是乙肝病毒所特有的,迄今尚未在其他病毒中发现,这提示表面抗原在 HBV 感染过程中具有特殊的作用,在乙型肝炎发病机制中扮演了重要的角色。然而到目前为止,我们仍然不清楚如此大量且持续性的病毒包膜蛋白表达究竟有何生物学意义,对其在病毒感染和肝炎发病机制中的

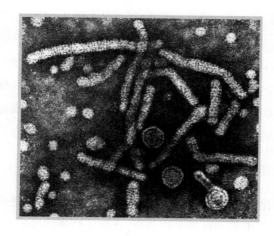

图2　乙肝病毒颗粒
的电镜照片[4]

作用也知之甚少,而且 HBsAg 的血清清除也是当前临床治疗的一个难点。

# 2　乙肝表面抗原的研究现状

目前,在乙肝病毒领域里,最重要也最迫切需要解决的问题有以下几个方面:第一,乙肝病毒的细胞受体究竟是什么? 第二,乙肝的慢性化机制,病毒是如何逃逸机体免疫系统建立免疫耐受状态的? 第三,慢性乙肝的致病机制,持续感染的病毒是如何影响机体功能的? 第四,如何能够打破免疫耐受,增强免疫应答,从而清除病毒? 所有这些问题都与表面抗原有着千丝万缕而又紧密的关系。因此对于表面抗原的研究就显得格外重要。

尽管从病毒学、细胞生物学以及免疫学等不同角度出发,已经对 HBsAg 的结构和生物学功能有了一定程度的认识,但是对于 HBsAg 持续表达的机制及其对宿主细胞功能的影响,以及其在乙肝病毒致病机制中的作用,仍然缺乏全面而深入的认识。据推测,过量的 HBsAg 可能起到了结合 HBV 中和抗体 anti－HBs的作用,从而帮助感染性病毒颗粒逃避宿主免疫系统的监控并建立持续性感染[5]。此外,有报道认为 HBsAg 能模拟凋亡细胞的特征并与机体的凋亡细胞清除系统相互作用从而阻止获得性免疫反应的发生[6]。迄今为止,尚无充分的实验证据支持这些理论推测。HBsAg 的生物学功能及其在乙肝持续性感染中发挥的作用仍需要进一步的深入研究。

笔者所在的实验室从事乙肝病毒研究已有 20 余年,尤其在乙肝慢性化机制以及表面抗原生物学功能方面做了系统的工作并取得了一定的成果。现将实验室近年来在乙肝表面抗原方面的最新进展作一介绍。

## 2.1　表面抗原与细胞表面受体

从病毒颗粒的结构来看,HBV 表面抗原位于病毒颗粒的最外层,是病毒与细胞相互作用的前哨,它们与细胞表面的受体结合,介导了病毒的吸附与侵入。

迄今为止,肝细胞表面受体的蛋白本质研究始终是 HBV 研究中的难点,是难以突破的瓶颈和障碍。

近年来,越来越多的实验证据表明乙肝表面抗原的 PreS1 功能域中的 21 - 47 位多肽表位才是病毒包膜蛋白与细胞表面受体吸附结合的最主要区域。研究表明有很多细胞表面蛋白能与 PreS1 功能域结合,并与 HBV 的感染有关,比如,IgA 受体、白介素 6(interleukine 6, IL - 6)、3-磷酸甘油醛脱氢酶(glyceraldehyde 3 - phosphate dehydrogenase, GAPD)、无涎糖蛋白受体(asialoglycoprotein receptor)、Serpin 家族的 SCCA21 蛋白、金属蛋白酶以及一些其他的细胞表面糖蛋白都曾被认为是 HBV 的细胞受体。谢幼华教授也在乙肝病毒受体方面进行了系列的研究工作[7]。以 HBV 的 PreS 功能域为靶标,用噬菌体表面随机展示技术高通量筛选能够特异性结合 PreS 区段并且具有高亲和力的短肽。对筛选得到的特异性结合短肽的序列特征进行系统分析发现,这些短肽主要结合在 PreS1 的 21 -47 区段,而且这些短肽序列中与结合相关的关键性氨基酸保守序列为-$W_1T_2X_3W_4W_5$-。进一步以此序列为模板,搜寻具有类似一级结构特征的蛋白,发现脂蛋白脂肪酶(lipoprotein lipase, LPL)可能是一个潜在的 HBV 结合蛋白。这一发现提出了一个新的感染模型,HBV 病毒粒子在肝外结合于血液循环中游离的 LPL 蛋白,由 LPL 作为载体向肝脏转运,在肝细胞表面 LPL 结合蛋白或者其他分子的协同作用下,促进 HBV 在细胞上的黏附和侵入。LPL 蛋白在 HBV 感染过程中可能发挥了"桥梁"的功能。

进一步的研究发现,鉴于 PreS1 的 21 -47 区段在病毒感染过程中的重要作用,这些短肽以及 HBV 结合蛋白可以成为药物干预的重要靶点。PreS1 的特异性结合短肽可以在体外培养细胞系统中阻断表面抗原与细胞的结合,从而抑制病毒的感染。在此基础上我们可以构建基于 PreS 和短肽相互作用的药物筛选体系进行小分子抑制剂筛选,并进一步在培养细胞和小鼠、树鼩等感染模型中验证短肽和小分子抑制剂对 HBV 感染靶细胞的抑制作用。这将在开发新型抗病毒药物方面具有十分重要的价值。

虽然已经认识到病毒表面抗原是与细胞表面受体结合的最重要的部位,而且到目前为止已报道了很多可能起作用的病毒受体,但由于缺乏有效的体外感染系统,仍无法确定到底是哪一个受体起决定性作用。乙肝病毒表面抗原与细胞受体的相互作用是一个非常复杂的过程,病毒包膜蛋白上可能包含有不止一个结合位点,而细胞表面也可能存在多个受体以及辅助蛋白,在它们的共同作用下,病毒才能成功地感染细胞。

## 2.2　表面抗原与机体免疫应答

当乙肝病毒侵入人体,感染肝脏细胞以后,机体的免疫系统就开始发挥作用,努力清除病毒。通常情况下,免疫系统足够强大,能战胜病毒并将其清除,成功抵御并击退乙肝病毒的入侵,而且免疫系统还能产生特异性针对 HBV 的抵抗力,包括保护性抗体(针对表面抗原的抗体)以及特异性的细胞免疫。免疫系统建立起保护我们身体健康的防线,避免我们再次感染。然而一旦机体的免疫系统由于这样那样的原因,无法消灭病毒,乙肝病毒就将在体内长期存在,最终发展成为慢性肝炎,持续危害我们的健康。事实上在成人中,约有 10% 的乙肝病毒感染者会由于无法完全清除病毒而最终发展成为持续性感染(图 3),而在儿童中,由于免疫系统尚未发育完全,这一比例更高,经历母婴传播这一途径的婴儿感染者中,90% 以上会发展成为慢性肝炎。已有的研究表明机体免疫功能低下,尤其是对乙肝表面抗原的免疫耐受是引起乙肝感染慢性化的重要原因。因此,如何打破免疫耐受状态,增强免疫应答反应,重建有效地针对 HBV 的免疫功能就成为乙肝慢性化治疗中一个极其重要而且长盛不衰的话题。

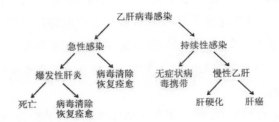

图 3　乙肝感染后肝脏疾病发展进程

国际上有包括法国巴斯德研究所在内的多个科研机构正从事相关的研究工作,中国第三军医大学的吴玉章教授应用分子模拟的方法设计了新型的抗原表位,并以此来刺激机体的免疫系统,以希望达到清除病毒的目的。本实验室闻玉梅院士课题组长期从事乙肝免疫耐受机制研究,在这方面做了大量的工作。我们将重组表达的乙肝表面抗原与针对表面抗原的抗体组成免疫复合物型治疗性疫苗(YIC),多年的实验研究发现其对乙型肝炎治疗有效。在转基因鼠等动物模型中,免疫复合物可以有效增强抗原递呈效果,逆转对病毒的免疫耐受性。随后已完成的 IIA 和 IIB 临床试验结果表明,60 μg 疫苗治疗组与对照组 HBeAg 的转阴率分别为21.8%(17/78)和9%(7/78),两者之间有显著差异($P = 0.03$),而且60 μg 疫苗治疗组中 41.8% 的患者 HBV DNA 下降超过 2 个 log,其中22.4%患者 HBV DNA 低于 $10^3$ 拷贝/mL[8-9]。研究表明:抗原-抗体免疫复合物型治疗性疫苗的作用机制可能为抗原与抗体作用后凝集成较大的分子颗粒,而后免疫复合物借助抗体的 Fc 片段与抗原提呈细胞表面的相应受体结合,从而改变了抗原的提呈与加工过程,使得表面抗原更容易被捕获、加工、递呈,从而刺激免疫系统产生免疫应答反应,消除免疫耐受。进一步的研究发现,抑制性的 Fcγ 受体 IIB 介导的细胞免疫调节功能可能是治疗性疫苗发挥作用的分子机制之一。

尽管免疫复合物型治疗性疫苗在慢性乙肝治疗方面的应用前景已经初见端倪,但是对于疫苗打破免疫耐受的具体作用机制仍然值得进一步研究。

## 2.3 表面抗原与乙肝致病机制

与很多病毒不同,乙肝病毒并不表现直接的细胞毒性作用,也就是说乙肝病毒感染造成的肝脏损伤并不是由病毒直接引起,乙肝病毒的复制相对比较温和,不会直接对肝细胞造成很大的破坏。对于乙肝病毒感染的致病机制,学界一般认为,肝脏的炎症损伤是由于机体的免疫系统持续攻击感染病毒的肝脏组织所造成。乙肝病毒侵入并感染肝细胞后,被免疫系统识别,激活的免疫系统为了清除病毒,就会产生大量的特异性以及非特异性的免疫细胞和免疫分子,攻击病毒以及病毒所感染的肝脏细胞。病毒感染的最终命运取决于两者相互较量的结果。如果免疫系统力量较强,则会在与病毒的斗争中取胜,最终清除病毒恢复健康。相反如果免疫系统由于种种原因力量不足,那么其与病毒的斗争就会处于下风,无法清除病毒,病毒长期存在于人体内,长此以往就会发展成为慢性肝炎,而且在这种情况下,免疫系统会以一种低水平的方式持续地攻击肝脏,从而造成一种长期的慢性的肝脏炎症损伤。

那么,乙肝病毒究竟是通过什么样的致病机制来引起炎症反应的呢?笔者所在实验室最近的研究工作揭示了由表面抗原引起的新的致病机制[10-11]。我们的研究发现,表面抗原的表达能促进一种名为亲环素 A(cyclophilin A, CypA)的细胞蛋白的分泌。在体外培养细胞、HBV 转基因小鼠模型以及慢性乙肝病人体内均发现表面抗原能够特异性的促进 CypA 由细胞内向细胞外的分泌。进一步的研究表明表面抗原与 CypA 之间具有直接的蛋白-蛋白相互作用,借助这种相互作用两者结合在一起,并通过共用的囊泡分泌途径转运至胞外。HBsAg 促进的 CypA 分泌有什么样的生物学意义呢? CypA 是一个多功能的细胞蛋白,在不同的微环境中发挥不同的作用。当 CypA 在表面抗原作用下分泌至肝脏细胞外后,起到了趋化因子的功能,借助细胞表面受体 CD147 的作用下将巨噬细胞、T 细胞等免疫细胞吸引至感染的细胞周围并引起局部的炎性浸润。如果使用 CypA 的抑制剂或者 CD147 的抗体阻断 CypA 的趋化功能后,HBV 感染引起的炎症反应则明显好转。这一结果表明 HBsAg 诱导分泌的 CypA 在乙肝炎症反应中起到了重要的作用。

表面抗原对机体的影响并不仅限于 CypA 蛋白,HBsAg 的表达分泌对很多细胞正常生理功能都有显著的影响。利用基因芯片技术和蛋白质组学的方法对表面抗原的生物学功能进行了系统的分析,发现包括糖代谢和脂类代谢、细胞的生长和凋亡、细胞骨架和细胞外基质的形成以及一些细胞内重要信号转导通路在内的许多细胞功能都受到了不同程度的影响。HBsAg 的持续性表达使得机体胆固醇合成增强、糖酵解途径受到抑制而糖原生成作用加强。机体物质和能量代谢水平发生改变造成微环境相对不稳定,使得机体极易受外界因素干扰而发生功能的改变[12]。HBsAg 引起细胞内包括 GRP78 在内的一系列胞内凋亡相关蛋白含量变化,从而促进肝细胞的凋亡[13]。HBsAg 还能通过调控转录因子LEF－1影响Wnt 信号通路的激活,从而在肝癌的发生发展过程中起到重要的作用[14-15]。

# 3 小 结 与 展 望

作为乙肝病毒的包膜蛋白,表面抗原在病毒生活周期中起到了非常关键的作用。在病毒的复制过程中,表面抗原影响或者干扰了宿主细胞很多重要的生理功能,与疾病的发生发展密切相关。作为最早被发现的病毒蛋白,对表面抗原的研究已经超过了 40 年,然而对于表面抗原的生物学功能依然知之甚少。究竟是什么细胞生理机制支持表面抗原的持续性表达和分泌? 表面抗原的大量表达又会对细胞正常生理功能产生什么样的影响? 表面抗原在乙肝致病机制中究竟扮演了什么样的角色? 这些问题是表面抗原研究中最重要的课题。正是为了探索这些问题的答案,我们从基础理论研究及转化型研究两个方面持续地进行着研究。我们相信在不断分析问题、解决问题的过程中,最终将全面解析乙肝表面抗原在致病机制中的作用并将可研制出新的抗乙肝病毒与清除乙肝表面抗原的有效药物,造福于人类。

参考文献

[ 1 ] KAO J H, CHEN D S. Global control of hepatitis B virus infection[J]. Lancet Infect Dis, 2002, 2: 395 - 403.

[ 2 ] OCAMA P, OPIO C K, LEE W M. Hepatitis B virus infection: current status[J]. Am J Med, 2005, 118: 1413.

[ 3 ] SEEGER C, MASON W S. Hepatitis B virus biology[J]. Microbiol Mol Biol Rev, 2000,

64：51 – 68.

[ 4 ] WHO. Hepatitis B ［M／OL］. ［2010 – 09 – 08］. http：//www. who. int/csr/disease/ hepatitis/HepatitisB_whocdscsrlyo2002_2. pdf.

[ 5 ] REHERMANN B, NASCIMBENI M. Immunology of hepatitis B virus and hepatitis C virus infection［J］. Nat Rev Immunol, 2005, 5：215 – 229.

[ 6 ] VANLANDSCHOOT P, LEROUX-ROELS G. Viral apoptotic mimicry：an immune evasion strategy developed by the hepatitis B virus? ［J］. Trends Immunol, 2003, 24：144 – 147.

[ 7 ] DENG Q, ZHAI J W, MICHEL M L, et al. Identification and characterization of peptides that interact with hepatitis B virus via the putative receptor binding site［J］. J Virol, 2007, 81：4244 – 4254.

[ 8 ] YAO X, ZHENG B, ZHOU J, et al. Therapeutic effect of hepatitis B surface antigen-antibody complex is associated with cytolytic and non-cytolytic immune responses in hepatitis B patients［J］. Vaccine, 2007, 25：1771 – 1779.

[ 9 ] XU D Z, ZHAO K, GUO L M, et al. A randomized controlled phase IIb trial of antigen-antibody immunogenic complex therapeutic vaccine in chronic hepatitis B patients［J］. PLoS ONE, 2008, 3：e2565.

[10] TIAN X, ZHAO C, ZHU H, et al. Hepatitis B virus（HBV）surface antigen interacts with and promotes cyclophilin a secretion：possible link to pathogenesis of HBV infection ［J］. J Virol, 2010, 84：3373 – 3381.

[11] ZHAO C, FANG C Y, TIAN X C, et al. Proteomic analysis of hepatitis B surface antigen positive transgenic mouse liver and decrease of cyclophilin A［J］. J Med Virol, 2007, 79：1478 – 1484.

[12] 任军,赵超,方彩云,等. 乙型肝炎表面抗原阳性转基因小鼠肝组织基因表达谱及蛋白组学的初步研究［J］. 微生物与感染,2006,1：7 – 14.

[13] ZHAO C, ZHANG W, TIAN X, et al. Proteomic analysis of cell lines expressing small hepatitis B surface antigen revealed decreased glucose-regulated protein 78 kDa expression in association with higher susceptibility to apoptosis［J］. J Med Virol, 2010, 82：14 – 22.

[14] TIAN X, ZHAO C, REN J, et al. Gene-expression profiles of a hepatitis B small surface antigen-secreting cell line reveal upregulation of lymphoid enhancer-binding factor 1［J］. J Gen Virol, 2007, 88：2966 – 2976.

[15] TIAN X, LI J, MA Z M, et al. Role of hepatitis B surface antigen in the development of hepatocellular carcinoma：regulation of lymphoid enhancer-binding factor 1［J］. J Exp Clin Cancer Res, 2009, 28：58.

# 嫦娥二号的初步成果

欧阳自远* 中国科学院国家天文台 中国科学院地球化学研究所

## 1　嫦娥二号的新使命

嫦娥二号是嫦娥一号的备份星，由于嫦娥一号取得圆满成功，嫦娥二号的使命更改为嫦娥三号的先导星。在工程上的主要任务是试验直接奔向月球的新轨道，试验验证与月面软着陆部分相关的关键技术和新设备，以降低嫦娥三号着陆月面的技术风险。嫦娥二号在科学上的首要任务是对全月球

*　天体化学与地球化学家。参加和负责我国地下核试验地质综合研究。提出铁陨石成因假说、吉林陨石的形成演化模式与多阶段宇宙线照射历史理论和地质体中宇宙尘的判断标志，提出地球核转变能演化模式，补充并发展了太阳星云化学不均一性模式与理论论证中国 K/T 界面撞击事件，提出并证实新生代以来 6 次巨型撞击诱发地球气候环境灾变的观点，论证组成地球原始物质的不均一性、地球两阶段形成与多阶段非均变演化及对成矿与构造格局的制约，提出类地行星的非均一组成与非均变演化的理论框架。参与并指导中国月球探测科学目标与长远规划的制订，是中国月球探测计划的首席科学家。1991 年当选为中国科学院学部委员（院士）。

和嫦娥三号的月面着陆区进行详查,精细地测绘全月球、特别是着陆区虹湾的地形地貌。为此,嫦娥二号相对于嫦娥一号做了多方面改进和提高,主要包括:

(1)嫦娥二号与嫦娥一号的轨道设计不同。嫦娥一号发射后,先是环绕地球飞行了7 d的调相轨道,经过4次变轨加速才进入奔月轨道。从发射到进入环月轨道总共历时大约13 d 14 h 19 min,行程206万 km。嫦娥二号将新开辟地月之间的"直航航线",即直接发射至地月转移轨道,待几次中途修正和近月制动后,即进入绕月轨道,这将使嫦娥二号的地月飞行时间缩短至112 h。

嫦娥二号直飞月球的方式对运载火箭的入轨精度和入轨速度提出了更高要求。一方面推力增加,执行此次任务的长征三号丙火箭,较之前护送嫦娥一号上天的长征三号甲火箭增加了两个助推器,使嫦娥二号卫星直接进入100 km × 380 000 km的地月转移轨道。

(2)嫦娥二号的主要科学目标是对全月球、特别是虹湾着陆区和其他重点区域进行精细测绘、立体成像,其他科学探测总体上将延续嫦娥一号科学目标,对月球表面元素分布、月壤厚度、近月空间环境等做更进一步的科学探测。这些更高空间分辨率的探测数据可以与嫦娥一号的探测数据进行互相校核,进一步改进月球遥感数据的定量反演算法和模型。

因此,嫦娥二号所携带的CCD立体相机完全改成另一种新类型的立体照相机,分为前视和后视两个角度,空间分辨率提高1个多量级。嫦娥二号伽马射线谱仪采用了新型的闪烁体探测器溴化镧,其能量分辨率明显提高,由于其良好的耐辐照能力使得探测器的稳定性也大大提高。

(3)嫦娥二号卫星将在距月球表面约100 km高度的极轨轨道上绕月运行,较嫦娥一号距月表200 km的轨道要低。设定100 km工作轨道将获取分辨率为7 m的全球影像图,为后期的月球地形地貌、地质构造、月球演化和未来新着陆区选择提供科学依据。

(4)实施100 km × 15 km极轨椭圆轨道,部分演练嫦娥三号的着陆飞行轨道,验证 100 km×15 km 轨道机动与快速测定轨技术;精细拍摄嫦娥三号虹湾着陆区分辨率为 1 m 的高清晰地形地貌图,确保嫦娥三号着陆位置的安全。

(5)根据嫦娥三号工程的要求,为提高测控精度,除 S 频段外新增了 X 频段的测控。嫦娥二号飞行测控将首次验证中国新建的 X 频段深空测控体制。相比嫦娥一号使用的 S 频段测控,X 频段无线电传输信号频率更高,远距离测控通信效果更好,中国深空测控通信能力将扩展到地球至火星的距离。

(6)由于清晰度标准的提高和下传数据量的增加,地面系统接收数据的能力从 3 M bit/s 提高到 12 M bit/s。

嫦娥二号发挥了承前启后、持续发展的先导作用,为嫦娥三号的成功发射奠定了科学和技术基础。

# 2 嫦娥二号的初步成果

2010 年 10 月 1 日 18 时 59 分 57.345 秒,长征 3 - B 火箭在西昌卫星发射中心点火。19 时整,嫦娥二号成功发射(图 1)。在飞行后的 29 min 53 s 时,星箭分离,卫星进入轨道。19 时 56 分,太阳能帆板成功展开,嫦娥二号飞入指定奔月轨道。

从 2010 年 11 月 2 日开始正式转入长期管理运行阶段,到 2011 年 4 月 1 日,嫦娥二号顺利安全运行 180 d,半年设计寿命期满,圆满完成了各项工程目标和科学探测任务,卫星上剩余燃料充足,全系统状态正常稳定,拓展试验随即展开。

在 2010 年 10 月至 2011 年 5 月嫦娥二号环绕月球进行探测期间,嫦娥二号卫星搭载的 7 种有效载荷共获取了 3.5 TB 原始数据,其中 CCD 立体相机共获得了 608 轨二线阵图像数据,实现了全月球 7 m 分辨率的 100% 覆盖。其他载荷的

图 1　2010 年 10 月 1 日 18 时 59 分 57.345 秒嫦娥二号在西昌卫星发射基地"零点"成功发射

探测累计时间均超过 4 000 h。地面应用系统在成功接收到卫星的探测数据后，开展了相应的数据处理工作，目前共计产生了 0、1、2 级标准数据产品约 15 TB。这些数据已经向全国高等院校、研究院所和企业发布，无偿提供研究与应用。2012 年 4 月，嫦娥二号全部科学探测数据向全世界各研究单位与个人公开发布，无偿提供研究与应用。

（1）嫦娥二号绘制了全月球 7 m 分辨率影像图，实现了全月球影像的"无缝"镶嵌，全月球影像图做出纸质图版来要比足球场还要大。嫦娥二号全月球数字影像图在空间分辨率、影像质量、数据一致性和完整性、镶嵌精度等方面优于国际同类全月球数字产品，是目前最高水平的全月球数字影像图（图 2）。

（2）嫦娥二号的最为重要的工作之一，就是要利用自己的精密设备以及先进技术拍摄出嫦娥三号将要登陆月球的着陆区虹湾的高清图像。为了保障嫦娥三号软着陆的成功，要求着陆区影像图的分辨率达到 1 m，提供出降落区精确的

图 2　嫦娥二号全月球 7 m 分辨率影像图

地形地貌（图 3）。这些照片都是嫦娥二号月球卫星飞至 15 km 高度时拍摄的，而每次掠过虹湾时的拍照时间只有 61 s。

（3）在国际上首次使用溴化镧晶体对行星表面元素分布进行探测，大大提高了探测的灵敏度，获得了铀、钍、钾、铁、铝等元素的全月面分布图。

（4）在国际上月球 X 射线观测数据首次覆盖全月，并首次获得基于 X 射线数据的全月铝和镁元素分布，为月球岩石类型确定及月球形成演化的研究提供了依据；在国际上首次观测到月球显著的铬元素特征 X 射线（20 Sigma 显著性），并单次同时观测到虹湾区域的 7 种元素（Mg、Al、Si、Ca、Ti、Cr、Fe）。

（5）太阳监测器观测到超过 200 次太阳 X 射线爆发，并观测到太阳日冕等离子体发射的显著的 Fe XXV、Fe/Ni 谱线，是中国在太阳软 X 射线高分辨能谱观测方面的重要突破。

（6）通过冷空背景的标定以及接收机非线性项的引入，在国际上首次获得 100 km 轨道高度上全月球的 4 个通道的 8 次轨道全覆盖的微波探测数据和全月球的亮度温度图。对数据的深入挖掘可以反演月壤的各种物理、化学特性以及厚度特征，为月球的演化提供新的证据。

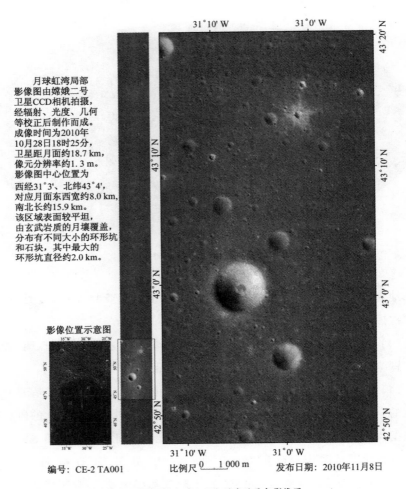

月球虹湾局部
影像图由嫦娥二号
卫星CCD相机拍摄,
经辐射、光度、几何
等校正后制作而成。
成像时间为2010年
10月28日18时25分,
卫星距月面约18.7 km,
像元分辨率约1.3 m。
影像图中心位置为
西经31°3′、北纬43°4′,
对应月面东西宽约8.0 km,
南北长约15.9 km。
该区域表面较平坦,
由玄武岩质的月壤覆盖,
分布有不同大小的环形坑
和石块,其中最大的
环形坑直径约2.0 km。

影像位置示意图

编号: CE-2 TA001　　　比例尺 0 ⊢—⊣ 1 000 m　　　发布日期: 2010年11月8日

图3　嫦娥二号虹湾1 m分辨率的局部影像图

　　(7) 太阳高能粒子探测器和太阳风离子探测器分别获得了4 879 h和
4 729 h的科学数据,经初步分析获得太阳高能粒子的方向性能量-时间谱图;卫
星轨道上离子的方向性能量-时间谱图和太阳风的体速度、温度和数密度特征量
的变化图等。国际上首次利用太阳风质子数据,在澄海对跖区发现了月表剩磁
所引起的微磁层的存在,证实了大型撞击坑的对跖区月表微磁层的存在,为研究

月球内部结构的形成以及演化提供了新的资料。

（8）获取月球表面三维图像数据处理关键技术取得新突破：重点突破高分辨率、海量数据的快速处理技术，高分辨率影像无控制点的几何定位技术，以及两线阵立体相机高分辨率图像自动匹配和摄影测量数据处理技术。主要完成CCD立体相机图像处理软件、两线阵数字摄影测量数据处理软件等。

（9）物质成分探测数据处理关键技术取得实际应用，包括伽马射线谱仪数据处理与反演关键技术方法、X射线谱仪数据处理与反演关键技术方法等。

嫦娥二号发布虹湾局部影像图，标志着它工程任务的圆满完成。嫦娥三号除了从15 km高度开始下降的软着陆技术之外的所有关键技术均得以成功预演。

# 3　嫦娥二号的拓展任务

在各项科学目标都取得圆满成功后，嫦娥二号开始了另外的征程，奔向150万km外的拉格朗日2点（L2）。2011年8月25日23时27分，经过77 d的飞行，嫦娥二号在世界上首次实现从月球轨道出发，受控准确进入距离地球约150万km远的L2点环绕轨道，第一次实现中国对月球以远的太空进行探测，是中国第一次开展拉格朗日点转移轨道和使命轨道的设计和控制，并实现了150万km远距离测控通信。

嫦娥二号成功环绕L2点飞行，标志着中国月球及深空探测领域的创新能力取得新突破，中国成为世界上继欧洲太空局和美国之后第三个造访L2点的国家和组织。嫦娥二号环绕L2点飞行，主要任务是监测太阳的活动。嫦娥二号在L2点环绕轨道上飞行了235 d，完成了观察太阳活动的任务，积累了大量对太阳活动的探测数据。

在出色地完成了此次任务后，嫦娥二号再次向太空深处飞去，经过计算，2012年12月13日，嫦娥二号在距离地球702万km处与编号为4179的"战神"号小行星（图4）进行交会探测，为未来的小天体探测积累经验。

图 4　嫦娥二号拍摄的 4179 号"战神"小行星形貌图

　　近地小行星近年来受到越来越多的关注,不仅是因为它们的轨道和地球轨道接近,可能碰撞地球,对地球具有巨大潜在威胁的小天体,而且因为小行星是太阳系形成初期遗留下来的化石,对于研究太阳系形成早期的物理过程、化学组成和演化具有重要意义。

　　4179 号小行星呈长椭圆状,主体由两大块组成,它的轨道远日点接近木星轨道,近日点位于地球轨道附近。由于轨道周期共振,4179 号小行星每隔 4 年接近地球一次,距离地球的最近距离仅约为 0.046 AU(天文单位),大约 700 万km。假设其真的不幸碰到了地球,那么撞击引起的爆炸威力将相当于 1 万亿 t黄色炸药,后果不堪设想。

　　4179 号小行星的详细研究对于研究小行星的动力学演化、小行星在早期太阳系的碰撞演化等具有重要的科学价值。一般情况下,经过亿万年的演化,小行星最终会绕其最短轴自转,这也是最稳定的自转状态。但是早期地面观测发现,4179 号小行星处于缓慢的不稳定自转状态:它绕着自己形状的最长轴以 5.41 d

的周期自转,同时其长轴以 7.35 d 的周期进动。是什么原因造成这颗小行星这么独特的运行轨迹? 推测 4179 号小行星的自转状态可能是从前受到扰动形成。

1992 年和 1996 年,4179 号小行星近距离飞越地球的时候,人们积累了大量的地面雷达观测数据,从而推导出这颗小行星的形状。它的主体由两大块组成,同时包括很多小的形状单位,这些都是间接的推导,并不直观。

嫦娥二号卫星于 2012 年 12 月 13 日成功飞抵距地球约 700 万 km 远的深空,以 10.73 km/s 的相对速度,与国际编号 4179 的小行星由远及近擦身而过,当日 16 时 30 分 09 秒,嫦娥二号与小行星相对距离小于 1 km,首次实现对小行星的飞越探测。在 700 万 km 之外控制两个高速靠近的物体不相撞,最近距离小于 1 km,表明了中国测控技术的水平和能力。交会时嫦娥二号星载监视相机对小行星进行了光学成像,这是国际上首次实现对该小行星近距离探测,拍摄到最清晰照片的分辨率是 10 m。4179 号小行星,形状似"花生",长 4.46 km,宽 2.4 km,表面分布着一些大小不等的撞击坑。

当前嫦娥二号已经远离地球 6 500 万 km,成为绕太阳运行的人造小天体,嫦娥二号将持续在太阳系空间翱翔,飞向遥远的太空。

**致谢**　感谢探月工程地面应用系统和各载荷系统提供的资料!

原载于《自然杂志》2013 年第 6 期

# 高性能计算技术发展

周兴铭\*　国防科学技术大学

高性能计算机 HPC(high performance computer)特指当今具有超强计算能力的一类计算机。利用这类计算机解算当今超大、超高、超复杂的计算任务,被称为高性能计算 HPC(high performance computing)。本文就这一领域技术的重要地位、历史沿革、分类、最近重大发展、技术挑战、发展展望等问题作一概要介绍。

## 1　高性能计算的重要地位

美国在计算机与信息技术领域,一直处于世界霸主地位。高性能计算机与

---

\*　计算机专家。20 世纪 60 年代初到 70 年代后期,先后参加晶体管计算机、集成电路计算机、百万次级大型计算机的研制,从事总体方案研究。70 年代后期到 1992 年,先后研制了我国第一台巨型计算机银河 I(主机系统负责人),我国第一台全数字实时仿真计算机银河仿 I(总负责人),我国第一台面向科学/工程计算的并行巨型计算机银河 II(总设计师),主持、领导研制全过程,在总体方案、CPU 结构、RAS 技术方案、系统接口协议等方面都做出了创新性工作,攻克了许多技术难关。近年的研究领域包括:高性能计算、移动计算和微处理器体系结构。1993年当选为中国科学院学部委员(院士)。

高性能计算技术被认为是美国国家的制高点技术,历届政府都高度重视,重点发展。克林顿总统时代,美国大力推进 HPCC（High Performance Computing & Communications）计划,大力研制一代代新机器,建设许多超级计算中心,利用高性能计算机解决许多科技方面的"大挑战问题",推动众多科学和技术领域的大发展。HPCC 计划还把因特网（Internet）公开民用,推向全球,推动了信息化时代的到来。布什总统时代,虽然重点是反恐,但对高性能计算的发展丝毫没有放松。2005 年总统 IT 顾问委员会的专题咨询报告,再次提出"HPC 是国家核心竞争力,要大力发展"。奥巴马总统执政以来,经济问题、医改问题一直是当务之急,但也没有放松 HPC 发展。2011 年 1 月 25 日总统国情咨文报告中,再次提到中国拥有了世界上最快的计算机,美国决不能松劲。

科学技术发展历来依靠"理论、试验",而今天"计算"已是第三手段,而且是越来越重要的手段。许多科技领域的发展已离不开"计算",许多学科已与计算相互复合。HPC 在国家科技、国防、产业、金融、服务、生活等方面都占有不可或缺的重要地位。譬如:核物理、核能、核动力、核安全技术,空气动力学（航天、航空、航海、高速运载器）,大气、海洋与空间（天气与灾害预报、全球变暖）,能源（油气勘探与开采、新能源）,生命科学、生物工程、新药研制,新材料,高新制造（汽车、微电子）,信息与社会安全（密码学、监控）,数据中心与服务中心,等等。

中国自 1958 年开始自主研制计算机,并用于解决中国国内的各种需求,成绩卓著。1983 年国防科技大学研制成功中国第一台 HPC 机——银河亿次计算机 YH-1,使中国成为继美、日后国际上少数能自主研制 HPC 机的国家之一。2010 年 8 月国防科技大学为"国家超级计算天津中心"研制成功的天河机 TH-1A,其计算速度在当年 11 月国际 Top500 排名中,列世界第一,为国家赢得了荣誉,为中国 HPC 发展与应用作出了新贡献。

全球 HPC 机的研制,美国占绝对优势,全球最快的 500 台计算机中,美国研制的占 3/4 以上。其次是日本和中国,欧洲研制的极少。但世界各国都高度重视 HPC 能力的建设与应用,2011 年 6 月底世界最高性能的 500 台计算机的装备使用情况如下:

- 美国:256 台,世界第一;
- 中国:62 台,世界第二;
- 欧洲125 台,其中,德国30 台,英国27 台,法国25 台;
- 亚洲103 台,其中除中国62 台外,日本26 台,其他国家拥有很少。

2011 年6 月底世界最快的10 台机器(运算速度均达每秒1 000 万亿次以上),美国拥有5 台,中国和日本各2 台,法国1 台。

# 2　高性能计算机的发展历史

1946 年世界上第一台电子数字计算机 ENIAC 问世以来,已经过65 年的发展历程。计算机的发明源于解决计算问题,如 ENIAC 即用于计算火炮弹道,因此命名为"计算机(computer)"。但65 年的发展,计算机直接用于"计算"的越来越少,绝大多数的计算机用于控制、管理、通信、文字处理、信息处理、图像处理、视频处理等等(虽然完成这些非"计算"功能,仍然依靠计算机核心的计算功能)。尽管如此,但"计算"始终是计算机的重要应用领域。每一发展阶段,最大、最强的计算机,在技术上、应用上都是计算机技术发展的开拓者,并都被用于解算最大、最难的计算问题,推动了科学技术及计算机技术的创新发展。

高性能计算机的发展,可以追溯到20 世纪60 ~ 70 年代,那时这类计算机被称为"大型机(mainframe)",代表性的王牌机器如 IBM360、IBM370、CDC6600、CDC7600 等。它们的计算速度达每秒百万至千万次。这类机器至今仍占有一定的地位,基于IBM360 发展至今的 IBM 的 Z 系列机,是当今金融保险业的主力机器。中国自主研制的大型机,有北大150、国防科大151、电子部的 DJS 机等。

20 世纪70 ~ 80 年代,一种新的超大型机出现了,被称为"超级计算机(supercomputer)",中国当时译称"巨型机"。它们的计算速度达每秒1 亿次以上。著名的机器有:美国 NASA 的 ILLIAC - IV 机、美国 CDC 公司的 STAR100 机、美国 TI 公司的 ASC 机。这些机器都没有批量生产,没有形成产业。1978 年美国 CRAY 公司推出 CRAY - 1 向量超级计算机,获得巨大成功,开始批量生产,广泛应用,形成产业。中国 1983 年研制成功的银河亿次巨型机 YH - 1,是向量机,每秒运算 1 亿次,是中国第一台超级计算机。1992 年研制成功的 YH - 2 是对称多向量处理器的每秒运算 10 亿次并行超级计算机。它们的硬件系统(包括 CPU)和系统软件(包括 OS)都是自主设计研制的。

自 20 世纪 90 年代开始,一种新型的大规模并行的超级计算机出现了,被称为"高性能计算机 HPC"。

计算机的核心计算部件是 CPU(中央处理器),它是最复杂最庞大最难做的计算机部件。过去研制计算机,都要自己设计制作 CPU,一个 CPU 往往要装几个大机柜。20 世纪 90 年代微电子的发展,已可在单块芯片上制作出一个 CPU。Intel、AMD 公司逐渐发展成为商用 CPU 芯片的垄断供货商,研制计算机要自己设计制作 CPU 的时代过去了。新一代的超级计算机 HPC 即基于商用的 CPU 芯片来做(一般不再自己设计研制 CPU),其惊人的高指标依靠大量、巨量的 CPU 大规模并行计算来获得。CPU 及计算机各种主要部件均由专业的 IC 公司设计制作供货。大规模 CPU 的机内互连网络,也有专业公司设计制作供货,如著名的 InfiniBand 公司,又便宜又好,也不需自己做了。系统软件,自 Linux 问世后,源代码公开、免费使用的开源软件兴起,也给圈外人进入提供了机会和通道。"商用 CPU + 商用互连网络 + 开源软件",使 HPC 的准入门槛变得很低,可以 DIY(自行攒机),成本也低,大大推进了 HPC 的普及和使用,推动了信息化的发展。今天,几乎所有的计算机制造商都提供价廉物美的 HPC 机——Cluster 机。

但是高端高性能计算机(High End-HPC),追求全系统高效方便解算一个超大科技工程问题,仍需专门设计制作,是制高点技术,国际竞争十分激烈。

HPC 机基于 CPU 芯片来做,从而得益于微电子按 Moore 定律的规律发展,HPC 机大致每 18 个月性能可提高一倍,每 4 ~ 5 年左右性能提升 10 倍。20 世纪 90 年代末 HPC 机每秒运算万亿次的量级,2011 年 6 月 TOP10(TOP500 前 10 名)的 HPC 机已全部达到每秒运算 1 000 万亿次以上。

中国进入 HPC 时代后,先后发展了银河、神威、曙光等系列机。

# 3　高性能计算机的分类

需求是源,依据市场对 HPC 机的应用需求,HPC 机可以分为两大类。

(1) 服务型(容量型)

1) 普及计算型:一般的计算中心,面向各种各样用户算题需求,同时为多个用户算题服务,系统要易得,用得起,一般不特别追求计算高效高速,也不强调一个用户独霸全系统。

2) 数据型:各种数据中心、服务中心,面向大量或巨量用户的同时访问,要求响应快、服务好。譬如 Google 搜索服务,全球有 600 万台服务器构成的 HPC 系统来支撑服务。

3) 音视频型:视频制作、大片点播中心、网游支持中心等。譬如,"阿凡达"3D 影片制作,用了一台每秒运算 205 万亿次的 HPC 机,是 HP 公司生产的总共 3.5 万核的 Cluster 机。

这类 HPC 机拥有大量需求,市场巨大。它们要求便宜易得,用得起,其应用特性是同时为众多用户服务,高性能主要表现为巨大的用户量,故可称为"容量型 HPC 机",是一群小鸡共同吃一堆谷物的方式。"商用 CPU + 商用互连网络 + 开源软件"组成的 Cluster 机非常合适。

(2) 计算型(能力型)

该型 HPC 机主要应用于大规模的科技工程问题计算求解,系统可以同时支持多个用户算题,但特别强调全系统同时为一个用户题高效便捷求解服务。机器能力表现为如同一头大象,可扛起千斤重担。这类机器被称为"能力型 HPC 机",是高端 HPC 机,要求其大规模处理器的访存快捷、并行协同计算好、相互通信高效、机器能耗合理、系统可靠可维。无疑这类机器需要特殊设计、制作。

这类 HPC 机,市场需求不大,但却是高端需求,是技术制高点。能制造这类机器的单位、公司全球仅少数几家。设计制作这类机器的技术途径大致有：① 自己设计定制专用 CPU；② 商用 CPU + 自己设计定制的专用高效加速处理器，构成异构型机；③ 自己设计定制的高速高效互连网络。

# 4　高性能计算机近十来年的发展

近十年左右研制的标志性的 HPC 机简介如下：

（1）Intel 公司的 Red 机：1997 年发表，是世界上第一台每秒运算 1 万亿次（1TFLOPS，每秒 1 万亿个浮点运算）以上的计算机，机器峰速达 1.8 万亿次/秒。大型机时代的机器，几十个大机柜，很庞大，而巨型机时代的机器，高性能指标依靠提高主频、缩短传输延时，机器高密度组装，整体尺寸尽可能小，以至许多人不理解怎么"不巨大"。进入 HPC 时代的机器，高性能依靠大量处理机大规模并行，机器空前庞大壮观。

（2）IBM 公司的 White 机：2000 年研制成功，是世界上第一台每秒运算 10 万亿次级的计算机，峰速 12.5 万亿次/秒。它由 8 912 个处理机组成，占地面积 922 $m^2$，重量 106 t，耗电 1.2 MW（兆瓦）。如此庞然大物引发了人们思考，继续单纯用扩大规模来提升性能指标是行不通的，机器太大，耗电惊人，可靠性降低，使用困难，性价比不可取。由此，美国提出要发展高效能 HPC 机（high productivity computer），美国的 HPC 机发展花了几年时间来调整。（图 1）

（3）日本 NEC 研制的 ES（地球模拟器）机：2002 年研制成功的 ES 机，继承了 supercomputer 的成果，用 5 120 个向量机组成，非常适合流体动力学计算，机器利用率很高，很成功。该机是世界上第一次把"运算速度最快的计算机宝座"从美国人手中夺走的计算机，运算速度达 35 万亿次/秒。但该机空前庞大复杂，占了一栋楼，耗电达 10.6 MW（长期占领功耗世界第一的"宝座"）。（图 2）

图 1　美国 IBM 的 White 机

图 2　日本 NEC 的 ES 机

（4）SGI 公司的 Columbia 机：2004 年由美国 SGI 公司推出，峰速达 51.8 万亿次/秒，超过了被日本把持两年世界第一的 ES 机。但该机没有获得 2004 年世界第一的称号，夺走该称号的是比它晚发表的 IBM 公司的 Blue Gene/L 机，峰速70 万亿次/秒。

（5）IBM 公司的 Blue Gene/L（蓝色基因）机：Blue Gene/L 机采用 IBM 自主设计制作的双核 Power PC440 微处理器组装，功耗省，计算能力强，596.3

TFLOPS,可以合理的规模、尺寸、功耗获得很高性能。2005 年 IBM 公司继续升级 Blue Gene/L 机,峰速达 280.6 万亿次/秒,是世界上第一台运算速度超过 100 万亿次以上的计算机。(图 3)

图 3  美国 IBM 的 Blue Gene/L

(6) IBM 公司的 Roadrunner(走鹃)机: 2008 年发表,是世界上第一台速度超过每秒 1 000 万亿次(1PFLOPS)的计算机。该机采用 6 562 个 AMD 公司的通用高性能处理器双核 Opteron,加 12 240 个 IBM 研制的 8 核 cell 处理器(计算能力超强,功耗很省),混合异构结构。峰速 1 370 万亿次/秒,功耗仅 2.345 MW。(图 4)

图 4  美国 IBM 的 Roadrunner(走鹃)机

（7）Cray 公司的 Jaguar(美洲豹)机：美国 Cray 公司是老牌做 HPC 机的著名公司,多年来推出的 XT-4、XT-5 机占领了高性能计算的传统市场,以通用计算能力强而闻名。2009 年 Cray 公司推出的 Jaguar 机,采用 AMD 超强计算能力的 Opeteron 6 核通用处理器,加上自主研制的高性能互联网络,峰速达 2 330 万亿次/秒(Linpack 实测 1 760 万亿次/秒),是 2009 年底运算速度世界第一的计算机。但全机功耗达 6.95 MW。（图 5）

图 5 美国 Gray 公司的 Jaguar(美洲豹)机

（8）中国国防科技大学的 TH-1A(天河)机：2009 年 9 月国防科技大学研制成功 TH-1 机,该机在世界上首次采用"通用 CPU + 通用图像处理器 GPU"结合的体系结构做 HPC 机,功耗省,性能高。经国内外权威第三方测试认可,峰速 1 206 万亿次/秒,是中国首台峰速超过 1 000 万亿次/秒的计算机。当年年底世界排名,以 Linpack 实测速度 563 万亿次/秒,排名世界第五,亚洲第一。2010 年 8 月国防科技大学推出经改进的 TH-1A 机,安装在国家超算中心——天津中心使用。该机继续采用"CPU + GPU"的技术路线,自主研制超高性能的互联网络,部分采用自主研制的 CPU。全机 104 个机柜,160 t 重,占地 700 m²,功耗仅 4.04 MW。全机峰速达 4 700 万亿次/秒,实测速度 2 570 万亿次/秒,获国际权威机构 2010 年底计算机运算速度排名"世界第一"的称号。这是中国第一次获此荣誉,得到国内外学术界、媒体、政界的充分肯定,为中国争了光。（图 6、图 7）

图6　中国国防科技大学的天河 TH-1 机

图7　中国国防科技大学的天河 TH-1A 机

（9）日本的 K 计算机：由日本 Fujitsu 和日本 RIKEN（日本物理化学研究所）在国家支持下联合开发。K 是日文 10 千万亿，目标是做 10 000 万亿次/秒的 HPC 机，计划 2012 年完成。由于中国 2010 年夺冠，极大刺激了日本，他们决定加快进度，争夺世界第一。2011 年 6 月推出阶段性成果，峰速 8 773 万亿次/秒，功耗 9.898 MW，以实测 8 162 万亿次/秒的速度，获 2011 年 6 月世界排名第一，日本上下为此大受振奋。天河机由此退居第二。（图 8）

图 8　日本的 K 计算机

## HPC TOP 500（2010 年 11 月）

1. TH－1A（天河）：2009 下半年 No. 5, 2010 下半年 No. 1,NUDT, 国家超算中心天津中心,2. 566 PFLOPS（理 4. 7 PFLOPS）,Intel Xeon5670,Nvidia M2050 GPU, 总 18. 6 万核,MPP 机,4. 04 MW

2. Jaguar（美洲豹）：2008 上半年 XT4 No. 5,2009 下半年升级 No. 1, Cray XT5－HE,能源部 Oak Ridge NLab,1. 75 PFLOPS（理 2. 33 PFLOPS）, AMD Opteron 6 核/2. 6 GHz,总 22. 4 万核,MPP 机,6. 95 MW

3. Nebulae（星云）：2010. 5. No. 2, 曙光, 国家超算深圳中心, 1. 27 PFLOPS（理 2. 98 PFLOPS）, TC3600 刀片, Infiniband 互连, Intel Xeon5650（Westmere-E）, Nvidia Tesla C2050 GPU, 总 12 万核, Cluster, 2. 58 MW

4. Tsubame：2010 下半年,NEC/HP,日本东京工程学院,1. 19 PFLOPS（理 2. 28 PFLOPS）,Intel Xeon5670,Nvidia M2050 GPU, 总 7. 3 万核,Cluster, 1. 4 MW

5. Hopper：2010 下半年，Cray XE6 - HE，DOE Lawrence Berkley Nlab，1.05 PFLOPS（理 1.28 PFLOPS），12 核/2.1 GHz，总 15.3 万核，MPP 机，2.91 MW

6. Tera - 100：2010 下半年，法 Bull SA，法国 CEA（Alternative Energies Commision），1.05 PFLOPS（理 1.25 PFLOPS），SuperNo. de S6010/S6030，总 13.8 万核，Cluster，4.59 MW

7. Roadrunner（走鹃）：2008.6. No.1，IBM，能源部 Los Alamos NLab，1.04 PFLOPS（理 1.37PFLOPS），6562 Opteron 双核（44 TFLOPS），12240 Cell BE（1332TFLOPS），总 12.24 万核，Cluster/MPP 机，2.345 MW

8. Kraken（北海巨妖）：2009 上半年 No.6，2009 下半年升级，Cray XT5 -HE，Univ. Of Tennessee，832.5 TFLOPS（理 1.02P），Opteron 6 Core/2.6 GHz，总 9.09 万核，MPP 机，3.09 MW

9. Jugene：2008 上半年 No.6，2009.5. 升级，IBM BlueGene/P，德 FZJ（Forschungs Zentrun Juelich），825.5 TFLOPS（理 1.00P），Power PC 450/850 MHz，总 29.49 万核，MPP 机，2.268 MW

10. Cielo：2010 下半年，Cray XE 6 系统，DOE NNSA/LANL/SNL，816.6TFLOPS（理 1.02 PFLOPS），8 Core/2.4 GHz，总 10.7 万核，MPP 机，2.95 MW

## HPC 最新 TOP500（2011 年 6 月）

1. K：2011 年 6 月，日本 Fujitsu 和 RIKEN 开发，RIKEN 使用，8.162 PFLOPS（理 8.713 PFLOPS），68 544 个 Sparc64VIIIfx，总 54.8 万核，Tofu 互联网络，9.898 MW

2. TH - 1A（天河）：2009 下半年 No.5，2010 下半年 No.1，NUDT，国家超算天津中心，2.566 PFLOPS（理 4.7 PFLOPS），Intel Xeon5670，Nvidia M2050 GPU，总 18.6 万核，MPP 机，4.04 MW

3. Jaguar（美洲豹）：2008 上半年 XT4 No. 5, 2009 下半年升级 No. 1, Cray XT5－HE, 能源部 Oak Ridge NLab, 1. 75 PFLOPS（理 2. 33 PFLOPS）, AMD Opteron 6 核/2. 6 GHz, 总 22. 4 万核, MPP 机, 6. 95 MW

4. Nebulae（星云）：2010. 5. No. 2, 曙光, 国家超算深圳中心, 1. 27 PFLOPS（理 2. 98 PFLOPS）, TC3600 刀片, Infiniband 互连, Intel Xeon5650（Westmere-E）, Nvidia Tesla C2050 GPU, 总 12 万核, Cluster, 2. 58 MW

5. Tsubame：2010 下半年, NEC/HP, 日本东京工程学院, 1. 19 PFLOPS（理 2. 28 PFLOPS）, Intel Xeon5670, Nvidia M2050 GPU, 总 7. 3 万核, Cluster, 1. 4 MW

6. Cielo：2010 下半年, Cray XE 6 系统, DOE NNSA/LANL/SNL, 1. 11PFLOPS（理 1. 36 PFLOPS）, 8 Core/2. 4 GHz, 总 14. 2 万核, MPP 机, 3. 98 MW

7. Pleiades：2011 上半年, SGI Altix ICE8400Ex. NASA Ames 研究中心. 1. 088 PFLOPS（理 1. 315 PFLOPS）, 总 11. 1 万核, 4. 1 MW

8. Hopper：2010 下半年, Cray XE6－HE, DOE Lawrence Berkley Nlab, 1. 05 PFLOPS（理 1. 28 PFLOPS）, 12 Core/2. 1 GHz, 总 15. 3 万核, MPP 机, 2. 91 MW

9. Tera－100：2010 下半年, 法 Bull SA, 法国 CEA（Alternative Energies Commision）, 1. 05 PFLOPS（理 1. 25 PFLOPS）, Supernode S6010/S6030, 总 13. 8 万核, Cluster, 4. 59 MW

10. Roadrunner（走鹃）：2008. 6. No. 1, IBM, 能源部 Los Alamos NLab, 1. 04 PFLOPS（理 1. 37 PFLOPS）, 6562 Opteron 双核（44TFLOPS）, 12240 Cell BE（1332 TFLOPS）, 总 12. 24 万核, Cluster/MPP 机, 2. 345 MW

　　国际学术界组织对全球的 HPC 机进行定期测评, 由 4 位权威教授组成评测小组, 每半年评测一次, 进入前 500 名的 HPC 机, 在 Supercomputing 国际学术年会(每年 11 月底)和 ISC 国际学术年会(每年 6 月底)公布。最近两次公布的前 10 名见上表,可见发展之快,竞争之剧烈。

# 5　高性能计算的主要技术难点和研究方向

架构 HPC 机至今唯一技术途径是:由 CPU + 本地存储器构成一个结点机,然后把大量结点机互连成系统,以大规模并行计算来获得高速、高性能。并行的结点机数或称"核"(core,可执行计算程序的基础单元)数,现已高达几十万个。HPC 计算技术发展的难点均由此产生,规模越大,矛盾越突出,这可能是相伴 HPC 终身的永恒主题。

高性能计算的主要技术难点是:

(1)难用:如何把一个计算问题分解为可并行协同计算的几千、几万、几十万个小问题,即"大规模的并行算法",是个巨大的难题;计算对象——数据,如何合理放置到几千、几万、几十万个结点上去,使核的计算能方便快速得到和交换数据(结点间数据交换是很低效的),是相关的又一大难题,即"数据流的组织"问题;人的思维及传统的程序概念是串行执行的,如此大规模的并行,程序怎么编,所编程序如何在结点机架构不同的系统间可移植,都是很困难的,即"可编程、可移植"问题。

(2)低效:由于上述的难题难以很好解决,实际问题的有限并行度与机器大规模并行的架构不匹配,高速运算能力与访存取数很慢的不匹配,结点机高性能与结点机之间的极慢的通信传输能力不匹配等等导致 HPC 机解算实际问题时低效,全系统的计算能力实际能用上的只有几成,譬如 30% 就不错了,差的只有 5%。当然,对特定问题、针对特定的机器架构,由高手精心设计程序,也可以获得很高的可用率,这也是 HPC 机的魅力所在。

(3)高成本:大规模,几百个大机柜,成千上万个结点机,机器价格很高,1

千万亿次/秒的 HPC 机要上亿美元,而巨大的功耗(兆瓦级)及相应的散热冷却,也代价高昂,年电费需上千万元,有人戏称买得起用不起。如此庞大系统,如此高功耗高热,又会使系统稳定可靠性大为降低,有的平均只能稳定几小时,系统维护成本也很高。

由此 10 年前就有人提出,高性能计算要向高效能方向努力,high performance 改为(或强调)high productivity。高效能就是要解决或缓解上述难题,其含义是:① 提高:HPC 系统的实用性能,HPC 系统的可编程性,HPC 系统的可靠、可信性;② 同时降低:HPC 系统的开发与硬件成本,HPC 系统的运行成本(特别是功耗),HPC 系统的维护成本。因此,HPC 技术的主要研究方向是:

(1) 高效能并行计算机体系结构:首先是处理器的高效架构,CPU 既是高性能的核心动力,也是高性能的核心基础,单片上众核已是 CPU 的主流方向,Intel 展示过 80 核的单片 CPU;CPU 内嵌加速处理器(如 GPU)也是成功的方向;面向计算领域的专用新型异构众核体系结构,算法与体系结构紧密结合,可能是有前途的方向。

(2) 以存储为中心的体系架构:访存速度的提升远落后于 CPU 计算速度的高速增长(即"存储墙"壁垒),如何加速数据流的提供是提高 HPC 计算效率的核心关键。目前流行的是越来越复杂的多级 Cache(缓存),需要有创新思路和精巧的新设计。革命性的举措是以存储为中心来设计组织系统,让计算部件从目前的主导地位变为从属地位。但这一思想提出多年难有突破,也许专用机上有希望。

(3) 基于光的高可扩展互联网络技术:HPC 内大量结点机之间的互联网络是数据流组织及机间通信的渠道,是 HPC 效率发挥的关键。机间访问比结点机内部访问慢几个量级,提高互联网络的性能(带宽、时延)可大为提升 HPC 的效能,是 HPC 机研制的核心技术。另一方面,光互连比电互连有许多优势,目前 HPC 机机柜之间已普遍采用光互连。下一步是在机柜内实现光互连,进一步在板内,以至芯片内采用光互连。这方面的研究在广泛深入展开,竞争极为激烈。光传输中一个重大技术壁垒是交换,目前仍借助电。如能突破"全光交换技术",将是信息技术中的一次革命性的发展。

(4) 多层次低功耗控制技术:HPC 的高功耗是其发展的主要障碍之一,是影

响成本、节能、系统可靠性的主要因素,降低功耗是一个巨大挑战。目前接近 10
PFLOPS 的顶级 HPC 机功耗达 10 兆瓦,若无有效技术创新,1EFLOPS(即 1 000
PFLOPS)的 HPC 机功耗达 1 000 MW,是无法接受的。控制、降低功耗要多层次上
下功夫,芯片低功耗是基础,是最重要的举措,需要工艺、体系结构两方面的创新。
此外控制硬件分而治之(不工作的部件降功耗,休闲),软硬件结合控制分而治之
(编译给出部件忙闲状态,操作系统管理硬件资源)等,也是重要技术途径。

(5)面向体系结构的编译与优化技术:大规模并行是编译和优化的大难题,
几十万、上百万个核的并行编程与优化是巨大挑战。面向体系结构,算法、体系
结构、编译三结合来研究,可能是一条有效的技术途径。面向新的体系结构,创
新新的编程语言、编程平台、编程和优化工具,以隐藏复杂的体系结构,方便用户
使用,提高硬件应用效率,是推广 HPC 机应用的重要工作。

(6)系统可靠稳定性:巨大的规模,巨大的功耗,使 HPC 机可靠性大为降
低,以至不可接受。后果是大型算题经常中途夭折,得不到结果,大量浪费机器
资源和人力资源。如何把故障部件从系统中隔离出去进行维修,修好再加入系
统,这一全过程中仍保持系统及用户题计算持续有效运行是巨大挑战。有人已
提出"连续故障"(即系统不断出故障,稳定工作时间很短)的概念,要求此时全
系统不崩溃,仍能让联机用户题有效计算下去。

# 6  HPC 的巨大新挑战

当前,美国有 4 台正在研制的 HPC 机,指标是 10~20 PFLOPS,预计 2011 年或
2012 年推出。日本的 K 计算机,也会按计划提升到 10 PFLOPS 机。美国 DAPAR 已
推出 1EFLOPS(1 000 PFLOPS)机的研制计划,10~15 年完成。这是巨大的新挑战。

目前,在 HPC 研发的投资方面,美国每年约 12.8 亿美元,日本每年约 2.7
亿美元,中国也达每年 0.67 亿美元。差距是明显的。中国在基础核心技术与产
业上,与国外还有巨大的差距,芯片设计与制作落后 2~3 代。在 HPC 的应用广

度、深度上也有巨大差距。国防科技大学在 TH－1A 荣获 TOP500 世界第一后仍认为：西方国家在信息技术领域的巨大优势地位没有改变，美国在超级计算机研制和应用上的主导地位没有改变，世界各国在超级计算领域加大竞争的态势没有改变。这是科学家冷静、客观、求实的判断。

中国必须高度重视 HPC 技术的发展，根据国家发展的实际需求和能力，充分利用改革开放的条件，不断增强自主创新，大力培养人才，大力推进 HPC 的应用，为强国富民作出新贡献！

原载于《自然杂志》2011 年第 5 期

# 水下机器人发展趋势

徐玉如 \* 李彭超 哈尔滨工程大学水下智能机器人技术国防科技重点实验室

地球的表面积为 5.1 亿 $km^2$，而海洋的面积为 3.6 亿 $km^2$。占地球表面积 71% 的海洋是人类赖以生存和发展的四大战略空间——陆、海、空、天中继陆地之后的第二大空间，是能源、生物资源和金属资源的战略性开发基地，不但是目前最现实的，而且是最具发展潜力的空间。作为蓝色国土的海洋密切关系到人类的生存和发展，进入 21 世纪后，人类更加强烈地感受到陆地资源日趋紧张的压力，这是人类面临的最现实的问题。海洋即将成为人类可持续发展的重要基地，是人类未来的希望。水下机器人从 20 世纪后半叶诞生起，就伴随着人类认识海洋、开发海洋和保护海洋的进程不断发展。专为在普通潜水技术较难到达的区域和深度执行各种任务而生的水下机器人，将使海洋开发进入一个全新的时代，在人类争相向海洋进军的 21 世纪，水下机器人技术作为人类探索海洋最重要的手段必将得到空前的重视和发展[1]。

---

\* 智能水下机器人专家。在发展我国水下智能机器人技术方面做出了突出贡献。在潜器操纵性与动力定位技术方面，领导课题组成功研制了潜器四自由度动力定位样机系统，奠定了我国动力定位的技术基础。在机器人系统建模与仿真、载体设计优化、智能控制体系结构、试验系统集成等方面做出了关键性技术贡献。2003 年当选为中国工程院院士。2012 年去世。

# 1　海洋对人类的重要性

海洋作为蓝色国土,首先是一个沿海国家的"门户",是其与远方联系的便捷途径,并且"门户"的安全是国家安全的重要组成部分,早在 2 500 多年前古希腊海洋学家锹未斯托克就提出过"谁控制了海洋,谁就控制了一切"。很久以来人们就依赖于海洋航道进行大量的物品贸易,现在整个世界大部分的货物运输都依赖于海上运输,海洋运输是整个经济正常运转必要的一环。更重要的是,现在很多国家的石油、矿石等最基本的生产资料大部分都依赖于海洋运输,海洋运输的安全和对海洋的控制力成为一个国家生存的基本保障。

近年来再次掀起海洋热的浪潮是因为陆上的资源有限,很多资源已经开发殆尽,而海洋中蕴藏着丰富的能源、矿产资源、生物资源和金属资源等,人们急需开发这些资源以接替所剩不多的陆上资源来维持发展。更为重要的是,地球上半数以上面积的海洋是国际海域,这些区域内全部的资源属于全体人类,不属于任何国家。但现状是只有少数国家有能力对这些资源进行初步开采,这些国家在其已探明的区域拥有优先开采权,相对于那些没有能力开采的国家这几乎就等于独享这部分资源。因此海洋已经成为国际战略竞争的焦点,争夺国际海洋资源是一项造福子孙后代的伟大事业。所以水下技术成为目前重点研究的高新技术之一,智能水下机器人作为高效率的水下工作平台在海洋开发与利用中起到至关重要的作用。

# 2　水下机器人的定义与分类

## 2.1　水下机器人的定义与概述

水下机器人也称作无人水下潜水器( unmanned underwater vehicles, UUV ),

它并不是一个人们通常想象的具有类人形状的机器,而是一种可以在水下代替人完成某种任务的装置,在外形上更像一艘微小型潜艇。水下机器人的自身形态是依据水下工作要求来设计的。生活在陆地上的人类经过自然进化,诸多的自身形态特点是为了满足陆地运动、感知和作业要求,所以大多数陆地机器人在外观上都有类人化趋势,这是符合仿生学原理的。水下环境是属于鱼类的"天下",人类身体的形态特点与鱼类相比则完全处于劣势,所以水下运载体的仿生大多体现在对鱼类的仿生上。目前水下机器人大部分是框架式和类似于潜艇的回转细长体,随着仿生技术的不断发展,仿鱼类形态甚至是运动方式的水下机器人将会不断发展。水下机器人工作在充满未知和挑战的海洋环境中,风、浪、流、深水压力等各种复杂的海洋环境对水下机器人的运动和控制干扰严重,使得水下机器人的通信和导航定位十分困难,这是与陆地机器人最大的不同,也是目前阻碍水下机器人发展的主要因素[2]。

## 2.2 水下机器人的分类

水下潜水器根据是否载人分为载人潜水器和无人潜水器两类。载人潜水器由人工输入信号操控各种机动与动作,由潜水员和科学家通过观察窗直接观察外部环境,其优点是由人工亲自做出各种核心决策,便于处理各种复杂问题,但是人生命安全的危险性增大。由于载人需要足够的耐压空间、可靠的生命安全保障和生命维持系统,这将为潜水器带来体积庞大、系统复杂、造价高昂、工作环境受限等不利因素。无人水下潜水器就是人们常说的水下机器人,由于没有载人的限制,它更适合长时间、大范围和大深度的水下作业。无人潜水器按照与水面支持系统间联系方式的不同可以分为下面两类。

(1)有缆水下机器人,或者称作遥控水下机器人(remotely operated vehicle,简称 ROV),ROV 需要由电缆从母船接受动力,并且 ROV 不是完全自主的,它需要人为的干预,人们通过电缆对 ROV 进行遥控操作,电缆对 ROV 像"脐带"对于胎儿一样至关重要,但是由于细长的电缆悬在海中成为 ROV 最脆弱的部分,大大限制了机器人的活动范围和工作效率。

（2）无缆水下机器人，常称作自治水下机器人或智能水下机器人（autonomous underwater vehicle，简称 AUV），AUV 自身拥有动力能源和智能控制系统，它能够依靠自身的智能控制系统进行决策与控制，完成人们赋予的工作使命。AUV 是新一代的水下机器人，由于其在经济和军事应用上的远大前景，许多国家已经把智能水下机器人的研发提上日程。

有缆水下机器人都是遥控式的，根据运动方式不同可分为拖曳式、（海底）移动式和浮游（自航）式三种。无缆水下机器人都是自治式的，它能够依靠本身的自主决策和控制能力高效率地完成预定任务，拥有广阔的应用前景，在一定程度上代表了目前水下机器人的发展趋势。

## 2.3　自治水下机器人

自治水下机器人，又称智能水下机器人，是将人工智能、探测识别、信息融合、智能控制、系统集成等多方面的技术集中应用于同一水下载体上，在没有人工实时控制的情况下，自主决策、控制完成复杂海洋环境中的预定任务使命的机器人。俄罗斯科学家 B. C. 亚斯特列鲍夫等人所著的《水下机器人》中指出第 3 代智能水下机器人是一种具有高度人工智能的系统，其特点是具有高度的学习能力和自主能力，能够学习并自主适应外界环境变化。执行任务过程中不需要人工干预，设定任务使命给机器人后，由其自主决定行为方式和路径规划，军事领域中各种战术甚至战略任务都依靠其自主决策来完成。智能水下机器人能够高效率地执行各种战略战术任务，拥有广泛的应用空间，代表了水下机器人技术的发展方向[3]。

# 3　国内外 AUV 的发展现状与趋势

## 3.1　国内外 AUV 的发展现状

智能水下机器人（AUV）是无人水下机器人（UUV）的一种。无人水下航行器技术无论在军事上、还是民用方面都已不是新事物,其研制始于20世纪50年代,早期民用方面主要用于水文调查、海上石油与天然气的开发等,军用方面主要用于打捞试验丢失的海底武器(如鱼雷),后来在水雷战中作为灭雷具得到了较大的发展。20世纪80年代末,随着计算机技术、人工智能技术、微电子技术、小型导航设备、指挥与控制硬件、逻辑与软件技术的突飞猛进,自主式水下航行器得到了大力发展。由于AUV摆脱了系缆的牵绊,在水下作战和作业方面更加灵活,该技术日益受到发达国家军事海洋技术部门的重视。

在过去的十几年中,水下技术较发达的国家像美国、日本、俄罗斯、英国、法国、德国、加拿大、瑞典、意大利、挪威、冰岛、葡萄牙、丹麦、韩国、澳大利亚等建造了数百个智能水下机器人,虽然大部分为试验用,但随着技术的进步和需求的不断增强,用于海洋开发和军事作战的智能水下机器人不断问世。由于智能水下机器人具有在军事领域大大提升作战效率的优越性,各国都十分重视军事用途智能水下机器人的研发,著名的研究机构有:美国麻省理工学院MIT Sea Grant's AUV实验室、美国海军研究生院(Naval Postgraduate School)智能水下运载器研究中心、美国伍慈侯海洋学院(Woods Hole Oceanographic Institute)、美国佛罗里达大西洋大学高级海洋系统实验室(Advanced Marine Systems Laboratory)、美国缅因州大学海洋系统工程实验室(Marine Systems Underwater Systems Institute)、美国夏威夷大学自动化系统实验室(Autonomous Systems Laboratory)、日本东京大学机器人应用实验室(Underwater Robotics Application Laboratory, URA)、英国海事技术中心(Marine Technology Center)等。

美国海军研究生院AUV ARIES(图1),主要用于研究智能控制、规划与导航、目标探测与识别等技术。图2是美国麻省理工学院的水下机器人Odyssey II,它长2.15 m,直径为0.59 m,用于两个特殊的科学使命:① 在海冰下标图,以理解北冰洋下的海冰机制;②检测中部大洋山脊处的火山喷发。美国的ABE(图3)最大潜深6 000 m,最大速度2节(编者注:1节=1海里/时=1.852 km/h),巡航速度1节,考察距离≥30 km,考察时间≥50 h,能够在没有支持母船的情况下,较长时间地执行海底科学考察任务,它是对载人潜水器和无人遥控潜水器的补充,以构成科学的深海考察综合体系,为载人潜水器提供考察目的地的详细信息。日本研制的 R2D4 水下机器人(图4)长 4.4 m,宽 1.08 m,高 0.81m,重 1 506 kg,最大潜深4 000 m,主要用于深海及热带海区矿藏的探察。能自主地收集数据,可用于探测喷涌热水的海底火山、沉船、海底矿产资源和生物等。REMUS(remote environmental monitoring units,远距离环境监测装置)是美国 Hydroid 公司的系列水下机器人(图5)。REMUS6000 工作深度为 25～6 000 m,是一个高度模块化的系统,代表了自主式水下探测器的最高水平。

图1　美国海军研究生院的 ARIES

图2　麻省理工学院
的 Odyssey－Ⅱ

　　中国智能水下机器人技术的研究开始于 20 世纪 80 年代中期,主要研究机构包括中国科学院沈阳自动化研究所和哈尔滨工程大学等。中国科学院沈阳自动化研究所蒋新松院士领导设计了"海人一号"遥控式水下机器人试验样机。

图 3　美国的 ABE

图 4　日本的 R2D4 水下机器人

图 5　美国 Hydroid 公司的 REMUS 6000 水下机器人

之后"863"计划的自动化领域开展了潜深 1 000 m 的"探索者号"智能水下机器人的论证与研究工作,做出了非常有意义的探索性研究。哈尔滨工程大学的智水系列智能水下机器人已经突破智能决策与控制等多个技术难关,各项技术标准都在向工程可应用级别靠拢。图 6 所示的哈尔滨工程大学"智水-4"智能水下机器人在真实海洋环境下实现了自主识别水下目标和绘制目标图、自主规划安全航行路线和模拟自主清除目标等多项功能。图 7 是哈尔滨工程大学的综合探测智能水下机器人。

图 6　哈尔滨工程大学
"智水-4"水下机器人

图 7　哈尔滨工程大学综
合探测智能水下机器人

目前通过各科研机构和大专院校的同期研制工作,智能水下机器人已经服役并正在形成系列,特别是中国科学院沈阳自动化研究所与俄罗斯合作的6 000 m潜深的CR‐01(图8)和CR‐02系列预编程控制的水下机器人,已经完成了太平洋深海的考察工作,达到了实用水平。

图8 沈阳自动化所的CR01预编程水下机器人

由于在工业设计、制造工艺、综合控制、目标探测、导航地位和通讯等领域中国同水下技术发达的国家相比还有一定差距,致使我们的水下机器人在实际应用中还有较大限制。相关领域从国外购买或租赁的水下机器人不但价格高,配套服务难,而且很多产品并不是专门开发的,并不适合中国海域的使用。所以随着海洋开发和军事用途需求的不断增长,开发更具有实用价值的智能水下机器人势在必行。

## 3.2 智能水下机器人的发展趋势

### 3.2.1 整体设计的标准化和模块化

为了提升智能水下机器人的性能、使用的方便性和通用性,降低研制风险,节约研制费用,缩短研制周期,保障批量生产,智能水下机器人整体设计的标准化与模块化是未来的发展方向。在智能水下机器人研发过程中依据有关机械、电气、软件的标准接口与数据格式的要求,分模块进行总体布局和结构优化的设计和建造。智能水下机器人采用标准化和模块化设计,使其各个系统都有章可依、有法可循,每个系统都能够结合各协作系统的特性进行专门设计,不但可以加强各个系统的融合程度,提升机器人的整体性能,而且通过模块化的组合还能轻松实现任务的扩展和可重构。

### 3.2.2　高度智能化

由于智能水下机器人工作环境的复杂性和未知性,需要不断改进和完善现有的智能体系结构,提升对未来的预测能力,加强系统的自主学习能力,使智能系统更具有前瞻性。目前针对如何提升水下机器人的智能水平,已经对智能体系结构、环境感知与任务规划等领域展开一系列的研究。新一代的智能水下机器人将采用多种探测与识别方式相结合的模式来提升环境感知和目标识别能力,以更加智能的信息处理方式进行运动控制与规划决策。它的智能系统拥有更高的学习能力,能够与外界环境产生交互作用,最大限度地适应外界环境,帮助其高效完成越来越倚重于它的各种任务,届时智能水下机器人将成为名副其实的海洋智能机器人。

### 3.2.3　高效率、高精度的导航定位

虽然传统导航方式随着仪器精度和算法优化,精度能够提高,但由于其基本原理决定的误差积累仍然无法消除,所以在任务过程中需要适时修正以保证精度。全球定位系统虽然能够提供精确的坐标数据,但会暴露目标,并容易遭到数据封锁,不十分适合智能水下机器人的使用。所以需要开发适于水下应用的非传统导航方式,例如:地形轮廓跟随导航、海底地形匹配导航、重力磁力匹配导航和其他地球物理学导航技术。其中海底地形匹配导航在拥有完善的并能及时更新的电子海图的情况下,是非常理想的高效率、高精度水下导航方式,美国海军已经在其潜艇和潜器的导航中积极应用。未来水下导航将结合传统方式和非传统方式,发展可靠性高、集成度高并具有综合补偿和校正功能的综合智能导航系统。

### 3.2.4　高效率与高密度能源

为了满足日益增长的民用与军方的任务需求,智能水下机器人对续航力的

要求也来越高,在优化机器人各系统能耗的前提下,仍需要提升机器人所携带的能源总量。目前所使用的电池无论体积和重量都占智能水下机器人体积和重量的很大部分,能量密度较低,严重限制了各方面性能的提升。所以,急需开发高效率、高密度能源,在整个动力能源系统保持合理的体积和质量的情况下,使水下机器人能够达到设计速度和满足多自由度机动的任务要求。

### 3.2.5　多个体协作

随着智能水下机器人应用的增多,除了单一智能水下机器人执行任务外,会需要多个智能水下机器人协同作业,共同完成更加复杂的任务。智能水下机器人通过大范围的水下通信网络,完成数据融合和群体行为控制,实现多机器人磋商、协同决策和管理,进行群体协同作业。多机器人协作技术在军事上和海洋科学研究方面潜在的用途很大,美国在其《无人水下机器人总体规划》(UUV Master Plan)中规划由多艘智能水下机器人协同作战,执行对潜艇的侦察、追踪与猎杀,美国已经着手研究多个智能水下机器人协同控制技术,其多个相关研究院所联合提出多水下机器人协作海洋数据采集网络的概念,并进行了大量研究,为实现多机器人协同作业打基础。

# 4　AUV 涉及的重点技术及未来需要突破的难点

虽然近些年,水下机器人技术得到空前发展,但仍有大量的关键技术与难点需要突破。以目前的技术现状来看,智能水下机器人离满足海洋开发和军事装备需求还有一定的距离,这其中的关键技术有:

## 4.1　智能水下机器人总体布局和载体结构

没有一种全功能的机器人能完成所有的任务,所以需要依据水下机器人任务和工作需求,结合使用条件进行总体布局设计,对水下机器人总体结构、流体性能、动力系统、控制与通讯方式进行优化,提高有限空间的利用效率。水下机器人工作在复杂的海洋环境中,其总体结构在满足压力、水密、负载和速度需求的前提下要实现低阻力、高效率的空间运动。另外在有限的空间中,需要多种传感器的配合,进行目标识别、环境探测和自主航行等任务。整个大系统整合了多种分系统,需要完善的系统集成设计和电磁兼容设计,才能确保控制与通讯信息流的通畅。

### 4.1.1 智能水下机器人设计的标准化和模块化

为了提高智能水下机器人的性能和质量、使用的方便性和通用性,降低研制风险,节约研制费用,缩短研制周期,提高与现有邻近系统的协作能力,以及保障批量生产能力,智能水下机器人的标准化是智能水下机器人的研制与生产的迫切需求。因为模块化是标准化的高级形式,标准化的目的是要实现生产的模块化和各功能部件的模块化组装以实现使用中的功能扩展和任务可重构。在智能水下机器人标准化的进程中需要提出有关机械、电气、软件标准接口和数据格式的概念,在设计和建造过程中分模块进行总体布局和结构优化设计。

### 4.1.2 小型化、轻型化和仿生技术的应用

鉴于智能水下机器人需要能在较大范围的海域航行,从流体动力学的角度宜采用类似于鱼雷的细长的回转体,并尽可能采用轻型复合材料为机器人提供较大的正浮力,以提高机器人的续航力和负载能力。这些材料需要有质量轻、强度高、耐腐蚀性好、抗生物附着能力强等特点,并要有一定的抑制噪声的能力以降低背景噪声。采用小型化技术的水下机器人具有个体小、机动灵活、隐身性好、布施方便等特点,非常适合进行智能化水下作业。

各个行业都十分注重从大自然的智慧中汲取灵感寻找突破,仿生学在诸多领域已经有长足的发展。由于鱼类摆尾式机动不但效率高、操纵灵活,而且尾迹小、几乎不产生噪声,是水下推进和操控的最佳方式。目前国内外的学者正进行积极的研究,试图将摆动式推进应用到之后的智能水下机器人中。该研究仍处于理论研究阶段,要实现实际意义上的多自由度闭环控制的推进,满足各种工作需求,把潜在优势转变成可利用技术还有很多工作要做。

## 4.2　智能体系结构

智能水下机器人最大的特点就是能够独立自主地进行作业,所以如何提高水下机器人的自主能力(即智能水平),以便在复杂的海洋环境中完成不同的任务,是目前的研究热点。从 20 世纪 80 年代开始,人们针对如何提升水下机器人的智能水平,对智能体系结构、环境感知与任务规划等展开了一系列的研究。其中不断改进和完善现有的智能体系结构,提升对未来趋势的预测能力,加强系统的自主学习能力,使智能系统更具有前瞻性,是提高智能系统自主性和适应性的关键。

### 4.2.1　人工智能技术

智能水下机器人的自主性是通过人工智能技术实现的,人工智能技术和集成控制技术构成相当于人类大脑的智能体系结构,软件体系则模拟人类大脑进行工作,负责整个系统的总体集成和系统调度,直接决定着机器人的智能水平。其中为人工智能推演所广泛遵守的原则是根据时间和功能来划分整个体系结构的构造模块和层次,最具代表性的则是美国国家标准局(NBS)和美国航天航空局(NASA)提出的 NASREM 结构。该系统体系结构中各个模块的功能和相互间的关系定义得非常清晰,这有利于整个系统的构成和各模块内算法的装填和更换效率,但这种划分方式会导致系统的反应较慢。针对这种划分方式反应较慢的特点,目前有研究机构模拟人类大脑物理结构的基于连接主义的反射性,提出依据行为来划分模块和层次。

在目前的人工智能研究中主要采用基于符号的推理和人工神经网络技术,其中基于符号的推理对智能系统来说是最基本的需求。但是,目前基于符号的推理仍存在较多的局限性,比如系统较脆弱、获取知识困难、学习能力较低和实时性较差等。人工神经网络相对有较强的学习、联想和自适应能力,它更擅长于处理不精确和不完全的信息,并具有较好的容错性,能够较好地弥补基于符号的逻辑推理的不足,所以两项技术的结合更具有发展潜力。

### 4.2.2　智能规划与决策

不像海洋平台一样仅需针对某一海域进行设计,智能水下机器人的工作任务决定了它必须能够适应广泛的水下环境,复杂海洋环境中充满着各种未知因素,风、浪、流、深水压力等干扰时刻挑战着水下机器人的智能规划与决策能力。以海流为例,大洋中海流的大小与方向不但与时间有密切的关系,而且随着地点不同也会有较大变化,这对智能水下机器人的路径规划和避碰规划是一个时刻紧随的考验。针对海洋环境的复杂性,智能水下机器人需要拥有良好的学习机制,才能尽快地适应海洋环境,拥有理想的避碰规划和路径优化的能力[4]。

## 4.3 智能水下机器人的运动控制

智能水下机器人的运动控制包括对其自身运动形态、各执行机构和传感器的综合控制。水下机器人的六自由度空间运动具有明显的非线性和交叉耦合性,需要一个完善的集成运动控制系统来保障运动与定位的精度,此系统需要集成信息融合、故障诊断、容错控制策略等技术。虽然目前不断改进新型控制算法对水下机器人进行任务与航迹规划,但由于在复杂环境中水下机器人运动的时变性很难建立精确的运动模型,那么人工神经网络技术和模糊逻辑推理控制技术的作用更加重要。模糊逻辑推理控制器设计简单、稳定性好,但在实际应用中由于模糊变量众多,参数调整复杂,需要消耗大量时间,所以需要和其他控制器配合使用,比如 PID 控制器、人工神经网络控制器。其中人工神经网络控制方式的优点是,在充分考虑水下机器人运动的非线性和交叉耦合性的前提下,能够识别跟踪并学习自身和外界环境的变化,但是如果外界环境干扰变化的频率和幅度与其自身运动相接近时,它的学习能力将表现出明显的滞后,控制滞后则会导致控制振荡的出现,对水下机器人的安全和任务执行是极为不利的[5]。

各种控制方式相互结合使用的目的是提高控制器的控制精度与收敛速度,如何在保证水下机器人运动控制稳定的情况下提升控制系统的自适应性,提高智能系统在实际应用中的可行性是目前工作的重点。

## 4.4　智能水下机器人的通信导航定位

智能水下机器人要完成任务首先需要明确任务所需到达的目的地,到达目的地的路径以及整个过程中自己所处的位置。前两个问题属于导航范围,后一个问题需要定位技术的支持,而整个过程都要依赖先进的通信技术。

### 4.4.1　智能水下机器人的通信

智能水下机器人通过水声通信和光电通信方式来传输各类控制指令及各类传感器、声纳、摄像机等探测设备的反馈信息。两种方式各有优缺点,目前主要依赖于水声通信,但是声波在水中的传播速度很低(远远低于光速),在执行一定距离的任务时,会产生较大的时间延迟,不能保证控制信息作用的即时性和全时性。由于水下声波能量衰减较大,所以声波的传输距离直接受制于载波频率和发射功率,目前水声通信的距离仅限 10 km 左右,这大大限制了水下机器人的作业空间。目前世界各国正积极开发水下激光通信,激光信号可以通过飞机和卫星转发以实现大范围的通信,其中海水介质对蓝绿激光的吸收率最小,目前美国已经实现了由空中对水下 100 m 左右深度的潜艇进行通信。但是目前的蓝绿激光器体积较大,能耗也较大,效率低,离应用到智能水下机器人上还有一定距离。

### 4.4.2　智能水下机器人的导航定位

智能水下机器人能否到达预定区域完成预定任务,水下导航技术起到至关重要的作用,是目前水下机器人领域发展急需突破的瓶颈问题之一。目前空中导航已经拥有了较成熟的技术,而由于水下环境的复杂性,以及信息传输方式和传输距离的受限,使得水下导航比空中导航要更有难度[6]。

水下导航技术从发展时间和工作原理上可分为传统导航技术和非传统导航技术,其中传统导航技术包括航位推算导航、惯性导航、多普勒声纳导航和组合式导航。最初的水下机器人主要依赖于航位推算进行导航,之后则逐渐加入惯性导航系统、多普勒速度仪和卡尔曼滤波器,这种导航方式虽然机构简单,实现容易,但它存在致命的缺陷,经过长时间的连续航行后会产生非常明显的方位误差,所以整个过程中隔一段时间就需要重新确认方位,修正后继续进行推算。目前智能水下机器人大多采用多种方式组合导航,主要利用惯性导航、多普勒声纳导航和利用声纳影像的视觉导航等多种数据融合进行导航,定位技术主要是水下声波跟踪定位结合全球定位系统的外部定位技术。组合式导航技术将多种传感器的信息充分融合后作为基本的导航信息,不但提升了导航的精度,而且还提高了整个系统的可靠性,即便有某种传感器误差较大或是不能工作,水下机器人依然能够工作。其中将多种数据进行提取、过滤和融合的方法仍在不断的改进中。

传统导航方式的原理决定了其误差积累的缺陷,为了保持精度,需要对系统数据进行不间断的更新、修正,更新数据可通过全球定位系统或非传统方法获得。通过全球定位系统不但会占用任务时间而且会使行动的隐蔽性大大降低,通过非传统导航方式则可以克服这些缺陷。非传统导航方式是目前研究的热门方向,主要有海底地形匹配导航和重力磁力匹配导航等,其中海底地形匹配导航,在拥有完善的、并能够及时更新的电子海图的情况下,是目前非常理想的高效率、高精度导航方式,美国海军已经将其广泛应用于潜艇的导航[7]。

未来水下导航将结合传统方式和非传统方式,发展可靠性好、集成度高并具有综合补偿和校正功能的综合智能导航系统。

## 4.5 水下目标的探测与识别

智能水下机器人要实现"智能"就不能"闭塞视听",它需要时刻感知外界环境的信息,尤其是水下目标的信息,基于这些信息才能做出智能决策,所以水下目标的探测与识别就相当于智能水下机器人的"视、听、触觉",是其与所处环境"交流"的基本方式。

目前水下目标探测与识别技术可以通过声学传感器、微光 TV 成像和激光成像等方式。首先微光 TV 成像采集的信息图像清晰度和分辨率都较好,但是其成像质量受海水能见度的影响很大,综合来看其可接受的识别距离太短,适用范围大大受限。激光成像技术经过近几年的发展,激光成像仪的体积、重量和功耗都大大降低,达到智能水下机器人可利用的级别,值得指出的是,其成像质量远远高于声学传感器成像质量,能够达到微光 TV 成像的水平,但其工作距离远远大于微光 TV 成像,并且能够提供准确的目标距离、坐标等信息,是较理想的水下目标探测与识别的手段。此项技术目前在美国已有应用,中国仍处于研究阶段,现在还没有达到工程应用要求的激光成像仪可供智能水下机器人使用。

声学传感器成像技术能够实现一定分辨率的成像,并且在水下的作用距离较远,在目前水下探测与识别领域中应用广泛。根据信息类型不同可分为两类:基于声回波信号探测识别和利用声纳图像探测识别。基于声回波信号的探测技术原理类似于空中利用雷达反射波进行目标识别,从 20 世纪 60 年代开始,广泛应用于海岸预警系统和潜用声纳目标分类系统,通过回波信号的强度、频谱、包络等特征对预设类别的目标,例如水面舰船和潜艇进行探测识别。

随着水声技术的发展,已经能够区分近距离的小型目标,基于声纳图像的探测识别技术成为目前水下探测识别技术的中流砥柱,但它目前仍然有诸多的局限性。声波在水中传播比无线电波在空气中传播效果要差很多,在各种环境噪声和背景目标的影响下,成像质量不高,加大了水下目标的探测与识别的难度。为了使获得的图像拥有适用的分辨率,需要采用较高频率的声纳,目前所使用的成像声纳的中心频率已达到几百千赫兹,但这又引入另一个限制因素。声波在水中传播是沿体积扩散的,并且海水介质对声波能量的吸收随着声波中心频率的增长而呈现二次方的增长,海水将会吸收掉高频声波相当大的能量,导致远距离传输的声波会有较大的衰减,使得声纳成像的分辨率低和像素信息少。目前还没有形成成熟的声纳图像目标识别理论,声纳图像中的目标一般呈点状和块状,进行目标识别时,依据目标信息图像的大小用开变换方法进行预处理,即能得到可利用的识别信息。

由于海洋环境的特殊性和复杂性,对水下目标探测与识别的技术应用有很大的限制,以至于可应用的手段也非常有限。从技术上来说,声探测技术容易实现,并且探测距离较远,到目前为止仍是主要的水下目标探测手段,而基于声纳图像的目标探测与识别可靠性和精确性仍然不高。激光成像不但分辨率高、信息丰富,而且作用距离远,是非常理想的水下目标探测与识别手段,激光成像水下目标的探测与识别技术是中国目前努力研究的方向。

### 4.6　智能水下机器人的动力能源

随着水下机器人各方面技术的发展,其执行的任务也更加多样,这就需要水下机器人拥有良好的机动性和操控性,有时还需要执行高抗流作业和长时间连续作业等任务,对水下机器人续航力的需求逐渐增强。早期的水下机器人大多由铅酸电池提供电力能源,少数采用银锌电池提供能源,但银锌电池造价昂贵,不适合广泛使用。随着镍锰电池技术的发展,目前水下机器人使用较多的是镍锰电池,虽然续航力已经从最初的几个小时提升到了几十小时甚至是上百小时,但仍离智能水下机器人的需求有一定差距;而且镍锰电池体积和质量过大,造成机器人质量增大和结构设计复杂,给机器人的设计和使用带来很多不便。目前急需开发高效率、高密度能源,在整个动力能源系统保持合理的体积和质量的情况下,使水下机器人能够达到设计速度和满足多自由度机动要求,其中优化机器人的推进系统,使其在保证预定速度和机动要求的情况下效率最高、能耗最小,也对提升续航力有可观的贡献。

# 5　智能水下机器人军民
# 两用的远大前景

随着人类开发海洋的步伐不断加快,水下机器人行业也逐渐火热起来,各种用途的水下机器人的身影活跃在海洋开发的最前线。自从 20 世纪 50 年代末美国华盛顿大学建造了主要用于水文调查的第一艘无缆水下机器人——"SPURV"之后,人们便对无缆水下机器人产生浓厚的兴趣,但由于各个配套系统技术上的限制,致使智能水下机器人技术的发展多年徘徊不前。随着材料、电子、计算机等新技术的飞速发展及海洋研究、开发和军事领域的迫切需求,智能水下机器人再次引起海洋开发领域和各国军方的关注。20世纪90年代后,智能水下机器人各项技术开始逐步走向成熟,由于智能水下机器人在海洋研究和海洋开发中具有远大的应用前景,在未来的水下信息获取、深水资源开发、精确打击和"非对称情报对抗战"中也会有广泛的应用,因此智能水下机器人技术对世界各国来说都是一个重要的、值得积极研发的领域。

智能水下机器人作为一个复杂的水下工作平台,集成了人工智能、水下目标的探测和识别、数据融合、智能控制以及导航和通信各子系统,是一个可以在复杂海洋环境中执行各种军用和民用任务的智能化无人平台。智能水下机器人在军事上可用于反潜战、水雷战、情报侦察、巡逻监视、后勤支援、地形测绘和水下施工等领域。① 反潜战:在反潜战中,智能水下机器人可以工作在危险的最前线,它装备有先进的探测仪器和一定威力的攻击武器,可以探测、跟踪并攻击敌方潜艇。智能水下机器人可以做水下侦察通信网络的节点,也可以作为猎杀敌方潜艇的诱饵,让己方的潜艇等大型攻击武器处在后方以增加隐蔽性。② 水雷战:智能水下机器人自身可以装载一到多枚水雷,自主航行到危险海域,由于智能水下机器人的目标较小,可以更隐蔽地实现鱼雷的布施,并且其上的声纳等探测装置也可协助进行近距离、高精度的鱼雷、雷场的探测与监视。③ 情报侦察:长航时的智能水下机器人,可在高危险的战区或敏感海域进行情报侦察工作,能够长时间较隐蔽地实现情报侦察和数据采集与传输任务。④ 巡逻监视:可以长时间在港口及附近主要航线执行巡逻任务,包括侦察、扫雷、船只检查和港口维护等任务。它可以对敌方逼近的舰艇造成很大的威胁,必要时还可以执行主动攻击、施布鱼雷和港口封锁等任务。战期还可为两栖突击队侦察水雷等障碍,开辟水下进攻路线。⑤ 后勤支援:智能水下机器人可以布施通信导航节点,构建侦察、通信、导航网络。⑥ 相关应用：智能水下机器人还可用于相关水下领域，如：海洋测绘、水下施工、物资运输和日常训练等。智能水下机器人可用于靶场试验、鱼雷鉴定等，把机器人伪装成鱼雷充当靶雷进行日常训练和实验鱼雷性能，以智能水下机器人作为声靶进行潜艇训练。

# 6　结　束　语

目前水下机器人在经济和军事领域的应用中已经崭露头角，是水下观察和水下作业方面最具潜力的水下开发工具。水下机器人的高智能化已是大势所趋，高智能式水下机器人这一多学科相互融合的技术在未来将有广阔的应用前景，受到各国特别是发达国家的高度重视，并已制定了正式计划。美国已经将智能水下机器人编队的打造提上了海军建设的日程。综合目前各方面的技术来看，智能水下机器人总的技术水平仍处在研究、试验与开发阶段，离真正意义上的大规模工程应用还有一定距离。

参考文献

［1］李晔,常文田,孙玉山,苏玉民.自治水下机器人的研发现状与展望[J].机器人技术与应用,2007,(1):25-31.
［2］金声.访哈尔滨工程大学徐玉如院士[J].舰船知识,2009,(4):16.
［3］亚斯特列别鲍夫ＢＣ,等.水下机器人[M].北京:海洋出版社,1984.
［4］徐玉如,庞永杰,甘永,孙玉山.智能水下机器人技术展望[J].智能系统学报,2006,1(1):9-16.
［5］梁霄,徐玉如,李晔,等.基于目标规划的水下机器人模糊神经网络控制[J].中国造船,2007,48(3):123-127.

［6］彭学伦.水下机器人的研究现状与发展趋势［J］.机器人技术与应用,2004,(4):
43－47.

［7］马伟锋,胡震.AUV 的研究现状与发展趋势［J］.火力与指挥控制,2008,33(6):
10－13.

原载于《自然杂志》2011 年第 3 期

# 古老地质样品的黑碳记录及其对古气候、古环境的响应

宋建中　胡建芳　彭平安*　中国科学院广州地球化学研究所有机地球化学国家重点实验室

万晓樵　中国地质大学生物地质与环境地质国家重点实验室

黑碳(BC)是生物质和化石燃料等不完全燃烧产生的一系列含碳物质,包括部分炭化的植物残体和木炭,以及由挥发性组分重新聚合而成的烟灰颗粒等[1-5]。迄今为止,对黑碳这个概念还没有一个十分确切的定义。为了方便,本文把这些含碳物质统一称为黑碳。黑碳具有高度稳定的芳香性结构和较高的生物和化学惰性,可以在土壤、湖泊和海洋沉积物等中长期稳定地存在。已有的研究表明,黑碳的沉积记录可以追溯到寒武纪、泥盆纪,在几百万年来的沉积物和

* 有机地球化学家。长期从事地质体有机质地球化学研究。发现、鉴定卟啉、含硫羊毛甾烷等系列新生物标志物;发展 C—S、C(烷基)—C(芳基)键、C—O 键等定量地质大分子研究方法。证明江汉盆地高硫原油来源于烃源岩可溶有机质;利用定量的有机质生烃模拟体系,厘定中国西部大型气藏的成藏过程并提出高演化阶段成熟度指标。在电子垃圾拆解地发现含溴二恶英污染并为防治重大恶性二恶英污染事件做出贡献;提出的沉积物有机质新分类方案对研究不同碳组分的环境行为有意义。2013 年当选为中国科学院院士。

晚第四纪以来的冰芯和湖相沉积物中,黑碳都得到很好的保存[1-3]。对地质体中黑碳进行研究具有重要的科学意义。例如:古老地质样品中的黑碳可以用来重建历史上的火灾事件和恢复当时的陆地植被系统[2,6-8];全新世到近代沉积中的黑碳可反映过去的火灾记录以及对人类活动、气候变化、能源消耗结构等的响应[9-17]。另外,黑碳也是陆地和海洋碳汇中一种慢循环碳,在碳的全球生物地球化学循环中扮演着重要角色[2]。

# 1 地质样品中黑碳的分离测定方法

已有的研究表明黑碳是具有不同化学特性的一系列还原碳,包括木炭、烟灰颗粒等(图1)。尽管这些不同形式的黑碳具有一些共性,但是由于形成机制和燃烧条件的不同,它们的物理化学性质往往表现出很明显的差异,这对地质样品中黑碳的分离测定是很大挑战。近年来,人们发展了很多黑碳测定方法,基于工作原理,这些方法主要包括以下四类。

## 1.1 光学方法

光学方法是根据黑碳的光学特性的不同来进行分辨和统计。实际工作中,可以通过光学显微镜或电子显微镜观察,对黑碳颗粒的大小、形状以及表面积分别进行测定和统计,用颗粒个数、面积或者体积表示黑碳丰度[18]。该方法具有明显的优点:可以进行粒径分析和形态描述,分辨黑碳的类型,并揭示黑碳的来源。但该方法非常耗时,测定范围有限,只能测量较大的颗粒(一般粒径必须大于 10 μm),小的颗粒则被忽略了。

## 1.2 化学方法

该方法是基于黑碳和其他有机碳在化学稳定性上的差异,使用不同氧化剂

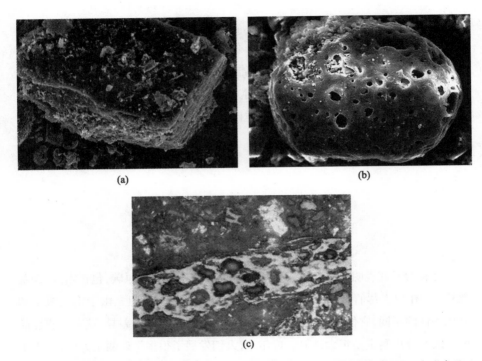

图1　不同沉积物中黑碳的显微照片[20]：(a) 海洋沉积物中黑碳颗粒(扫描电镜,宽112 μm),长条形、层状结构,表面有少量难溶的无机矿物质,来源于煤和生物体的不完全燃烧;(b) 水塘沉积物中黑碳颗粒(扫描电镜,宽112 μm),球形、有孔的碳黑颗粒,表面光滑,来源于油的燃烧;(c) 海洋沉积物中黑碳颗粒(反射光显微镜,宽56 μm),高反射率的丝碳,具有明显的植物木质层结构

把有机碳氧化去除,保留稳定性高的黑碳。使用的氧化剂包括过氧化氢、硝酸和重铬酸等,其中重铬酸具有稳定性高的特点。反应程度可以通过选择氧化剂浓度、反应温度和时间而得到精确控制,允许除去大部分干酪根,仅有少量的黑碳损失[19-20]。由于这些优点,该方法被广泛地用于地质样品中黑碳的分离和定量工作。主要步骤为:首先使用盐酸去除碳酸盐,使用氢氟酸去除硅酸盐;然后在特定的温度下,使用铬酸氧化剂来去除干酪根等有机质;耐氧化的黑碳可以使用元素分析、红外光谱等来定量。

从整体来看,该方法可以有效地去除有机碳,保留稳定性好的黑碳。另外,氧化比较温和,避免了加热过程中的焦化现象。然而这种方法也存在一些缺点。例如:实验步骤比较多,会造成黑碳的损失;另外,部分高成熟度有机质由于具有与黑碳类似的抗氧化性而不能完全去除,从而造成黑碳含量的高估。

## 1.3　热学方法

根据原理,热学方法可以分为两类:热氧化法和基于热解的热光法。热氧化法是根据有机碳在一定的热力学条件下可以被氧化成 $CO_2$,而黑碳不被氧化的性质建立起来的。首先将样品加热到340℃或375℃除去有机碳,然后采用元素分析等技术来测定剩余黑碳的含量[21]。这种方法具有需要样品量少、方便的特点,但也具有不可忽视的缺点:样品加热的过程中会发生有机物质的烧焦现象,从而引起对黑碳含量的高估。热光法则是基于热处理过程中有机碳可以被热裂解为基础建立的黑碳测定方法。在惰性气氛下加热时,一部分有机碳(OC)会焦化成为 BC,新生成的 BC 可以被进一步地氧化。为了对这些新 BC 校正,一般以透射率或者反射率回到原点作为 OC 和 BC 的分界点。该方法最早被用于气溶胶中黑碳的分析,近年来也被用于测定土壤和沉积物样品中的 BC[22]。

另外,基于黑碳的热稳定性,一些专家也尝试使用热重量分析(TGA)、Rock-Eval 热解分析来测定样品中黑碳的含量,但是地质体的复杂性常常会影响测定的稳定性。最近氢解技术也被用来对沉积样品中的黑碳测定,展示了该技术的优越性[23]。

## 1.4　分子标志物方法

该方法的原理是测定与黑碳有关的一种或一类化合物的浓度,进而推断黑碳的浓度。例如 Glaser 等(1998)[24]建立了一种方法,使用硝酸把黑碳氧化形成苯多羧酸(BPCA)作为黑碳的特征指示物,然后通过测定 BPCA 化合物的含量来计算样品中的黑碳含量。该方法经过不断改进和完善后,已经被成功地用于研究土壤和沉积物中的 BC 含量。该方法的最大缺点是高芳香性的有机碳可能会生成 BPCA。另外,左旋葡聚糖等标志物也被用来估算沉积记录中植物燃烧黑碳的丰度[25]。

　　总的来看,长期以来不同领域的科学家只是根据他们自己的方法来解释所得到的数据,但由于黑碳组成的复杂性,不同方法所测得的黑碳组分是不同的(图 2),其科学意义也不一样。为了消除黑碳的定量方法带来的不统一和数据差异,一些专家也试图来整合不同领域的黑碳研究的概念和方法,以寻求标准化的方法[26]。但是,经过多年的努力后,人们意识到或许并不存在一个通用的标准黑碳分析方法。不同领域专家根据研究目的,采用不同的黑碳测定方法,从不同的角度来研究黑碳,可能是个比较好的选择。

| 黑碳样品 | | 部分烧焦的植物 Partly Charred biomass | 焦炭 Char | 木炭 Charcoal | 烟灰 Soot |
|---|---|---|---|---|---|
| 类型 | | 固体燃烧残余 | | | 挥发性组分聚合产物 |
| 大小 | | mm 或者更大 | | | μm |
| 形成温度 | | 低 ⟶ 高 | | | |
| 植物结构 | | 比较丰富 | | 部分 | 没有 |
| 生物惰性 | | 低 ⟶ 高 | | | |
| 光学惰性 | | 低 ⟶ 高 | | | |
| 测定范围 | 光学方法 | ———————— | | | |
| | 化学方法 | | | ———————— | |
| | 热学方法（CTO） | | | | ————— |
| | 热学方法（TOT/R） | ———————————————— | | | |
| | 分子标志物（BPCA） | ———————————————— | | | |
| | 其他方法 | -------------------------------- | | | |

图 2　一系列黑碳物质的物理化学性质和不同方法的测定范围[3,26]

# 2 地质样品中黑碳
# 记录的研究意义

在整个地质历史上,黑碳的分布范围很广,从现代一直到泥盆纪、寒武纪的土壤和沉积物等。对这些地质样品中的黑碳记录进行研究,具有重要的科学意义。

## 2.1 重建过去的火灾历史

在地质时期,黑碳主要被认为是自然燃烧过程的产物。沉积物中某层位样品中的黑碳含量的相对丰度,就代表了当时自然火灾发生的几率和强度,因此地质样品中的黑碳首先可以指示地质历史上的火灾事件[5-7]。当然需要指出的是,并不是有黑碳存在,就表明当时有火灾发生,而是当黑碳的含量高出背景值时,才认为当时发生了火灾。

## 2.2 重建过去的陆地植被演化历史

黑碳作为植物等不完全燃烧的产物,较大的颗粒可以保存燃烧植物的形貌特征,因此通过对黑碳颗粒的原始形貌进行分析,可以用来重建火灾时期的植被特征以及所反映的气候特征。例如通过白垩纪地质样品中的黑碳形貌观察,可知早白垩纪的黑碳颗粒主要来源于针叶树和蕨类植物,以及很少的被子植物[28]。然而,在晚白垩纪,虽然针叶树燃烧产生的黑碳仍然占绝对优势,但被子植物大量出现。另外一些学者通过分析黑碳碎屑保存的年轮信息,来解释古代的气候变化[29]。

此外,一个有效的工具是黑碳的稳定碳同位素值($\delta^{13}C$)。黑碳作为不完全燃烧的产物,形成后即变成一种死碳,不再与外界进行碳交换,因而黑碳 $\delta^{13}C$ 值能较好地保存当时植物的原始信息[13,16,30]。这些数据不但可以反映植物的类型,例如 C4 和 C3 植物以及它们的气候偏好,同一类植物的 $\delta^{13}$C 值变化还可以解释环境的变化,如水的可利用性和降雨变化等。

## 2.3　间接获得过去大气中的氧气浓度

黑碳是经过燃烧过程产生的,氧气对于黑碳的形成有着重要的作用。在燃烧的时候,氧气支持木材的燃烧,当氧气的浓度降低时,燃烧就会受到限制,火灾无法蔓延。因此地层中黑碳的出现可以为大气氧气浓度提供限制和范围。相关研究发现,支持燃烧和火灾蔓延所需要的最低水平的氧气浓度大约是 12%[31] 或者 15%[32]。无论选择哪个标准,木炭的出现都代表着氧气达到了一定的水平。

# 3　地质样品中黑碳的分布及其古气候和古环境意义

## 3.1　陆相沉积物

### 3.1.1　黄土古土壤

中国黄土高原的黄土古土壤序列是一种可与深海沉积、极地冰芯等对比的陆相沉积物序列,保存了古火灾历史和环境变化的连续记录。以连续的黄土序列样品为对象,相关学者开展了很多黑碳的沉积记录研究,来重建古火灾历史和古气候、古环境的演化[9-11,14,22]。杨英等[9](2001)最早以陕西渭南黄土剖面 21 ka 以来的黄土样品为研究对象,首次用黑碳来恢复黄土的古植被、古气候记录。研究显示黑碳浓度变化的总体趋势与气候变化的趋势一致。黑碳的 $\delta^{13}$C 值变化范围为 −11.71‰ ~ −21.34‰,反映了 C4 植物为主的同位素组成特征,表明当时黄土高原植被类型以草原为主。另外,黄土剖面的黑碳浓度曲线的总体波动形式与格陵兰 GRIP 冰芯氧同位素记录曲线有相似性,对短尺度的气候事件如新仙女木事件、哈因里奇事件、Bond 旋回等有较好的反映,这反映了黄土高原上的区域火灾对突然的气候变化有很好的响应[14]。

在更大尺度上,周斌等[10](2006)对晚新生代灵台黄土剖面370 ka以来,黄土古土壤样中黑碳记录进行了研究,发现黑碳含量总体上随时间呈上升的趋势,可能反映了干旱化趋势的加剧。全新世黑碳含量出现最大峰值,反映了距今约6 000年的气候突变事件以及人类活动导致火灾更为频繁地发生。另外周斌等[11](2009)还对黄土高原中部晚第四纪以来植被演化的黑碳和碳同位素记录进行了研究,文章指出该地区为C3、C4植物混合植被类型,大多数时段以C3植物为主。

### 3.1.2　湖泊沉积物

湖泊沉积物通常具有很高的分辨率,所含黑碳记录很好地反映了一个地区火灾的历史变化情况。Maxwell等[33](2004)通过对一个柬埔寨东北部的湖相沉积中的黑碳记录进行研究,重建了柬埔寨季风森林中火灾的动态变化。研究发现强烈的火灾活动在8 000年前结束,随后的早全新世表现为强烈的夏季季风和较低的火灾事件。从5 500年前开始,森林扰动和火灾活动明显增加。另外研究还发现人类活动对火灾的频次有明显的影响。Reddad等[34](2013)根据摩洛哥西阿特拉斯地区Ifrah湖相沉积中的木炭记录,重建了西北非在过去13 000年的火灾活动。Manfroi等[35](2015)则第一次报道西南极半岛坎帕阶野外火灾的特征。他们发现这些黑碳碎屑主要是针叶类植物燃烧产生,正是白垩纪南极古植被的特征。另外,Hong和Lee[36](2012)对韩国庆尚盆地白垩纪湖相沉积物中黑碳的相对含量和$\delta^{13}C$值进行了分析,发现来源于生物质燃烧的黑碳是沉积物中有机碳的重要组成部分。这部分沉积黑碳既有本地源的,也有外地输入,从而造成沉积物黑碳的$\delta^{13}C$值与同时代木炭碎屑的$\delta^{13}C$值存在一些差异。

国内一些专家也针对湖泊沉积物中的黑碳记录开展了很多研究[15-16,37]。例如Wang等[15-16](2013)对内蒙古岱海湖沉积物钻孔中的黑碳记录进行了研究。火灾频次分析显示全新世的火灾表现出两阶段明显的升高。在8 200年前,火灾频次从小于5次/1 000年增加到~10次/1 000年,这时湖泊盆地的植物从草转换为森林,气候从温/干转换为温/湿;然后在 2 800 年前,火灾频次进而增加到~13 次/1 000 年,这时草本植物和灌木代替了森林,气候变得干/冷。这种火灾频次的增加被归因于这一时期农业活动和人类对土地的不断使用所造成。另外,黑碳 $\delta^{13}C$ 值为 -23.7‰~-29.2‰,表明了岱海湖地区在全新世主要以 C3 植物为主。$\delta^{13}C$ 还可以指示植被的多少和季风降雨量,可以作为监测岱海湖地区季风降雨量的一种重要指标。

### 3.2　海相沉积物

深海沉积物可提供长期且几乎未受扰动的沉积记录,另外海洋沉积物中黑碳一般认为都是从外地经过空气漂移而来的,因此特别适用于研究地质历史时期火灾演变趋势和古气候演化。Bird 等[38]( 1998 )以东赤道大西洋的岩芯 ODP-668B 为对象,开展了黑碳分析,来重建火灾历史和区域气候的变化特征。研究发现,黑碳的丰度在从间冰期向冰期过渡时期出现几个峰值,反映了明显的火灾事件。这种火灾事件可能与快速的气候变化有关。

在国内,贾国东等[12-13]对南沙海区的 17962 柱状沉积物和南海北部的 ODP1147 和 1148 钻孔沉积物中黑碳的碳同位素分析显示,黑碳的 $\delta^{13}C$ 数据很好地反映了南海临近地区的陆地生态系统和植被变化。最近,Li 等[39]( 2011 )研究了西沙群岛中三个小岛的黑碳沉积记录,发现黑碳沉积通量在 20 世纪以前保持相对较低的水平,1900 年以后黑碳的沉积通量开始上升,最高峰在 20 世纪 70 年代。在最近的 30 多年,黑碳记录呈现下降的趋势。Sun 等[17]( 2003 )对 20 世纪珠江河口沉积物中黑碳变化进行研究,发现类似的变化趋势。

### 3.3　重大事件界线层

首先在约 66 Ma 前的 K-T(K-P)界限是以一个全球性的生物大灭绝为标志的,引起这次全球灾难的原因多被归因于陨石和陆地火山大爆发,但人们对这种灭绝的真正起因仍然有很大的争议。首先在 K-T 界限沉积物黑碳的浓度远高于临近地层中黑碳的含量,证明了当时发生全球大火的可能性[6];另外黑碳的丰度变化与铱的丰度变化是一致的,表明了大火可能是陨石撞击造成的[7]。Harvey 等[40](2009)在 K-P 界线沉积物中检测到葡萄串状的烟灰颗粒浓度的明显增高,这支持了之前专家所提出的在 K-P 界线所发生的大火及其导致的全球灭绝事件。但需要指出的是,在整个北美地区的界线样品中植物木炭残余很少,大量的黑碳是非木炭的黑碳。这与全球范围内野外森林大火是矛盾的。另外他们在新西兰、丹麦和加拿大的 K-P 界线样品中都发现了大量的碳质球形颗粒。这些球形的碳质颗粒主要是来源于煤粉末或者化石燃油液滴的不完全燃烧。由于希克苏鲁伯陨石坑的位置与世界上著名的雷尔油田靠近,在 K-P 界线层发现的大量葡萄串状烟灰颗粒被认为可能是希克苏鲁伯陨石坑富含有机碳的地壳的挥发、燃烧所造成的,而不是全球性的森林大火。考虑到在北美的界线样品中没有检出明显的黑碳记录,因此研究结果不支持全球森林大火的发生。

二叠-三叠纪界线事件也是地质历史上著名的全球性生物大灭绝事件。沈文杰等[8](2007)以煤山剖面为例研究了二叠-三叠纪界线事件样品中黑碳的沉积记录,提出煤山地区二叠纪末期发生了强烈的大火事件。在长兴组高背景黑碳的周期性波动与上部殷坑组低背景黑碳的平缓变化形成巨大反差,反映了生物灭绝前后陆地生态系统的繁荣与萧条。黑碳是动植物和化石燃料燃烧的天然记录,P-T 界线附近的黑碳特征反映了二叠纪末期陆地生态系统出现了突然的衰退,发生了强烈的天然大火。黑碳的 $\delta^{13}C$ 在事件层底部和事件层内部分别出现突然的降低和缓慢的降低,总下降幅度接近 5‰,推测大火的燃烧源除了植被外,可能还有泥炭、煤和甲烷水合物等富轻碳的物质。浙江煤山剖面的黑碳记录,反映了二叠-三叠纪之交地球陆地环境的剧烈变化,有助于理解和揭示生物大灭绝的过程和原因。

# 4 主要结论和展望

黑碳来源于生物体和化石燃料等的不完全燃烧,具有很高的稳定性,可以在地质样品中长期保存下来,对于重建地质时期的火灾历史和恢复古气候、古环境具有重要的研究意义。然而这些研究仍然面临一些挑战。

(1)虽然人们已经建立了很多方法对地质样品中的黑碳进行分离和测定,并取得了明显进展,但对于古老地质样品来说,黑碳常常是与一些成熟度很高的干酪根物质共同存在的,这些高成熟有机质会明显地干扰地质样品中黑碳的分离和测定。因此非常有必要对黑碳方法进一步改进和评价,以便准确地测定古老沉积样品中的黑碳含量和碳同位素。此外,氢解和分子标志物技术作为新的黑碳测定技术,尚需要进一步的评价、完善和优化。

(2)黑碳在一定条件下可以降解,黑碳的降解行为对于研究地质样品中的黑碳火灾记录有很大的影响。因此有必要对不同自然环境和地质条件下黑碳的降解过程和行为进行系统的研究。另外在沉积老化过程中,黑碳的稳定碳同位素是否发生改变,目前也缺乏系统的分析和评价。这些问题对于我们正确解释地质样品中的黑碳记录具有重要的指导意义。

(3)对于一些重大事件如 K-T 界限的研究,虽然已经取得了很多成果,但仍存在不少争议。比如燃烧源、大火规模和强度(全球还是局部地区),大火的起因和影响,在东亚陆相沉积中是否有反映等,这些目前尚无定论,需要进一步系统地工作。

参 考 文 献

[1] GOLDBERG E D. Black carbon in the environment: Properties and distribution[M]. New York: John Wiley & Sons, 1985.

[2] SCHMIDT M W I, NOACK A G. Black carbon in soils and sediments: analysis, distribution, implication, and current challenges[J]. Global Biogeochemical Cycles, 2000, 14(3): 777-793.

[ 3 ] CONEDERA M, TINNER W, NEFF C, et al. Reconstructing past fire regimes: methods, applications, and relevance to fire management and conservation [ J ]. Quaternary Science Reviews, 2009, 28: 555 – 576.

[ 4 ] KNICKER H. Pyrogenic organic matter in soil: Its origin and occurrence, its chemistry and survival in soil environments[ J]. Quaternary International, 2011, 243: 251 – 263.

[ 5 ] SCOTT A C. Charcoal recognition, taphonomy and uses in palaeoenvironmental analysis [ J]. Palaeogeography, Palaeoclimatology, Palaeoecology, 2000, 291: 11 – 39.

[ 6 ] WOLBACH W S, GILMOUR I, ANDERS W, et al. Global fire at the Cretaceous/ Tertiary boundary[ J]. Nature, 1988, 334: 665 – 669.

[ 7 ] WOLBACH W S, LEWIS R S, ANDERS E. Cretaceous extinctions: Evidence for wildfires and search for meteoritic material[ J]. Science, 1985, 230: 167 – 170.

[ 8 ] 沈文杰,林杨挺,孙永革,等.浙江省长兴县煤山剖面二叠-三叠系过渡地层中的黑碳记录及其地质意义[J].岩石学报,2008,24: 2404 – 2414.

[ 9 ] 杨英,沈承德,易惟熙,等. 21 ka 以来渭南黄土剖面的元素碳记录[J].科学通报,2001,46: 688 – 690.

[10] 周斌,沈承德,孙彦敏,等. 370 ka 以来灵台黄土剖面元素碳记录及其对气候环境变化的响应[J].科学通报,2006,5: 1211 – 1217.

[11] 周斌,沈承德,郑洪波,等. 黄土高原中部晚第四纪以来植被演化的元素碳碳同位素记录[J].科学通报,2009,54: 1262 – 1268.

[12] 贾国东,彭平安,盛国英,等. 南沙海区末次冰期以来黑碳的沉积记录[J].科学通报,2000,45: 646 – 650.

[13] JIA G D, PENG P A, ZHAO Q H, et al. Changes in terrestrial ecosystem since 30 Ma in East Asia: Stable isotope evidence from black carbon in the South China Sea[ J]. Geology, 2003, 31: 1093 – 1096.

[14] WANG X, DING Z L, PENG P A. Changes in fire regimes on the Chinese Loess Plateau since the last glacial maximum and implications for linkages to paleoclimate and past human activity[ J]. Palaeogeography, Palaeoclimatology, Palaeoecology, 2012, 315: 61 – 74.

[15] WANG X, CUI L, XIAO J, et al. Stable carbon isotope of black carbon in lake sediments as an indicator of terrestrial environmental changes: An evaluation on paleorecord from Daihai Lake, Inner Mongolia, China[ J]. Chemical Geology, 2013, 347: 123 – 134.

[16] WANG X, XIAO J, CUI L, et al. Holocene changes infire frequency in the Daihai Lake region (north-central China): indications and implications for an important role of human activity[ J]. Quaternary Science Reviews, 2013, 59: 18 – 29.

[17] SUN X S, PENG P A, SONG J Z, et al. Sedimentary record of black carbon in the Pearl River estuary and adjacent northern South China Sea[ J]. Applied Geochemistry, 2008, 23: 3464 – 3472.

[18] LEYS B, CARCAILLET C, DEZILEAU L, et al. A comparison of charcoal measurements for reconstruction of Mediterranean paleo-fire frequency in the mountains of Corsica[ J].

　　　　Quaternary Research, 2013, 79: 337 - 349.

[19] LIM B, RENBERG I. Determination of black carbon by chemical oxidation and thermal treatment in recent marine and lake sediments and Cretaccous-Tertiary clays [J]. Chemical Geology, 1996, 131: 143 - 154.

[20] SONG J, PENG P, HUANG W. Black Carbon in soils and sediments: 1. Isolation and characterization[J]. Environmental Science & Technology, 2002, 36: 3960 - 3967.

[21] GUSTAFSSON Ö, BUCHELI T D, KUKULSKA Z, et al. Evaluation of protocol for the quantification of black carbon in sediments[J]. Global Biogeochemical Cycles, 2001, 15: 881 - 890.

[22] ZHAN C, CAO J, HAN Y, et al. Spatial distributions and sequestrations of organic carbon and black carbon in soils from the Chinese loess plateau[J]. Science of the Total Environment, 2013, 465: 255 - 66.

[23] ASCOUGH P L, BIRD M I, BROCK F, et al. Hydropyrolysis as a new tool for radiocarbon pre-treatment and the quantification of black carbon [J]. Quaternary Geochronology, 2009, 140 - 147.

[24] GLASER B, HAUMAIER L, GUGGENBERGER G, et al. Black carbon in soils: The use of benzenecarboxylic acids as specific markers[J]. Organic Geochemistry, 1998, 29: 811 - 819.

[25] ELIAS V O, SIMONEIT B R T, CORDEIRO R C, et al. Evaluating levoglucosan as an indicator of biomass burning in Carajas, Amazonia: A comparison to the charcoal record [J]. Geochim Cosmochim Acta, 2000, 65: 267 - 272.

[26] HAMMES K, SCHMIDT M W I, SMERNIK R J, et al. Comparison of quantification methods to measure fire-derived (black/elemental) carbon in soils and sediments using reference materials from soil, water, sediment and the atmosphere [J]. Global Biogeochemical Cycles, 2007, 21(3): art. no. - GB3016.

[27] SCOTT A C, GLASSPOOL I J. The diversification of Paleozoic fire systems and fluctuations in atmospheric oxygen concentration [J]. Proceedings of the National Academy of Sciences of the United States of America, 2006, 103: 10861 - 10865.

[28] SCOTT A C. Coal petrology and the origin of coal macerals: a way ahead? [J]. International Journal of Coal Geology, 2002, 50: 119 - 134.

[29] FALCON-LANG H J. The Early Carboniferous (Courceyan-Arundian) monsoonal climate of the British Isles: evidence from growth rings in fossil woods[J]. Geological Magazine, 1999, 136: 177 - 187.

[30] BIRD M I, ASCOUGH P L. Isotopes in pyrogenic carbon: A review[J]. Organic Geochemistry, 2012, 42: 1529 - 1539.

[31] WILDMAN R A, HICKEY L J, DICKINSON M B, et al. Burning of forest materials under late Paleozoic high atmospheric oxygen levels[J]. Geology, 2004, 32: 457 - 460.

[32] BELCHER C M, MCELWAIN J C. Limits for combustion in low $O_2$ redefine paleoatmospheric predictions for the Mesozoic[J]. Science, 2008, 321: 1197 - 1200.

[33] MAXWELL A L. Fire regimes in north-eastern Cambodian monsoonal forests, with a

9300-year sediment charcoal record[J]. Journal of Biogeography, 2004, 31: 225 - 239.

[34] REDDAD H, ETABAAI I, RHOUJJATI A, et al. Fire activity in North West Africa during the last 30 000 cal years BP inferred from a charcoal record from Lake Ifrah (Middle atlas-Morocco): Climatic implication[J]. Journal of African Earth Sciences, 2013, 84: 47 - 53.

[35] MANFROI J, DUTRA T L, GNAEDINGER S, et al. The first report of a Campanian palaeo-wildfire in the West Antarctic Peninsula [J]. Palaeogeography, Palaeoclimatology, Palaeoecology, 2015, 418: 12 - 18.

[36] HONG S K, LEE Y I. Contributions of soot to $\delta^{13}$C of organic matter in Cretaceous lacustrine deposits, Gyeongsang Basin, Korea: Implication for paleoenvironmental reconstructions[J]. Palaeogeography, Palaeoclimatology, Palaeoecology, 2013, 371: 54 - 61.

[37] LI J, MACKAY A W, ZHANG Y, et al. A 1000-year record of vegetation change and wildfire from maar lake Erlongwan in northeast China[J]. Quaternary International, 2012, 290 - 291: 313 - 321.

[38] BIRD M I, CALI J A. A million-year record of fire in sun-Saharan Africa[J]. Nature, 1998, 394: 767 - 769.

[39] LI X, XU L, SUN L, et al. A 400-year record of black carbon flux in the Xisha archipelago, South China Sea and its implication[J]. Marine Pollution Bulletin, 2011, 62: 2205 - 2212.

[40] HARVEY M C, BRASSELL S C, BELCHER C M, et al. Combustion of fossil organic matter at the Cretaceous-Paleogene (K-P) boundary [J]. Geology, 2008, 36: 355 - 358.

原载于《自然杂志》2015 年第 2 期

# 现代钢、古代钢和碳定年法

杰弗里·沃兹沃斯* 　美国工程院院士,橡树岭国家实验室

## 1 引　　言

　　超塑性用来表征多晶材料承受极限拉伸变形的能力。由于超塑性使材料易于制备成复杂形状,因此从 20 世纪 60 年代起,超塑性材料的相关研究大大激发了商业化兴趣。到 20 世纪 70 年代中期,虽然在很多合金中发现了超塑性,但是还没有发现低碳钢的超塑性。

　　20 世纪 70 年代斯坦福大学的研究发现:要实现钢的超塑性,需要添加比传统商业用钢高得多的碳。一般商业用钢中含碳量不超过 1%(重量百分比),铸铁中含碳量约为 2% 或更多,预计超塑性钢的含碳量为中间值 1% ~ 2%。由于

＊　Jeffrey Wadsworth,国际著名材料科学家,美国工程院院士。在金属材料超塑性和高温蠕变机理、新型高温金属结构材料以及层状复合钢铁材料研究方面做出了开创性的贡献。他设计和开发了一系列性能优异的新型合金,在航空航天方面得到了重要的工程应用。2011 年当选为中国工程院外籍院士。

这种成分的钢工业上不生产,斯坦福的研究包括制备这种特殊成分的钢,这就是有名的超高碳钢(UHCSs)。除了证明在超高碳钢中发现超塑性以外,斯坦福大学的研究还发现这种钢的成分非常接近古代大马士革钢(译者注:大马士革,叙利亚的首都,史前时代就有人居住,在罗马统治时成为繁华的商业中心,在十字军东征期间是穆斯林的大本营)的成分。

超高碳钢和大马士革钢关系研究的兴趣触发了关于钢和铁的历史研究。研究工作主要集中在"正宗的"仅从钢锭制备的大马士革钢上,即如何获得大马士革钢异常的表面花纹,如何理解它的发展和历史,以及这些花纹的显微结构类型如何影响钢的力学性能。

另一个研究领域是,把超高碳钢层压成其他钢以提高钢的韧性。众所周知,这些现代钢——层片状合成物,也类似古代钢:如"焊接的"大马士革钢(或其他人造的层片状钢)。这种由"焊接的"或"层压的"合成物构成的古代钢有很多类,如1837年在吉泽(Gizeh)大金字塔发现的层片状的铁盘,据研究考证与金字塔建造同时代(公元前2750年)。再举一些例子,如法国梅罗文加王朝的刀片、日本的剑、印度尼西亚波浪形双刃状的短剑、欧洲的鸟枪枪管。(图1、图2)

最后,本文还介绍了利用放射性碳直接定年技术的研究,这种研究采用现代

图1　画面展现萨拉丁军队与英国理查一世战争场面的织锦图案,图中武器为:18世纪印度长刺剑(上),17～18世纪中东弯刀(中)和19～20世纪印度尼西亚波浪状短剑(下)

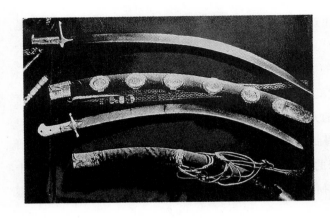

图2　俄国民族英雄 Kuzma Minin 和 Dmitri Pozharsky 在 1612 年抵抗外国侵略的民族解放战争中使用的各种马刀（收藏于克里姆林宫武器库）

加速器质谱分析方法，只需很少的材料。需要说明的是，这种研究主要围绕在吉泽大金字塔发现的铁盘的制作年代，因为对该年代有许多争论。

## 2　现代超高碳钢

超高碳钢的碳含量为 1% ~ 2%，这种钢冷却后的组织是大量层片状先共析的 $Fe_3C$（即渗碳体）包围在粗大的包含柱状珠光体的先析出奥氏体晶粒周围。从力学性能而言，这种结构非常硬，可以磨得非常尖锐，但是很脆，所以历史上其商业应用被忽略了。然而，在 1975 年，斯坦福大学的研究在这种成分范围内成功地加工成延伸率为 1 000% 的、晶粒非常细小的超塑性材料，并且第一次证明了这类钢具有超塑性[1]。

从 1975 年至今，超高碳钢的研究不仅包括超塑性，而且包括室温性能、热处理和合金化效应。制备超塑性钢的工艺使钢的显微组织发生了很大变化，由原先的含大量片状碳化物的粗大晶粒显微组织转变成晶粒细小的渗碳体（尺寸为 1 μm）和铁素体（尺寸为 2 μm）。在合适的温度和应变速率下，这种尺寸的晶粒可以通过晶界滑移而产生超塑性。除了具有超塑性外，这种细小晶粒结构的钢被证实在室温下具有很好的延展性和很高的强度。

# 3　古代超高碳钢

在超高碳钢的早期研究中,研究认为它们与古代大马士革钢的成分非常接近。用这种材料制备的剑刃以其独特的花纹、韧性、韧口和关于如何热处理的可怕传说而闻名于世。图 3 是两类典型的大马士革剑上的图案。上面的图形表示典型大马士革剑上的图案:黑色背底上许多白色的波浪线。下面的图形表示一种独特的图案:黑色背底上重复白色垂直条纹和白色水平线(参见文献[1])。这种图案被称为"穆罕默德的梯子(Mohammed's ladder)",传说挥舞这种花纹剑

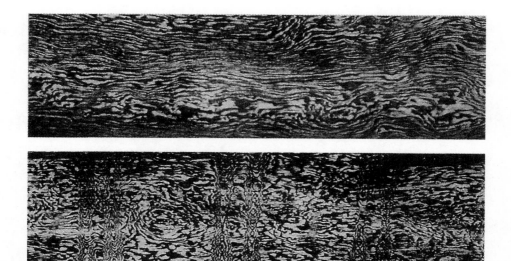

图 3　大马士革剑韧口表面图案。韧口宽约 25 ~ 40 mm
上图:大多数大马士革剑或剑韧口的波浪形图案
下图:重复垂直记号(即"穆罕默德的梯子")的特殊图案。以上两个例子中,图案中浅色区域是由粗大的渗碳体颗粒引起的

的战士死后可以通过爬上这个"梯子"上天堂去极乐世界。几个世纪以来,如何复制这种花纹一直是包括迈克尔·法拉第在内的科学家在冶金学上的努力方向。

要理解大马士革剑韧口的图案需要完整的金相检验。经过多年的研究,在丝毫不损伤原始剑刃的情况下完成剑刃的金相分析、硬度试验甚至拉伸试验是可能的。普遍认为,大马士革剑上的图案是由碳化物的集聚产生的,然而精确的处理步骤和产生这种集聚的原因仍有争议。在某种程度上说,不同的图案可以用不同的途径来实现。不管怎么说,根据现代材料科学和金相理论预计,要得到优化的力学性能,较理想的方法是取代均一的细小碳化物。实际上,大马士革剑刃那样的图案是相对粗大的碳化物经集聚而转化成条带状碳化物。这种条带状碳化物经金相侵蚀后,所偏析的条带尺寸约为 0.5 ~ 2.0 mm,用肉眼就可以看出。

# 4　现代层片状钢合成物

根据理论预报,层片状合成物由于同时包含一种超塑性材料和一种非超塑性材料而具有超塑性行为。为了证实这个预报,制备了不同合成物的钢进行测试,并观察到了超塑性行为。现代单一结构的超高碳钢还不如现代普通钢坚韧,为了改进韧性,设计并制备了超高碳钢和具有韧性的低碳钢的两相层片状机械合成物。

实验构造了一种 12 层的超高碳钢和低碳钢的层片状合成物,并确保每一层的显微结构与原来单一结构完全相同。图 4 表示基体材料和所构建的合成物的韧性与温度的函数关系[2]。由图 4 可见,合成物的性能优于任一所构成材料的性能,这一全新的结果出乎意料。因为根据混合规律,混合物的力学性能应该介于所构成材料的性能之间。究其原因,可能是合成物材料中的裂纹可以通过每一层转移,每当裂纹转移和扩展时需要消耗能量,从而提高了材料的韧性。然而,材料的界面必须足够弱,以至于可以允许裂纹在界面转移和扩展。如果界面的强度与基体材料相同,则合成材料的韧性等同单一材料而达不到改进提高韧性的目的。

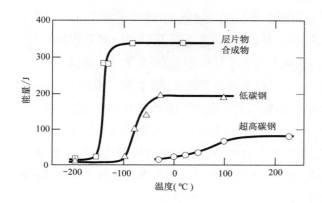

图4 V–型槽缺口冲击试验结果(比较裂纹捕获器中的超高碳钢/低碳钢的12层层片状合成物(laminated composite)、低碳钢(mild steel)和超高碳钢(UHCS),参见文献[2]

　　一个有趣的问题是:为了达到改进韧性的目的,界面的强度到底需要达到多少呢?要考虑这个问题,首先要理解:几种方法中的任何一种层片状结构都可以改进韧性。除了上面提到的裂纹的转移外,裂纹的钝化、裂纹搭桥和其他形式的断裂前应力重新分布均可以导致材料韧性的提高。由于层片状材料的取向不同,合成材料的性能经常表现为各向异性。

　　层片状结构材料经常在现代刀具制作中使用,据文献报道,已经开发了几种外来的合成方法[3-5]。现代的刀具制作世界也具有自身的神话和特性,并引发了在现代冶金理论和材料的实际应用之间非常有趣的交叉研究[6,7]。另外,还有一项研究是关于该领域和纳米层片状材料的有趣结合[8]。

# 5　古代层片状钢合成物

　　为了对现代超高碳钢进行韧化处理,可以通过把超高碳钢和其他韧性更高的钢层压合成来实现。本文作者及其同事对层片状材料的历史比较感兴趣,其中包括含有相同成分钢或不相同成分钢的层状结构——"焊接的"大马士革钢。

这些材料蕴含神奇的历史。举一个例子,正如引言中所提到的,在公元1837 年早期吉泽大金字塔欧洲探险时发现的铁盘——关于铁盘的生产日期仍未有定论。金字塔建于大约 5 000 年以前,即公元前 2750 年。如果铁盘的生产日期与金字塔同时代,那么,铁盘应该是迄今为止所发现最早生产的铁器。

1988 年,El Gayar 和 Jones[9]说服英国不列颠博物馆提供了重约 1.7 g 的铁盘样品,以供研究之用。让他们感到惊奇的是,他们发现铁盘竟也是层片状合成物,而不是单一的铁片。同时他们声明,该铁器的生产日期可能是与金字塔同时代。随后,有人反驳该观点,提出该铁盘可能是后中世纪伊斯兰的铁片样品,不能得出与金字塔同时代的结论[10]。本文第 5 部分将给出包括铁盘样品的一些珍贵样品的定年法(即放射性碳定年技术)的最终结果。

古文献中也发现了关于层片状材料其他有趣的资料,如作于公元前 800 年的荷马史诗《伊利亚特》中关于阿基里斯(希腊神之一)的盾牌的描述。荷马描述道,盾牌由 5 层组成,依次是青铜、锡、金、锡和青铜,埃涅阿斯(译者注:特洛伊战争中的勇士)用青铜矛刺穿了盾牌的前两层,而在中间层被挡住。

众所周知,大约在公元 600 年,梅罗文加王朝生产了许多结构复杂具有层片状合成物的剑,这种剑的生产使用了两种不同的低碳钢。根据北欧海盗传奇的记载,这种带有花纹的剑是代代相传的传家宝,具有相当高的价值。这种剑大部分是从古代墓穴中发现的。

日本的剑也是层片状合成物的一个例子,实际上是多层结构的合成材料。日本剑给人印象最深的一个特点是其剑刃的热处理方法,即在淬火热处理前用黏土包覆部分剑刃,结果是剑刃淬火后转变成马氏体,而剑背结构不变。除了这种结构外,日本剑在制作中也用额外两层做成层片状合成物材料。剑刃的外层为高碳钢,内芯为另一种结构的软铁芯。外层的原始材料称为"和钢"(日本制剑用的一种钢)是炼钢过程的产物,含有很高的碳(1.8% ~2%)。这种材料经重复折叠而形成"皮铁"结构(即铁芯外包上钢皮的结构),大大降低了碳含量,达到现代工具钢的碳含量(1%)。总而言之,日本剑是用高碳钢包裹住低碳钢"铁芯",折叠 30 次后,再用上述热处理工艺处理而成的。

当然,还有其他著名的"焊接的"或"层压的"大马士革钢的材料,一个有趣的例子是"焊接的"大马士革鸟枪,这种武器是低碳钢和中碳钢材料的合成物。图案由生产方法决定。两种不同的钢经一起锤打、扭曲,然后黏合在一起,再把它包在一个心轴上形成枪管,最后抽掉心轴。在一些有价值的例子里,文字是枪管的有机组成部分,这种预先设计的文字是利用低碳钢和中碳钢的初始偏析而形成的,如图案中重复出现文字"ZENOBE GRAMME"(图 5)[1,7]。

图 5　焊接的大马士革枪管,图案中含有"ZENOBE GRAMME"的字样(比利时列日武器博物馆)
注:这种超前发展的钢图案的制备技术至 19 世纪才实现

还有一个包含"焊接的"层片状钢的有趣的例子是印度尼西亚的波浪状短刃剑,短剑的特点是剑刃呈波浪状。短剑通常由两种低碳钢组成,有的则由含 5%~7% 镍的陨铁组成。因而在黑色钢的背底上经常显现出闪闪的银色。另一种特殊的直短剑为刽子手所使用,可以使短剑刺穿肩膀或刺进心脏。

关于为何制成不同层片状结构,其理由颇有趣。例如,反复锤击熟铁不仅可以去掉炉渣,向后折叠重复锤打可以形成一种层片状结构。再者,在古代,钢材非常稀少,所以钢经常置入像铁一样容易制造的多层结构物体中。有时只有薄层钢可以渗碳,然后多层组合起来构成一个大件。层片状材料制造过程产生的图案有的为了装饰,有的是生产商的标识符,有的是让器件独树一帜,有的图案

则与宗教有关。过去的几年中,许多古代层片状器物被记录在案,见表1。表2
列出了一些制作层状结构的可能原因。

**表1　古代层片状合成物**

| 古器物 | 可能的年代 | 组　成 | |
| --- | --- | --- | --- |
| | | A　层 | B　层 |
| 吉泽金字塔盘 | 公元前~2600(?) | ~0.2% 碳 | 熟铁 |
| 阿基里斯盾牌 | 公元前700—800 | 5 层合成物:青铜/锡/金/锡/青铜 | |
| 扁斧(土耳其) | 公元前400 | 边缘:~0.4%碳 | 支撑板:~0.1% 碳 |
| "百炼"中国刀 | 公元100 或以后 | 碳可忽略 | 低碳 |
| 梅罗文加王朝刀刃 | 2—12 世纪 | 低碳 | 纯铁 |
| 日本剑 | 公元400 年~现在 | | |
| 　整　体 | | 外层:0.6%~1.0%碳 | 内层:0~0.2% 碳 |
| 　护　套 | | 1.6%~0.8%碳 | 内层:低碳 |
| 泰国工具 | 公元400—500 | 碳可忽略 | 0.13% 碳,1.8(?)%碳 |
| 印度尼西亚波浪状短剑 | 14 世纪 | 工具钢~1%碳 | 低碳;含5%~7%镍陨铁 |
| 戟 | 14 世纪 | 高碳 | 低碳 |
| 中国焊有图案的刀 | 17 世纪 | 未知碳含量 | 未知碳含量 |
| 剪刀/双层剪刀钢 | 19 世纪 | 高碳 | 低碳钢 |
| 欧洲枪管 | 19 世纪 | 钢,~0.4% 碳? | 低碳或纯铁 |
| 波斯短剑 | 19 世纪 | ~0.8% 碳 | ~0.1% 碳 |

**表2　制作层片状材料的可能原因**

| 层片状器物 | 材料有限 | 制作大件 | 拉伸强度 | 改进韧性 | 改善阻尼性能 | 吸引力和质量 |
| --- | --- | --- | --- | --- | --- | --- |
| Gizeh 金字塔盘 | √ | | | | | |
| 阿基里斯盾牌 | | | | √ | | ? |
| 扁斧(土耳其) | √ | √ | | ? | | |
| "百炼"中国刀 | ? | √ | ? | ? | | |
| 梅罗文加王朝刀刃 | √ | √ | ? | | | |
| 日本剑 | | | √ | √ | √ | √ |
| 泰国工具 | √ | √ | √ | ? | | |

（续表）

| 层片状器物 | 材料有限 | 制作大件 | 拉伸强度 | 改进韧性 | 改善阻尼性能 | 吸引力和质量 |
|---|---|---|---|---|---|---|
| 印度尼西亚波浪状短剑 | √ | √ | ? | ? | | √ |
| 戟 | √ | √ | | √ | | |
| 中国焊有图案的刀 | | | ? | ? | | √ |
| 剪刀/双层剪刀钢 | √ | | ? | √ | | |
| 欧洲枪管 | | | √ | √ | | √ |
| 波斯短剑 | | | | ? | | √ |
| 前苏联材料 | | | √ | | | |
| 现代小刀 | | | | | | √ |
| 现代凿子 | | | | √ | | |

# 6　古代钢和含层片状合成物的钢碳定年法

　　根据 2001 年的总结,不同物体的定年技术时间跨度很大,长的可达数万亿年(如天文学方法测定宇宙年龄),短的则只有几个小时(如法医学鉴定人死后时间)[11]。一种众所周知的定年法是基于同位素技术的应用,这种方法包含铀-铅转变反应,其定年跨度是从距今 10 亿年前至距今 45 亿年前。然而,目前最好的同位素定年法应数碳同位素定年法,其时间跨度为几百年前到 5 万年前。

　　放射性碳,即碳 14($^{14}C$),产生于自然界,在大气中不断形成。当来自空间的宇宙射线进入地球大气,与氮气发生碰撞而产生中子,中子变慢,这种碰撞产生一个 $^{14}C$ 原子和一个质子。$^{14}C$ 与氧结合产生 CO 和 $CO_2$,而后融入包含其他碳同位素(如 $^{12}C$ 和 $^{13}C$)的大气中。后两种稳定的碳同位素在大气中存在的相对丰度分别为 $^{12}C$:98.9%,$^{13}C$:1.1%。$^{14}C$ 则与两种碳的同位素按一定比例存在并保持浓度的动态平衡,其比例为 1:$10^{12}$。所有生命物质,如植物和动物都按这个比例连续不断地通过光合作用和食物摄取等方法吸收各种形式的碳。当生命结束后,生命体中不会增加新的碳。放射性$^{14}$C 衰变而成氮,所以$^{14}$C 与其他两种形式的碳的比例将随着时间的推移而不断降低。由于$^{14}$C 的衰变速度是已知的(半衰期为 5 370 年),利用质谱分析样品中残留的$^{14}$C 数量就可以定出样品的年代。

在近期的研究工作中,作者及其同事处理了一个材料科学家和考古学家都很感兴趣的问题——测定含碳铁基材料的年代。用短语"铁基材料"可以涵盖三大类钢和铁:低碳(碳含量小于 0.05%)的熟铁,钢(碳含量小于 2.1%)和铸铁(含碳量大于 2.1%)。另外,铁基材料还包括铁锈和铁腐蚀后产物,因为这类材料在某些场合下也可以用于测定年代。对于铁基材料,感兴趣的时间跨度是公元前 2000 年或更早的铁器时代直至几百年前。这一时间跨度最合适用$^{14}$C 定年法。

要应用这种技术,材料中的碳必须与铁基材料同时代。因此,新砍伐的树木或木炭符合这条规则,而煤炭、焦炭和其他耗尽$^{14}$C 的各种形式的碳都不行。举个例子,中国的铸铁由于使用了煤炭就不能用于定年技术。幸运的是,许多古代技术炼制的钢铁的确使用了基于木材和木碳的燃料。然而,即使使用这些材料,仍有一些与放射性碳定年法相关的说明。从历史观点上说,从铁器时代直至几百年前发展而来的铁与钢是相对简单的,至少在合金化方面可以这么说。然而,陨铁经常用于制作古器物,其中含有相对高的镍,可以把它从人造材料中区分开来。

用放射性碳定年法来测定含碳材料的年代是 20 世纪 50 年代首先提出的。这种方法用于铁基材料的定年的可行性首先由 van der Merwe 和 Stuiver[15] 证明,他们在耶鲁大学使用 β 计数法(beta counting)方法定出了 15 种铁基材料的年代[2,15]。然而,耶鲁大学的 β 计数器需要总共 1 g 碳,即使假定产出率为 100%,所需要的材料量很大:碳钢或铸铁含碳 2%,需要 50 g 材料;含碳 0.1% 的铁,则需要 1 000 g 材料。

20 世纪 80 年代后期,使用质谱分析加速器的放射性碳定年法成为普通的方法,这种方法只需要 1 mg 碳,并用于测定 12 种不同含铁的古器物[17]。2001年,作者及其同事提出了一种从铁中分离碳的改进方法[12]。

这样,经过多年的努力,样品的需求量大大减小,分离碳的程序大大简化。然而,如上所述,为使放射性碳定年法在铁基材料上有效,从铁基材料中分离碳必须保证所使用生物材料与原始生产的材料同时代。除了煤炭和焦碳这类化石燃料,碳酸盐(如石灰石和菱铁矿)、贝壳或旧木头($^{14}$C 均已耗尽)会使古器物的测定年代比它们实际年代更早,同时需要考虑古器物的重复利用会导致复杂化。van der Merwe[16] 和 Cresswell[18] 很好地总结了定年技术中的这些限制。

一个有趣的研究领域是铁锈用于测年,如果铁锈用于测年是可靠的话,则含铁古器物的定年增加了更多的可能性。大部分铁基材料中的碳是以正交晶的碳化铁($Fe_3C$)形式存在。虽然渗碳体的数量和形态较为复杂,但其热力学稳定性大大超过铁。因此,如铁锈一样,碳化物相比基体更稳定。只要碳在铁锈中存在,不管以什么形式,就有可能用于放射性碳定年法。

Knox[19] 报道了 2 800 年前伊朗的钢匕首腐蚀后残留的氧化物中探测到渗碳体。最近,Notis[20] 成功地在理海(Lehigh)大学使用电子探针技术制作了古代钢铁锈样品的碳分布图,并在显微组织中观察到碳的形态。

最近,该领域的研究为在空气中、地下或水中生锈古器物的腐蚀产物的定年可靠性提供了证据[13]。结果证实至少在某些情况下,源自铁基材料的碳残留在铁锈中并可以干净地分离然后用于定年(参见图 6)。这项工作表明在冒最少风险、使用最少量样品精确地用放射性碳定年古器物是可以做到的。

2003 年,作者及其同事汇编了铁和钢所有能得到的数据[14],图 7 精选了包含最新数据一些结果。下面叙述两个有趣的例子。

吉普森(Gibson)镐:在尼普尔、伊拉克出土文物时,在 WA 区一座庙的地板上发现了一个镐头。地板的年代为公元前 19 世纪,而镐头可能在公元前 13 世纪插入地板的,已经完全被腐蚀了。铁锈的直接放射性碳定年结果与推测的日期一致:公元前 1900 年,这是用该方法定年的最古老的铁基材料。这种腐蚀产物中包含原始的碳,可以被分离后可靠地用于定年。

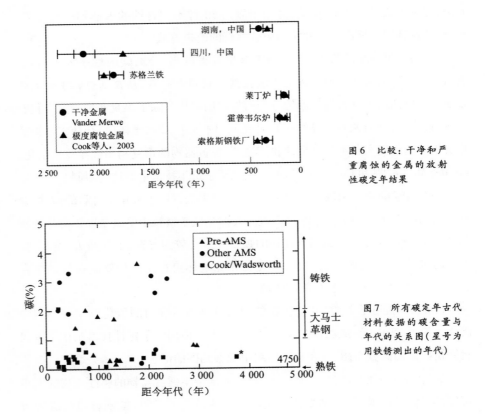

图 6　比较：干净和严重腐蚀的金属的放射性碳定年结果

图 7　所有碳定年古代材料数据的碳含量与年代的关系图（星号为用铁锈测出的年代）

　　日本古刀（tanto）和护手刀把（tang）：几年前，一把古刀交给日本的职业刀匠 Yoshino Yokiwara 重新锻造后，用于重新打磨和修补其他与古刀同时代的刀刃。记下刀把的时间是公元 1539 年。刀匠清除古刀（表面覆盖物）后，修补时保持刀刃的用途和刀把原有的特性。经放射性碳定年法证实刀和护手刀把均与假定的生产日期相吻合。

　　到目前为止，用放射性碳定年法测定了 92 种铁基材料的年代。定年的范围从最近的 1995 年到目前公认的铁器时代（4 000～5 000 年前）。所用材料的碳含量从熟铁（0.01%）到铸铁（＞2.1%）。样品量范围从小于

0.05 g 到超过 500 g。样品状况从干净金属到极度腐蚀的金属或铁锈。原则上，到目前为止还没有用放射性碳定年法不能测定的铁器时代以来的铁基材料。

总之，世上有多种非常有趣的古代铁基材料，包括单一的和合成的材料。现在只需很少的材料样品就可以利用碳定年法测定古代钢的生产年代。通过现代钢和层片状钢可以较好地理解古代钢的显微组织与力学性能的本质关系。

注：本文由李拙颐译，万晓景教授校。

参考文献

[ 1 ] SHERBYO D, WADSWORTH J. The Stanford Engineer, 1993, 8: 27.

[ 2 ] KUM D W, OYAMA T, WADSWORTH J, SHERBY O D J. Mech. Phys. Solids, 1983, 31 (2): 173.

[ 3 ] WARNER K. In Knives'98, 18th ann. ed., edited by Warner K. Iola. Wisconsin: DBI Books, 1997: 78.

[ 4 ] WARNER K// WARNER K IOLA (ed.). Knives'98, 18th ann. ed. Wisconsin: DBI Books, 1997: 52.

[ 5 ] WARNER K// WARNER K NORTHFIELD (ed.). Knives'82, 2nd ann. ed. Illinois: DBI Books, 1981: 100.

[ 6 ] LAMBERT G// WARNER K. NORTHFIELD (ed.). Knives'84, 4th ann. ed. Illinois: DBI Books, 1983: 40.

[ 7 ] WADSWORTHJ, LESUER D R. Mater. Char., 2000, 45: 315.

[ 8 ] ENGLISH C R, SIMENSON G F, CLEMENS B M, NIX W D. Mater. Res. Soc. Symp. Proc., 1995, 356: 363.

[ 9 ] ELGAYAR E S, JONES M P J, Hist. Metall., 1989, 23 (2): 75.

[10] CRADDOCK P T, LANG J. Hist. Metall., 1993: 27 (2): 57 - 59.

[11] ZIMMER C. National Geographic, 2001, 200 (3): 78 - 101.

[12] COOK A C, WADSWORTH J, SOUTHON J R. Radiocarbon, 2001, 43 (2A): 221 - 227.

[13] COOKA C, WADSWORTH J, SOUTHON J R, VAN DER MERWE N J. J. Arch. Sci., 2003, 30: 95 - 101.

[14] COOK A C, WADSWORTH J, SOUTHON J R. JOM, 2003, 55 (5): 15 - 23.

[15] VAN DER MERWE N J, STUIVER M. Curr. Anthropol. , 1968, 9 (1): 48 - 53.

[16] VAN DER MERWE N J. The Carbon - 14 Dating of Iron. Chicago, Illinois: University of Chicago Press, 1969.

[17] CRESSWELL R G. M. Sc. thesis, University of Toronto, 1987.

[18] CRESSWELL R G. Hist. Metall. , 1991, 25: 76 - 85.

[19] CRESSWELL R G. Hist. Metall. , 1991, 25: 76 - 85.

[20] KNOX R. Archaeom. , 1963, 6: 43 - 45.

[21] NOTIS M R. A ghost story: Remnant structures in corroded ancient iron objects [2002]. http: //www. lehigh. edu/ ~ inarcmet /papers /Notis% 202002. pdf.

原载于《自然杂志》2006 年第 3 期

# 中国古代玻璃的起源和发展

干福熹[*]　　中国科学院上海光学精密机械研究所,复旦大学

## 1　中国古代玻璃的研究概况

有关玻璃在古代中国的描述很早的史料中已有记载。最早出现的词,如"璆琳琅玕"、"琉琳"、"流离"、"玻璃"等,见于《穆天子传》《尚书·禹贡》《山海经·中山经》等,它是作为天然玉石和人工制造的玻璃的"统称"。汉代以后的有关史料常用"琉璃"(流离、瑠璃)、"璧琉璃"等称呼,见《盐铁论》《西京杂记》《汉书》《后汉书》《隋书》等。自汉以后西方传入玻璃器皿后,把西方传入的玻

* 光学材料、非晶态物理学家。1957 年建立了我国第一个光学玻璃试制基地。建立了我国耐辐射光学玻璃系列,研究光学玻璃的成分和性质的关系,发展新品种。研究激光玻璃的激光及发光特性;研制掺钕激光玻璃,国内第一个获得激光输出;建立激光钕玻璃系列,研究过渡元素及稀土离子在玻璃中的光谱及发光性质;研究玻璃的光学常数及外场作用下的非线性性质;研究玻璃的物理性质变化规律,在此基础上建立完整的无机玻璃性质的计算体系。研究光存储用各种先进薄膜,发展了可擦重写新型光盘。1980 年当选为中国科学院学部委员(院士)。

璃称"玻璃",中国自制的玻璃称"琉璃",其他还有如"药玉"、"硝子"、"料器"等称呼。宋代以后,以低温彩釉陶作的砖瓦称之为"琉璃"或"琉璃瓦",才把玻璃和琉璃逐渐分开,直到清代康熙年间的宫廷内务府造办处,把制造琉璃瓦的地方称"琉璃厂",而制造玻璃的称"玻璃厂",从而分开称呼。名称的混淆会影响到对玻璃物的本质的认识。

目前国内外的技术词典都把"玻璃态"(glassy state)定义为从熔体冷却,在室温下还保持熔体结构的固体物质状态,属于"非晶态"(non-crystalline state)。这是区别于自然界中大量存在的矿石、玉石和宝石等,它们属于晶态(crystalline state)物质(包括多晶体和单晶)。玻璃态材料,除了少数自然玻璃(natural glasses)如黑曜石(obsidian)和玻陨石(tektite)外,其他皆为人工合成制造的,而始于20世纪的人工晶体是晶态材料中的小部分,极大部分为天然的。

在玻璃制作技术出现以前,先人都从釉砂(faience)和玻砂(frit)开始。釉砂是在烧结的石英砂体上涂釉,而玻砂为石英砂和玻璃混合体。两者皆非全是玻璃态,而以二氧化硅($SiO_2$)为主要成分( > 90%重量)的烧结体。最早的古代釉砂、玻砂和玻璃都是作为仿玉的人工制品,以珠型物为主,常与石英晶体珠、玉石珠和管串联在一起。埃及的由镶嵌釉砂珠(俗称蜻蜓眼)和玉石组成的项链(1500 B.C.),苏州真山大墓出土的菱形釉砂珠和玉石管组成的项链(春秋中晚期,600 ~ 500 B.C.)。

图1　埃及的由镶嵌釉砂珠(俗称蜻蜓眼)
和玉石组成的项链(1500 B.C.)

图 2　苏州真山大墓出土的菱形釉砂珠和玉石管组成的项链(春秋中晚期,600~500 B.C.)

由于上述名称和质地上的混淆,所以要科学地考察中国古代玻璃的起源和发展,必须首先要经过科学鉴定,区分人工制造的玻璃、釉砂和玻砂,以及天然的玉石和宝石[1]。

近代有关我国古代玻璃的介绍和起源的讨论起始于 20 世纪 30 年代,但大多数是史料分析和介绍。半个多世纪来,我国文物和考古界对中国不同地域和不同时期的古代玻璃遗物的形制、纹饰、质地进行分析和讨论,认为汉通西域后,中国古代玻璃制品和技术是从西方经丝绸之路传入的。的确在中国古代史籍,如《魏书》《西域传》《太平御览》《北史·大月氏传》《旧唐书》中,皆有从外国传来的玻璃器皿和技术的记载,在国内也出土了不少具有西方古罗马、古波斯和古代伊斯兰文化特征的玻璃器皿。所以,长期以来,中外学者普遍认为,中国古代玻璃技术起始于张骞通西域以后从外传入,"外来说"流行。也有不少人对此有异议。西汉刘安著《淮南子·览冥训》和东汉王充在《论衡·率性篇》中皆提到"炼五色石,铸以成器"。20 世纪 60 年代初,沈从文根据对中国古玻璃文物的考察,在《玻璃工艺的历史探讨》一文中提出"中国工人制造玻璃的技术,由颗粒装饰品发展而成小件雕刻品,至晚在 2 200 年前的战国末期已完成"[2]。20 世纪 70 年代,干福熹等根据查阅的资料和初步技术检验,对古代玻璃的起源,提出了"自创说"的看法,引起了学术界的讨论[3]。杨伯达从出土文物资料的分析,支持中国古玻璃"自创说"的观点[4]。以后,这一问题的学术讨论也引起了国外的注意和报道[5]。

　　鸦片战争以后,我国文物不断流失,从 20 世纪 30 年代西方开始对我国古玻璃进行了科技考古,对我国古代玻璃样品进行了化学分析和研究。最著名的为塞利格曼(Seligman)等人的工作[6],发现了在前汉至唐代中原出土的古玻璃(收藏品)的化学成分,主要为含 PbO 和 BaO 的铅钡硅酸盐玻璃。这与西方的古玻璃(西亚、古埃及和古罗马的玻璃)主要为含 Na$_2$O 和 CaO 的钠钙硅酸盐玻璃截然不同,但是他们根据古玻璃珠的图形、色彩和艺术设计等仍坚持远东玻璃起源于西方[7]。19 世纪后期至 20 世纪初,西方探险家如赫定(Hedin)、斯坦因(Stein)等从中国新疆地区(古西域)掘走的不少文物中也有古玻璃样品,大部分属汉代以后的。从 20 世纪 50 年代后也陆续进行了玻璃的化学成分的分析,极大部分为钠钙硅酸盐玻璃。因此,国外关于中国古玻璃的起源的观点以“外来说”为主。

　　我国对古代玻璃的科学研究工作起源于 20 世纪中叶,而在 80 年代以后有较快的发展,主要有以下三方面的因素促成。首先,半个多世纪来,已有报告近500 多处发掘和出土了古代玻璃,文物考古界系统整理出我国古玻璃出土文物,并从文化交流、历史背景与文物对比各方面进行了分析研究;另一方面我国玻璃科学技术界介入了对我国古代玻璃的科学研究,对 300 多个出土古玻璃样品作了化学成分分析,并对古玻璃的风化保存和制作工艺作了多方面的研究;同时国外的古代玻璃的科技考古界,主要如美国康宁博物馆等对收集和收藏的百余个中国古玻璃样品进行了分析研究。所以,从 20 世纪 80 年代后上述三方面的中外专家学者能会聚讨论有关中国古代玻璃的起源和发展。主要的讨论会,如1984 年北京国际玻璃学术会中“玻璃考古”专题讨论会,1995 年在北京举行的17 届国际玻璃大会中“玻璃考古”分会,2005 年上海国际玻璃学术会中“丝绸之路上的古代玻璃”的专题讨论会等。会后出版了中文和英文的论文集[8-10],在国际上产生了较大的影响。

　　近五年多来,笔者既是中国古玻璃研究的热心者又是业余爱好者,在古稀之年分出一部分时间会聚国内有关古玻璃的专家学者,进一步研讨和分析了一下中国古代玻璃技术的系统发展。组织了“南方中国古代玻璃研讨会”(2002 年,广西南宁）和"北方中国古代玻璃研讨会"（2004年，新疆乌鲁木齐），陆续出版论文集[11]。邀请了我国文物考古界和玻璃科学技术界，编写了《中国古代玻璃的发展》一书[12]，对中国古代玻璃技术的发展有了进一步的认识和了解。中国境内古代玻璃制品的来源有三个方面：① 玻璃制造技术来自本身，应用当地的原料制成的玻璃物品；② 引用外来的玻璃制造技术和应用当地原料制成玻璃物品；③ 玻璃器皿是由国外引进的。中国"内地"和"西域"地区古代玻璃的来源是有所不同的。中国"内地"（Inner China）主要指黄河、长江和珠江流域地区，而"西域"（West Region）指西北地区，主要为新疆地区。本文主要介绍中国"内地"的古代玻璃的起源和发展。关于"西域"地区的古代玻璃以及与古代丝绸之路的关系将由另文介绍。

## 2　中国古代玻璃的发展及化学成分的演变过程

在《中国古代玻璃技术的发展》一书中已综合介绍和分析了中国不同时期和不同地域的古代玻璃遗物的形制、纹饰、历史、质地、化学成分和结构，在附录中提供了500多处中国古代玻璃出土文物简编和500多个中国古代玻璃的化学成分汇编。从中国古代玻璃遗物的形制和纹饰反映了中国古代玻璃物品的特征，如璧、耳珰、珌、舍利瓶等是中国古代物品特有的形制；通过铭文和纹饰可大致判别其制造的时代；从出土背景和历史，以及同墓葬和遗址的 $^{14}C$ 同位素分析结果来判定其年代。古玻璃的化学成分是判断其来源的主要手段，虽然古代西亚和埃及制造玻璃的历史要比中国早得多，但西方古玻璃的化学成分比较单一，即钠钙硅酸盐玻璃，（$Na_2O$-$CaO$-$SiO_2$）。次要成分如 $K_2O$、$MgO$、$Al_2O_3$ 等的含量可以来区别这类玻璃产生于高原或沿海地区。中国古代玻璃在发展历程中玻璃的主要的化学成分与古代西方玻璃有较大差异。图3展示了中国古代玻璃的化学成分演变的过程。由图3可知，中国古代玻璃的发展，从玻璃成分的演变，可

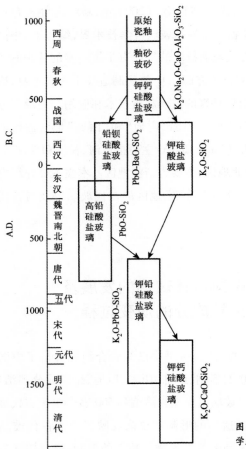

图3　中国古玻璃化学成分的演变

以分为五个阶段：

（1）从春秋到战国前期（800—400 B. C.）：$K_2O$-$CaO$-$SiO_2$ 系统，其中 $K_2O$/$Na_2O > 1$；

（2）从战国到东汉时期（400 B. C.—200 A. D.）：$BaO$-$PbO$-$SiO_2$ 系统和 $K_2O$-$SiO_2$ 系统；

（3）从东汉到唐代时期（200—700 A.D.）：$PbO\text{-}SiO_2$ 系统；

（4）从唐代到元代时期（600—1 200 A.D.）：$K_2O\text{-}PbO\text{-}SiO_2$ 系统；

（5）从元代到清代时期（1 200—1 900 A.D.）：$K_2O\text{-}CaO\text{-}SiO_2$ 系统。

各个历史时期的玻璃物件的形制、纹饰、质地和出土、历史详见《中国古代玻璃的发展》一书。以下分别介绍各时期中国古代玻璃出土情况和化学成分。

## 2.1 中国早期（西周—春秋）的釉砂和玻砂

釉砂和玻砂为人们能制造玻璃以前的产物，因为当时能获得的炉温不高，不能全部熔化成玻璃。中国的釉砂和玻砂主要出土于陕西省和河南省（黄河流域），年代为西周至春秋。考古工作称之为料管、料珠，常与玻璃珠、管混淆。出土的数量较多，如西周中期的强伯及其妻之墓中出土了 1 000 多颗，可见当时和当地已能生产。最近发现少量出土于长江流域，以玻砂为主，属春秋和战国早期，可见当时炉温已提高一些，并能制成镶嵌珠（俗称蜻蜓眼珠），湖北随县曾侯乙墓出土的玻砂珠串。釉砂和玻砂中二氧化硅含量高于 90%（重量），含有少量的碱金属氧化物（$R_2O$）如 $Na_2O$、$K_2O$ 等。中国釉砂和玻砂的特征为其中含较高的氧化钾（$K_2O$），而 $K_2O$ 的含量大于 $Na_2O$（$K_2O/Na_2O$ 重量比值 >1）。图 4 展示了中国釉砂和埃及釉砂中 $K_2O$ 和 $Na_2O$ 含量的比例关系，可能使用了植物草木灰作熔剂。中国的原始瓷釉制备中也使用草木灰，所以 $K_2O/Na_2O$ 比也大于 1[13]。西亚和埃及早期釉砂和玻璃常用天然泡碱（$Na_2CO_3$）作熔剂，所以 $Na_2O$ 的含量高于 $K_2O$。埃及惠地-爱尔-纳催姆（Wad-El-Natrum）是著名泡碱产地。所以，中国釉砂和玻砂是自己制造的与中国的原始瓷釉有密切的关系。

## 2.2 中国早期（先秦）含碱钙硅酸盐玻璃

作为玻璃态质地，我国最早的古玻璃为含碱钙硅酸盐玻璃（alkali-lime-silicate glass），大多也是单色玻璃珠、镶嵌物，属春秋末期和战国早期（500—

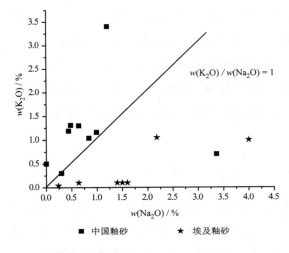

图4　中国古代釉砂和古埃及釉砂中 $K_2O/Na_2O$ 比值的比较：■ 中国釉砂；★ 埃及釉砂

图5　湖北随县曾侯乙墓出土的玻砂珠串

400 B.C.）。出土的玻璃物不多，在黄河和长江流域地区，如吴、越王剑的剑格上的镶嵌玻璃，湖北楚墓中出土的单色玻璃珠等。由于出土时实验条件的限制，未作仔细和完整的分析研究，并且用不同方法测定的玻璃的化学成分也不同，但皆属含碱钙硅酸盐玻璃（$R_2O-CaO-SiO_2$），其中 CaO 含量 3% ~ 8%（重量），由于分子比 $K_2O/Na_2O$ 的不同分为两类。河南固始侯堆和河南淅川徐家陵楚墓地的蜻蜓眼琉璃珠的化学成分中 $K_2O/Na_2O \leqslant 1$，属钠钙硅酸盐玻璃，其蜻蜓眼珠很可能来自西域或西方，将有另文讨论。湖北江陵九店楚墓的蓝色玻璃珠和望山 1 号墓越王勾践剑的剑格上镶嵌玻璃化学成分中 $K_2O/Na_2O \geqslant 1$，这在同时代西方古玻璃中所未见的。

图6　越王勾践剑

　　越王勾践剑属国家特级文物,剑身上刻有鸟篆文"越王勾践自作用剑"铭文,剑身上布满黑色菱形花纹,甚为锋利,剑格向外突出,正面镶有蓝色玻璃,出土时还留有两粒,背面镶有绿松石。所以这是历史十分清楚又十分名贵的剑,也可见当时镶嵌的玻璃的珍贵。越王勾践的剑格上镶嵌玻璃在20世纪80年代在主要对剑身作质子激发X射线荧光分析(PIXE)时也作了测量,最近我们找了它的PIXE谱图[14],见图7(a)。它属于钾钙硅酸盐玻璃($K_2O$-CaO-$SiO_2$),化学成分见表1。我们用PIXE法和能量分散X射线荧光分析(EDXRF)法分析了在同地(湖北江陵望山)出土的时代稍后(450—400 B.C.)的楚墓玻璃珠,其化学成分也见表1,它属于含$K_2O$很高的含碱钙硅酸盐玻璃。图7(b)是该玻璃样品的PIXE谱图。可以看到图7(a)与7(b)是十分相似的,可以确定越王勾践的剑饰玻璃,也属同类的玻璃系统。这种玻璃的化学成分是在古埃及和古巴比伦玻璃中所未见的。对比湖北江陵九店的玻璃与江西低钙原始瓷釉的化学成分(见表1),可以看到它们之间的化学成分十分接近。这说明中国内地最早的古玻璃制备技术可能从原始瓷釉技术,继釉砂的发展演变而来,产地都在长江流域。原始瓷的瓷釉是用釉浆涂敷于陶器表面,它不需要容器。从制备瓷釉到制备玻璃,在工艺上的最大变化为熔炼玻璃要有容器——耐火的坩埚,但这在起源于商代(公元前16—11世纪)的青铜冶炼和炼丹的基础上已有条件。

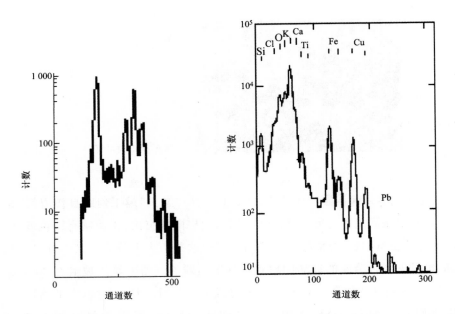

图 7　古玻璃的 PIXE 谱图：(a) 湖北江陵望山出土越王勾践的剑饰上玻璃；(b) 湖北江陵望山楚墓出土玻璃珠碎片(HB－3)

## 2.3　中国早期（战国、汉代）铅钡硅酸盐玻璃和钾硅酸盐玻璃

　　为了提高玻璃的透明度和降低玻璃的熔化温度，中国古人用不同的途径在改进助熔剂上作努力。铅丹（氧化铅）和硝石（硝酸钾）在春秋时期人们已熟悉它们，作为药材，而它们有助熔剂的作用，因此，战国时期，铅钡硅酸盐玻璃和钾硅酸盐玻璃在长江流域首先得到发展。

　　中国冶炼青铜中使用铅的技术起源很早，铅能降低熔化温度并增加流动性。早期的青铜为铜－锡－铅的合金，所以，在我国商、周时期制备青铜时已有应用铅矿的经验。在长江流域地区，如湖南、安徽、江西等地富产铅矿，如方铅矿（PbS）和钡矿如重晶石（$BaSO_4$），人们用它们来作为玻璃的助熔剂是可以理解的。中国铅钡硅酸盐玻璃的出土地点往往和铅矿的分布地点一致，在长江流域。安徽亳州出土的半透明眼珠，属春秋末战国初（公元前6—前5世纪）。这是目前发现的最早的铅钡硅酸盐

表1 中国最早的钾钙硅酸盐玻璃和原始瓷釉的化学成分（重量%）

| 样品 | 时代 | 出土地 | 测量方法 | 玻璃化学成分（质量分数） | | | | | | | | | | 文献 |
|---|---|---|---|---|---|---|---|---|---|---|---|---|---|---|
| | | | | $SiO_2$ | $Al_2O_3$ | $Fe_2O_3$ | CaO | MgO | BaO | PbO | $K_2O$ | $Na_2O$ | CuO | |
| 越王勾践剑格上蓝玻璃 | 496—464 B.C. | 湖北江陵望山1号墓 | PIXE | xxx | | x | xx | | | | xx | | x | 15 |
| 蓝色玻璃珠 | 400—300 B.C. | 湖北江陵九店楚墓 | PIXE | 71.30 | 6.83 | 1.19 | 2.37 | 1.75 | 0.14 | 1.0 | 10.7 | 1.81 | 2.64 | 16 |
| | | | EDXRF | 78.40 | 5.68 | 0.83 | 2.36 | 0.57 | | 0.1 | 9.6 | | 1.76 | |
| 原始瓷的瓷釉 | 1500—1000 B.C. | 江西清江樊城堆 | EDXRF | 72.67 | 8.57 | 4.24 | 3.65 | 0.68 | 0 | 0 | 8.99 | 1.27 | 0.34 | |
| | | 江西鹰潭角山 | EDXRF | 61.69 | 17.97 | 5.00 | 4.49 | 1.72 | 0 | 0 | 7.43 | 0.47 | 0.96 | 17 |

PIXE：质子激发X荧光光谱分析法，EDXRF：能量弥散X射线荧光分析

玻璃。湖南长沙资兴出土了东周的琉璃璧、珠、印、剑管等 200 多件,可见当时已较普遍应用[18]。出土的铅钡硅酸盐玻璃的化学成分中 BaO 含量在 5% ~ 15%,PbO 在 10% ~ 45%,$Na_2O + K_2O < 5\%$,其余主要为 $SiO_2$(35% ~ 65% 重量),在战国中、晚期,铅钡硅酸盐玻璃制品已在我国的南方和西南地区发现[11]。

中国古代铅钡硅酸盐玻璃主要采用膜压的工艺,这也从青铜的制造中引用过来的,至汉代已能制造大尺寸的平板玻璃,如西汉早期广州南越王墓中已发现 9.5 cm × 4.5 cm × 0.3 cm 的平板玻璃,陕西汉茂陵出土的直径为 23.4 cm,厚 1.8 cm,重达 1.9 kg 的玻璃璧,山东即墨出土的铅钡硅酸盐玻璃厚板,尺寸达 32.5 cm × 14.8 cm × 3.5 cm,重量达 5.25 kg。铅钡硅酸盐玻璃在我国战国至汉代之际,在全国有很大的流传和扩展,从南方的广东、广西,西南的四川、贵州,西北传至青海、甘肃、新疆,北方至辽宁和内蒙古。铅钡硅酸盐玻璃也是中国古代玻璃流传于中国境外的主要明证[12]。

中国古人在改进玻璃的助熔剂的另一途径为在早期含钾钙硅酸盐玻璃中增加 $K_2O$ 的含量。用硝石($KNO_3$)代替草木灰作助熔剂,可以增加 $K_2O$ 的含量。我国先人使用硝石很早,作为药物,在西汉时期已有史料记载。由于硝石($KNO_3$)的熔点低(330℃),因此也很早应用于古代炼丹术[19]。

20 世纪 80 年代在对广西出土的古玻璃的成分分析中发现,这些玻璃中 $Al_2O_3$、CaO、$Na_2O$ 的含量皆很低( <3% ),而 $K_2O$ 的含量很高( >10% ),是比较典型的钾硅酸盐玻璃(potash-silicate glass)[20]。这些古玻璃大都出土于汉代的古墓中,如广西合浦的汉代古墓群。目前已发现最早的钾硅酸盐玻璃出土于战国的古墓中,湖北江陵、湖南长沙楚墓中,并与铅钡硅酸盐珠同时作为墓葬品。由此可见,钾硅酸盐玻璃与铅钡硅酸盐玻璃几乎同时制作于长江流域。至西汉前期,钾硅酸盐玻璃也出土于西南。土壤的表面层有钾硝石生成,特别在气候温暖的地方,在雨季后进入炎热的天气时,土壤表面有钾硝石生成。所以,南方广东、广西出土了汉代的钾硅酸盐玻璃,成为中国古代钾硅酸盐玻璃的主要产地。

所以,世界上古代最早的铅钡硅酸盐玻璃和钾硅酸盐玻璃制品产在中国内地,典型的古玻璃样品的化学成分见表 2[12]。古玻璃制品皆具中国特有的形

表 2  春秋至战国时期出土的最早铅钡硅酸盐玻璃和钾硅酸盐玻璃

| No. | 样品 | 时代 | 出土地 | 测量方法 | 玻璃化学成分（质量分数） | | | | | | | | | |
| --- | --- | --- | --- | --- | --- | --- | --- | --- | --- | --- | --- | --- | --- | --- |
| | | | | | $SiO_2$ | $Al_2O_3$ | $Fe_2O_3$ | CaO | MgO | BaO | PbO | $K_2O$ | $Na_2O$ | CuO |
| 1 | 白色云纹璧 | 战国 | 长沙楚墓 | XRF | 36.57 | 0.46 | 0.15 | 2.1 | 0.21 | 10.1 | 44.71 | 0.1 | 3.72 | 0.02 |
| 2 | 半透明灰色眼珠 | 春秋末战国初 | 安徽皂县 | C. A | 47.15 | 9.5 | 0.86 | 1.61 | 0.29 | 12.12 | 22.46 | 1.74 | 2.99 | 0.82 |
| 3 | 六棱形状绿色玻璃珠 | 战国后期 | 云南江川 | C. A | 81.36 | 2.7 | | 1.8 | | | | 14.27 | | |

XRF：X 射线荧光分析，C. A：化学分析

式,如璧、珠、耳珰等。战国时期的长沙楚墓的白色云纹璧和云南江川的绿色棱色珠。

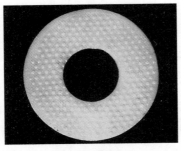

图 8　战国时期长沙楚墓
的白色云纹璧

图 9　战国时期云南江川
的绿色棱色珠

### 2.4　中国早期(六朝—北宋)高铅硅酸盐玻璃和钾铅硅酸盐玻璃

中国古代玻璃往往为仿玉作成礼品和装饰用。采用氧化钡(BaO)使玻璃失透成乳白色,也降低了玻璃的熔化温度。当时采用压铸成型的方法制成璧、珠、耳珰等。我国由于有历史悠久的炼丹术,对提炼和应用黄丹(PbO)和铅丹(红丹,$Pb_3O_4$)已有经验[19]。所以,为了制备透明的玻璃,在玻璃成分中不用氧化钡而提高氧化铅的含量是可以理解的,高铅硅酸盐玻璃始于战国,如河南洛阳出土的料珠,具有很高的 PbO 含量[21],而到东汉以后较为流行。

西方玻璃吹制技术传入中国内地,始于隋代(公元6世纪),在《北史·大月氏传》《北史·何倜传》皆有记载。吹制玻璃器皿,希望玻璃的黏度随温度的变化速度较慢,俗称料性要长,这也是不用氧化钡而提高氧化铅含量的主要原因。高铅硅酸盐玻璃对熔炼用的耐火坩埚的腐蚀性很大,因此以后逐渐用氧化钾($K_2O$)替代部分氧化铅而形成钾铅硅酸盐玻璃系统,同样具有较长的料性。综上所述,中国古人应用硝石($KNO_3$)很早,并且已有制备钾硅酸盐玻璃的经验,发展成钾铅硅酸盐玻璃是必然的趋势,这也是中国先人认识玻璃的化学成分与它的物理性质间的关系的过程。可以认为,用高铅硅酸盐玻璃和钾铅硅酸盐玻璃吹制成玻璃器皿是中国古代特有的,典型的器物如广西钦州隋唐墓出土的高足玻璃杯,陕西三原唐李寿墓出土的短颈玻璃瓶,河南密县北宋塔墓出土的玻璃鸟形器以及寺院中用的舍利瓶、墓葬中的蛋形器等皆具有东方文化的特色。

图10 广西钦州隋唐墓出土的高足玻璃杯

高铅硅酸盐玻璃的化学成分:$Na_2O + K_2O < 5\%$,$PbO\ 35\% \sim 75\%$,$SiO_2\ 35\% \sim 75\%$;而在钾铅硅酸盐玻璃中,$Na_2O < 1\%$,$K_2O\ 7\% \sim 15\%$,$PbO\ 35\% \sim 50\%$,$SiO_2\ 30\% \sim 60\%$;其中$PbO$的含量变更范围大。

中国出土的高铅硅酸盐玻璃不是年代最久的。美索不达米亚地区尼姆罗特(Nidmrund)地方出土的高铅硅酸盐玻璃的年代约在公元前6世纪[22],产生的

图 11　河南密县北宋塔墓出土的玻璃鸟形器

年代早于中国，但是以后即少出现。古印度也有含铅玻璃的发现，年代与中国相当。

含铅玻璃中的铅同位素分析是判断古玻璃的产地的有效方法。根据美国康宁玻璃博物馆多年对各地和各个年代的古玻璃的铅同位素分析结果，R. Brill 指出中国古代玻璃的铅同位素比值$^{208}Pb/^{206}Pb$ 与$^{207}Pb/^{20}Pb$ 的分布区别于其他地区含 PbO 玻璃和其他文物，处于分布图的高值和低值两端[23]，见图 12。

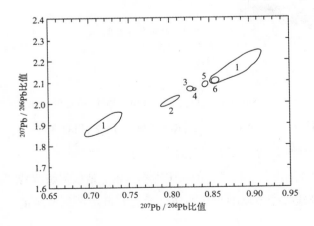

图 12　世界各地古代含铅制品的铅同位素比值的分布区：1. 中国；2. 埃及；3. 美索不达米亚；4. 希腊；5. 英国；6. 西班牙

中国大部分含 PbO 的古玻璃的 $^{208}$Pb/$^{206}$Pb 值在 2.1～2.2 间；$^{207}$Pb/$^{206}$Pb 比值在 0.85～0.9 间。把中国铅矿和发掘出的中国古代含 PbO 玻璃的铅同位素比值 $^{208}$Pb/$^{206}$Pb 与 $^{207}$Pb/$^{206}$Pb 的位置放在一起。从图 13 可见，南方铅矿的铅同位素比值比北方的低。我国古代含 PbO 玻璃的铅同位素比值的位置皆在中国铅矿的区域内，而且集中在中部。我国最早的含 PbO 玻璃大都出土于中国的中部，这明显地与该地区有丰富的铅矿密切有关。所以，可以论断，中国的含 PbO 玻璃，包括铅钡硅酸盐玻璃、高铅硅酸盐玻璃和钾铅硅酸盐玻璃，皆产生于中国内地，以后向邻近地区，如东亚、东南亚、南亚和中亚扩散。

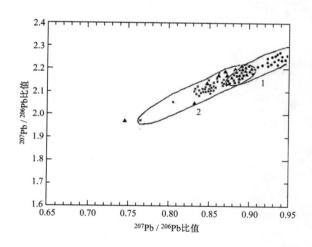

图 13　我国铅矿和发掘的中国古代含铅硅酸盐玻璃的铅同位素比值在图中的位置：×南方与中部铅矿；▲中国出土古代含铅硅酸盐玻璃；■北方铅矿

## 2.5　中国早期(元、明、清)钾钙硅酸盐玻璃

自玻璃吹制技术自西传入后，钠钙硅酸盐玻璃自唐代以后也在中国内地应用和制作。碳酸钠($Na_2CO_3$)、芒硝($NaNO_3$)和石灰石($CaCO_3$)也是较普遍的矿物，钠钙硅酸盐玻璃也在中国内地开始制作，但不甚普遍。含钙的硅酸盐玻璃的化学稳定性高，从宋代开始钾铅硅酸盐玻璃中用氧化钙代替氧化铅逐渐发展，同

时当时的炉温也可以达到较高的温度(～1 400℃),所以,元代以后的中国内地制造的玻璃是以钾钙硅酸盐系统为主。玻璃的主要制造地为北京的故宫内皇室玻璃厂、山东淄博的琉璃厂以及以后在广州地区。各地的制造的玻璃的化学成分的范围如下:$SiO_2$ 60%～70%,CaO 5%～15%,$K_2O$ 10%～20%[12]。元、明、清时代的自制玻璃仍以小件日用品如发簪、杯、瓶、鼻烟壶等为主。

图14　甘肃漳县汪世显家族墓中的玻璃莲花盖托

图15　清代黄色花卉纹长颈玻璃瓶(18世纪后期)

这里应该特别指出,中世纪末(公元15世纪)直至近代(19世纪),世界各地皆以钠钙硅酸盐系统作为制造玻璃的化学成分,而且主要成分的差异很小,而我国内地始终以氧化钾为主要熔剂,以钾钙硅酸盐玻璃和钾铅硅酸盐玻璃为主要玻璃产品。这是中国内地使用氧化钾和氧化铅原料的传统性。

# 3 结 论

从以上的介绍可知,我国内地在近 3 000 年的自己制造玻璃的历史中,有使用氧化钾和氧化铅作为主要熔剂的传统性,也显示出从化学成分上中国古代玻璃的特色,使我们比较容易识别中国内地自制的玻璃和从外传来的玻璃制品。从中国古代玻璃成分的演变中也可以看到,中国古人对玻璃的性能和制造技术的不断改进。但也应该指出,由于中国古代玻璃的化学成分的特殊性,以及应用原料上的传统性,使中国古代玻璃制品直到明、清时代仍然以装饰品和礼品为主,特别是中国内地日用器皿惯用中国最早发明的瓷器,从而使中国的古代玻璃制造技术发展不快,这实为遗憾之处。

参考文献

[ 1 ] 干福熹. 关于中国古玻璃研究的几点看法[J]. 硅酸盐学报,2004,32: 181 - 188.

[ 2 ] 上官碧. 玻璃工艺的历史探讨[G] // 沈从文著,李之檀编. 玻璃史话[M]. 沈阳: 万卷出版公司,2005: 1 - 5.

[ 3 ] 干福熹、黄振发、肖炳荣. 中国古代玻璃的起源问题[J]. 硅酸盐学报,1978,12: 99 - 104.

[ 4 ] 杨伯达. 关于我国古代玻璃史研究的几个问题[J]. 文物,1979,(5): 76 - 78.

[ 5 ] 山崎一雄. 中国のガラスの歴史——近时の研究の绍介[J]. Glass, 1980, (8): 2 - 5.

[ 6 ] SELIGMAN C G, RITCHIE P C, BECK H C. Early Chinese glass from Pre-Han to Tang's times[J]. Nature, 1936: 138 - 721.

[ 7 ] SELIGMAN C G, BECK H C. Far Eastern glass: Some Western Origin[R]. Bulletin of the Museum of Far Eastern Antiquities. 1938, (10): 1 - 50.

[ 8 ] 干福熹主编. 中国古玻璃研究——1984 年北京国际玻璃学术讨论会论文集[M]. 北

京：中国建筑工业出版社,1986.

[ 9 ] BRILL R H, MARTIN J H. Scientific Research in Early Chinese Glass—Proceeding of the Archaeometry of Glass Sessions of the 1984 International Symposium on Glass[G]// The Corning Glass Museum of Glass, Corning. New York：Corning Glass, 1991.

[10] The Chinese Ceramic Society. Proceedings of 17th International Congress on Glass[C]. Beijing, 1995, 6：section：Archaeology of Glass.

[11] 干福熹主编. 中国南方古玻璃研究——2002 年南宁中国南方古玻璃研讨会论文集[M].上海：上海科学技术出版社,2003.

[12] 干福熹等著. 中国古代玻璃技术的发展[M].上海：上海科学技术出版社,2005.

[13] 伏修峰,干福熹. 中国釉砂和玻砂[J].硅酸盐学报,2006,34(4)：35－39.

[14] CHEN J X, LI H K, REN C G, et al. PIXE Research with an external beam[J]. Nuclear Instruments and Methods, 1980, 168：437－440.

[15] 陈振裕. 望山一号的年代与墓主,中国考古学会第一次年会论文集[C].北京：文物出版社,1978.

[16] 李青会,张斌,承焕生,干福熹. 质子激发 X 荧光技术在中国古代玻璃成分分析中的应用[J].硅酸盐学报,2003,31：39－43.

[17] 罗宏杰,李家治,高力明. 原始瓷釉的化学组成及显微结构研究[J].硅酸盐学报,1996,24(1)：114－118.

[18] 孟乃昌. 汉唐硝石名实考辨[J].自然科学史研究,1983,2(2)：97－111.

[19] 赵匡华.试探中国传统玻璃的源流及炼丹术在其间的贡献[J].自然科学史研究,1991,(2)：145－156.

[20] 史美光,何欧里,周福征.一批中国汉墓出土钾玻璃的研究[J].硅酸盐学报,1986,14(3)：307－313.

[21] 袁翰青.我国化学工艺史中的制作玻璃问题[G]/中国化学学会 1957 年报告会——论文摘要,1957：80－81.

[22] BECK H C. Glass before 1500 B. C[M]. New York：Ancient Egypt and the East, Corning, 1962：83－85.

[23] BRILL R H, SHIRAHARA HIROSHI. Lead isotope analysis of some Asian glasses[C]// Proceedings of 17th International Congress on Glass, Beijing, the Chinese Ceramic Society, 1995, 6：491－496.

原载于《自然杂志》2006 年第 4 期

# 形色各异的摩擦磨损与润滑

刘维民* 郭志光 中国科学院兰州化学物理研究所固体润滑国家重点实验室

摩擦是人类社会和生活中的最基本现象之一,人类每时每刻都在和摩擦打交道(图1)。摩擦就像我们赖以生存的空气,没有它,平时毫不费力的穿衣、走路、吃饭都会让我们束手无策,车辆也无法行驶,舰船也无法抛锚固定。除此之外,小提琴和二胡等乐器奏出的让人陶醉的美妙音符也与摩擦有关,而我们冬天碰到物体产生的触电感也是因为摩擦。自然界中也有许多奇妙的摩擦现象,如甘肃敦煌有鸣沙山,令人惊奇的是山上的沙子会唱歌,这是由于风吹动沙粒振动产生摩擦引起的声响。其实早在旧石器时代,人们就开始有意无意地利用摩擦。"钻木取火"就是一个了不起的发明,自此,人们不再过着茹毛饮血的生活;石器

\* 润滑材料与技术专家。长期从事润滑材料与技术的研究工作。建立了空间润滑研究平台,揭示了空间润滑材料的作用机制,通过结构设计和组分调控发展了多个系列空间润滑材料,应用于我国的航天工程。研究提出了滑动和关节轴承润滑材料的摩擦磨损机理,突破了高性能润滑材料制备的关键技术,研制的系列化固体润滑材料在多个航空型号工程获得应用。系统阐述了润滑剂作用的摩擦化学和摩擦物理机理,设计制备了低摩擦、抗磨损、高承载的多个种类的合成润滑油脂及添加剂,用于装备制造工业。2013 年当选为中国科学院院士。

的发明也是利用了石头耐磨的特点,使人们打猎劳作更加便利,人类也开始慢慢走向文明[1]。

图1　与日常生活和工业生产息息相关的摩擦润滑:(a)~(b) 古代人类利用摩擦劳作,利用圆形车轮减少摩擦;(c)~(d) 现代生产交通工具开始使用矿物基润滑油;(e)~(g) 航空飞行器及航天器中开始使用合成润滑油脂及固体润滑材料

　　然而,摩擦是把双刃剑,有时候也会给人们的生活实践带来很多的麻烦,甚至造成巨大的损失。摩擦会造成机械磨损,在现代汽车中,约20%的功率要用来克服动力传动系统的摩擦;飞机上的活塞式发动机因摩擦损耗的功率约为10%,摩擦导致的磨损失效是机电装备失效的最主要原因之一。据统计,约有50%的设备损坏是由于各种形式的磨损而引起的,磨损失效不仅造成大量的材料和部件浪费,而且可能直接导致可怕的事故,如机毁人亡等。除导致磨损之外,摩擦还会使航空和航天器过度发热,这更是现代科技遇到的又一难题。如当宇宙飞船返回地面的时候,由于高速船体与空气之间的摩擦,会使整个船体成为一个通红的火球,为了保护飞船里的宇航员和各种仪器设备,人们不得不付出昂贵的代价,用耐高温的特种合金制造船体,并且还在外面加装了耐高温材料。

"时敌时友"的摩擦现象,如影随形,那么,什么是摩擦呢? 我们该如何避免和消除其造成的损失? 怎样才能跟它和平共处?

# 1 摩擦学起源与发展

欧洲是摩擦磨损润滑科学研究的起源地。文艺复兴是一场百花绽放的盛宴,掀起了思维和艺术革命的浪潮,使文学、艺术、科学得到蓬勃发展。摩擦也引起了伟大的天才达·芬奇(Leonardo da Vinci,1452—1519)的好奇,他是对摩擦进行定量研究的先驱者。他通过实验测量水平面和斜面上物体间的摩擦力、半支轴承和滚筒间的摩擦力,研究接触面积对摩擦力的影响,得出"同等重量引起的摩擦力相等,与接触面积无关"的结论。但在此之后的一两百年内,摩擦学都没有太大进展。随后,工业革命吹响了现代科学和机械工业的号角,带动了生产方式的变革。而机械工业的蓬勃发展,引发了人们对摩擦学研究的狂潮,开始系统科学地研究摩擦学,这是摩擦学历史上的一个收获季节。英国物理学家胡克(Robert Hook,1635—1703)在 1685 年向英国皇家学会提交了一篇论文,讨论如何减小马车轴承的摩擦磨损问题,提出了滚动摩擦的两要素:结构和速度。法国巴黎科学院院士阿蒙顿(G. Amontons,1663—1705)在 1699 年向皇家学会提交的论文中阐述了研究摩擦的必要性以及摩擦对机械性能的影响。在前人工作基础上,法国物理学家库仑(Charles-Augustin de Coulomb,1736—1806)经过大量试验研究,总结出摩擦三定律:① 摩擦力与作用在摩擦面上的正压力成正比,与外表的接触面积无关(这实际上也是阿蒙顿定律);② 滑动摩擦力与滑动速度大小无关;③ 最大静摩擦力大于动摩擦力[1]。

随着研究的发展和完善,在 20 世纪 60 年代中期,形成了以摩擦、磨损和润滑为主要内容的摩擦学——Tribology(研究相对运动的相互作用表面及其相关理论和实践的科学技术)。Tribology 一词源于希腊语"Tribos",其含义是摩擦或磨损的科学,由英国科学家乔斯特(H. P. Jost)于1966年3月在其主持撰写的《英国润滑教育与研究现状和工业需求报告》中首先提出,此后,摩擦学作为一门独立的学科得到了迅猛发展。(Tribology: The science and technology of interacting surfaces in relative motion and of the practices related thereto. Tribology encompasses the science and technology of friction, wear and lubrication. It deals with the phenomena occurring between interacting surfaces in relative motion related to physics, mechanics, metallurgy and chemistry)。

　　作为摩擦学的中心内容,摩擦、磨损、润滑息息相关。磨损是摩擦结果的一种表现形式,通常意义上讲,是指摩擦副几何尺寸变小,摩擦副降低或失去原有设计所规定的功能,继续使用将可能影响运动系统的可靠性与安全性。润滑则是通过改善摩擦副的运动状态以降低摩擦阻力并减少或避免磨损的技术措施。简单来说,有摩擦就可能产生磨损,润滑是为了避免或者减小磨损程度。据考证,人类至少在3 500年前就学会使用动物油脂作为润滑剂。在中国河南安阳殷墓的遗迹中,马车的车轴和轴套已有使用动物油脂作为润滑剂的痕迹。传统的动植物油脂是润滑的主力军,这种状况一直持续到19世纪晚期。近代工业革命对润滑提出了越来越高的要求,在19世纪50年代人类完成了从传统动植物油到矿物润滑油的过渡,而将石油进行加工炼制生产矿物润滑油始于19世纪中后期的欧美。在漫长的岁月中,虽然人们使用润滑剂的时间很早,但是很少有人注意和研究润滑的特性;虽然已有实验研究了润滑的固体间的摩擦力,但都是致力于研究摩擦的物理本质。随着工业革命的兴起,为了防止机器的高速运转所带来的轴承烧焦和磨损,润滑才成为这个时期摩擦研究的重中之重。在此期间,英国物理学家牛顿(Isaac Newton,1643—1727)研究了流体运动的阻力,提出了牛顿黏性定律。同时流体润滑理论也在此基础上得以建立。英国的托尔发表了第一篇关于轴承摩擦的实验报告,发现轴承中的油膜具有高压力。同一时代的雷诺根据托尔的发现,利用黏性流体力学建立了润滑膜中压力分布的微分方程,从理论上证明了因轴颈旋转而在油膜中产生高压力(即高承载力)的现象[1]。

摩擦学理论的发展和完善为润滑技术的发展提供了基石,不同种类和不同使用环境的润滑剂相继被开发出来。可以说,摩擦学的发展史,就是人们以润滑为手段,与摩擦斗智斗勇的历史。

# 2　常用润滑材料

## 2.1　传统润滑剂

润滑是降低摩擦、减少或避免磨损的最主要技术途径,是节省能源、资源的最有效技术手段之一。其实生活中的润滑行为也随处可见,当拉链拉不动时,往上面抹一层蜡,就能很容易地将拉链拉上;女士在戴手镯的时候,如果带不进去,在手上粘一层肥皂水,就能轻易地戴上而不伤手。工业使用的润滑剂,不光只是润滑,它可以起到控制摩擦、减少磨损、冷却降温、密封隔离、阻尼振动、传递动力、提供防锈等作用[1]。

根据物质状态,可以将润滑剂分为四类:气体类、油类、脂类和固体润滑材料。传统的润滑材料主要包括润滑油和润滑脂。其中,润滑油是用量最大、品种最多的一类,包括植物油、矿物油和合成油。植物油是最早使用的润滑油(图2(a)~2(b)),包括橄榄油、菜籽油、葵花籽油、大豆油、蓖麻油、低芥酸菜籽油等。植物油本身具有优良的润滑性能,但高温易氧化变质,且抗磨性能、承载能力不佳,因此被开发出来的矿物油迅速取代。矿物油是从原油中提炼而来,主要包括烷烃、环烷烃、芳烃、环烷基芳烃等烃类和氧化物、氮化物以及硫化物等非烃类(图2(e))。在开发提炼出来后,短短几十年时间矿物油就取代了使用了2 000年的动植物油脂,成为这个时代润滑剂的主角,是目前用量最大的一种液体润滑剂(高达95%),广泛应用于各个领域。然而,每年大量使用的矿物油对环境造成了严重威胁,制备矿物油的石油资源也日益枯竭。随着人们环保意识的逐渐增强及资源危机,人们开始追求开发绿色润滑。植物油因其无毒、无污染、良好的生物降解性和可再生性等环境友好特征,再一次得到了人们的关注[2]。人们开始尝试利用加入添加剂、化学改性、生物改性等方式改善植物油的性能。润滑脂是一种常温常压下半流态的物质,与润滑油相比,润滑脂(图2(c)~2(d))的使用寿命长,使用温度范围宽,且负载能力较高,阻尼性能好。除此之外,润滑脂在摩擦表面具有良好的黏附性,可以起到防锈、密封防尘作用,被广泛应用于轴承中[3]。

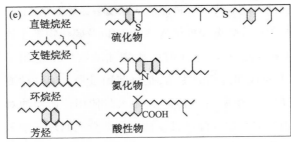

图2　传统的润滑油脂及矿物油:(a)~(b)植物油作为润滑剂;(c)~(d)动物油脂作润滑油;(e)石油提炼的矿物基润滑油的主要成分

## 2.2　合成润滑剂

传统矿物油的不可再生性和环境污染以及现代工业的发展,对润滑油的性能提出了新要求。针对矿物油耐温性、润滑性、抗氧化性、黏温性不足,人们有针对性地开发了合成润滑油[4]。通过分子组装和功能设计,人们可以按需求合成需要的润滑剂,满足不同环境的使用需求。与矿物油相比,合成润滑油具有较高的热稳定性、较低的凝固点、良好的黏温性和抗氧化性、较小的挥发性和良好的抗磨损性等。目前常见的合成油主要有聚 $\alpha$ -烯烃(PAO 合成油)、烷基化芳烃、脂类合成油、全氟聚醚、聚硅氧烷、离子液体润滑剂等。从 1931 年开始,人们就尝试利用 PAO 合成油解决润滑剂的短缺问题。PAO 油具有良好的润滑性能、低温流动性、氧化稳定性,被广泛应用于航空航天等高科技领域,在汽车发动机、齿轮油等行业中,也表现出优异的润滑性[5]。烷基化芳烃则指烷基苯、烷基萘、烷基化环戊烷等,主要利用苯和萘与卤代烷、烯烃及其齐聚物 Friedel-Crafts 烷基化制得。其具有良好的抗氧化性、热稳定性、低挥发等性质,被广泛用作工业润滑剂和金属加工润滑液。中国科学院兰州化学物理研究所固体润滑国家重点实验室合成了系列多烷基环戊烷(MACs)(图 3(a))[6],评价了其对钢/钢摩擦副的润滑作用,结果显示合成的 MACs 具有良好的减摩抗磨性能,其摩擦学性能受取代基的影响:取代基碳链越长,减摩效果越好。随后,又进一步研究了空间低轨道中广泛存在的原子氧对 MACs 的摩擦学性能的影响[7],质量损失结果比较发现,具有较长支链的 MACs 润滑剂耐原子氧侵蚀性能较强,表明设计调控适当的支链长度是改善 MACs 耐原子氧性能的一条可能途径。

酯类合成油是由有机酸与有机醇在催化剂作用下通过酯化反应脱水而获得的由(—COO)官能团组成的有机化合物,其研究始于 20 世纪 30 年代。酯类合成油包括双酯、多元醇酯、芳香羧酸酯和复酯。酯类合成油具有优异的高低温性能、黏温性能、热氧化安定性、润滑性、低挥发性等优点,并具有优良的生物降解性、低毒及原材料可再生等优势,可以更好地满足当前工业发展对于新型润滑材料的要求,是目前最具研究价值和应用前景的合成润滑油之一。酯类油主要应用于装备制造、汽车、石油化工、冶金、机械等工业领域[8]。

全氟聚醚(PFPE)的研究开始于20世纪50年代。全氟聚醚具有抗强氧化、润滑性能好的特点,同时还有很好的黏温性能和低的凝固点,此外其沸点高、挥发损失小,用作空间机械的润滑剂已有40多年的历史。全氟聚醚合成油的高稳定性、耐腐蚀性和抗磨损能力好等特性使其成为在恶劣环境下长期使用的润滑剂,因此在工程和工业中得到了广泛的应用:在电子工业方面适用于作为诸如等离子蚀刻、化学蒸汽沉积和离子注入等各种半导体集成生产工艺中机械真空泵的润滑油;在电气工业中用作耐电弧的开关、滑线接触部件的润滑剂;在有化学腐蚀性气体的工作环境中,全氟聚醚可作为各种真空泵、压缩机和阀门的润滑油和润滑脂等[9]。

聚硅氧烷是一类以重复的Si—O键为主链,硅原子上直接连接有机基团的聚合物,液体的聚硅氧烷又称硅油或聚硅醚。20世纪40年代初,硅油开始用作减震液。后来为满足军用仪表发展的需要,国外研究了其作为航空、航天、航海高温仪表油的应用。20世纪50年代初,美国GE公司生产的F-50油品即是含有7%氯原子的甲基四氯苯基硅油,用于航天器轴承部件的润滑。中国科学院兰州化学物理研究所也先后研制了甲基氯苯基硅油(114#空间油,图3(b))和氟丙基氯苯基硅油(115#空间油),并在航天飞行器运动系统及航空仪表中获得了广泛应用。除在航空航天领域的应用外,硅油在装备制造、交通运输等工业领域也得到了普遍使用。如在乳液、溶液、润滑脂及复配物中作为基础油使用,用于滚动轴承的润滑,用作含塑料橡胶部件的润滑剂等。

离子液体是一种新型合成润滑剂,具有极低的挥发性、熔点低、不可燃、抗氧化、热稳定性好、无污染等优点[11]。自2001年固体润滑国家重点实验室首次报道了离子液体作为润滑剂的研究成果以来[12],离子液体引起了人们的广泛关注[13]。固体润滑国家重点实验室合成了1-甲基-3-丁基咪唑六氟磷酸盐离子液体并考察了其作为润滑剂的摩擦学性能,结果显示1-甲基-3-丁基咪唑六氟磷酸盐离子液体(图3(c))低温流动性能好,能在钢磨损表面形成含$FePO_4$和$FeF_2$等物质的边界润滑膜,有效地提高了摩擦副的承载能力和抗磨性能[14]。为了降低离子液体的腐蚀问题,该实验室又先后设计合成了不同类型的离子液体润滑剂,不仅较好地解决了离子液体的腐蚀及抗氧化等问题,同时还保留了其优异的润滑性能。总体而言,主要策略是设计制备不同的阳离子及阴离子,引入抗氧化和抗腐蚀等功能基团,提高所制备离子液体的纯度,进而达到降低腐蚀及提高抗氧化能力的目的。离子液体润滑剂的应用目前尚处于起步阶段。从离子液体所具备的性能来看,有望在高温、高速、高真空及重载等苛刻环境条件下作为润滑剂、润滑薄膜及润滑添加剂获得使用。

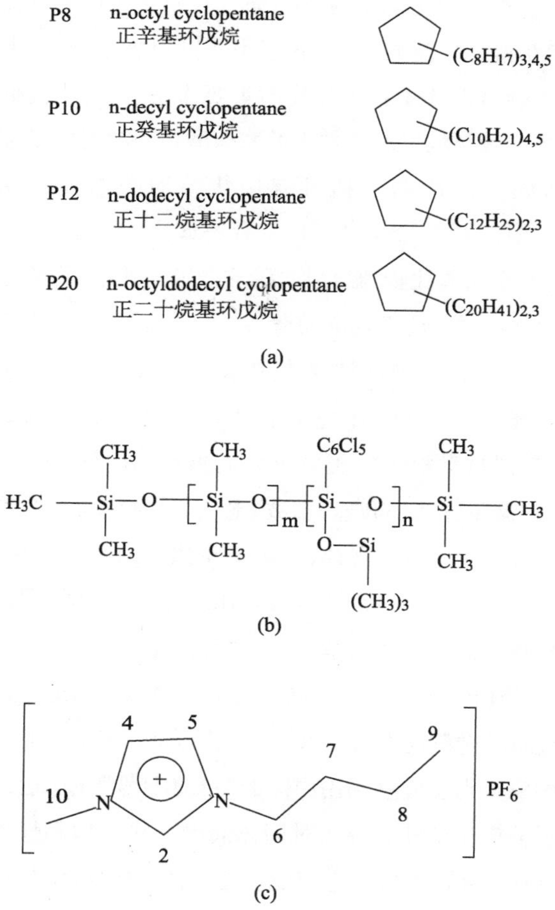

P8    n-octyl cyclopentane
正辛基环戊烷

$(C_8H_{17})_{3,4,5}$

P10    n-decyl cyclopentane
正癸基环戊烷

$(C_{10}H_{21})_{4,5}$

P12    n-dodecyl cyclopentane
正十二烷基环戊烷

$(C_{12}H_{25})_{2,3}$

P20    n-octyldodecyl cyclopentane
正二十烷基环戊烷

$(C_{20}H_{41})_{2,3}$

(a)

$$H_3C-\underset{\underset{CH_3}{|}}{\overset{\overset{CH_3}{|}}{Si}}-O-\left[\underset{\underset{CH_3}{|}}{\overset{\overset{CH_3}{|}}{Si}}-O\right]_m-\left[\underset{\underset{O-Si}{|}}{\overset{\overset{C_6Cl_5}{|}}{Si}}-O\right]_n-\underset{\underset{CH_3}{|}}{\overset{\overset{CH_3}{|}}{Si}}-CH_3$$

$(CH_3)_3$

(b)

(c)

图3 列举合成油分子式:(a)合成的一系列烷基环戊烷分子式;(b)甲基氯苯基硅油(114#空间油)的分子结构;(c)1-甲基-3-丁基咪唑六氟磷酸盐离子液体

## 2.3　固体润滑材料

传统润滑材料是减少摩擦和磨损最常用的有效方法,在汽车和机械工程等领域获得了广泛应用,但其在使用过程中存在污染、泄漏等问题。另外,随着科学技术的发展,机械设备的使用要求越来越高,很多需要在苛刻的环境如高低温、强腐蚀、强氧化、超高真空、强辐射等环境下使用,传统的润滑油脂在高低温环境下可能固化、分解、挥发,一般的润滑剂使用温度最高仅为 $200 \sim 300℃$,在真空环境下挥发、污染光学和电子器件,无法满足使用要求。相对于流体和液体润滑,固体润滑以其优异的性能获得了广泛的认同,其应用范围也越来越广,尤其在以航空航天为代表的高技术领域发挥了不可替代的重要作用,为解决高低温、超高真空、强辐射和高载荷等特殊环境工况条件下的摩擦磨损问题提供了强有力的技术支持[15]。常用的固体润滑剂包括具有层状结构的二硫化钼($MoS_2$)、二硫化钨($WS_2$)、石墨、聚四氟乙烯等[16-17];软金属如金、银、铅、铟等也被广泛用作固体润滑薄膜;还有金属氧化物、氟化物、磷酸盐等。其中,石墨等仅适用于大气中润滑,而 $MoS_2$、$WS_2$、银等适于真空润滑。

2007 年,中国科学院兰州化学物理研究所固体润滑国家重点实验室等单位在科技部“973 项目”的资助下开展了“苛刻环境下润滑抗磨材料的基础研究”[18-20]。该项目针对高性能润滑抗磨材料的国家重大需求和国内外发展趋势,研究分析了超高真空、离子束辐照、高温、高速、重载、电流、过氧化氢等苛刻环境条件下润滑材料的组分、结构与性能演变规律,揭示了摩擦表面组织结构、运动条件、润滑材料/介质共同作用下的摩擦行为规律,提出了超低摩擦的润滑新原理及摩擦控制方法,研制发展了新型空间润滑油脂、固体润滑薄膜、聚合物复合润滑材料并获得成功应用。该研究工作显著提高了解决中国航天润滑问题的能力,满足了国家航天工程对润滑材料技术的需求,推动了空间摩擦学事业的发展。2008 年 9 月,固体润滑国家重点实验室利用中国的“神舟七号”飞船舱外平台提供的技术条件,开展了原子氧和紫外光辐照对固体润滑材料结构和性能的影响以及失效破坏机制的研究(图 4),为发展空间实验室(站)用润滑材料奠定了科学和技术基础。

　　风力发电、核能技术、精密机床、冶金设备、航空航天等相关运动系统需要使用合成润滑材料以保障其运行可靠性及使用寿命。合成润滑材料既包含由化学小分子经过分子组分和结构设计并通过化学反应或聚合而形成的具备特殊物理化学及润滑抗磨损性能的润滑油和润滑脂，也包括通过气相沉积技术形成的固体润滑薄膜等。该方面研究也于2013年得到了科技部"973项目"的支持（高性能合成润滑材料设计制备与使役的基础研究），旨在设计制备可应用于航空、舰船、汽车的合成酯类润滑剂、固体润滑薄膜以及固体薄膜-润滑油脂的复合润滑体系。

神舟七号飞船固体润滑材料空间环境实验

试验后的样品及样品架

图4　固体润滑国家重点实验室利用神舟七号飞船开展的固体润滑材料空间环境实验

# 3　结　　论

　　摩擦无处不在,并消耗了人类大量的能源,导致运动设备的磨损和报废。我们难以想象没有摩擦的世界是什么样子,至少可以肯定的是,如果没有摩擦,人类将难以行走,汽车火车也不能行进。时至今日,全球面临资源、能源和环境的严峻挑战,不可再生资源日益短缺,节能、节材和降耗压力不断增加,同时快速发展的高技术装备和必须面临的苛刻环境和工况条件也对润滑材料技术提出新的挑战。期望在今后一段时期,中国能够在工业摩擦学、环境友好摩擦学、纳米摩擦学、生物摩擦学以及高性能润滑材料等领域取得长足发展与进步,用优质的润滑材料技术产品"润滑"中国的现代工业,为节省资源能源、治理雾霾与环境污染,为中国经济社会的可持续发展不断做出新的更大的贡献。

　　**致谢**　在论文撰写过程中与朱幻进行了有益的讨论,在此表示衷心的感谢!

参考文献

[1] 崔海霞,陈建敏,周惠娣.奇妙的摩擦世界[M].北京:科学出版社,2010.

[2] 王怀文,刘维民.植物油作为环境友好润滑剂的研究概况[J].润滑与密封,2004(5):127-130.

[3] 赵维鹏,张君,谭海港,等.润滑脂在轴承中的润滑作用[J].润滑油,2003,18(6):18-22.

[4] 刘维民,许俊,冯大鹏,等.合成润滑油的研究现状及发展趋势[J].摩擦学学报,2013,33(1):91-104.

[5] 党兰生,张静淑.聚α-烯烃合成油及其在润滑油中的地位[J].精细化工,2005,22:146-150.

[6] 高平,彭立,刘维民.多烷基环戊烷对钢/钢摩擦副的润滑性能研究[J].摩擦学学报,

2011,31：547－550.

[ 7 ] 高平,孙晓军,彭立,等.低轨道原子氧对2种侧链结构多烷基环戊烷真空摩擦学性能的影响[J].摩擦学学报,2012,32(5)：429－434.

[ 8 ] 王力波.酯类合成油的生产工艺[J].应用科技,2008,16(24)：17－21.

[ 9 ] 冯大鹏,翁立军,刘维民.全氟聚醚润滑油的摩擦学研究进展[J].摩擦学学报,2005,25(6)：597－602.

[10] WENG L J, WANG H Z, FENG D P, et al. Tribological behavior of the synthetic chlorine- and fluorine-containing silicon oil as aerospace lubricant [J]. Industrial Lubrication and Tribology, 2008, 60(5)：216－221.

[11] ZHOU F, LIANG Y M, LIU W M. Ionic liquid lubricants：designed chemistry for engineering applications [J], Chem Soc Rev, 2009, 38：2590－2599.

[12] YE C F, LIU W M, CHEN Y X, et al. Room-temperature ionic liquids：a novel versatile lubricant [J]. Chem Commun (Camb), 2001, 7(21)：2244－2245.

[13] LIU X Q, ZHOU F, LIANG Y M, et al. Tribological performance of phosphonium based ionic liquids for analuminum-on-steel system and opinions on lubrication mechanism [J]. Wear, 2006, 261：1174－1179.

[14] 王海忠,叶承峰,刘维民.1－甲基－3－丁基咪唑六氟磷酸盐离子液的摩擦学性能[J].摩擦学学报,2003,23(1)：38－41.

[15] 郝俊英,王鹏,刘小强,等.固体-油脂复合润滑Ⅱ：类金刚石(DLC)薄膜在几种空间用油脂润滑下的摩擦学性能[J].摩擦学学报,2010,30(3)：217－222.

[16] 刘维民,翁立军,孙嘉奕.空间润滑材料与技术手册[M].北京：科学出版社,2009.

[17] 薛群基,刘维民.摩擦化学的主要研究领域极其发展趋势[J].化学进展,1997,9(3)：311－318.

[18] CAI M Y, ZHAO Z, LIANG Y M, et al. Alkyl Imidazolium Ionic Liquids as Friction Reduction and Anti-Wear Additive in Polyurea Grease for Steel/Steel Contacts [J]. Tribol Lett, 2010, 40：215－224.

[19] YU B, ZHOU F, PANG C J, et al. Tribological evaluation of a, w-diimidazoliumalkylene hexafluorophosphate ionic liquid and benzotriazole as additive [J]. Tribology International, 2008, 41：797－801.

[20] 高晓明,孙嘉奕,胡明,等.低温沉积Cu膜的晶体结构及摩擦磨损性能的初步研究[J].摩擦学学报,2007,27(4)：308－312.

原载于《自然杂志》2014年第4期

# 中医学的科学内涵与改革思路

朱清时 * 　中国科技大学

　　李约瑟在《中国科学技术史》中对五行概念作过科学的阐述。他说："五行的概念,倒不是一系列五种物质的概念,而是五种基本过程的概念。中国人的思想在这里独特地避开了本体面。"他又说,"五行理论乃是对具体事物的基本性质作出初步分类的一种努力,所谓性质,就是说只有在它们起变化时才能显示出来,因此,人们常常指出,element 这个词从来不能充分表达'行'这个意思。"[1]

　　最近,国内展开了一场关于中医的讨论,观点各种各样、有些完全不同,甚至针锋相对的。为什么我们对中医学的看法会如此混乱? 应该如何正确地看待中医及其核心的阴阳五行思想? 本文中笔者对这些问题阐述了自己的观点。

———————————

*　物理化学家。在分子局域模振动研究方面,成功地观测和完整地分析了一系列高泛频振动态的高分辨率光谱,建立了局域模振动—转动光谱学的一系列理论,并对上述高分辨光谱进行了完整的分析,还论证了多原子分子中单振动本征态存在的可能性和条件。近年来,与合作者一起开创了对单分子化学的研究,并首次拍摄出化学键照片,对于掌握单分子和原子的行为规律和构造单分子的电子器件有重要意义。1991 年当选为中国科学院学部委员(院士)。

# 1 西医注重物质实体，
## 中医重视协调关系

我们先比较中医和西医的思维方式。

2003年SARS暴发，西医千方百计用显微镜抓到了"冠状病毒"，然后寻找杀灭此病毒的方法，用以防治；中医无法找、也不去找"冠状病毒"，只根据当时的气候和环境地理状况，与病人的症候表现，确认为是以湿邪为主的瘟疫病，实行辨证论治，得到的效果显著。中国大陆SARS患者的死亡率在全世界是最低的，广州市由于采用中医治疗最早，死亡率在中国大陆最低。

1956年石家庄流行乙型脑炎，当时用的西医疗法未控制住病情，死亡率很高。中医师蒲辅周发现许多病人的症状都是高烧、脉洪大、舌质红、黄燥苔等，那时天气很热且干燥，他就定为暑温，用张仲景《伤寒论》中的白虎汤或竹叶石膏汤之类的方剂来治，疗效明显超过当时使用的西医方法，死亡率下降。1957年北京又流行乙型脑炎，再用白虎汤或竹叶石膏汤之类的方剂来治，效果却不佳，蒲辅周发现这时天气是连月阴雨，湿而且热，病人症状多是胸闷不饥、恶寒少汗、面色淡黄、口不渴、苔白腻、脉濡缓，定为湿温，改用三仁汤或藿朴夏苓汤等去湿清热的药，疗效又明显改善。

任何人的健康失常，都会出现一些症状，如发烧、头痛、呕吐、浮肿等等，它们都是人体处于异常状态的反应。西医的方法是找出病源（感染性病源或非感染性病源）、消除病源，来防治疾病，使人体恢复正常；中医的方法则完全不同，它认为人体各种功能必须协调和平衡才能进行正常的生理活动（包括用免疫力抗病毒、自我调节和自我恢复的能力）。若遭受某些致病因素的破坏，体内各种功能失衡、不协调，就会发生疾病。在治疗时，利用药物的属性来调整机体的平衡，使之恢复正常协调，就能消除健康失常的病源。

总之，西医注重物质的实体，中医却不大研究实体，只重视关系，即体内各种功能部分之间的相关性和相对性，协调与合作。现在我们看看中医是如何描述观察和调节人体的各种功能的关系和平衡,从而诊病和治病的。

中医诊病用四法:望(察看神采、颜色和形体),闻(听发出的声音),问(询问病情),切(诊切不同部位的脉象)。这种诊病方法有点像在商店挑西瓜,是有经验的人,他们拍拍西瓜,通过听声音,看颜色、瓜蒂,掂重量,综合判断西瓜甜不甜,水分多不多,也可以判断得很准。因为西瓜内在的好坏可反映在外表的很多方面,切开可以判断,不切开,如果能掌握西瓜表面的现象和内在的联系,也可以作出精确的判断。中医诊病类似有经验的人挑西瓜。

不少人误以为中医没有解剖学,实际上东方人与西方人都一样,无论是挑西瓜还是诊断人体,都有"切开"或解剖的观察作基础。《资治通鉴》卷三十八,汉纪三十,王莽下,天凤三年(丙子,公元一六年)记有:"翟义党王孙庆捕得,莽使太医、尚方与巧屠共刳剥之,量度五藏,以竹筵导其脉,知所终始,云可以治病。"这清楚地记载了,中医也是有解剖学的。

不过,由于西医研究实体,中医注重协调关系,他们在解剖观察人体时,观察的对象不同,得出的概念也不同。中医用阴阳五行学说描述和研究人体的组织结构、功能活动、疾病的发生、发展,以及药物治疗。

先说阴阳,这是我国传统文化中用来描述一切事物和现象既互相对立又互相统一的正反双方的概念。阴阳描述的是事物的相对关系,例如在男人和女人的关系上,男是阳,女是阴;母和子的关系上,母是阳,子是阴。我们把正电荷又叫"阳电",负电荷又叫"阴电",就是这样来的。阴阳并不是处于静止不变的状态,而是不断地进行着"阳消阴长"或"阴消阳长"的竞争。例如,人体在进行机能活动时(阳长),必然要消耗一定数量的营养物质(阴消);在化生各种营养物质时(阴长),又必须消耗一定的能量(阳消)。阴阳只有相对的、动态的平衡,而没有绝对的、永久的平衡。人体中阴阳在一定限度内不断的有消有长,有盛有衰,这是生理活动的过程。中医认为阴阳相对平衡方能进行正常的生理活动,若遭受某些致病因素的破坏,体内阴阳任何一方偏盛或偏衰,都可发生疾病,即是"阴阳失调"。《黄帝内经》说:"善诊者,察色按脉,先别阴阳。"就是这个道理。

在治疗时,根据阴阳偏盛或偏衰的情况确立治疗原则。如阴不足要滋阴,阳不足要温阳,又如中医认为"阳盛则热、阴盛则寒",故阳偏盛畏清热,阴偏盛要祛寒,以此来调整阴阳的相互关系,恢复阴阳的平衡,达到治疗疾病的目的。在用药时,我国医学将药物的气味、性能也分别归纳为阴阳两种属性,以此作为处方选药的依据之一。如以药性的寒、热、温、凉四气来分,寒、凉属阴,温、热属阳;以药物的辛、甘、酸、苦、咸五味来分,辛、甘为阳,酸、苦、咸为阴;以药物的升、降、浮、沉(一般性能)来分,升、浮为阳,沉、降为阴等等。临床上就是利用药物的阴阳属性来调整机体阴阳的偏盛或偏衰,以达到治疗的目的。

中国古代的思想家发现,把世界上的各种事物大致分为五种基本类型,可以简便地描述这些事物之间的相互关系。这五种基本类型称为"木、火、土、金、水"五行。值得注意,这里的"行"字来自《易经》(乾卦象传):"天行健,君子以自强不息。"意为:"天体之行昼夜不息,君子应效法天行之健而自强不息。"其中"行"字的含义是运行的意思,在广泛的使用中,"行"字的内涵有些扩大,五行泛指五种基本的过程、事物的五种相对的形态,然而绝不是五种物质实体。许多人把五行当作是迷信或伪科学的东西,就是因为他们误以为中医中的"五行"是组成人体的五种物质实体,那当然与事实不符。

中医把人体的五个脏器——肝脏、心脏、脾脏、肺脏、肾脏的属性用"五行"来描述。这里的五脏与西医中同名的器官不等同,应当把中医中的五脏看作是与五行对应的功能系统,而不是实体器官。

脾胃属"土",主管饮食的消化吸收,是维持人体生命活动的功能系统。土质不良(营养成分吸收不足)将无法供应各个器官应有之营养。脾脏对水有调节作用,即"土克水"。

肝脏属"木",为解毒功能系统,当人体吸收或食入有毒物质时(如药物、酒精)会经由肝脏分解毒素后再经由肾脏排出。因水生木,如水不足或木之吸水性过强(肝火旺盛)都将造成木之枯萎(肝脏运转不良),又"木克土"将造成脾、胃功能之障碍。

肾脏属"水",主宰人体生长发育、生殖及维持水液代谢平衡的功能系统。功能包括生殖、泌尿系统及部分内分泌、中枢神经系统的功能。"水生木",故肾脏功能不健全或退化时将连带影响肝脏之正常运作,又"土克水"将会影响脾、胃功能之障碍。

心脏属"火",统管机体各部,使之协调活动,在脏腑中居于首要地位,所以"五脏六腑,心为之主"。主神志(包括精神状态、意识、思维活动等),主管血液在脉管内运行。血液之所以在脉管内循环不息,营养全身,主要是靠心气的推动作用。心气的强弱,心血的盛衰直接影响血液的运行,都可从脉搏上反映出来。中医的心包括了循环、血液、中枢神经和植物神经系统等。因水克火,肾脏与心脏两者间若无法达到平衡对身体将会造成危害,如水过于旺盛则气血将无法正常运行,如火过于旺盛则将反制水,我们常说的火气过大即是一例。

肺脏属"金",位于胸腔,主要是指呼吸系统,但对体液和血液循环也有调节作用。肺与鼻、皮毛、声音均有密切关系,临床上凡属呼吸系统、体液和血液循环、咽喉等方面的疾患,多可从肺论治。因土生金,故脾、胃功能无法正常运作时肺脏也相对受到影响。

五行之间存在相生相克的关系。相生就是相互滋生、促进、助长的意思。即:木生火、火生土、土生金、金生水、水生木。相克就是相互制约、抑制、克服的意思,如:木克土、土克水、水克火、火克金、金克木。

造成当前中医困境的一个原因是普遍误解了阴阳五行学说,然而抛弃了这个内核,中医的理论体系就坍塌了,就成了无本之木和无源之水,只能成为附属于西医的经验药物学和治疗法。如果意识到中医不是在研究器官实体,只重视它们之间的关系和协调,我们就应该回到文章开头处李约瑟的观点。不仅如此,在当前发展复杂性科学的时候,中医学的这些经验还有可借鉴的价值。


# 2　生物复杂系统最重要的特点: 各组分的关系高度协调

自从 20 世纪后半叶诞生了复杂性科学之后,现代科学的观念已发生了重大转变,开启了认识中医学的科学性的大门。

复杂性科学的创始人之一、诺贝尔化学奖获得者普里高津在他的书中写道:"这个异乎寻常的发展(指现代科学的一些新进展)带来了西方科学的基本概念和中国古典的自然观的更紧密的结合。正如李约瑟在 20 世纪内他论述中国科学和文明的基本著作中经常强调的,经典的西方科学和中国的自然观长期以来是格格不入的。西方科学向来强调实体(如原子、分子、基本粒子、生物分子等),而中国的自然观则以'关系'为基础,因而是以关于物理世界的更为'有组织的'观点为基础。

这个差别在今天,即使和几年前的想法相比,其重要性也显得小得多了。

我相信我们已经走向一个新的综合,一个新的归纳,它将把强调实验及定量表述的西方传统和以'自发的自组织世界'这一观点为中心的中国传统结合起来。"[2]

在化学反应中,大量分子参与的化学反应往往就是复杂系统,它们生成新的分子。生命现象比物理和化学中的现象又更复杂。在生物世界中随处可见复杂系统。细胞由复杂的细胞膜、细胞核和细胞质组成,它们之中的每一个都含有许多低一层的组分。

在细胞中,在同一时间有条不紊地进行着几十到几千个新陈代谢过程。人体更是一个复杂系统,成年人是由大约 $10^{16}$ 个细胞组成,每个细胞在演化过程中还有随机性,因此在细胞层次上研究人体的所有问题是不可能的。器官由大量细胞组成,它们以非常规则的方式协调一致地进行合作。各个器官又进一步服务于各种特定的目的,并在一个动物体内协调一致地进行合作。

世界上最复杂的系统大概要数人的大脑了,它由 $10^{10}$ 个,甚至更多的神经细胞所组成。它们协调一致地进行合作才使我们能够识别图样和说话,或者进行其他的思维活动。

每个生物体都是一个复杂系统,而且它们有许多级层次,从分子层次、细胞层次、器官层次,直到整个植物或动物。在这里"微观的"和"宏观的"变成了相对的概念。例如一个生物分子,同组成它的原子相比可以看作是"宏观的",而同细胞相比它就是"微观的"了,等等。生物复杂性有两个重要的特点。首先,在每一个层次上,我们都会发现一些特定的组织或结构。因此,物理学不可能取代化学,精通化学并不意味着我们了解了生命。同样地,懂得了人体的生理结构和机能并不能完全解释人类的行为和社会的规律。当从微观过渡到宏观层次时,系统一次又一次地出现那些并不在前一个层次上出现的新特性。

生物系统最重要的特点还在于它的各个部分之间的高度协调。在一个细胞中,在同一时刻有条不紊地进行着数千个代谢过程。在动物体内,成千上万个神经和肌肉细胞密切协作,产生了井然有序的运动:心跳、呼吸或思维。认知识别是需要大量细胞高度协调地合作进行的过程,人类的思维和言谈也是如此。显然,所有这些高度协调、密切相关的过程只有通过交换信息才能实现。这些信息被产生、传输、接收、处理,还要转换成新的信息,并同时在系统的不同部分之间和不同的层次之间交流。因此可知,信息是生命赖以存在的至为关键的因素。

如果你问世界是由什么组成的,在 20 世纪中叶,大家的回答很可能是"物质和能量"。但是今天理解"知识经济"这个概念的人都知道,信息同样是世界不可或缺的组成部分。如果只给工人们以电能、金属和塑料,他们不可能做出任何有用的东西,只有当他们具有如何组装、焊接和调试的所有信息,他们才能造出汽车、飞机和其他产品。在我们身体的细胞中,核糖体拥有氨基酸组建模块和 ATP 合成为 ADP 过程中释放的能量,但如果没有细胞核中 DNA 所携带的信息,同样无法合成任何蛋白质。总之,20 世纪科学技术的进展告诉我们,信息在世界上的任何过程中都起着关键的作用。现在美国普林斯顿大学的 John A. Wheeler 教授创始的学派就认为物理世界是由信息构成的,信息是最重要的,物质和能量不过是附属物而已。好像要得到一件精美的雕塑,艺术家的知识和技能是最重要的,其他只是一堆泥而已。

不久以前,人们还普遍地认为自然科学和人文与社会科学存在巨大差异,它们研究的是两个截然不同的领域。其实,人和社会也是自然界的一部分,不过人文与社会科学研究的是自然界中真正的复杂行为和复杂系统。长久以来,人文与社会科学都只是在宏观层次上研究在这个层次上呈现出来的特征和规律,它们与以物理学的研究对象为代表的层次上的特征和规律截然不同。

# 3　当前中医的某些亟待改革之处

然而,当前的中医也有不足之处,因而需要改革。

过去半个多世纪中进行的"中西医结合"就是想进行改革,也做了许多好事,但是后来走偏了。究其原因,其实主要还是在中医学界自身的确存在一些亟待改革之处。

李约瑟也知道在中医界流行的看法是把阴阳五行混同于组成世界(包括人体)的基本组分实体,就像希腊时代亚里士多德的四元素理论一样。他在《中国科学技术史》中还说:"回顾前面所讨论的一切,五行或阴阳体系看起来并不是完全不科学的,任何人想要嘲笑这种体系,都应当回想一下当年创立英国皇家学会的前辈们曾经耗费了他们大量的宝贵时间来与亚里斯多德的四元素理论、逍遥学派的顽固的智者们所进行的斗争。中国的五行理论的唯一毛病是它流传得太久了。在公元 1 世纪的时候,中国的五行学说是十分先进的东西;到了 11 世纪的时候,还勉强可说是先进的东西;到了 18 世纪就变得荒唐了。这个问题可以再一次回到这样一个事实,欧洲经过一场文艺复兴、一场宗教革命,同时伴随了巨大的经济变化,而中国却没有。"这些话有道理。

中国传统科学文化和中医学是在两千多年前奠基和成形的,如果把它们与同时的希腊科学文化相比,不难看出中国传统科学文化经受住了更长时间的考验,中医至今还在应用。也许正是这种成功造成中国传统科学文化和中医学缺乏改革的动力。希腊科学文化在伽利略时代经历了一次大改造,诞生了通过严格设计的实验来发现真理和检验真理的科学精神和科学方法,才产生了今天的现代科学(包括医学)。中国传统科学文化和中医学也需要不断更新才能发展。当前中国传统科学文化和中医学急需学习现代科学方法,进行一次大改造,才能复兴。

　　下面我通过两个具体例子来谈中医的不足之处和发展方向。

　　《参考消息》2005 年 5 月 17 日第七版报道，英国科学家研究证明针灸确实有效。报道说它首次毫无疑问地证明了针灸可以触发实际控制疼痛的脑部运动。然而从 70 年代至今，在我国进行了大规模的针灸机理研究，取得了很多成果，也有许多学术著作，但国际学术界都不承认。为什么这次英国科学家的实验结果一出来就得到了广泛的承认？我想这则报道应该对我们中国人有所触动。

　　他们是怎样做的呢？实验是由英国两个大学的研究人员共同完成的，他们要测针灸对骨关节炎的病人是否有实际效果。病人分成三组，第一组病人用粗针，并被告知针头不会扎到皮肤里面去；第二组也使用不扎入皮肤的粗针头，但让病人完全相信已经扎进去了；第三组是正常的针灸。然后用磁共振看脑部的反应，发现第三组病人脑部有明显变化。这个结果是可以被科学界接受的，因为它排除了心理和其他干扰因素。

　　这个例子其实具有普遍性。值得我们好好思考的是，为什么我国的学者就想不到要做这样严格因而复杂的实验呢？这样做实验是在欧洲文艺复兴时代那场科学革命中产生的寻找真理的严格方法，是现代实验科学的基本方法。过去两千多年中，中医走得太顺了，没有经历过类似的革命。但愿目前中医的艰难处境能够引发中医进行这场革命。

　　另一个例子。在两汉时期的《黄帝内经》中提出了"五脏主五志""五志主五脏"的学说。根据中国古代的阴阳五行学说，中医把"五志"即喜、怒、思、悲、恐五种情绪的变化与五脏功能联系起来，指出"人有五脏，化五气，以生喜、怒、思、悲、恐"。情志活动本是人体对外界环境的一种心理反应，正常情况下，偶有情绪波动不会致病。如果超越了一定限度而不能节制，就会出现精神情志活动的异常，使五脏功能失调而致病，如"怒伤肝，思伤脾，喜伤心，悲伤肺，恐伤肾"等。由此可见，《黄帝内经》强调的发病机制为情志内郁。

　　据美国《科学》杂志网站报道，美国杜克大学的科学家的一项新研究发现，怒气的确对健康不利，因为它会使体内一种导致炎症的蛋白质含量升高，增加患心血管疾病的风险。这种蛋白质称为 C 反应蛋白质（CRP），此前研究已表明它会导致炎症，进而引起心血管疾病。炎症反应会使动脉内层硬化，使它们更易堵塞。人体内 C 反应蛋白质含量是比胆固醇含量更好的心血管疾病风险指标。他们发现，负面情绪会使 C 反应蛋白质含量升高。这些科学家在新一期《心理医学》杂志上报告说，他们对 127 名年龄在 18 岁至 65 岁之间的成年人进行观察，发现与平静乐观的人相比，心里充满怒气、抑郁或怨恨的人，体内 C 反应蛋白质含量要高出 1 到 2 倍。这进一步显示，情绪压力会影响神经系统和免疫系统。这是人们首次发现怒气等不良情绪与 C 反应蛋白质含量的关系，不过其中具体机制尚需进一步研究。

这个消息表明，中医关于"五志"与"五脏"之间的联系的学说，已经可以用现代科学方法来研究。然而目前的研究刚起步，离确认"怒伤肝"还有距离。

总之，目前在复杂性科学观兴起的时候，我们可以找到解开中医学的科学性之谜的钥匙，我们也能看到，中医学的发展方向是在抓住复杂性科学观发展的机遇，融入现代科学的潮流中。

参考文献

［1］李约瑟.中国科学技术史［M］.北京：科学出版社，1978.
［2］伊·普里戈金.从存在到演化［M］.上海：上海科技出版社，1986：3.
［3］赫尔曼·哈肯.信息与自组织［M］.成都：四川教育出版社，1987.

原载于《自然杂志》2005 年第 5 期